“十三五”移动学习型规划教材

线性代数

李俊华　裴慧丽　白喜梅　编

机械工业出版社

本教材共有七章，内容包括预备知识、行列式、线性方程组、矩阵、线性空间、矩阵的特征值与特征向量、二次型．全书系统地介绍了线性代数的基本概念、基本理论和基本方法，由浅入深，力求用浅显易懂的方式引入基本概念和抽象的数学理论，同时设置问题研讨和同步训练，并配有不同层次的习题，注重培养学生的综合能力．

本教材可作为高等学校经济管理类专业的线性代数教材，也可作为相关工作人员的参考书．

图书在版编目（CIP）数据

线性代数/李俊华，裴慧丽，白喜梅编．—北京：机械工业出版社，2018.7

“十三五”移动学习型规划教材

ISBN 978-7-111-59795-7

Ⅰ.①线…　Ⅱ.①李…②裴…③白…　Ⅲ.①线性代数－高等学校－教材　Ⅳ.①O151.2

中国版本图书馆CIP数据核字(2018)第087374号

机械工业出版社（北京市百万庄大街22号　邮政编码100037）
策划编辑：汤　嘉　责任编辑：汤　嘉　李　乐
责任校对：刘雅娜　封面设计：路恩中
责任印制：孙　炜
北京中兴印刷有限公司印刷
2018年6月第1版第1次印刷
184mm×260mm·15.75印张·388千字
标准书号：ISBN 978-7-111-59795-7
定价：38.00元

凡购本书，如有缺页、倒页、脱页，由本社发行部调换

电话服务
服务咨询热线：010－88379833
读者购书热线：010－88379649

网络服务
机 工 官 网：www.cmpbook.com
机 工 官 博：weibo.com/cmp1952
教育服务网：www.cmpedu.com
金 书 网：www.golden－book.com

前　　言

一、线性代数课程的地位和作用

线性代数课程是经管类本科生必修的一门数学课，因其为后续课程（投入产出学、经济计量学、金融数学等）的数学基础，所以在学科上属于专业基础课程，在整个大学的课程中，是非常重要的根基课程．经管类学生要学好这门课程，从而为顺利完成大学学业打下良好的基础．

学习线性代数课程可以使学生掌握本课程的基本理论、方法，从更高的层面来讲，可以培养学生具备较好的分析问题、解决问题和自主学习的能力，从而成为具有较扎实理论基础和较强学习能力以及较强创新意识的高素质人才．

二、教材的编写思路和特色

考虑到经管类学生的数学基础深浅不一（文理兼收），学习目标需求高低不同（考研与否），课程自身交错复杂的网状结构以及课程高度抽象的特点，编写教材的老师们结合多年的教学经验及学生在学习时存在的问题进行了详细的探讨，确定了教材的编写思路，并形成了自己的一些特色：

(1) 编写第零章，介绍将用到的数学基础和数学符号．

(2) 将课程的顺序理顺，以线性方程组和矩阵两条线串起课程的主要内容．

(3) 对于较抽象的概念，注意结合几何背景来讲解，以解决学生在理解上的困难．

(4) 对于较为复杂的结论，采取前期举例并分析其要点的引入方法，使学生既能明白其中道理又能比较自然地理解抽象的证明．完整的证明以二维码的形式出现，以供不同需求的老师和学生选择讲解和使用．

(5) 设置了“思考与讨论”，让学生参与教学环节．这样不但能使学生弄清课本知识的关联和实质，而且也能提高学生的学习能动性和参与教学过程的主动性，从而形成较好的课堂氛围，达到良好的教学效果．

(6) 在基本理论系统完整的情况下，结合学生不同的学习目标，将例题和习题难易分层．每章的最后一节设立提高题，分模块整理本章的难点，并且兼顾考研的常见类型和知识点．

(7) 编写一些在经济上的应用实例，使学生初步了解这门课程的应用，以提高学生的学习兴趣．设置“同步训练”，供学生进行同类型的习题练习，教师可根据时间进行课堂练习或课下习题．设置习题 A，B，C 三套，习题 A 是基本知识和基本方法的练习，习题 B 是本章或已学知识的综合练习，习题 C 主要是基础知识，学生可以检验本章知识点的学习效果．

“线性代数”课程的基本知识结构

线性代数以线性方程组和矩阵为主线，向量为副线，主要讨论了行列式、矩阵、向量、线性方程组、二次型、线性空间和线性变换等内容，其中线性变换对于经管类学生不做要求，因此在本教材中没有出现．矩阵不仅是研究对象，也是解决线性代数中其他问题的主要计算工具．利用矩阵作为主线，可以巧妙地将内容串联起来．线性代数的基本知识框架如下图所示：

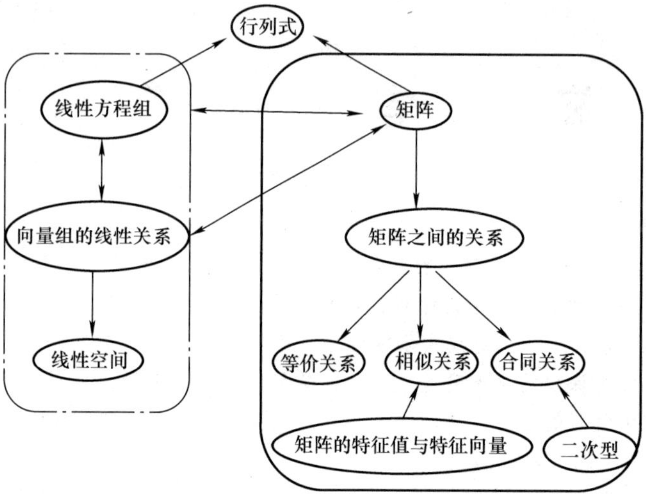

读者在完成线性代数这门课程的学习后，结合知识框架，可以将线性代数的详细知识点在上图中进行补充.

三、编写分工

本教材以白喜梅为负责人，并对所有章节逐一进行讨论，最终完成，具体分工如下：

第零章、第一章，由裴慧丽编写；

第二章、第三章，由白喜梅编写；

第四章、第五章、第六章，由李俊华编写；

王亚萍参加了所有章节习题的编写和整本书的审核和校对工作.

四、致谢

感谢河北大学的有关领导在编写过程中给予的支持与鼓励，是他们的关心和信任使得此书的编写能够顺利完成；感谢河北省机器学习与计算智能重点实验室给予的资助；感谢同行教师的中肯意见和建议；感谢所有曾经给予我们帮助的同事、家人和朋友们，历时一年半的时间，终于得以完成.但是由于编者水平和经验有限，本教材难免会有一些疏漏和不当之处，还请各位专家和广大同行多多批评指正.请将您的意见和建议致信给我们，在教材修订时，一定会认真考虑您的建议，在此先深表感谢.

电子邮箱：562288404@qq.com；2589420647@qq.com；13197047@qq.com.

编者

目　　录

第零章　预备知识

在本章中，我们要对学习线性代数课程所需的基础知识进行简要的归纳总结，内容包括：

（1）数域、复数基础；

（2）数学归纳法；

（3）连加号与连乘号；

（4）一元多项式．

本章内容不纳入计划课时，教师自行安排学生自学，需要时备查．

第一节　数域、复数基础

数是数学上一个最基本的概念，我们在讨论与数有关的问题时，通常会给定所考虑的数的范围．例如，对于多项式 x^4-4，在有理数范围内可以分解为 $(x^2-2)(x^2+2)$，在实数范围内还可以进一步分解为 $(x-\sqrt{2})(x+\sqrt{2})(x^2+2)$，而在复数范围内还可以继续分解为 $(x-\sqrt{2})(x+\sqrt{2})(x-\sqrt{2}\mathrm{i})(x+\sqrt{2}\mathrm{i})$．这说明同一个问题在不同的数的范围内讨论，可能会有不同的结论．而谈到数时，往往会自然想到数的加、减、乘、除这些基本运算，所以我们考虑的数的范围是一个加、减、乘、除都可以做的数集——数域，下面我们就引入这一概念．

定义 0.1　若非空集合 F 中任意两个元素作某一运算的结果仍在 F 中，则称集合 F 对此运算是**封闭**的．

定义 0.2　设 F 是包含 0 与 1 的数集，如果 F 对于加法、减法、乘法、除法（分母不为零）是封闭的，则称 F 为一个**数域**．

由定义可知，全体有理数构成的集合、全体实数构成的集合、全体复数构成的集合都是数域，这三个数域分别用 $\mathbf{Q}$，$\mathbf{R}$，$\mathbf{C}$ 来表示．而全体整数构成的集合不是数域，因为任意两个整数的商（分母不为零）不一定都是整数．

例 1　证明所有具有形式 $a+b\sqrt{2}$的数（其中 a，b 是任意有理数）构成一个数域．通常用 $\mathbf{Q}(\sqrt{2})$ 来表示这个数域．

证明　显然 $\mathbf{Q}(\sqrt{2})$ 包含 0 与 1，并且它对于加法、减法是封闭的．下证它对于乘法、除法也是封闭的．任取 $a+b\sqrt{2}$，$c+d\sqrt{2}\in\mathbf{Q}(\sqrt{2})$，有

$$(a+b\sqrt{2})(c+d\sqrt{2})=(ac+2bd)+(ad+bc)\sqrt{2}.$$

因为 a，b，c，d 都是有理数，所以 $ac+2bd$，$ad+bc$ 也是有理数．这就说明$(a+b\sqrt{2})(c+d\sqrt{2})$还在 $\mathbf{Q}(\sqrt{2})$ 内，所以 $\mathbf{Q}(\sqrt{2})$ 对于乘法是

封闭的．

设 $a+b\sqrt{2}\neq 0$，于是 $a-b\sqrt{2}\neq 0$，$a^2-2b^2\neq 0$，而

$$\frac{c+d\sqrt{2}}{a+b\sqrt{2}}=\frac{(c+d\sqrt{2})(a-b\sqrt{2})}{(a+b\sqrt{2})(a-b\sqrt{2})}=\frac{ac-2bd}{a^2-2b^2}+\frac{ad-bc}{a^2-2b^2}\sqrt{2},$$

因为 a，b，c，d 都是有理数，所以 $\frac{ac-2bd}{a^2-2b^2}$，$\frac{ad-bc}{a^2-2b^2}$ 也是有理数．这就证明了 $\mathbf{Q}(\sqrt{2})$ 对于除法封闭．综上 $\mathbf{Q}(\sqrt{2})$ 是一个数域． □

下面就线性代数学习中用到的关于复数域的部分知识给出简单介绍．

定义 0.3 形如 $x+y\mathrm{i}$ 的数，称为**复数**，记作 $z=x+y\mathrm{i}$. 其中 i 为**虚数单位**，$\mathrm{i}^2=-1$ 或取 $\mathrm{i}=\sqrt{-1}$；x 与 y 都是实数，分别称为复数 z 的**实部**与**虚部**，分别记作 $\mathrm{Re}z$ 与 $\mathrm{Im}z$. 实部为 0 的非零复数称为**纯虚数**．

虚部为 0 的数显然是实数，可见，实数包含于复数之内．

定义 0.4 给定复数 $z=x+y\mathrm{i}$，则复数 $x-y\mathrm{i}$ 称为复数 z 的**共轭复数**，记作 $\bar{z}$，即 $\bar{z}=x-y\mathrm{i}$. 显然有 $x=\mathrm{Re}z=\frac{1}{2}(z+\bar{z})$，$y=\mathrm{Im}z=\frac{1}{2\mathrm{i}}(z-\bar{z})$．

定义 0.5 复数 $z_1=x_1+y_1\mathrm{i}$ 与 $z_2=x_2+y_2\mathrm{i}\,(z_2\neq 0)$ 的和、差、积、商分别定义为

$$z_1\pm z_2=(x_1\pm x_2)+(y_1\pm y_2)\mathrm{i},$$

$$z_1\cdot z_2=(x_1x_2-y_1y_2)+(x_1y_2+x_2y_1)\mathrm{i},$$

$$\frac{z_1}{z_2}=\frac{z_1\bar{z}_2}{z_2\bar{z}_2}=\frac{x_1x_2+y_1y_2}{x_2^2+y_2^2}+\frac{x_2y_1-x_1y_2}{x_2^2+y_2^2}\mathrm{i}.$$

例 2 计算复数 $z_1=1+2\mathrm{i}$ 与 $z_2=3-4\mathrm{i}$ 的和、差、积、商．

解

$$z_1+z_2=(1+3)+[2+(-4)]\mathrm{i}=4-2\mathrm{i},$$

$$z_1-z_2=(1-3)+[2-(-4)]\mathrm{i}=-2+6\mathrm{i},$$

$$z_1\cdot z_2=[1\times 3-2\times(-4)]+[1\times(-4)+3\times 2]\mathrm{i}=11+2\mathrm{i},$$

$$\frac{z_1}{z_2}=\frac{z_1\bar{z}_2}{z_2\bar{z}_2}=\frac{1\times 3+2\times(-4)}{3^2+(-4)^2}+\frac{3\times 2-1\times(-4)}{3^2+(-4)^2}\mathrm{i}=-\frac{1}{5}+\frac{2}{5}\mathrm{i}.$$ □

第二节 数学归纳法

数学归纳法在数学、物理等学科中被广泛使用，在中学的一些数学问题上，我们也已经有所接触．数学归纳法是一种数学证明方法，通常被用于证明某个给定命题在整个（或者局部）正整数范围内成立．它通过有限步骤来完成一个无限验证的过程，其表现形式有第一数学归纳法、第二数学归纳法、跳跃数学归纳法等，这里我们主要介绍第一和第二数学归纳法．

定义 0.6　数学归纳法是证明与正整数有关的数学命题的方法.

数学归纳法分为第一数学归纳法和第二数学归纳法.

1. 利用第一数学归纳法证明命题的步骤:

设 $p(n)$ 是一个关于正整数 $n(n \geqslant n_0)$ 的命题,

(1) 证明当 $n=n_0$ 时命题 $p(n)$ 正确.

(2) 假设当 $n=k$(k 为正整数, $k \geqslant n_0$) 时结论正确, 证明当 $n=k+1$ 时结论成立.

综上, 结论对所有正整数 $n(n \geqslant n_0)$ 成立.

例 1　求证: $1^2+2^2+3^2+\cdots+n^2=\dfrac{n(n+1)(2n+1)}{6}$.

证明　当 $n=1$ 时结论显然成立.

假设当 $n=k$ 时结论正确, 下证 $n=k+1$ 时结论也成立.

因为 $1^2+2^2+3^2+\cdots+k^2=\dfrac{k(k+1)(2k+1)}{6}$, 所以

$$\begin{aligned}1^2+2^2+3^2+\cdots+(k+1)^2 &= \frac{k(k+1)(2k+1)}{6}+(k+1)^2\\ &= \frac{(k+1)[k(2k+1)+6(k+1)]}{6}\\ &= \frac{(k+1)(k+2)(2k+3)}{6}.\end{aligned}$$

于是结论对一切正整数成立, 证毕. □

2. 利用第二数学归纳法证明命题的步骤:

设 $p(n)$ 是一个关于正整数 $n(n \geqslant n_0)$ 的命题,

(1) 证明当 n 小于等于 n_0 时命题 $p(n)$ 正确.

(2) 假设当 $n \leqslant k$ 时 (k 为正整数, $k \geqslant n_0$) 结论正确, 证明当 $n=k+1$ 时结论成立.

综上, 结论对一切正整数 $n(n \geqslant n_0)$ 成立.

例 2　已知数列 $\{a_n\}$ 满足递推关系 $a_n=(\alpha+\beta)a_{n-1}-\alpha\beta a_{n-2}$, $n \geqslant 3$, $\alpha \neq \beta$ 为常数, 其中 $a_1=\alpha+\beta$, $a_2=\alpha^2+\alpha\beta+\beta^2$, 证明 $a_n=\dfrac{\alpha^{n+1}-\beta^{n+1}}{\alpha-\beta}$.

证明　显然当 $n=1$, 2 时结论成立.

假设当 $n \leqslant k$ 时结论正确, 即有

$$a_k=\frac{\alpha^{k+1}-\beta^{k+1}}{\alpha-\beta}, a_{k-1}=\frac{\alpha^k-\beta^k}{\alpha-\beta},$$

下证 $a_{k+1}=\dfrac{\alpha^{k+2}-\beta^{k+2}}{\alpha-\beta}$.

由已知及假设有

$$a_{k+1}=(\alpha+\beta)a_k-\alpha\beta a_{k-1}=(\alpha+\beta)\frac{\alpha^{k+1}-\beta^{k+1}}{\alpha-\beta}-\alpha\beta\frac{\alpha^k-\beta^k}{\alpha-\beta},$$

将上式整理得

$$a_{k+1}=\frac{\alpha^{k+2}-\beta^{k+2}}{\alpha-\beta}.$$

于是，结论对 $n\geqslant 3$ 的正整数成立，结论得证. □

第三节　连加号与连乘号

数学中经常采用一些约定的符号，使得行文更加简洁. 连加号与连乘号是本书中常用的数学符号，因此，这里简单介绍它们的含义及性质.

一、连加号

n 个数 a_1，a_2，…，a_n 的和 $a_1+a_2+\cdots+a_n$ 可以简单记为 $\sum_{i=1}^{n}a_i$，即

$$\sum_{i=1}^{n}a_i=a_1+a_2+\cdots+a_n,$$

其中符号$\sum$称为**连加号**，a_i 表示一般项，$\sum$上下的数字 n 和 1 表示 i 的取值范围，i 称为**求和指标**. 例如：

$$1+3+5+\cdots+(2n-1)=\sum_{i=1}^{n}(2i-1).$$

需要指出的是，求和指标用什么字母表示是无关紧要的. 因为将连加号的和展开时，求和指标不会在数学表达式中出现. 例如：

$$\sum_{i=1}^{n}a_i=\sum_{j=1}^{n}a_j=\sum_{k=1}^{n}a_k=a_1+a_2+\cdots+a_n.$$

容易看出，连加号具有如下性质：

性质 1　$\sum_{i=1}^{n}(a_i+b_i)=\sum_{i=1}^{n}a_i+\sum_{i=1}^{n}b_i$；

性质 2　$\sum_{i=1}^{n}(ta_i)=t\sum_{i=1}^{n}a_i$，其中 t 是与 i 无关的数.

例 1　一元 n 次多项式 $a_0+a_1x+a_2x^2+\cdots+a_nx^n$，使用连加号可以表示为 $\sum_{i=1}^{n}a_ix^i$. □

例 2　二项式定理

$$(a+b)^2=a^n+C_n^1a^{n-1}b+C_n^2a^{n-2}b^2+\cdots+C_n^{n-1}ab^{n-1}+b^n$$

使用连加号可以表示为 $\sum_{i=0}^{n}C_n^ia^{n-i}b^i$. □

现在，设 a_{ij}（$i=1$，2，…，m；$j=1$，2，…，n）是 $m\times n$ 个数，把它们排列成下表

$$\begin{matrix} a_{11} & a_{12} & \cdots & a_{1n} \\ a_{21} & a_{22} & \cdots & a_{2n} \\ \vdots & \vdots & & \vdots \\ a_{m1} & a_{m2} & \cdots & a_{mn} \end{matrix} \tag{0-1}$$

设 S 是它们的总和，我们可以按照下面的方式得到 S：

先把式（0-1）中各行加起来，得到

$$a_{11}+a_{12}+\cdots+a_{1n}=\sum_{j=1}^{n}a_{1j}\triangleq b_1,$$

$$a_{21}+a_{22}+\cdots+a_{2n}=\sum_{j=1}^{n}a_{2j}\triangleq b_2,$$

$$\vdots$$

$$a_{m1}+a_{m2}+\cdots+a_{mn}=\sum_{j=1}^{n}a_{mj}\triangleq b_m.$$

于是

$$S=b_1+b_2+\cdots+b_m=\sum_{i=1}^{m}b_i=\sum_{i=1}^{m}\left(\sum_{j=1}^{n}a_{ij}\right).$$

双重连加号 $\sum_{i=1}^{m}\left(\sum_{j=1}^{n}a_{ij}\right)$ 简记为 $\sum_{i=1}^{m}\sum_{j=1}^{n}a_{ij}$，即 $S=\sum_{i=1}^{m}\sum_{j=1}^{n}a_{ij}$.

如果先把式（0-1）中各列加起来，得到

$$a_{11}+a_{21}+\cdots+a_{m1}=\sum_{i=1}^{m}a_{i1}\triangleq c_1,$$

$$a_{12}+a_{22}+\cdots+a_{m2}=\sum_{i=1}^{m}a_{i2}\triangleq c_2,$$

$$\vdots$$

$$a_{1n}+a_{2n}+\cdots+a_{mn}=\sum_{i=1}^{m}a_{in}\triangleq c_n.$$

于是

$$S=c_1+c_2+\cdots+c_n=\sum_{j=1}^{n}c_j=\sum_{j=1}^{n}\left(\sum_{i=1}^{m}a_{ij}\right).$$

易得：

性质3　$\sum_{i=1}^{m}\sum_{j=1}^{n}a_{ij}=\sum_{j=1}^{n}\sum_{i=1}^{m}a_{ij}$，即双重连加号可以交换次序．

二、连乘号

n 个数 a_1，a_2，…，a_n 的积 $a_1\times a_2\times\cdots\times a_n$ 可以简单记为 $\prod_{i=1}^{n}a_i$，即

$$\prod_{i=1}^{n}a_i=a_1\times a_2\times\cdots\times a_n.$$

在不引起误解的前提下，可略去乘号记为$\prod_{i=1}^{n}a_i = a_1a_2\cdots a_n$. 其中符号“Π”称为**连乘号**，$a_i$ 表示一般项，Π 上下的数字 n 和 1 表示 i 的取值范围，i 为**求积指标**.

连乘号有些性质和连加号是一样的，求积指标用什么字母表示是无关紧要的，即

$$\prod_{i=1}^{n}a_i = \prod_{j=1}^{n}a_j = \prod_{k=1}^{n}a_k.$$

例 3 $\prod_{i=1}^{n}(a_i + b_i) = (a_1 + b_1)(a_2 + b_2)\cdots(a_n + b_n).$ □

例 4 连乘号 $\prod_{n\geqslant i>j\geqslant 1}(x_i - x_j)$ 的含义是指 n 个数 x_1，x_2，…，x_n 在条件 $1\leqslant j<i\leqslant n$ 下所有可能的差（$x_i - x_j$）的连乘积，即

$$\begin{aligned}\prod_{n\geqslant i>j\geqslant 1}(x_i - x_j) = &(x_n - x_1)(x_n - x_2)\cdots(x_n - x_{n-1})\\ &(x_{n-1} - x_1)(x_{n-1} - x_2)\cdots(x_{n-1} - x_{n-2})\cdots\\ &(x_3 - x_1)(x_3 - x_2)(x_2 - x_1).\end{aligned}$$ □

第四节　一元多项式

一、一元多项式的基本概念及运算

一元多项式是代数学的一个基本内容，它的许多结果主要在本书的第五章计算矩阵的特征值以及讨论矩阵的对角化时需要用到，现将可能用到的有关概念与结论做一简单介绍.

定义 0.7 设 x 是一个文字（或称符号），n 是一个非负整数，F 为一个数域，形式表达式

$$f(x) = a_nx^n + a_{n-1}x^{n-1} + \cdots + a_1x + a_0 \tag{0-2}$$

称为数域 F 上的**一元多项式**，其中 $a_i \in F$，$i=0$，1，2，…，n，数域 F 称为**多项式的系数域**.

当 F 是复数域时，$f(x)$ 称为**复系数多项式**；当 F 是实数域时，$f(x)$ 称为**实系数多项式**；当 F 是有理数域时，$f(x)$ 称为**有理系数多项式**；当 $a_i(i=0$，1，…，$n)$ **均为整数时**，$f(x)$ 称为**整系数多项式**.

在式（0-2）中，若 $a_n\neq 0$，则 a_nx^n 称为多项式 $f(x)$ 的**首项**（**或最高次项**），a_n 称为**首项系数**，n 称为多项式的**次数**，a_0 为**常数项**. 若式（0-2）中的系数均为零，则称 $f(x)$ 为**零多项式**.

说明 这里定义的多项式是符号或文字的形式表达式. 当这个符号是未知量时，它就是中学代数中的多项式. 视应用需要，这个符号还可代表其他待定事物. 为了能统一研究未知量和其他待定事物的多项式，我们才抽象地定义了上述形式表达式.

定义 0.8 若多项式 $f(x)$ 与 $g(x)$ 中除去系数为零的项外，同次项

的系数全相等，称**一元多项式** $f(x)$ 与 $g(x)$ **相等**，并记为 $f(x)=g(x)$.

二、一元多项式的根

定义 0.9 设 $f(x)=a_nx^n+a_{n-1}x^{n-1}+\cdots+a_1x+a_0$，$c$ 是数域 F 中的一个数，用 $f(c)$ 表示多项式 $f(x)$ 取 $x=c$ 时的值，即

$$f(c)=a_nc^n+a_{n-1}c^{n-1}+\cdots+a_1c+a_0\in F,$$

若 $f(c)=0$，则称 c 是 $f(x)$ 的一个**根**.

定理 0.1 数域 F 中的数 c 为数域 F 上**多项式** $f(x)$ 的一个根当且仅当 $x-c$ 是 $f(x)$ 的因式，即 $f(x)$ 可表示成 $f(x)=(x-c)q(x)$，其中 $q(x)$ 是数域 F 上的一个**多项式**.

例 1 设 $f(x)=x^3+x^2-2x-2$，证明：-1 是 $f(x)$ 的一个根.

证法一 因 $f(-1)=-1+1+2-2=0$，所以 -1 是 $f(x)$ 的一个根.

证法二 事实上，$x+1$ 是 $f(x)$ 的因式，要证实这一点可仿照数的除法一样列式计算（称为**带余除法**）. 具体做法如下：将被除式 x^3+x^2-2x-2 写在中间，除式 $x+1$ 写在左边，右边留着准备写商式. 先对照被除式的最高次项 x^3 与除式的最高次项 x，得出商式的最高次项为 x^2. 将 x^2 写在右边商式的首位，并将 x^2 与除式 $x+1$ 相乘所得 x^3+x^2 写在被除式 x^3+x^2-2x-2 对应项的下面. 然后两者相减得余式 $-2x-2$，再对照余式和除式的最高次项，得出商式的第二项为 -2. 重复上述做法，直到余式为 0. 整个过程可用竖式表示如下：

$$\begin{array}{r|r|l}
x+1 & x^3+x^2-2x-2 & x^2-2 \\
 & x^3+x^2 & \\
\hline
 & -2x-2 & \\
 & -2x-2 & \\
\hline
 & 0 &
\end{array}$$

所以

$$f(x)=x^3+x^2-2x-2=(x+1)(x^2-2)=(x+1)(x-\sqrt{2})(x+\sqrt{2}),$$

由定理 0.1 可知，-1 是 $f(x)$ 的根，除了 -1，$f(x)$ 还有两个根分别为 $\sqrt{2}$，$-\sqrt{2}$. □

定义 0.10 设 $f(x)$ 是数域 F 上的一个多项式，$c\in F$，k 是正整数，若

$$f(x)=(x-c)^kq(x),$$

其中 $q(x)$ 是数域 F 上的**多项式**，且 $q(c)\neq 0$，则称 c 是 $f(x)$ 的 k **重根**. 当 $k=1$ 时，称为**单根**；当 $k>1$ 时，称为**重根**.

一元多项式根的计算是一个很复杂的问题，下面介绍一元多项式根的一些基本理论.

定理 0.2 （**代数基本定理**）每个次数 $\geqslant 1$ 的复系数多项式在复数域中有一个根.

推论1 每个 $n(n\geqslant 1)$ 次的复系数多项式在复数域中恰有 n 个根（重根按重数计算）.

推论2 设 $f(x)$ 为 n 次多项式，首项系数为 a_n，若 $f(x)$ 的 n 个根为 λ_1，λ_2，…，λ_n，则 $f(x)=a_n(x-\lambda_1)(x-\lambda_2)\cdots(x-\lambda_n)$.

定理0.2与推论1从理论上说明了多项式根的存在性，但没有给出确定这些根的具体方法，下面给出两个定理帮助我们去确定多项式的根.

定理0.3 设 $f(x)=a_nx^n+a_{n-1}x^{n-1}+\cdots+a_1x+a_0$.

（1）若 $a_0=0$，则0是 $f(x)$ 的一个根；

（2）若 $a_n+a_{n-1}+\cdots+a_1+a_0=0$，则1是 $f(x)$ 的一个根；

（3）若奇次项系数之和与偶次项系数之和相等，则 -1 是 $f(x)$ 的一个根.

证明 在（1）的条件下，有 $f(0)=0$，故0是 $f(x)$ 的一个根，同理可证（2）和（3）. ■

需要注意的是，正是由本定理的（3）得出例1中的 $f(x)$ 有一个根 -1.

定理0.4 设 $f(x)=a_nx^n+a_{n-1}x^{n-1}+\cdots+a_1x+a_0$ 是一个整系数多项式，若 $f(x)$ 有一个有理根 $\frac{r}{s}$，其中 r，s 是互素整数（即 r，s 的公因子只有 ±1），则 s 是 a_n 的一个因数，而 r 是 a_0 的一个因数. 特别地，若 $f(x)$ 的首项系数 $a_n=1$，则 $f(x)$ 的有理根都是整数，且均为 a_0 的因数.

【同步训练】

求 $f(x)=\frac{1}{3}x^3-\frac{2}{3}x^2-\frac{1}{3}x+\frac{2}{3}$ 的有理根.

例2 求 $f(x)=\frac{1}{2}x^3-2x^2+\frac{3}{2}x+1$ 的有理根.

解 因 $f(x)=\frac{1}{2}(x^3-4x^2+3x+2)$，所以 $f(x)$ 与整系数多项式 $g(x)=x^3-4x^2+3x+2$ 有相同的根. 由定理0.4知，$g(x)$ 的有理根只可能是 ±1，±2. 计算得

$$g(1)=2\neq0,g(-1)=-6\neq0,g(2)=0,g(-2)=-28\neq0.$$

所以 $g(x)$ 的有理根只有一个2. 即 $f(x)$ 的有理根只有一个2. □

第一章　行　列　式

重点难点提示：

知识点	重点	难点	要求
行列式的概念	•	•	理解
行列式的基本性质	•		掌握
余子式、代数余子式	•		掌握
行列式按行（列）展开定理	•	•	掌握
行列式的计算方法	•	•	掌握
克拉默法则			了解

行列式的概念是伴随着求解线性方程组而发展起来的，它是研究线性代数的一个重要工具．行列式的提出，可以追溯到 17 世纪，最初的雏形是由德国数学家莱布尼茨（微积分学奠基人之一）与日本数学家关孝和各自独立得出的，时间大致相同．1693 年，莱布尼茨在研究三元一次方程组的过程中，在没有矩阵定义的条件下，使用了行列式求解方程组，并讨论了解的情况．莱布尼茨对行列式的研究成果中已经包含了行列式的展开和克拉默法则，但这些成果当时并不为人所知．事实上，在用初等代数解二元和三元线性方程组时，我们已经利用了二阶、三阶行列式．在本章，我们将结合二元、三元线性方程组的解给出二阶、三阶行列式的定义，通过总结二阶、三阶行列式的规律，引入 n 阶行列式的概念，进而分析 n 阶行列式的性质和计算方法．

第一节　n 阶行列式

一、二阶、三阶行列式

二阶、三阶行列式是从二元、三元线性方程组的解中引出来的，所以我们先回忆初等代数中二元、三元线性方程组的解法．考虑如下方程组

$$\begin{cases} a_{11}x_1 + a_{12}x_2 = b_1, \\ a_{21}x_1 + a_{22}x_2 = b_2. \end{cases} \tag{1-1}$$

利用消元法解此方程组，在方程组（1-1）第一个方程的左右两边同时乘以 a_{22}，得

$$a_{22}a_{11}x_1 + a_{22}a_{12}x_2 = a_{22}b_1; \tag{1-2}$$

再在方程组（1-1）第二个方程的左右两边同时乘以 a_{12}，得

$$a_{12}a_{21}x_1+a_{12}a_{22}x_2=a_{12}b_2;\tag{1-3}$$

然后式（1-2）减去式（1-3）消去 x_2，得

$$(a_{11}a_{22}-a_{12}a_{21})x_1=b_1a_{22}-b_2a_{12}.$$

若 $a_{11}a_{22}-a_{12}a_{21}\neq 0$，则得到

$$x_1=\frac{b_1a_{22}-b_2a_{12}}{a_{11}a_{22}-a_{12}a_{21}}.$$

同理，在方程组（1-1）第一个方程的左右两边同时乘以 a_{21}，再在方程组（1-1）第二个方程的左右两边同时乘以 a_{11}，然后相减，若 $a_{11}a_{22}-a_{12}a_{21}\neq 0$，则得到

$$x_2=\frac{b_2a_{11}-b_1a_{21}}{a_{11}a_{22}-a_{12}a_{21}}.$$

故方程组（1-1）在 $a_{11}a_{22}-a_{12}a_{21}\neq 0$ 的条件下，有唯一解

$$x_1=\frac{b_1a_{22}-b_2a_{12}}{a_{11}a_{22}-a_{12}a_{21}},x_2=\frac{b_2a_{11}-b_1a_{21}}{a_{11}a_{22}-a_{12}a_{21}}.$$

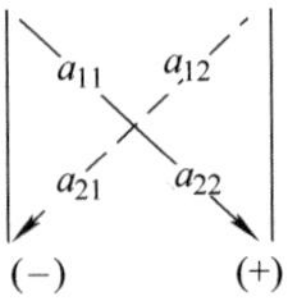

图 1-1

为了方便记忆上述结果，我们引入如下记号

$$D=\begin{vmatrix}a_{11}&a_{12}\\a_{21}&a_{22}\end{vmatrix}=a_{11}a_{22}-a_{21}a_{12}.\tag{1-4}$$

并称它为**二阶行列式（determinant）**．二阶行列式中的横排和竖排分别称为行列式的**行**和**列**，其中数 a_{ij}（i，$j=1$，2）称为行列式的**元素**．二阶行列式的计算也可以按照图 1-1 记忆．有了二阶行列式的概念，当 $D\neq 0$时，方程组(1-1)的解可表示为

$$x_1=\frac{D_1}{D},x_2=\frac{D_2}{D},\tag{1-5}$$

其中 D_1 就是将行列式 D 中第一列的元素换成方程组（1-1）的两个常数项 b_1，b_2，即

$$D_1=\begin{vmatrix}b_1&a_{12}\\b_2&a_{22}\end{vmatrix}=b_1a_{22}-b_2a_{12};$$

而 D_2 就是将行列式 D 中第二列的元素换成方程组（1-1）的两个常数项 b_1，b_2，即

$$D_2=\begin{vmatrix}a_{11}&b_1\\a_{21}&b_2\end{vmatrix}=a_{11}b_2-a_{21}b_1.$$

总之，当方程组（1-1）中未知量的系数所排成的行列式 $D\neq 0$ 时，方程组（1-1）的解就可由（1-5）得到．

对三元线性方程组

$$\begin{cases}a_{11}x_1+a_{12}x_2+a_{13}x_3=b_1,\\a_{21}x_1+a_{22}x_2+a_{23}x_3=b_2,\\a_{31}x_1+a_{32}x_2+a_{33}x_3=b_3.\end{cases}\tag{1-6}$$

同样，由消元法可得，当

$D = a_{11}a_{22}a_{33} + a_{12}a_{23}a_{31} + a_{13}a_{21}a_{32} - a_{11}a_{23}a_{32} - a_{12}a_{21}a_{33} - a_{13}a_{22}a_{31} \neq 0$ 时，方程组（1-6）的解为

$$\begin{cases} x_1 = \dfrac{1}{D}(b_1a_{22}a_{33} + a_{12}a_{23}b_3 + a_{13}b_2a_{32} - b_1a_{23}a_{32} - a_{12}b_2a_{33} - a_{13}a_{22}b_3), \\ x_2 = \dfrac{1}{D}(a_{11}b_2a_{33} + b_1a_{23}a_{31} + a_{13}a_{21}b_3 - a_{11}a_{23}b_3 - b_1a_{21}a_{33} - a_{13}b_2a_{31}), \\ x_3 = \dfrac{1}{D}(a_{11}a_{22}b_3 + a_{12}b_2a_{31} + b_1a_{21}a_{32} - a_{11}b_2a_{32} - a_{12}a_{21}b_3 - b_1a_{22}a_{31}). \end{cases} \tag{1-7}$$

【同步训练1】 计算三阶行列式 $D = \begin{vmatrix} 4 & 0 & -2 \\ -1 & 3 & 1 \\ 2 & 2 & -4 \end{vmatrix}$.

类似地，为了方便记忆引入记号

$$D = \begin{vmatrix} a_{11} & a_{12} & a_{13} \\ a_{21} & a_{22} & a_{23} \\ a_{31} & a_{32} & a_{33} \end{vmatrix} = a_{11}a_{22}a_{33} + a_{12}a_{23}a_{31} + a_{13}a_{21}a_{32} - a_{11}a_{23}a_{32} - a_{12}a_{21}a_{33} - a_{13}a_{22}a_{31}, \tag{1-8}$$

并称其为**三阶行列式**. 三阶行列式所表示的代数和也可以用图 1-2 记忆，图中，沿各实线相连的三个数的乘积取正号，沿各虚线相连的三个数的乘积取负号.

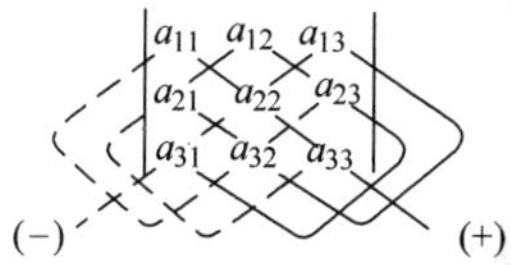

图 1-2

例 1 计算三阶行列式 $D = \begin{vmatrix} 2 & 0 & -3 \\ 1 & 5 & 2 \\ 0 & -1 & 1 \end{vmatrix}$.

解 由定义，

$$\begin{aligned} D &= \begin{vmatrix} 2 & 0 & -3 \\ 1 & 5 & 2 \\ 0 & -1 & 1 \end{vmatrix} \\ &= 2\times5\times1 + 0\times2\times0 + (-3)\times1\times(-1) - (-3)\times \\ &\quad 5\times0 - 0\times1\times1 - 2\times2\times(-1) \\ &= 10 + 0 + 3 - 0 - 0 + 4 = 17. \end{aligned}$$ □

有了三阶行列式，对三元线性方程组（1-6），若行列式

$$D = \begin{vmatrix} a_{11} & a_{12} & a_{13} \\ a_{21} & a_{22} & a_{23} \\ a_{31} & a_{32} & a_{33} \end{vmatrix} \neq 0,$$

则方程组（1-6）有唯一解，其结果可以用三阶行列式表示为：

$$x_1 = \frac{D_1}{D},\ x_2 = \frac{D_2}{D}, x_3 = \frac{D_3}{D},$$

其中 D_1，D_2，D_3 是用常数项 b_1，b_2，b_3 分别替换 D 的第 1，2，3 列所得到的行列式，即

$$D_1=\begin{vmatrix} b_1 & a_{12} & a_{13} \\ b_2 & a_{22} & a_{23} \\ b_3 & a_{32} & a_{33} \end{vmatrix},\ D_2=\begin{vmatrix} a_{11} & b_1 & a_{13} \\ a_{21} & b_2 & a_{23} \\ a_{31} & b_3 & a_{33} \end{vmatrix},\ D_3=\begin{vmatrix} a_{11} & a_{12} & b_1 \\ a_{21} & a_{22} & b_2 \\ a_{31} & a_{32} & b_3 \end{vmatrix}.$$

例 2　解线性方程组

$$\begin{cases} 2x_1+x_2-5x_3=-1, \\ x_1-3x_2=-5, \\ 2x_2-3x_3=1. \end{cases}$$

解　因为方程组的系数行列式

$$D=\begin{vmatrix} 2 & 1 & -5 \\ 1 & -3 & 0 \\ 0 & 2 & -3 \end{vmatrix}=11\neq 0,$$

故方程组有唯一解,

$$x_1=\frac{D_1}{D}=1,\ x_2=\frac{D_2}{D}=2,\ x_3=\frac{D_3}{D}=1,$$

其中

$$D_1=\begin{vmatrix} -1 & 1 & -5 \\ -5 & -3 & 0 \\ 1 & 2 & -3 \end{vmatrix}=11,\ D_2=\begin{vmatrix} 2 & -1 & -5 \\ 1 & -5 & 0 \\ 0 & 1 & -3 \end{vmatrix}=22,\ D_3=\begin{vmatrix} 2 & 1 & -1 \\ 1 & -3 & -5 \\ 0 & 2 & 1 \end{vmatrix}=11.$$

□

二、排列与逆序

为了弄清二阶、三阶行列式的规律，并将这一规律进行推广，给出 n 阶行列式的定义，我们首先介绍排列与逆序的概念.

定义 1.1　由自然数 1，2，…，n 组成的一个有序数组 $i_1i_2\cdots i_n$ 称为一个 n 级**排列**（**permutation**）.

例 3　12345，21534 都是 5 级排列.　□

注　n 级排列总共有 $n!$ 个.

在例 3 中，5 级排列 12345 是按从小到大的自然顺序排列的，而在排列 21534 中，大数 2 排在小数 1 之前，大数 5 排在小数 3 之前，大数 5 排在小数 4 之前.

【同步训练 2】　四阶行列式中的项 $a_{14}a_{21}a_{32}a_{43}$ 带何符号?

定义 1.2　在一个排列中，如果有一个较大的数排在一个较小的数的前面，则称这一对数为一个**逆序**. 较小的数排在一个较大的数前面，就构不成逆序. 一个排列中包含的逆序的总数称为该排列的**逆序数**. 排列 $i_1i_2\cdots i_n$ 的逆序数记作 $N(i_1i_2\cdots i_n)$. 一个排列的逆序数为奇数时，称该排列为**奇排列**；逆序数是偶数时，称该排列为**偶排列**.

例 4　53214 为一个 5 级排列，其中 53，52，51，54，32，31，21 均为逆序，故逆序数 $N(53214)=7$，从而 53214 为奇排列.　□

$N(i_1i_2\cdots i_n)$ 的计算方法：先找出排在 i_2 前面的且比 i_2 大的数有多少个，并记此个数为 $\tau(i_2)$，再看 i_3 前面的且比 i_3 大的数有多少个，并记

此个数为 $\tau(i_3)$，…，经过 $n-1$ 次后，即得

$$N(i_1i_2\cdots i_n)=\tau(i_2)+\cdots+\tau(i_n).$$

例 5　n 级排列 $12\cdots n$ 是按照从小到大的顺序排列的，没有逆序，称这一排列为 **n 级标准排列**. □

定义 1.3　在一个排列 $i_1\cdots i_s\cdots i_t\cdots i_n$ 中，如果只交换其中某两个数 i_s 和 i_t 的位置，而其他数的位置不变，就得到一个新的排列 $i_1\cdots i_t\cdots i_s\cdots i_n$，这样的变换称为一个**对换**（**transposition**），记为 $(i_s,\ i_t)$.

例如，排列 53214 经过对换（3，4）成为新排列 54213，可记为 $53214\xrightarrow{(3,\ 4)}54213$. 此对换的实现可以看成经过这样两个过程，先将排列 53214 经过对换（3，2），（3，1），（3，4）变为排列 52143，然后再将排列 52143 经过对换（1，4），（2，4）变为排列 54213.

定理 1.1　任意排列经过一次对换得到的新排列与原排列奇偶性相反.

分析　对换的两个数只有两种情况：相邻和不相邻，所以下面分别证明对换两个相邻数和两个不相邻数时结论都成立. 而证明对换两个相邻数时逆序数的改变比证明对换两个不相邻数时逆序数的改变情形**要简单得多**，故我们先证对换两个相邻数的情况.

证明　(1) 对换两个相邻数：设 n 级排列为

$$i_1i_2\cdots i_sjkj_1j_2\cdots j_t,\ s+t+2=n,$$

下面分析

$$i_1i_2\cdots i_sjkj_1j_2\cdots j_t\xrightarrow{(j,k)}i_1i_2\cdots i_skjj_1j_2\cdots j_t,$$

前后两排列的逆序数的变化. 因为

$$N(i_1i_2\cdots i_sjkj_1j_2\cdots j_t)=\sum_{p=1}^{s}\tau(i_p)+\tau(j)+\tau(k)+\sum_{m=1}^{t}\tau(j_m),$$

$$N(i_1i_2\cdots i_skjj_1j_2\cdots j_t)=\sum_{p=1}^{s}\tau'(i_p)+\tau'(k)+\tau'(j)+\sum_{m=1}^{t}\tau'(j_m),$$

而这两个排列中，除了 j，k 交换位置外，其余未动，也就是说

$$\sum_{p=1}^{s}\tau(i_p)=\sum_{p=1}^{s}\tau'(i_p),\ \sum_{m=1}^{t}\tau(j_m)=\sum_{m=1}^{t}\tau'(j_m),$$

(i) 当 $j<k$ 时，$\tau'(k)+\tau'(j)=\tau(j)+\tau(k)+1$；

(ii) 当 $j>k$ 时，$\tau'(k)+\tau'(j)=\tau(j)+\tau(k)-1$.

即新排列与原排列奇偶性相反.

(2) 对换两个不相邻数：设 n 级排列为 $\cdots ji_1i_2\cdots i_tk\cdots$，下面分析

$$\cdots ji_1i_2\cdots i_tk\cdots\xrightarrow{(j,k)}\cdots ki_1i_2\cdots i_tj\cdots.$$

我们先把

$$\cdots ji_1i_2\cdots i_tk\cdots$$

变为

$$\cdots i_1i_2\cdots i_tkj\cdots,$$

这需经过

$$(j,i_1),(j,i_2),\cdots,(j,i_t),(j,k),$$

共 $t+1$ 次相邻数的对换；再把

$$\cdots i_1 i_2\cdots i_t kj\cdots,$$

变为

$$\cdots k i_1 i_2\cdots i_t j\cdots,$$

又需经过

$$(k,i_t),\cdots,(k,i_2),(k,i_1),$$

共 t 次相邻数的对换，即在得到新排列的过程中共进行了 $2t+1$ 次相邻对换，因此新排列与原排列奇偶性相反． ■

推论 在所有的 n 级排列中，奇排列与偶排列个数相等各占一半．

三、n 阶行列式

为了将二阶、三阶行列式展开式的规律推广，从而得到 n 阶行列式的定义，我们首先分析三阶行列式的特点．从三阶行列式

$$D=\begin{vmatrix} a_{11} & a_{12} & a_{13} \\ a_{21} & a_{22} & a_{23} \\ a_{31} & a_{32} & a_{33} \end{vmatrix}=a_{11}a_{22}a_{33}+a_{12}a_{23}a_{31}+a_{13}a_{21}a_{32}-a_{11}a_{23}a_{32}-a_{12}a_{21}a_{33}-a_{13}a_{22}a_{31}$$

可以看出：

（1）三阶行列式展开式中每一项都是取自不同行不同列 3 个元素的乘积，且每一项在不考虑符号的情况下都可以写成 $a_{1j_1}a_{2j_2}a_{3j_3}$ 的形式，即各项的行指标构成标准排列时，列指标恰好是 6（3!）个 3 级排列中的某一个，故对应的三阶行列式展开式总共有 6（3!）项．

（2）带正号的三项，其行指标构成标准排列，列指标构成的排列 123，231，312 都是偶排列；

带负号的三项，其行指标构成标准排列，列指标构成的排列 132，213，321 都是奇排列．

即，项 $a_{11}a_{22}a_{33}$，$a_{12}a_{23}a_{31}$，$a_{13}a_{21}a_{32}$ 的符号分别为 $(-1)^{N(123)}$，$(-1)^{N(231)}$，$(-1)^{N(312)}$，

项 $a_{11}a_{23}a_{32}$，$a_{12}a_{21}a_{33}$，$a_{13}a_{22}a_{31}$ 的符号分别为 $(-1)^{N(132)}$，$(-1)^{N(213)}$，$(-1)^{N(321)}$．

（3）于是三阶行列式就可写成如下形式

$$\begin{vmatrix} a_{11} & a_{12} & a_{13} \\ a_{21} & a_{22} & a_{23} \\ a_{31} & a_{32} & a_{33} \end{vmatrix}=\sum_{j_1j_2j_3}(-1)^{N(j_1j_2j_3)}a_{1j_1}a_{2j_2}a_{3j_3},$$

其中“$\sum\limits_{j_1j_2j_3}$”表示 $j_1j_2j_3$ 取遍所有的 3 级排列时，对形如 $(-1)^{N(j_1j_2j_3)}a_{1j_1}$

$a_{2j_2}a_{3j_3}$的项求和.

显然上述规律对二阶行列式也成立.

由此我们将上述规律推广，给出 n 阶行列式的定义.

定义 1.4 n 阶行列式 $\begin{vmatrix} a_{11} & a_{12} & \cdots & a_{1n} \\ a_{21} & a_{22} & \cdots & a_{2n} \\ \vdots & \vdots & & \vdots \\ a_{n1} & a_{n2} & \cdots & a_{nn} \end{vmatrix}$ 是 $n!$ 个取自不同行不同列的 n 个元素的乘积

$$a_{1j_1}a_{2j_2}\cdots a_{nj_n} \tag{1-9}$$

的代数和. 当 n 级排列 $j_1j_2\cdots j_n$ 为偶排列时，式（1-9）取正号，当 n 级排列 $j_1j_2\cdots j_n$ 为奇排列时，式（1-9）取负号. 即 n 阶行列式

$$\begin{vmatrix} a_{11} & a_{12} & \cdots & a_{1n} \\ a_{21} & a_{22} & \cdots & a_{2n} \\ \vdots & \vdots & & \vdots \\ a_{n1} & a_{n2} & \cdots & a_{nn} \end{vmatrix} = \sum_{j_1j_2\cdots j_n} (-1)^{N(j_1j_2\cdots j_n)} a_{1j_1}a_{2j_2}\cdots a_{nj_n}, \tag{1-10}$$

其中“$\sum\limits_{j_1j_2\cdots j_n}$”表示对所有 n 级排列求和（其中 $j_1j_2\cdots j_n$ 是 1，2，…，n 的一个排列）. n 阶行列式用记号 D_n 表示，有时也记为 $|a_{ij}|_n$.

对行列式的定义做如下几点说明：

（1）n 级排列共有 $n!$ 个，故 n 阶行列式的展开式中共有 $n!$ 项. 其中每一项都是不同行不同列 n 个元素的乘积，带正号的项和带负号的项各占一半.

（2）当 $n=2$ 时，式（1-10）为二阶行列式，当 $n=3$ 时，式（1-10）为三阶行列式，由式（1-10）知一阶行列式 $|a_{11}|=a_{11}$（注意与绝对值的区别）.

例 6 判断项 $a_{15}a_{26}a_{32}a_{43}a_{51}a_{64}$ 是否是六阶行列式中的一项，若是，它的符号为正还是负？

解 项 $a_{15}a_{26}a_{32}a_{43}a_{51}a_{64}$ 的六个元素来自不同行不同列，故为六阶行列式中的一项. 项 $a_{15}a_{26}a_{32}a_{43}a_{51}a_{64}$ 的行指标构成标准排列，列指标构成的排列为 562314，且 $N(562314)=10$，故项 $a_{15}a_{26}a_{32}a_{43}a_{51}a_{64}$ 的符号为正. □

注 对于项 $a_{11}a_{26}a_{32}a_{46}a_{53}a_{64}$，有两个元素 a_{26}，a_{46} 均来自第六列，故不是六阶行列式中的一项.

例 7 计算行列式 $\begin{vmatrix} 0 & 0 & 3 & 1 \\ 0 & 0 & 11 & 4 \\ 0 & 0 & 2 & 1 \\ 7 & 4 & 6 & 4 \end{vmatrix}$.

分析 由行列式的定义，四阶行列式是 4! 项不同行不同列 4 个元素乘积的代数和. 而注意到行列式中有多个元素为零，这将导致行列式

展开式中的多项为零，故为了计算行列式的值，只需将展开式中的非零项找到即可．

解 第一行非零元为 3，1，我们不妨取 3，那么该项就不能取第一行第三列的元素了，第二行只能取第四列的非零元 4，第三行的元素已不能取第三、四列的元素了，只能取 0，那么即使第四行的元素非零，该项也为 0；第一行元素取 1，情况类似．故此行列式的值为零． □

注 任何一个 n 阶行列式都可以利用行列式的定义去计算其值，但由行列式的定义可知，一个 n 阶行列式展开后有 $n!$ 项，对于阶数比较高的行列式，其计算量可想而知．由例 7 我们可以看到，如果行列式中零元素比较多，计算量比较小，就可以考虑利用行列式的定义去计算．

例 8 计算 n 阶行列式

$$D=\begin{vmatrix} a_{11} & 0 & 0 & \cdots & 0 \\ a_{21} & a_{22} & 0 & \cdots & 0 \\ a_{31} & a_{32} & a_{33} & \cdots & 0 \\ \vdots & \vdots & \vdots & & \vdots \\ a_{n1} & a_{n2} & a_{n3} & \cdots & a_{nn} \end{vmatrix}$$

的值．

解 由 n 阶行列式的定义知：D 为 $n!$ 个取自不同行不同列的 n 个元素乘积的代数和．如果其中有一个元素为 0，则该项为 0. 那么我们看第一行只有 $a_{11}\neq 0$，选取了 a_{11} 后，就不能再找第一列的元素了，那么第二行非零的元素只能选 a_{22}，同理第三行只能选 a_{33}，…，第 n 行只能选 a_{nn}，即 D 中只有项 $a_{11}a_{22}\cdots a_{nn}$ 不为零，而它的行列标均为标准排列，故该项取正号，从而 $D=(-1)^{N(1\,2\,\cdots\,n)}a_{11}a_{22}\cdots a_{nn}=a_{11}a_{22}\cdots a_{nn}$. □

我们称此种形式的行列式为**下三角形行列式**．

行列式中从左上角到右下角的对角线称为行列式的**主对角线**，从右上角到左下角的对角线称为行列式的**副对角线**．主对角线上的每个元素称为**主对角元素**．

同理，$D=\begin{vmatrix} a_{11} & a_{12} & a_{13} & \cdots & a_{1n} \\ 0 & a_{22} & a_{23} & \cdots & a_{2n} \\ 0 & 0 & a_{33} & \cdots & a_{3n} \\ \vdots & \vdots & \vdots & & \vdots \\ 0 & 0 & 0 & \cdots & a_{nn} \end{vmatrix}=a_{11}a_{22}\cdots a_{nn}$，其中 $a_{ii}\neq 0(i=1,2,\cdots,n)$．

我们称此种形式的行列式为**上三角形行列式**．

特殊地，$D=\begin{vmatrix} a_{11} & 0 & 0 & \cdots & 0 \\ 0 & a_{22} & 0 & \cdots & 0 \\ 0 & 0 & a_{33} & \cdots & 0 \\ \vdots & \vdots & \vdots & & \vdots \\ 0 & 0 & 0 & \cdots & a_{nn} \end{vmatrix}=a_{11}a_{22}\cdots a_{nn}$，其中 $a_{ii}\neq 0$ $(i=1,2,\cdots,n)$.

我们称此种形式的行列式为**对角形行列式**.

上三角形行列式、下三角形行列式、对角形行列式统称**三角形行列式**.

例 9 计算 n 阶行列式 $D=\begin{vmatrix} 0 & 0 & \cdots & 0 & a_{1n} \\ 0 & 0 & \cdots & a_{2,n-1} & a_{2n} \\ \vdots & \vdots & & \vdots & \vdots \\ 0 & a_{n-1,2} & \cdots & a_{n-1,n-1} & a_{n-1,n} \\ a_{n1} & a_{n2} & \cdots & a_{n,n-1} & a_{nn} \end{vmatrix}$.

解 由 n 阶行列式的定义知：D 为 $n!$ 个取自不同行不同列的 n 个元素乘积的代数和．第一行非零元素只有 a_{1n}，选取后，就不能再取第 n 列的元素了，那么第二行元素只能取 $a_{2,n-1}$，…，依次下去，第 $n-1$ 行只能取 $a_{n-1,2}$，第 n 行只能选 a_{n1}，即 D 中只有项 $a_{1n}a_{2,n-1}\cdots a_{n1}$ 不为零，而行指标为标准排列，列指标构成的排列的逆序数为 $N(n\ n-1\cdots 2\ 1)=\frac{n(n-1)}{2}$. 故 $D=(-1)^{\frac{n(n-1)}{2}}a_{1n}a_{2,n-1}\cdots a_{n1}$. □

注 此时该项符号与 n 有关，如 $n=4$，5 时，$(-1)^{\frac{n(n-1)}{2}}$ 为正，$n=6$，7 时，$(-1)^{\frac{n(n-1)}{2}}$ 为负.

类似地，$D=\begin{vmatrix} a_{11} & a_{12} & \cdots & a_{1,n-1} & a_{1n} \\ a_{21} & a_{22} & \cdots & a_{2,n-1} & 0 \\ \vdots & \vdots & & \vdots & \vdots \\ a_{n-1,1} & a_{n-1,2} & \cdots & 0 & 0 \\ a_{n1} & 0 & \cdots & 0 & 0 \end{vmatrix}=(-1)^{\frac{n(n-1)}{2}}a_{1n}a_{2,n-1}\cdots a_{n1}$；

$$D=\begin{vmatrix} 0 & 0 & \cdots & 0 & a_{1n} \\ 0 & 0 & \cdots & a_{2,n-1} & 0 \\ \vdots & \vdots & & \vdots & \vdots \\ 0 & a_{n-1,2} & \cdots & 0 & 0 \\ a_{n1} & 0 & \cdots & 0 & 0 \end{vmatrix}=(-1)^{\frac{n(n-1)}{2}}a_{1n}a_{2,n-1}\cdots a_{n1}.$$

四、行列式定义的等价描述

定义 1.4 中各项的行指标均构成标准排列，而数的乘法满足交换律，

【同步训练 3】

计算行列式
$$\begin{vmatrix} 0 & 0 & \cdots & 0 & 1 \\ 0 & 0 & \cdots & 2 & 1 \\ \vdots & \vdots & & \vdots & \vdots \\ 0 & n-1 & \cdots & 1 & 1 \\ n & 1 & \cdots & 1 & 1 \end{vmatrix}$$
的值.

当交换元素的顺序时，行列式还有以下描述.

（1）如果 n 阶行列式 $|a_{ij}|_n$ 是 $n!$ 个不同列不同行 n 个元素的乘积

$$a_{j_1 1}a_{j_2 2}\cdots a_{j_n n}$$

的代数和，各项的列指标均构成标准排列，当行指标构成的 n 级排列 $j_1j_2\cdots j_n$ 为偶排列时，该项取正号，反之，取负号. 即

$$\begin{vmatrix} a_{11} & a_{12} & \cdots & a_{1n} \\ a_{21} & a_{22} & \cdots & a_{2n} \\ \vdots & \vdots & & \vdots \\ a_{n1} & a_{n2} & \cdots & a_{nn} \end{vmatrix} = \sum_{j_1j_2\cdots j_n}(-1)^{N(j_1j_2\cdots j_n)}a_{j_1 1}a_{j_2 2}\cdots a_{j_n n}.$$

（2）n 阶行列式 $|a_{ij}|_n$ 的项也可以写成

$$a_{i_1j_1}a_{i_2j_2}\cdots a_{i_nj_n},$$

利用排列的知识，可证它的符号为

$$(-1)^{N(i_1i_2\cdots i_n)+N(j_1j_2\cdots j_n)},$$

即 n 阶行列式也可以表示成

$$\begin{vmatrix} a_{11} & a_{12} & \cdots & a_{1n} \\ a_{21} & a_{22} & \cdots & a_{2n} \\ \vdots & \vdots & & \vdots \\ a_{n1} & a_{n2} & \cdots & a_{nn} \end{vmatrix} = \sum_{j_1j_2\cdots j_n}(-1)^{N(i_1i_2\cdots i_n)+N(j_1j_2\cdots j_n)}a_{i_1j_1}a_{i_2j_2}\cdots a_{i_nj_n}.$$

例如，六阶行列式中项 $a_{51}a_{32}a_{15}a_{43}a_{64}a_{26}$ 的符号可由行指标构成的排列 531462 与列指标构成的排列 125346 的逆序数的和所确定. 而

$$N(531462)+N(125346)=8+2=10,$$

故项 $a_{51}a_{32}a_{15}a_{43}a_{64}a_{26}$ 的符号为正.

第二节　行列式的性质

一、行列式的性质

如果我们只用行列式的定义计算行列式，那么计算量就太大了. 下面我们给出行列式的性质，来帮助我们简化行列式的计算.

性质 1　将行列式的行、列互换，行列式的值不变，即设

$$D=\begin{vmatrix} a_{11} & a_{12} & \cdots & a_{1n} \\ a_{21} & a_{22} & \cdots & a_{2n} \\ \vdots & \vdots & & \vdots \\ a_{n1} & a_{n2} & \cdots & a_{nn} \end{vmatrix},\quad D^{\mathrm{T}}=\begin{vmatrix} a_{11} & a_{21} & \cdots & a_{n1} \\ a_{12} & a_{22} & \cdots & a_{n2} \\ \vdots & \vdots & & \vdots \\ a_{1n} & a_{2n} & \cdots & a_{nn} \end{vmatrix},$$

则 $D=D^{\mathrm{T}}$. 行列式 D^{T} 称为行列式 D 的**转置**（**transposition**）.

证明　令 $D^{\mathrm{T}}=\begin{vmatrix} a_{11} & a_{21} & \cdots & a_{n1} \\ a_{12} & a_{22} & \cdots & a_{n2} \\ \vdots & \vdots & & \vdots \\ a_{1n} & a_{2n} & \cdots & a_{nn} \end{vmatrix}=\begin{vmatrix} b_{11} & b_{12} & \cdots & b_{1n} \\ b_{21} & b_{22} & \cdots & b_{2n} \\ \vdots & \vdots & & \vdots \\ b_{n1} & b_{n2} & \cdots & b_{nn} \end{vmatrix}$，即 $b_{ij}=a_{ji}$ $(i,\ j=1,\ 2,\ \cdots,\ n)$，则

$$D^{\mathrm{T}}=\sum_{j_1j_2\cdots j_n}(-1)^{N(j_1j_2\cdots j_n)}b_{1j_1}b_{2j_2}\cdots b_{nj_n}=\sum_{j_1j_2\cdots j_n}(-1)^{N(j_1j_2\cdots j_n)}a_{j_11}a_{j_22}\cdots a_{j_nn}=D.$$

■

需要注意的是，性质 1 说明行列式中的行与列具有相同的地位，行列式的行具有的性质，列也同样具有，下面我们讨论其他性质时主要以行进行讨论.

性质 2　交换行列式的两行（列），行列式的值变号.

证明　设交换行列式

$$D=\begin{vmatrix} \vdots & \vdots & & \vdots \\ a_{i1} & a_{i2} & \cdots & a_{in} \\ \vdots & \vdots & & \vdots \\ a_{t1} & a_{t2} & \cdots & a_{tn} \\ \vdots & \vdots & & \vdots \end{vmatrix}\begin{matrix} \\ \text{第 } i \text{ 行} \\ \\ \text{第 } t \text{ 行} \\ \\ \end{matrix}$$

的第 i 行和第 t 行（$1\leqslant i<t\leqslant n$），得

$$D_1=\begin{vmatrix} \vdots & \vdots & & \vdots \\ a_{t1} & a_{t2} & \cdots & a_{tn} \\ \vdots & \vdots & & \vdots \\ a_{i1} & a_{i2} & \cdots & a_{in} \\ \vdots & \vdots & & \vdots \end{vmatrix}\begin{matrix} \\ \text{第 } i \text{ 行} \\ \\ \text{第 } t \text{ 行} \\ \\ \end{matrix}.$$

我们分析一下这两个行列式中**一般项**的特点，

$$a_{1j_1}\cdots a_{ij_i}\cdots a_{tj_t}\cdots a_{nj_n}$$

既是 D 中的一项，也是 D_1 中的一项：它是来自不同行不同列的 n 个元素的乘积. 该项在 D 中的符号为

$$(-1)^{N(1\cdots i\cdots t\cdots n)+N(j_1\cdots j_i\cdots j_t\cdots j_n)},$$

在 D_1 中的符号为

$$(-1)^{N(1\cdots t\cdots i\cdots n)+N(j_1\cdots j_i\cdots j_t\cdots j_n)},$$

由于排列 $1\cdots i\cdots t\cdots n$ 与 $1\cdots t\cdots i\cdots n$ 的奇偶性相反，即该项在两个行列式中的符号相反，故 $D_1=-D$.　■

说明：今后将交换行列式的 i，j 两行记作 $r_i\leftrightarrow r_j$；将交换行列式的 i，

j 两列记作 $c_i \leftrightarrow c_j$.

例 1 计算行列式 $D_4=\begin{vmatrix}4&0&0&0\\0&0&2&0\\0&3&0&0\\0&0&0&1\end{vmatrix}$.

解 由性质 2,

$$D_4 \xlongequal{r_2 \leftrightarrow r_3} -\begin{vmatrix}4&0&0&0\\0&3&0&0\\0&0&2&0\\0&0&0&1\end{vmatrix} = -4\times3\times2\times1=-24. \qquad \square$$

推论 如果行列式有两行（列）元素对应相同，则此行列式的值为零.

证明 交换行列式的这两行（列），有 $D=-D$，由此得 $D=0$. ■

性质 3 用数 k 乘行列式的某一行（列），等于用数 k 乘此行列式，即

$$D_1=\begin{vmatrix}a_{11}&a_{12}&\cdots&a_{1n}\\ \vdots&\vdots&&\vdots\\ ka_{i1}&ka_{i2}&\cdots&ka_{in}\\ \vdots&\vdots&&\vdots\\ a_{n1}&a_{n2}&\cdots&a_{nn}\end{vmatrix}=k\begin{vmatrix}a_{11}&a_{12}&\cdots&a_{1n}\\ \vdots&\vdots&&\vdots\\ a_{i1}&a_{i2}&\cdots&a_{in}\\ \vdots&\vdots&&\vdots\\ a_{n1}&a_{n2}&\cdots&a_{nn}\end{vmatrix}=kD.$$

证明

$$\begin{aligned}D_1&=a_{1j_1}a_{2j_2}\cdots(ka_{ij_i})\cdots a_{nj_n}\\&=k\sum_{j_1j_2\cdots j_n}(-1)^{N(j_1j_2\cdots j_i\cdots j_n)}a_{1j_1}a_{2j_2}\cdots a_{ij_i}\cdots a_{nj_n}=kD.\end{aligned} \qquad ■$$

说明：今后将行列式第 i 行的 k 倍记作 kr_i；将行列式第 i 列的 k 倍记作 kc_i.

推论 1 行列式的某一行（列）中所有元素的公因子可以提到行列式的外面.

推论 2 若行列式的某一行（列）元素全为零，则行列式的值为零.

推论 3 行列式中若有两行（列）元素对应成比例，则此行列式的值为零.

例 2 利用行列式的性质证明 $D=\begin{vmatrix}0&a_{12}&a_{13}\\-a_{12}&0&a_{23}\\-a_{13}&-a_{23}&0\end{vmatrix}=0$.

证明 $D=\begin{vmatrix}0&a_{12}&a_{13}\\-a_{12}&0&a_{23}\\-a_{13}&-a_{23}&0\end{vmatrix}=\begin{vmatrix}0&-a_{12}&-a_{13}\\a_{12}&0&-a_{23}\\a_{13}&a_{23}&0\end{vmatrix}$

$$=(-1)^3\begin{vmatrix} 0 & a_{12} & a_{13} \\ -a_{12} & 0 & a_{23} \\ -a_{13} & -a_{23} & 0 \end{vmatrix},$$

即 $D=(-1)^3D=-D$，所以 $D=0$. □

性质 4 若行列式的某一行（列）的元素都是两数之和，不妨设

$$D=\begin{vmatrix} a_{11} & a_{12} & \cdots & a_{1n} \\ \vdots & \vdots & & \vdots \\ b_{i1}+c_{i1} & b_{i2}+c_{i2} & \cdots & b_{in}+c_{in} \\ \vdots & \vdots & & \vdots \\ a_{n1} & a_{n2} & \cdots & a_{nn} \end{vmatrix},$$

则

$$D=\begin{vmatrix} a_{11} & a_{12} & \cdots & a_{1n} \\ \vdots & \vdots & & \vdots \\ b_{i1} & b_{i2} & \cdots & b_{in} \\ \vdots & \vdots & & \vdots \\ a_{n1} & a_{n2} & \cdots & a_{nn} \end{vmatrix}+\begin{vmatrix} a_{11} & a_{12} & \cdots & a_{1n} \\ \vdots & \vdots & & \vdots \\ c_{i1} & c_{i2} & \cdots & c_{in} \\ \vdots & \vdots & & \vdots \\ a_{n1} & a_{n2} & \cdots & a_{nn} \end{vmatrix}=D_1+D_2.$$

证明

$$D=\sum_{j_1j_2\cdots j_n}(-1)^{N(j_1j_2\cdots j_i\cdots j_n)}a_{1j_1}a_{2j_2}\cdots(b_{ij_i}+c_{ij_i})\cdots a_{nj_n}$$

$$=\sum_{j_1j_2\cdots j_n}(-1)^{N(j_1j_2\cdots j_i\cdots j_n)}a_{1j_1}a_{2j_2}\cdots b_{ij_i}\cdots a_{nj_n}+\sum_{j_1j_2\cdots j_n}(-1)^{N(j_1j_2\cdots j_i\cdots j_n)}a_{1j_1}a_{2j_2}\cdots c_{ij_i}\cdots a_{nj_n}$$

$$=\begin{vmatrix} a_{11} & a_{12} & \cdots & a_{1n} \\ \vdots & \vdots & & \vdots \\ b_{i1} & b_{i2} & \cdots & b_{in} \\ \vdots & \vdots & & \vdots \\ a_{n1} & a_{n2} & \cdots & a_{nn} \end{vmatrix}+\begin{vmatrix} a_{11} & a_{12} & \cdots & a_{1n} \\ \vdots & \vdots & & \vdots \\ c_{i1} & c_{i2} & \cdots & c_{in} \\ \vdots & \vdots & & \vdots \\ a_{n1} & a_{n2} & \cdots & a_{nn} \end{vmatrix}=D_1+D_2.$$ ■

思考与讨论

(1) 在性质 4 中，行列式的第 i 行的每个元素都是两个数的和，则行列式可以拆分为两个行列式之和. 如果行列式的某行（列）的每个元素都是 m 个数的和，则行列式可以拆分为多少个行列式之和？

(2) 下列的两个行列式的拆分过程正确吗？若不正确，正确的结果应该是什么？

(i) $\begin{vmatrix} a_{11}+b_{11} & a_{12}+b_{12} \\ a_{21}+b_{21} & a_{22}+b_{22} \end{vmatrix}=\begin{vmatrix} a_{11} & a_{12} \\ a_{21} & a_{22} \end{vmatrix}+\begin{vmatrix} b_{11} & b_{12} \\ b_{21} & b_{22} \end{vmatrix}.$

(ii) $\begin{vmatrix} a_{11}+b_{11} & a_{12}+b_{12} & a_{13}+b_{13} \\ a_{21}+b_{21} & a_{22}+b_{22} & a_{23}+b_{23} \\ a_{31}+b_{31} & a_{32}+b_{32} & a_{33}+b_{33} \end{vmatrix}=\begin{vmatrix} a_{11} & a_{12} & a_{13} \\ a_{21} & a_{22} & a_{23} \\ a_{31} & a_{32} & a_{33} \end{vmatrix}+\begin{vmatrix} b_{11} & b_{12} & b_{13} \\ b_{21} & b_{22} & b_{23} \\ b_{31} & b_{32} & b_{33} \end{vmatrix}.$

(3) 如果 n 阶行列式的每个元素都是两个数的和，则行列式可以拆分为多少个行列式之和？

研讨结论____

____

例 3 计算三阶行列式 $D=\begin{vmatrix}2&198&-2\\2&203&1\\5&498&3\end{vmatrix}$.

解 $D=\begin{vmatrix}2&200-2&-2\\2&200+3&1\\5&500-2&3\end{vmatrix}=\begin{vmatrix}2&200&-2\\2&200&1\\5&500&3\end{vmatrix}+\begin{vmatrix}2&-2&-2\\2&3&1\\5&-2&3\end{vmatrix}$

$=0+62=62.$ □

【同步训练 1】 计算

(1) $\begin{vmatrix}6&2&-1\\3&3&3\\298&304&296\end{vmatrix}$;

(2) $\begin{vmatrix}399&200&404\\197&100&198\\806&400&795\end{vmatrix}$.

性质 5 将行列式的某一行（列）的所有元素都乘以数 k 后加到另一行（列）对应位置的元素上，行列式的值不变，即

$$\begin{vmatrix}a_{11}&a_{12}&\cdots&a_{1n}\\\vdots&\vdots&&\vdots\\a_{i1}&a_{i2}&\cdots&a_{in}\\\vdots&\vdots&&\vdots\\a_{j1}+ka_{i1}&a_{j2}+ka_{i2}&\cdots&a_{jn}+ka_{in}\\\vdots&\vdots&&\vdots\\a_{n1}&a_{n2}&\cdots&a_{nn}\end{vmatrix}=\begin{vmatrix}a_{11}&a_{12}&\cdots&a_{1n}\\\vdots&\vdots&&\vdots\\a_{i1}&a_{i2}&\cdots&a_{in}\\\vdots&\vdots&&\vdots\\a_{j1}&a_{j2}&\cdots&a_{jn}\\\vdots&\vdots&&\vdots\\a_{n1}&a_{n2}&\cdots&a_{nn}\end{vmatrix}.$$

证明 按性质 4 将行列式拆分为两个行列式之和，即

$$\begin{vmatrix}a_{11}&a_{12}&\cdots&a_{1n}\\\vdots&\vdots&&\vdots\\a_{i1}&a_{i2}&\cdots&a_{in}\\\vdots&\vdots&&\vdots\\a_{j1}+ka_{i1}&a_{j2}+ka_{i2}&\cdots&a_{jn}+ka_{in}\\\vdots&\vdots&&\vdots\\a_{n1}&a_{n2}&\cdots&a_{nn}\end{vmatrix}=\begin{vmatrix}a_{11}&a_{12}&\cdots&a_{1n}\\\vdots&\vdots&&\vdots\\a_{i1}&a_{i2}&\cdots&a_{in}\\\vdots&\vdots&&\vdots\\a_{j1}&a_{j2}&\cdots&a_{jn}\\\vdots&\vdots&&\vdots\\a_{n1}&a_{n2}&\cdots&a_{nn}\end{vmatrix}+\begin{vmatrix}a_{11}&a_{12}&\cdots&a_{1n}\\\vdots&\vdots&&\vdots\\a_{i1}&a_{i2}&\cdots&a_{in}\\\vdots&\vdots&&\vdots\\ka_{i1}&ka_{i2}&\cdots&ka_{in}\\\vdots&\vdots&&\vdots\\a_{n1}&a_{n2}&\cdots&a_{nn}\end{vmatrix},$$

若将上述等式记作 $D=D_1+D_2$，则 D_1 为原行列式，D_2 的第 j 行提出公因子 k 后，有两行元素对应成比例，故 $D_2=0$，性质得证． ■

说明：今后将数 k 乘第 j 行加到第 i 行上记作 r_i+kr_j；将数 k 乘第 j 列加到第 i 列上记作 c_i+kc_j.

二、利用行列式的性质计算行列式

利用行列式的性质化行列式为三角形行列式是计算行列式的基本方法，下面举例说明．

例 4 计算四阶行列式 $D=\begin{vmatrix}2&-5&1&2\\-3&7&-1&4\\5&-9&2&7\\4&-6&1&2\end{vmatrix}$.

解法一 $$D=\begin{vmatrix}2&-5&1&2\\-3&7&-1&4\\5&-9&2&7\\4&-6&1&2\end{vmatrix}\xlongequal[r_4-2r_1]{\substack{r_2+\frac{3}{2}r_1\\r_3-\frac{5}{2}r_1}}\begin{vmatrix}2&-5&1&2\\0&-\frac{1}{2}&\frac{1}{2}&7\\0&\frac{7}{2}&-\frac{1}{2}&2\\0&4&-1&-2\end{vmatrix}\xlongequal[r_4+8r_2]{r_3+7r_2}$$

$$\begin{vmatrix}2&-5&1&2\\0&-\frac{1}{2}&\frac{1}{2}&7\\0&0&3&51\\0&0&3&54\end{vmatrix}\xlongequal{r_4-r_3}\begin{vmatrix}2&-5&1&2\\0&-\frac{1}{2}&\frac{1}{2}&7\\0&0&3&51\\0&0&0&3\end{vmatrix}=-9.$$

解法二 $$D=\begin{vmatrix}2&-5&1&2\\-3&7&-1&4\\5&-9&2&7\\4&-6&1&2\end{vmatrix}\xlongequal{c_1\leftrightarrow c_3}-\begin{vmatrix}1&-5&2&2\\-1&7&-3&4\\2&-9&5&7\\1&-6&4&2\end{vmatrix}\xlongequal[r_4-r_1]{\substack{r_3-2r_1\\r_2+r_1}}$$

$$-\begin{vmatrix}1&-5&2&2\\0&2&-1&6\\0&1&1&3\\0&-1&2&0\end{vmatrix}\xlongequal[r_3+r_4]{r_2+2r_4}-\begin{vmatrix}1&-5&2&2\\0&0&3&6\\0&0&3&3\\0&-1&2&0\end{vmatrix}\xlongequal[r_4-r_3]{r_2\leftrightarrow r_4}\begin{vmatrix}1&-5&2&2\\0&-1&2&0\\0&0&3&3\\0&0&0&3\end{vmatrix}=-9.\quad\square$$

注 在上例中，比较解法一与解法二，当第一列第一个元素不为1，而行列式中含有元素1时，为了使得计算简便，我们通常先通过行与列的交换，使得行列式第一列第一个元素变为1，然后再化为上三角形行列式计算.

将行列式化为上三角形行列式计算的步骤如下：

（1）如果行列式第一列元素均为0，则行列式的值为零．如果第一列第一个元素为0，先将第一行与其他行交换使得第一列第一个元素不为0.

（2）把第一行分别乘以适当的数加到其他各行，使得第一列除第一个元素外其余元素全化为0.

（3）用同样的方法处理除去第一行和第一列后余下的低一阶的行列式，如此继续下去，直至使它成为上三角形行列式，这时主对角线上元素的乘积就是所求行列式的值.

例5 计算 $\begin{vmatrix}a_0&1&1&1\\1&a_1&0&0\\1&0&a_2&0\\1&0&0&a_3\end{vmatrix}$ $(a_1a_2a_3\neq0)$.

分析 此类行列式称为**箭形行列式**．我们只需做变换 $c_1-\frac{1}{a_1}c_2$，c_1-

$\frac{1}{a_2}c_3$，$c_1-\frac{1}{a_3}c_4$，就可以化为上三角形行列式．箭形行列式有如下几种情况：

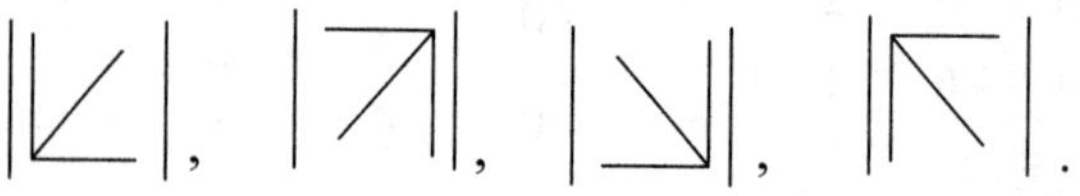

解　原式 $=\begin{vmatrix} a_0-\frac{1}{a_1}-\frac{1}{a_2}-\frac{1}{a_3} & 1 & 1 & 1 \\ 0 & a_1 & 0 & 0 \\ 0 & 0 & a_2 & 0 \\ 0 & 0 & 0 & a_3 \end{vmatrix}=a_1a_2a_3\left(a_0-\frac{1}{a_1}-\frac{1}{a_2}-\frac{1}{a_3}\right).$

□

【同步训练 2】　计算行列式
$$\begin{vmatrix} a_0 & 1 & 1 & \cdots & 1 \\ 1 & a_1 & 0 & \cdots & 0 \\ 1 & 0 & a_2 & \cdots & 0 \\ \vdots & \vdots & \vdots & & \vdots \\ 1 & 0 & 0 & 0 & a_n \end{vmatrix}$$
（$a_1a_2\cdots a_n\neq 0$）的值．

下面再看一个例子，这个例子可以先化为箭形行列式．

例 6　计算 $D_n=\begin{vmatrix} 1+a_1 & 1 & 1 & \cdots & 1 \\ 1 & 1+a_2 & 1 & \cdots & 1 \\ 1 & 1 & 1+a_3 & \cdots & 1 \\ \vdots & \vdots & \vdots & & \vdots \\ 1 & 1 & 1 & \cdots & 1+a_n \end{vmatrix}$ （$a_i\neq 0$，$i=1, 2, \cdots, n$）．

解　$D_n \xlongequal[(i=2,3,\cdots,n)]{r_i-r_1} \begin{vmatrix} 1+a_1 & 1 & 1 & \cdots & 1 \\ -a_1 & a_2 & 0 & \cdots & 0 \\ -a_1 & 0 & a_3 & \cdots & 0 \\ \vdots & \vdots & \vdots & & \vdots \\ -a_1 & 0 & 0 & \cdots & a_n \end{vmatrix} \xlongequal{c_1+\frac{a_1}{a_2}c_2}$

$$\begin{vmatrix} 1+a_1+\frac{a_1}{a_2} & 1 & 1 & \cdots & 1 \\ 0 & a_2 & 0 & \cdots & 0 \\ -a_1 & 0 & a_3 & \cdots & 0 \\ \vdots & \vdots & \vdots & & \vdots \\ -a_1 & 0 & 0 & \cdots & a_n \end{vmatrix} \xlongequal[i=3,4,\cdots,n]{c_1+\frac{a_1}{a_i}c_i}$$

$$\begin{vmatrix} 1+a_1+\frac{a_1}{a_2}+\cdots+\frac{a_1}{a_n} & 1 & 1 & \cdots & 1 \\ 0 & a_2 & 0 & \cdots & 0 \\ 0 & 0 & a_3 & \cdots & 0 \\ \vdots & \vdots & \vdots & & \vdots \\ 0 & 0 & 0 & \cdots & a_n \end{vmatrix}$$

$$= \left(1 + a_1 + \frac{a_1}{a_2} + \cdots + \frac{a_1}{a_n}\right)a_2a_3\cdots a_n = \left(1 + \sum_{i=1}^{n}\frac{1}{a_i}\right)a_1a_2\cdots a_n.$$

□

例7　计算 $D=\begin{vmatrix}6&1&1&1\\1&6&1&1\\1&1&6&1\\1&1&1&6\end{vmatrix}$.

分析　该行列式的每行（列）的和为一定值，如果将各列（行）加到第一列（行）后就可以将此定值作为公因子提取到行列式的外面.

解　$D\xlongequal{c_1+c_2+c_3+c_4}\begin{vmatrix}9&1&1&1\\9&6&1&1\\9&1&6&1\\9&1&1&6\end{vmatrix}=9\begin{vmatrix}1&1&1&1\\1&6&1&1\\1&1&6&1\\1&1&1&6\end{vmatrix}\xlongequal[i=2,3,4]{r_i-r_1}9\begin{vmatrix}1&1&1&1\\0&5&0&0\\0&0&5&0\\0&0&0&5\end{vmatrix}=9\times 5\times5\times5=1125.$

□

类似于上述方法可得到更一般的结果：

$$\begin{vmatrix}a&b&b&\cdots&b\\b&a&b&\cdots&b\\\vdots&\vdots&\vdots&&\vdots\\b&b&b&\cdots&a\end{vmatrix}=[a+(n-1)b](a-b)^{n-1}.$$

例8　计算 $D=\begin{vmatrix}a_1&-a_1&0&0\\0&a_2&-a_2&0\\0&0&a_3&-a_3\\1&1&1&1\end{vmatrix}$.

分析　观察该行列式可以发现相邻列的元素互为相反数，如果将第 i 列加到第 $i+1$ 列会消去一些元素，进而达到化为上三角形行列式的目的.

解　$D\xlongequal{c_2+c_1}\begin{vmatrix}a_1&0&0&0\\0&a_2&-a_2&0\\0&0&a_3&-a_3\\1&2&1&1\end{vmatrix}\xlongequal{c_3+c_2}\begin{vmatrix}a_1&0&0&0\\0&a_2&0&0\\0&0&a_3&-a_3\\1&2&3&1\end{vmatrix}$

$\xlongequal{c_4+c_3}\begin{vmatrix}a_1&0&0&0\\0&a_2&0&0\\0&0&a_3&0\\1&2&3&4\end{vmatrix}=4a_1a_2a_3.$

□

【同步训练3】　计算行列式 $\begin{vmatrix}1+a&1&1&1\\1&1-a&1&1\\1&1&1+b&1\\1&1&1&1-b\end{vmatrix}$.

【同步训练4】　计算 $D_n=\begin{vmatrix}x-a&a&a&\cdots&a\\a&x-a&a&\cdots&a\\\vdots&\vdots&\vdots&&\vdots\\a&a&a&\cdots&x-a\end{vmatrix}$.

第三节　行列式按任一行（列）展开

一、行列式按任一行（列）展开

通过前面的学习，我们知道行列式的阶数越低越容易计算，那么能否将高阶行列式的计算转化为低阶行列式的计算呢？为此我们先给出余子式与代数余子式的概念.

定义 1.5　在 n 阶行列式中，把元素 a_{ij} 所处的第 i 行、第 j 列划去，余下的元素按原顺序形成的 $n-1$ 阶行列式，称为元素 a_{ij} 的**余子式**，记为 M_{ij}，即

$$M_{ij}=\begin{vmatrix} a_{11} & \cdots & a_{1,j-1} & a_{1,j+1} & \cdots & a_{1n} \\ \vdots & & \vdots & \vdots & & \vdots \\ a_{i-1,1} & \cdots & a_{i-1,j-1} & a_{i-1,j+1} & \cdots & a_{i-1,n} \\ a_{i+1,1} & \cdots & a_{i+1,j-1} & a_{i+1,j+1} & \cdots & a_{i+1,n} \\ \vdots & & \vdots & \vdots & & \vdots \\ a_{n1} & \cdots & a_{n,j-1} & a_{n,j+1} & \cdots & a_{nn} \end{vmatrix}.$$

令

$$A_{ij}=(-1)^{i+j}M_{ij},$$

则称 A_{ij} 为 a_{ij} 的**代数余子式**.

例 1　已知三阶行列式 $D=\begin{vmatrix} 6 & 2 & -1 \\ 1 & 3 & 1 \\ 7 & 4 & 2 \end{vmatrix}$，

（1）写出元素 a_{31} 的余子式和代数余子式；

（2）在三阶行列式 $D_1=\begin{vmatrix} 6 & 2 & -1 \\ 1 & 3 & 1 \\ 5 & 4 & 2 \end{vmatrix}$ 中，计算元素 a_{31} 的余子式和代数余子式.

解（1）根据定义 1.5，有 $M_{31}=\begin{vmatrix} 2 & -1 \\ 3 & 1 \end{vmatrix}=5$，$A_{31}=(-1)^{3+1}M_{31}=5$.

（2）观察 D 与 D_1，我们发现 D 与 D_1 除了第三行第一列元素不同外，其余元素都相同，经过计算得 $M_{31}=\begin{vmatrix} 2 & -1 \\ 3 & 1 \end{vmatrix}=5$，$A_{31}=(-1)^{3+1}M_{31}=5$. □

注　从例 1 很容易看出 A_{ij}，M_{ij} 只与元素 a_{ij} 所在的位置有关，而与 a_{ij} 取何值无关.

有了余子式、代数余子式的概念，我们可以将三阶行列式整理如下：

【同步训练 1】　计算行列式

$$D=\begin{vmatrix} 0 & -1 & -1 & 2 \\ 1 & -1 & 0 & 2 \\ -1 & 2 & -1 & 0 \\ 2 & 1 & 1 & 0 \end{vmatrix}$$

中元素 a_{22} 的余子式和代数余子式.

$$D=\begin{vmatrix} a_{11} & a_{12} & a_{13} \\ a_{21} & a_{22} & a_{23} \\ a_{31} & a_{32} & a_{33} \end{vmatrix}$$
$$=a_{11}a_{22}a_{33}+a_{12}a_{23}a_{31}+a_{13}a_{21}a_{32}-a_{11}a_{23}a_{32}-a_{12}a_{21}a_{33}-a_{13}a_{22}a_{31}$$
$$=a_{11}(a_{22}a_{33}-a_{23}a_{32})-a_{12}(a_{21}a_{33}-a_{23}a_{31})+a_{13}(a_{21}a_{32}-a_{22}a_{31})$$
$$=a_{11}\begin{vmatrix} a_{22} & a_{23} \\ a_{32} & a_{33} \end{vmatrix}-a_{12}\begin{vmatrix} a_{21} & a_{23} \\ a_{31} & a_{33} \end{vmatrix}+a_{13}\begin{vmatrix} a_{21} & a_{22} \\ a_{31} & a_{32} \end{vmatrix}$$
$$=a_{11}A_{11}+a_{12}A_{12}+a_{13}A_{13}.$$

类似地，我们还可以将三阶行列式整理成如下几种形式：

$$D=a_{i1}A_{i1}+a_{i2}A_{i2}+a_{i3}A_{i3}(i=2,3),$$
$$D=a_{1j}A_{1j}+a_{2j}A_{2j}+a_{3j}A_{3j}(j=1,2,3).$$

我们把这些结果推广到 n 阶行列式，得到以下定理.

定理 1.2 （行列式按行（列）展开定理） 行列式 D 等于它的任意一行（列）的每个元素与其对应的代数余子式的乘积之和，即

$$D=a_{i1}A_{i1}+a_{i2}A_{i2}+\cdots+a_{in}A_{in}(i=1,2,\cdots,n),$$
$$D=a_{1j}A_{1j}+a_{2j}A_{2j}+\cdots+a_{nj}A_{nj}(j=1,2,\cdots,n).$$

为了证明定理 1.2，我们先给出下面的两个引理.

引理 1.1
$$\begin{vmatrix} a_{11} & a_{12} & \cdots & a_{1,n-1} & a_{1n} \\ a_{21} & a_{22} & \cdots & a_{2,n-1} & a_{2n} \\ \vdots & \vdots & & \vdots & \vdots \\ a_{n-1,1} & a_{n-1,2} & \cdots & a_{n-1,n-1} & a_{n-1,n} \\ 0 & 0 & \cdots & 0 & 1 \end{vmatrix}=\begin{vmatrix} a_{11} & a_{12} & \cdots & a_{1,n-1} \\ a_{21} & a_{22} & \cdots & a_{2,n-1} \\ \vdots & \vdots & & \vdots \\ a_{n-1,1} & a_{n-1,2} & \cdots & a_{n-1,n-1} \end{vmatrix}.$$

证明 左边 $=\sum\limits_{j_1j_2\cdots j_n}(-1)^{N(j_1j_2\cdots j_n)}a_{1j_1}a_{2j_2}\cdots a_{nj_n}$，而左边行列式的第 n 行只有 $a_{nn}=1$ 不为零，故取 $j_n=n$.

$$左边=\sum_{j_1j_2\cdots j_{n-1}n}(-1)^{N(j_1j_2\cdots j_{n-1}n)}a_{1j_1}a_{2j_2}\cdots a_{n-1j_{n-1}}a_{nn}$$
$$=\sum_{j_1j_2\cdots j_{n-1}}(-1)^{N(j_1j_2\cdots j_{n-1})}a_{1j_1}a_{2j_2}\cdots a_{n-1j_{n-1}}\cdot 1=右边.$$ ■

注 右边的行列式实际就是 a_{nn} 的余子式.

引理 1.2
$$\begin{vmatrix} a_{11} & \cdots & a_{1,j-1} & a_{1j} & a_{1,j+1} & \cdots & a_{1n} \\ \vdots & & \vdots & \vdots & \vdots & & \vdots \\ a_{i-1,1} & \cdots & a_{i-1,j-1} & a_{i-1,j} & a_{i-1,j+1} & \cdots & a_{i-1,n} \\ 0 & \cdots & 0 & 1 & 0 & \cdots & 0 \\ a_{i+1,1} & \cdots & a_{i+1,j-1} & a_{i+1,j} & a_{i+1,j+1} & \cdots & a_{i+1,n} \\ \vdots & & \vdots & \vdots & \vdots & & \vdots \\ a_{n1} & \cdots & a_{n,j-1} & a_{nj} & a_{n,j+1} & \cdots & a_{nn} \end{vmatrix}=A_{ij}.$$

证明 把左边行列式的第 i 行与它下面的 $n-i$ 行依次交换，直到换到第 n 行，共交换 $n-i$ 次，得

$$
\text{左边}=(-1)^{n-i}\begin{vmatrix}
a_{11} & \cdots & a_{1,j-1} & a_{1j} & a_{1,j+1} & \cdots & a_{1n} \\
\vdots & & \vdots & \vdots & \vdots & & \vdots \\
a_{i-1,1} & \cdots & a_{i-1,j-1} & a_{i-1,j} & a_{i-1,j+1} & \cdots & a_{i-1,n} \\
a_{i+1,1} & \cdots & a_{i+1,j-1} & a_{i+1,j} & a_{i+1,j+1} & \cdots & a_{i+1,n} \\
\vdots & & \vdots & \vdots & \vdots & & \vdots \\
a_{n1} & \cdots & a_{n,j-1} & a_{nj} & a_{n,j+1} & \cdots & a_{nn} \\
0 & \cdots & 0 & 1 & 0 & \cdots & 0
\end{vmatrix},
$$

再把上面行列式中的第 j 列与它右边的 $n-j$ 列依次交换，直到换到第 n 列，共交换 $n-j$ 次，得

$$
\text{左边}=(-1)^{n-i}(-1)^{n-j}\begin{vmatrix}
a_{11} & \cdots & a_{1,j-1} & a_{1,j+1} & \cdots & a_{1n} & a_{1j} \\
\vdots & & \vdots & \vdots & & \vdots & \vdots \\
a_{i-1,1} & \cdots & a_{i-1,j-1} & a_{i-1,j+1} & \cdots & a_{i-1,n} & a_{i-1,j} \\
a_{i+1,1} & \cdots & a_{i+1,j-1} & a_{i+1,j+1} & \cdots & a_{i+1,n} & a_{i+1,j} \\
\vdots & & \vdots & \vdots & & \vdots & \vdots \\
a_{n1} & \cdots & a_{n,j-1} & a_{n,j+1} & \cdots & a_{nn} & a_{nj} \\
0 & \cdots & 0 & 0 & \cdots & 0 & 1
\end{vmatrix}.
$$

由引理 1.1，右边的行列式等于它左上角的 $n-1$ 阶行列式，即为原行列式中元素 $a_{ij}=1$ 的余子式 M_{ij}，从而

$$
\text{左边}=(-1)^{2n-i-j}M_{ij}=(-1)^{i+j}M_{ij}=A_{ij}. \qquad \blacksquare
$$

下面给出定理 1.2 的证明.

证明
$$
D=\begin{vmatrix}
a_{11} & a_{12} & \cdots & a_{1n} \\
\vdots & \vdots & & \vdots \\
a_{i1} & a_{i2} & \cdots & a_{in} \\
\vdots & \vdots & & \vdots \\
a_{n1} & a_{n2} & \cdots & a_{nn}
\end{vmatrix}
$$

$$
=\begin{vmatrix}
a_{11} & a_{12} & \cdots & a_{1n} \\
\vdots & \vdots & & \vdots \\
a_{i1}+0+\cdots+0 & 0+a_{i2}+0+\cdots+0 & \cdots & 0+\cdots+0+a_{in} \\
\vdots & \vdots & & \vdots \\
a_{n1} & a_{n2} & \cdots & a_{nn}
\end{vmatrix}
$$

$$
=\begin{vmatrix}
a_{11} & a_{12} & \cdots & a_{1n} \\
\vdots & \vdots & & \vdots \\
a_{i1} & 0 & \cdots & 0 \\
\vdots & \vdots & & \vdots \\
a_{n1} & a_{n2} & \cdots & a_{nn}
\end{vmatrix}
+\begin{vmatrix}
a_{11} & a_{12} & \cdots & a_{1n} \\
\vdots & \vdots & & \vdots \\
0 & a_{i2} & \cdots & 0 \\
\vdots & \vdots & & \vdots \\
a_{n1} & a_{n2} & \cdots & a_{nn}
\end{vmatrix}
+\cdots+
\begin{vmatrix}
a_{11} & a_{12} & \cdots & a_{1n} \\
\vdots & \vdots & & \vdots \\
0 & 0 & \cdots & a_{in} \\
\vdots & \vdots & & \vdots \\
a_{n1} & a_{n2} & \cdots & a_{nn}
\end{vmatrix}
$$

$$=a_{i1}\begin{vmatrix} a_{11} & a_{12} & \cdots & a_{1n} \\ \vdots & \vdots & & \vdots \\ 1 & 0 & \cdots & 0 \\ \vdots & \vdots & & \vdots \\ a_{n1} & a_{n2} & \cdots & a_{nn} \end{vmatrix} + a_{i2}\begin{vmatrix} a_{11} & a_{12} & \cdots & a_{1n} \\ \vdots & \vdots & & \vdots \\ 0 & 1 & \cdots & 0 \\ \vdots & \vdots & & \vdots \\ a_{n1} & a_{n2} & \cdots & a_{nn} \end{vmatrix} + \cdots + a_{in}\begin{vmatrix} a_{11} & a_{12} & \cdots & a_{1n} \\ \vdots & \vdots & & \vdots \\ 0 & 0 & \cdots & 1 \\ \vdots & \vdots & & \vdots \\ a_{n1} & a_{n2} & \cdots & a_{nn} \end{vmatrix}$$

$= a_{i1}A_{i1} + a_{i2}A_{i2} + \cdots + a_{in}A_{in}$ $(i=1, 2, \cdots, n)$.

同理有

$$D = a_{1j}A_{1j} + a_{2j}A_{2j} + \cdots + a_{nj}A_{nj}(j=1,2,\cdots,n).$$ ■

例 2 计算行列式 $D=\begin{vmatrix} -5 & 2 & 1 \\ 0 & 7 & 0 \\ 8 & -3 & -9 \end{vmatrix}$.

解法一 按第一行展开

$$D=\begin{vmatrix} -5 & 2 & 1 \\ 0 & 7 & 0 \\ 8 & -3 & -9 \end{vmatrix} = -5\times(-1)^{1+1}\begin{vmatrix} 7 & 0 \\ -3 & -9 \end{vmatrix} + 2\times(-1)^{1+2}\begin{vmatrix} 0 & 0 \\ 8 & -9 \end{vmatrix} + 1\times(-1)^{1+3}\begin{vmatrix} 0 & 7 \\ 8 & -3 \end{vmatrix}$$

$$= -5\times(-63) - 2\times 0 + 1\times(-56) = 259.$$

解法二 按第二行展开

$$D=\begin{vmatrix} -5 & 2 & 1 \\ 0 & 7 & 0 \\ 8 & -3 & -9 \end{vmatrix} = 7\times(-1)^{2+2}\begin{vmatrix} -5 & 1 \\ 8 & -9 \end{vmatrix} = 7\times(45-8) = 259.$$

□

注 比较例 2 中的两种方法可知，利用行列式展开定理计算行列式时，尽量找零多的行或列展开，这样计算量较小.

例 3 已知 $D=\begin{vmatrix} 3 & 1 & 4 & -1 \\ 1 & 2 & 3 & 4 \\ 9 & -1 & 6 & 2 \\ 0 & 2 & 8 & 5 \end{vmatrix}$，求 $1A_{31}+2A_{32}+3A_{33}+4A_{34}$.

解法一 先把 A_{31}，A_{32}，A_{33}，A_{34} 求出来，然后再代入 $1A_{31}+2A_{32}+3A_{33}+4A_{34}$ 求值. 我们可以看出计算量很大（请读者自行求解）.

解法二 运用逆向思维，我们可以反过来用行列式的展开定理，即如果将原行列式中的第 3 行元素用 1，2，3，4 代替，则由行列式的展开定理得到

$$1A_{31}+2A_{32}+3A_{33}+4A_{34}=\begin{vmatrix} 3 & 1 & 4 & -1 \\ 1 & 2 & 3 & 4 \\ 1 & 2 & 3 & 4 \\ 0 & 2 & 8 & 5 \end{vmatrix}=0.$$ □

从例 3 解法二看出 $1A_{31}+2A_{32}+3A_{33}+4A_{34}$ 正好是行列式的第二行的

【同步训练 2】 若 $D_4=\begin{vmatrix} 7 & 3 & 5 & 5 \\ 1 & 4 & 5 & 3 \\ 6 & 9 & 5 & 2 \\ 5 & 8 & 5 & 4 \end{vmatrix}$ 中元素 a_{ij} 的代数余子式为 A_{ij}（i，$j=1$，2，3，4），则 $A_{11}+A_{21}+A_{31}+A_{41}$ 的值是多少？

元素与第三行对应元素的代数余子式的乘积之和，结果为零．这并不是偶然的，我们有下列推论．

推论 行列式某一行（列）的元素与另一行（列）对应元素的代数余子式的乘积之和为零，即

$$a_{i1}A_{j1}+a_{i2}A_{j2}+\cdots+a_{in}A_{jn}=0\ (i\neq j),$$
$$a_{1i}A_{1j}+a_{2i}A_{2j}+\cdots+a_{ni}A_{nj}=0\ (i\neq j).$$

证明
$$0=\begin{vmatrix} a_{11} & a_{12} & \cdots & a_{1n} \\ \vdots & \vdots & & \vdots \\ a_{i1} & a_{i2} & \cdots & a_{in} \\ \vdots & \vdots & & \vdots \\ a_{i1} & a_{i2} & \cdots & a_{in} \\ \vdots & \vdots & & \vdots \\ a_{n1} & a_{n2} & \cdots & a_{nn} \end{vmatrix}\begin{matrix} \\ \\ \text{第 } i \text{ 行} \\ \\ \text{第 } j \text{ 行} \\ \\ \\ \end{matrix} \xlongequal{\text{按第 } j \text{ 行展开}} \sum_{k=1}^{n} a_{ik}A_{jk},$$

故

$$a_{i1}A_{j1}+a_{i2}A_{j2}+\cdots+a_{in}A_{jn}=0\quad(i\neq j).$$

同理，

$$a_{1i}A_{1j}+a_{2i}A_{2j}+\cdots+a_{ni}A_{nj}=0\quad(i\neq j).$$ ■

综上，对于 n 阶行列式 D 有

$$\sum_{k=1}^{n} a_{ik}A_{jk}=\begin{cases} D, & i=j; \\ 0, & i\neq j; \end{cases} \text{和} \sum_{k=1}^{n} a_{ki}A_{kj}=\begin{cases} D, & i=j; \\ 0, & i\neq j \end{cases}.$$

二、利用行列式按行（列）展开定理计算行列式

1. 结合行列式的性质和展开定理计算行列式

利用行列式展开定理，把行列式降为低阶行列式计算的方法，我们称为**降阶法**．利用降阶法计算行列式，我们希望行列式中的零元素越多越好，最好是出现某行或列只有一个非零元；如果没有这样的行或列，可利用行列式的性质，将某行或列化为只有一个非零元的形式，再按该行或列展开．这样一直做下去，计算就简便了．

例 4 计算四阶行列式 $\begin{vmatrix} -1 & -9 & -4 & 3 \\ -5 & 5 & 3 & -2 \\ -12 & -6 & 1 & 1 \\ 9 & 0 & -2 & 1 \end{vmatrix}$.

解
$$D=\begin{vmatrix} -1 & -9 & -4 & 3 \\ -5 & 5 & 3 & -2 \\ -12 & -6 & 1 & 1 \\ 9 & 0 & -2 & 1 \end{vmatrix} \xlongequal{c_3+2c_4} \begin{vmatrix} -1 & -9 & 2 & 3 \\ -5 & 5 & -1 & -2 \\ -12 & -6 & 3 & 1 \\ 9 & 0 & 0 & 1 \end{vmatrix}$$

$$\xlongequal{c_1-9c_4}\begin{vmatrix}-28 & -9 & 2 & 3\\ 13 & 5 & -1 & -2\\ -21 & -6 & 3 & 1\\ 0 & 0 & 0 & 1\end{vmatrix}\xlongequal{\text{按第 4 行展开}}(-1)^{4+4}\begin{vmatrix}-28 & -9 & 2\\ 13 & 5 & -1\\ -21 & -6 & 3\end{vmatrix}$$

$$\xlongequal{r_1+2r_2}\begin{vmatrix}-2 & 1 & 0\\ 13 & 5 & -1\\ -21 & -6 & 3\end{vmatrix}\xlongequal{r_3+3r_2}\begin{vmatrix}-2 & 1 & 0\\ 13 & 5 & -1\\ 18 & 9 & 0\end{vmatrix}$$

$$\xlongequal{\text{按第 3 列展开}}(-1)(-1)^{2+3}\begin{vmatrix}-2 & 1\\ 18 & 9\end{vmatrix}=(-2)\times 9-18\times 1=-36.$$ □

2. 范德蒙德（Vandermonde）行列式

$$D_n=\begin{vmatrix}1 & 1 & \cdots & 1\\ x_1 & x_2 & \cdots & x_n\\ x_1^2 & x_2^2 & \cdots & x_n^2\\ \vdots & \vdots & & \vdots\\ x_1^{n-1} & x_2^{n-1} & \cdots & x_n^{n-1}\end{vmatrix}=\prod_{n\geqslant i>j\geqslant 1}(x_i-x_j)\,(n\geqslant 2).$$

例 5 计算下列行列式的值.

$$(1)\begin{vmatrix}1 & 1 & 1 & 1\\ 2 & 3 & 4 & 5\\ 4 & 9 & 16 & 25\\ 8 & 27 & 64 & 125\end{vmatrix};\qquad (2)\begin{vmatrix}9 & 8 & 7 & 6\\ 2 & 3 & 4 & 5\\ 4 & 9 & 16 & 25\\ 8 & 27 & 64 & 125\end{vmatrix}.$$

分析

（1）观察可知此行列式为范德蒙德行列式，故直接代入计算即可.

（2）此行列式若将第二行加到第一行，第一行就可以提出公因子 11，这样就转化成范德蒙德行列式了.

解 （1）原式 $=(5-2)(5-3)(5-4)(4-2)(4-3)(3-2)=12$.

$$(2)\ 原式\xlongequal{r_1+r_2}\begin{vmatrix}11 & 11 & 11 & 11\\ 2 & 3 & 4 & 5\\ 4 & 9 & 16 & 25\\ 8 & 27 & 64 & 125\end{vmatrix}=11\begin{vmatrix}1 & 1 & 1 & 1\\ 2 & 3 & 4 & 5\\ 4 & 9 & 16 & 25\\ 8 & 27 & 64 & 125\end{vmatrix}$$

$$=11\times 12=132.$$ □

3. 运用递推法计算行列式

（1）如果把行列式 D_n 按某一行（列）直接展开，会出现与原行列式有着相同类型的低阶行列式 D_{n-1}，从而找到 D_n 与 D_{n-1} 的递推关系，又 D_2 易得，由中学数列知识即可计算出 D_n 的值．

例 6 计算 $D_n=\begin{vmatrix}1&-1&0&\cdots&0&0\\2&1&-1&\cdots&0&0\\3&0&1&\cdots&0&0\\\vdots&\vdots&\vdots&&\vdots&\vdots\\n-1&0&0&\cdots&1&-1\\n&0&0&\cdots&0&1\end{vmatrix}$.

解 将 D_n 按照第 n 行展开得，

$$D_n=\begin{vmatrix}1&-1&0&\cdots&0&0\\2&1&-1&\cdots&0&0\\3&0&1&\cdots&0&0\\\vdots&\vdots&\vdots&&\vdots&\vdots\\n-1&0&0&\cdots&1&-1\\n&0&0&\cdots&0&1\end{vmatrix}$$

$$=n(-1)^{n+1}(-1)^{n-1}+1(-1)^{n+n}D_{n-1}=n+D_{n-1}.$$

即 $D_n-D_{n-1}=n$. 其中 $D_1=1$，由数列知识得 $D_n=\frac{n(n+1)}{2}$. □

(2) 对某些复杂行列式 D_n，如果将其按某一行（列）直接展开，找到了行列式 D_n 与 D_{n-1}，D_{n-2} 的递推关系，又因为 D_2，D_1 易得，由中学数列知识即可计算出 D_n 的值．

例 7 计算 $D_n=\begin{vmatrix}2&1&0&\cdots&0&0\\1&2&1&\cdots&0&0\\0&1&2&\cdots&0&0\\\vdots&\vdots&\vdots&&\vdots&\vdots\\0&0&0&\cdots&2&1\\0&0&0&\cdots&1&2\end{vmatrix}$.

分析 形如例 7 的行列式称为**三对角形行列式**，将行列式 D_n 按第一行（列）展开，可得递推关系式，然后再应用数列知识求 D_n 的值．

解 将行列式 D_n 按第一行展开得

$$D_n=2D_{n-1}-D_{n-2},$$

于是

$$D_n-D_{n-1}=D_{n-1}-D_{n-2},$$

逐层递推可得

$$D_n-D_{n-1}=D_2-D_1,$$

又 $D_2-D_1=3-2=1$，所以 $D_n-D_{n-1}=1$，由数列知识得 $D_n=n+1$.

□

注 关于利用范德蒙德行列式和递推法计算行列式的更复杂的例子见本章第五节．

【同步训练 3】 计算

$D_n=\begin{vmatrix}3&2&0&\cdots&0&0\\1&3&2&\cdots&0&0\\0&1&3&\cdots&0&0\\\vdots&\vdots&\vdots&&\vdots&\vdots\\0&0&0&\cdots&3&2\\0&0&0&\cdots&1&3\end{vmatrix}$.

*三、拉普拉斯（Laplace）定理 行列式的乘法规则

用前面所学知识可验证下面特殊的四阶行列式可用两个二阶行列式的乘积来计算：

$$\begin{vmatrix}1 & 6 & 0 & 0\\ 2 & 3 & 0 & 0\\ 5 & -9 & -1 & 5\\ 4 & 10 & 7 & 2\end{vmatrix}=\begin{vmatrix}1 & 6\\ 2 & 3\end{vmatrix}\begin{vmatrix}-1 & 5\\ 7 & 2\end{vmatrix}.$$

这样漂亮的结果源于我们下面要引入的拉普拉斯定理．拉普拉斯定理可看成行列式按一行（列）展开这一规律的推广．为此，首先引入子式的余子式和代数余子式的概念．

定义 1.6 在一个 $n(n\geqslant 2)$ 阶行列式 $D=|a_{ij}|_n$ 中，任选 k 行 k 列 $(k\leqslant n)$，位于这些行和列的交叉处的 k^2 个元素按照原来的顺序构成的 k 阶行列式 M 称为 D 的一个 **k 阶子式**．在 D 中划去这 k 行 k 列后，剩下的元素按原来的顺序构成的 $n-k$ 阶行列式 M' 称为 k 阶子式 M 的**余子式**．

从定义可看出，M 也是 M' 的余子式，所以 M 和 M' 可以称为 D 的一对互余的子式．

定义 1.7 设 M' 是 M 的余子式，M 在 D 中所在的行、列指标分别是 $i_1,i_2,\cdots i_k;j_1,j_2,\cdots j_k$，其中 $1\leqslant i_1<i_2<\cdots<i_k\leqslant n;1\leqslant j_1<j_2<\cdots<j_k\leqslant n$，称 $A=(-1)^{(i_1+i_2+\cdots+i_k)+(j_1+j_2+\cdots+j_k)}M'$ 为 k 阶子式 M 的**代数余子式**．

例 8 在 $D=\begin{vmatrix}1 & 6 & 0 & 0\\ 2 & 3 & 0 & 0\\ 5 & -9 & -1 & 5\\ 4 & 10 & 7 & 2\end{vmatrix}$ 中，取第一、二行，第一、二列，得到 D 的一个二阶子式 $M_1=\begin{vmatrix}1 & 6\\ 2 & 3\end{vmatrix}$．在 D 中划去第一、二行，第一、二列，得到 M_1 的余子式 $M'_1=\begin{vmatrix}-1 & 5\\ 7 & 2\end{vmatrix}$，$M_1$ 的代数余子式为

$$A_1=(-1)^{(1+2)+(1+2)}\begin{vmatrix}-1 & 5\\ 7 & 2\end{vmatrix}.$$

在 D 中，取第一、三行，第二、三列，得到 D 的一个二阶子式 $M_2=\begin{vmatrix}6 & 0\\ -9 & -1\end{vmatrix}$．在 D 中划去第一、三行，第二、三列，得到 M_2 的余子式 $M'_2=\begin{vmatrix}2 & 0\\ 4 & 2\end{vmatrix}$，$M_2$ 的代数余子式为

$$A_2=(-1)^{(1+3)+(2+3)}\begin{vmatrix}2 & 0\\ 4 & 2\end{vmatrix}.$$ □

由此看出：D 的余子式 M' 和代数余子式 A 由子式 M 决定．一般地，

从 n 阶行列式 D 中，任选 k 行（$k \leqslant n$）有 C_n^k 种方法，任选 k 列有 C_n^k 种方法，故 n 阶行列式 D 的 k 阶子式共有 $(C_n^k)^2$ 个.

定理 1.3 （拉普拉斯定理）设在 $n(n \geqslant 2)$ 阶行列式 D 中任意取定 $k(1 \leqslant k < n)$ 行（或列），由这 k 行（或列）元素所产生的一切 k 阶子式与它们的代数余子式的乘积的和等于行列式 D 的值.

证明略.

设 $D = |a_{ij}|_n$ 的取定 k 行的所有 k 阶子式分别为 M_1，M_2，…，M_s，它们的代数余子式分别为 A_1，A_2，…，$A_s(s = C_n^k)$，则

$$D = M_1A_1 + M_2A_2 + \cdots + M_sA_s (s = C_n^k).$$

例 9 在 $D = \begin{vmatrix} 1 & 6 & 0 & 0 \\ 2 & 3 & 0 & 0 \\ 5 & -9 & -1 & 5 \\ 4 & 10 & 7 & 2 \end{vmatrix}$ 中，取定第一、二行，得到 D 的 6 个二阶子式

$$M_1 = \begin{vmatrix} 1 & 6 \\ 2 & 3 \end{vmatrix},\ M_2 = \begin{vmatrix} 1 & 0 \\ 2 & 0 \end{vmatrix},\ M_3 = \begin{vmatrix} 1 & 0 \\ 2 & 0 \end{vmatrix},$$

$$M_4 = \begin{vmatrix} 6 & 0 \\ 3 & 0 \end{vmatrix},\ M_5 = \begin{vmatrix} 6 & 0 \\ 3 & 0 \end{vmatrix},\ M_6 = \begin{vmatrix} 0 & 0 \\ 0 & 0 \end{vmatrix}.$$

但其中只有 M_1 不为零，M_1 的代数余子式为

$$A_1 = (-1)^{(1+2)+(1+2)} \begin{vmatrix} -1 & 5 \\ 7 & 2 \end{vmatrix}.$$

因此

$$D = M_1A_1 = \begin{vmatrix} 1 & 6 \\ 2 & 3 \end{vmatrix} \begin{vmatrix} -1 & 5 \\ 7 & 2 \end{vmatrix} = 333.$$ □

定理 1.4 两个 n 阶行列式 $D_1 = \begin{vmatrix} a_{11} & a_{12} & \cdots & a_{1n} \\ a_{21} & a_{22} & \cdots & a_{2n} \\ \vdots & \vdots & & \vdots \\ a_{n1} & a_{n2} & \cdots & a_{nn} \end{vmatrix}$ 和 $D_2 = \begin{vmatrix} b_{11} & b_{12} & \cdots & b_{1n} \\ b_{21} & b_{22} & \cdots & b_{2n} \\ \vdots & \vdots & & \vdots \\ b_{n1} & b_{n2} & \cdots & b_{nn} \end{vmatrix}$ 的乘积等于一个 n 阶行列式

$$C = \begin{vmatrix} c_{11} & c_{12} & \cdots & c_{1n} \\ c_{21} & c_{22} & \cdots & c_{2n} \\ \vdots & \vdots & & \vdots \\ c_{n1} & c_{n2} & \cdots & c_{nn} \end{vmatrix},$$

其中 c_{ij} 是 D_1 的第 i 行元素分别与 D_2 的第 j 列的对应元素乘积之和：

$$c_{ij}=a_{i1}b_{1j}+a_{i2}b_{2j}+\cdots+a_{in}b_{nj}\,(1\leqslant i,j\leqslant n).$$

第四节　克拉默（Cramer）法则

本节讨论一类线性方程组——含 n 个未知量 n 个方程的线性方程组

$$\begin{cases}a_{11}x_1+a_{12}x_2+\cdots+a_{1n}x_n=b_1,\\ a_{21}x_1+a_{22}x_2+\cdots+a_{2n}x_n=b_2,\\ \quad\vdots\\ a_{n1}x_1+a_{n2}x_2+\cdots+a_{nn}x_n=b_n.\end{cases}\tag{1-11}$$

当它的系数行列式

$$D=\begin{vmatrix}a_{11}&a_{12}&\cdots&a_{1n}\\a_{21}&a_{22}&\cdots&a_{2n}\\\vdots&\vdots&&\vdots\\a_{n1}&a_{n2}&\cdots&a_{nn}\end{vmatrix}$$

不为零时解的情形.

定理 1.5　（**克拉默法则**）如果线性方程组（1-11）的系数行列式不等于零，则方程组（1-11）有且仅有一组解：

$$x_1=\frac{D_1}{D},x_2=\frac{D_2}{D},\cdots,x_n=\frac{D_n}{D},\tag{1-12}$$

其中 $D_j(j=1,\ 2,\ \cdots,\ n)$ 是把系数行列式 D 中的第 j 列的元素分别用常数项 b_1，b_2，…，b_n 代替后所得到的 n 阶行列式

$$D_j=\begin{vmatrix}a_{11}&\cdots&a_{1,j-1}&b_1&a_{1,j+1}&\cdots&a_{1n}\\a_{21}&\cdots&a_{2,j-1}&b_2&a_{2,j+1}&\cdots&a_{2n}\\\vdots&&\vdots&\vdots&\vdots&&\vdots\\a_{n1}&\cdots&a_{n,j-1}&b_n&a_{n,j+1}&\cdots&a_{nn}\end{vmatrix}.$$

分析　我们先验证式（1-12）确为式（1-11）的解，即式（1-11）有解；再证式（1-11）的解是唯一的，即如果有其他解，其解必为式（1-12）.

证明　把式（1-12）代入式（1-11）中的第 i（$i=1,\ 2,\ \cdots,\ n$）个方程

$$a_{i1}x_1+a_{i2}x_2+\cdots+a_{in}x_n=b_i,$$

$$\text{左边}=a_{i1}\frac{D_1}{D}+a_{i2}\frac{D_2}{D}+\cdots+a_{in}\frac{D_n}{D}=\frac{1}{D}(a_{i1}D_1+a_{i2}D_2+\cdots+a_{in}D_n),$$

而 $D_j(j=1,\ 2,\ \cdots,\ n)$ 中除了第 j 列其余各列均与 D 的相应列相同，故 $D_j(j=1,\ 2,\ \cdots,\ n)$ 的第 j 列元素的代数余子式与 D 的第 j 列相应元素的代数余子式相同，即

$$D_j = b_1A_{1j} + b_2A_{2j} + \cdots + b_nA_{nj}(j=1,2,\cdots,n).$$

$$\text{左边} = \frac{1}{D}[a_{i1}(b_1A_{11} + b_2A_{21} + \cdots + b_iA_{i1} + \cdots + b_nA_{n1}) +$$
$$a_{i2}(b_1A_{12} + b_2A_{22} + \cdots + b_iA_{i2} + \cdots + b_nA_{n2}) +$$
$$\cdots +$$
$$a_{in}(b_1A_{1n} + b_2A_{2n} + \cdots + b_iA_{in} + \cdots + b_nA_{nn})],$$

上式中右侧的 $b_i(i=1,\ 2,\ \cdots,\ n)$ 可在对齐的列中提取，即

$$\text{左边} = \frac{1}{D}[b_1(a_{i1}A_{11} + a_{i2}A_{12} + \cdots + a_{in}A_{1n}) +$$
$$b_2(a_{i1}A_{21} + a_{i2}A_{22} + \cdots + a_{in}A_{2n}) +$$
$$\cdots +$$
$$b_i(a_{i1}A_{i1} + a_{i2}A_{i2} + \cdots + a_{in}A_{in}) +$$
$$\cdots +$$
$$b_n(a_{i1}A_{n1} + a_{i2}A_{n2} + \cdots + a_{in}A_{nn})],$$

上式中只有第 i 个括号中的式子为 D 的展开式，其余为零．所以左边 $=\frac{1}{D}(b_iD)=b_i=$ 右边，即式（1-12）确为式（1-11）的解．

下证式（1-11）如果有解，其解必为式（1-12）．设式（1-11）的任一个解为 y_1，y_2，$\cdots$，y_n，则

$$a_{11}y_1 + a_{12}y_2 + \cdots + a_{1n}y_n = b_1,$$
$$a_{21}y_1 + a_{22}y_2 + \cdots + a_{2n}y_n = b_2,$$
$$\vdots$$
$$a_{n1}y_1 + a_{n2}y_2 + \cdots + a_{nn}y_n = b_n.$$

在上面的 n 个方程的两边依次分别乘以 A_{1j}，A_{2j}，$\cdots$，A_{nj}，得

$$A_{1j}(a_{11}y_1 + a_{12}y_2 + \cdots + a_{1n}y_n) = b_1A_{1j},$$
$$A_{2j}(a_{21}y_1 + a_{22}y_2 + \cdots + a_{2n}y_n) = b_2A_{2j},$$
$$\vdots$$
$$A_{nj}(a_{n1}y_1 + a_{n2}y_2 + \cdots + a_{nn}y_n) = b_nA_{nj}.$$

上面的 n 个式子的左右两边分别相加，得

$$0\cdot y_1 + 0\cdot y_2 + \cdots + D\cdot y_j + \cdots + 0\cdot y_n = D_j.$$

即 $D\cdot y_j = D_j$. 由 $D\neq 0$，得

$$y_j = \frac{D_j}{D}(j=1,2,\cdots,n).$$

因此式（1-11）如果有解，其解必为式（1-12）． □

定义 1.8 在方程组式（1-11）中，若 b_1，b_2，$\cdots$，b_n 不全为零，我们称方程组（1-11）为**非齐次线性方程组**；若 b_1，b_2，$\cdots$，b_n 全为零，即 $b_1=b_2=\cdots=b_n=0$ 时，方程组变为

$$\begin{cases} a_{11}x_1 + a_{12}x_2 + \cdots + a_{1n}x_n = 0, \\ a_{21}x_1 + a_{22}x_2 + \cdots + a_{2n}x_n = 0, \\ \quad\vdots \\ a_{n1}x_1 + a_{n2}x_2 + \cdots + a_{nn}x_n = 0, \end{cases} \tag{1-13}$$

我们称方程组（1-13）为**齐次线性方程组**.

容易看出 $x_1=x_2=\cdots=x_n=0$ 必为齐次线性方程组（1-13）的解，即齐次线性方程组（1-13）必然有零解．由克拉默法则，有以下推论.

推论　若齐次线性方程组（1-13）的系数行列式 $D\neq0$，则方程组（1-13）只有零解.

其实 $D\neq0$ 也是齐次线性方程组（1-13）只有零解的充分条件（证明见第二章），即

结论 1　齐次线性方程组（1-13）只有零解的充要条件为系数行列式 $D\neq0$.

结论 2　齐次线性方程组（1-13）有非零解的充要条件为系数行列式 $D=0$.

例 1　解线性方程组 $\begin{cases} x_1+x_2+2x_3+3x_4=1, \\ 3x_1-x_2-x_3-2x_4=-4, \\ 2x_1+3x_2-x_3-x_4=-6, \\ x_1+2x_2+3x_3-x_4=-4. \end{cases}$

解　$D=\begin{vmatrix} 1 & 1 & 2 & 3 \\ 3 & -1 & -1 & -2 \\ 2 & 3 & -1 & -1 \\ 1 & 2 & 3 & -1 \end{vmatrix}=-9\times17=-153\neq0,$

$$D_1=\begin{vmatrix} 1 & 1 & 2 & 3 \\ -4 & -1 & -1 & -2 \\ -6 & 3 & -1 & -1 \\ -4 & 2 & 3 & -1 \end{vmatrix}=153,\ D_2=\begin{vmatrix} 1 & 1 & 2 & 3 \\ 3 & -4 & -1 & -2 \\ 2 & -6 & -1 & -1 \\ 1 & -4 & 3 & -1 \end{vmatrix}=153,$$

$$D_3=\begin{vmatrix} 1 & 1 & 1 & 3 \\ 3 & -1 & -4 & -2 \\ 2 & 3 & -6 & -1 \\ 1 & 2 & -4 & -1 \end{vmatrix}=0,\ D_4=\begin{vmatrix} 1 & 1 & 2 & 1 \\ 3 & -1 & -1 & -4 \\ 2 & 3 & -1 & -6 \\ 1 & 2 & 3 & -4 \end{vmatrix}=-153.$$

由克拉默法则，得线性方程组的解为：$x_1=-1$，$x_2=-1$，$x_3=0$，$x_4=1$.　□

例 2　k 取何值时，方程组 $\begin{cases} kx+y+z=0 \\ x+ky-z=0 \\ 2x-y+z=0 \end{cases}$ 有非零解？

解　根据结论 2，方程组有非零解的充要条件为

$$\begin{vmatrix} k & 1 & 1 \\ 1 & k & -1 \\ 2 & -1 & 1 \end{vmatrix}=0.$$

计算此行列式，得

$$(k+1)(k-4)=0,$$

所以 $k_1=-1$，$k_2=4$.　□

注　克拉默法则只适用于未知量个数与方程个数相同且系数行列式不等于零的线性方程组的求解．对于线性方程组中未知量个数与方程个

数不同，或未知量个数与方程个数虽然相同但系数行列式等于零的情形，我们将在下一章做进一步的讨论.

*第五节 综合与提高

一、关于一些比较复杂的行列式的计算问题

例1 计算 n 阶行列式 $D_n=\begin{vmatrix} \alpha+\beta & \alpha\beta & 0 & \cdots & 0 & 0 \\ 1 & \alpha+\beta & \alpha\beta & \cdots & 0 & 0 \\ 0 & 1 & \alpha+\beta & \cdots & 0 & 0 \\ 0 & 0 & 1 & \cdots & 0 & 0 \\ \vdots & \vdots & \vdots & & \vdots & \vdots \\ 0 & 0 & 0 & \cdots & 1 & \alpha+\beta \end{vmatrix}$.

解 将 D_n 按第一行展开，可得

$$D_n=(\alpha+\beta)D_{n-1}-\alpha\beta D_{n-2},$$

变形得

$$D_n-\alpha D_{n-1}=\beta(D_{n-1}-\alpha D_{n-2}),$$

递推可得

$$D_n-\alpha D_{n-1}=\beta^{n-2}(D_2-\alpha D_1),$$

由 $D_1=\alpha+\beta$，$D_2=(\alpha+\beta)^2-\alpha\beta$，得

$$\begin{gathered} D_n-\alpha D_{n-1}=\beta^n, \\ D_{n-1}-\alpha D_{n-2}=\beta^{n-1}, \\ \vdots \\ D_2-\alpha D_1=\beta^2. \end{gathered}$$

将上述 $n-1$ 个式子分别乘以 1，α，α^2，…，α^{n-2}后再相加得

$$\begin{aligned} D_n &=\alpha^{n-1}D_1+\beta^n+\alpha\beta^{n-1}+\cdots+\alpha^{n-2}\beta^2 \\ &=\alpha^n+\alpha^{n-1}\beta+\alpha^{n-2}\beta^2+\cdots+\alpha\beta^{n-1}+\beta^n. \end{aligned}$$

□

例2 计算 $2n$ 阶行列式 $D_{2n}=\begin{vmatrix} a & & & & & & & b \\ & a & & & & & b & \\ & & \ddots & & & \iddots & & \\ & & & a & b & & & \\ & & & c & d & & & \\ & & \iddots & & & \ddots & & \\ & c & & & & & d & \\ c & & & & & & & d \end{vmatrix}$.

解 把 D_{2n}按第一列展开，得到

$$D_{2n}=a(-1)^{1+1}\begin{vmatrix} a & & & & & b & 0 \\ & \ddots & & & \iddots & & \\ & & a & b & & & \\ & & c & d & & & \\ & \iddots & & & \ddots & & \\ c & & & & & d & 0 \\ 0 & & & & & 0 & d \end{vmatrix}+$$

$$c(-1)^{2n+1}\begin{vmatrix} 0 & & & & & 0 & b \\ a & & & & & b & 0 \\ & \ddots & & & \iddots & & \\ & & a & b & & & \\ & & c & d & & & \\ & \iddots & & & \ddots & & \\ c & & & & & d & 0 \end{vmatrix}$$

$$=ad(-1)^{2(2n-1)}D_{2(n-1)}-cb(-1)^{1+2n-1}D_{2(n-1)}$$

$$=(ad-bc)D_{2(n-1)}=(ad-bc)^2D_{2(n-2)}=\cdots$$

$$=(ad-bc)^{n-1}D_{2[n-(n-1)]}=(ad-bc)^{n-1}D_2,$$

而 $D_2=ad-bc$，故

$$D_{2n}=(ad-bc)^n.$$ □

例 3 证明：

$$D_n=\begin{vmatrix} x & 0 & 0 & \cdots & 0 & a_0 \\ -1 & x & 0 & \cdots & 0 & a_1 \\ 0 & -1 & x & \cdots & 0 & a_2 \\ \vdots & \vdots & \vdots & & \vdots & \vdots \\ 0 & 0 & 0 & \cdots & x & a_{n-2} \\ 0 & 0 & 0 & \cdots & -1 & x+a_{n-1} \end{vmatrix}$$

$$=x^n+a_{n-1}x^{n-1}+\cdots+a_1x+a_0.$$

分析 此行列式如果按照第一行展开，可以得到 D_n 与 D_{n-1} 的递推关系.

证明 按第一行展开，得

$$D_n=x\begin{vmatrix} x & 0 & 0 & \cdots & 0 & a_1 \\ -1 & x & 0 & \cdots & 0 & a_2 \\ 0 & -1 & x & \cdots & 0 & a_3 \\ \vdots & \vdots & \vdots & & \vdots & \vdots \\ 0 & 0 & 0 & \cdots & x & a_{n-2} \\ 0 & 0 & 0 & \cdots & -1 & x+a_{n-1} \end{vmatrix}+$$

$$a_0(-1)^{1+n}\begin{vmatrix} -1 & x & 0 & \cdots & 0 \\ 0 & -1 & x & \cdots & 0 \\ \vdots & \vdots & \vdots & & \vdots \\ 0 & 0 & 0 & \cdots & x \\ 0 & 0 & 0 & \cdots & -1 \end{vmatrix},$$

于是得到递推公式 $D_n = xD_{n-1} + a_0$，反复应用递推公式，得

$$\begin{aligned} D_n &= x(xD_{n-2} + a_1) + a_0 \\ &= x^2 D_{n-2} + a_1 x + a_0 \\ &= \cdots \\ &= x^{n-1}D_1 + a_{n-2}x^{n-2} + \cdots + a_1 x + a_0 \\ &= x^{n-1}(x + a_{n-1}) + a_{n-2}x^{n-2} + \cdots + a_1 x + a_0 \\ &= x^n + a_{n-1}x^{n-1} + a_{n-2}x^{n-2} + \cdots + a_1 x + a_0. \end{aligned}$$

□

例 4 证明：$D = \begin{vmatrix} 1 & 1 & 1 \\ x_1 & x_2 & x_3 \\ x_1^3 & x_2^3 & x_3^3 \end{vmatrix} = (x_1 + x_2 + x_3)\prod\limits_{1\leqslant i<j\leqslant 3}(x_i - x_j)$.

分析 D 与范德蒙德行列式比较接近，只差了平方项，所以可以添加平方项构造一个四阶范德蒙德行列式.

证明 构造四阶范德蒙德行列式如下

$$V = \begin{vmatrix} 1 & 1 & 1 & 1 \\ x_1 & x_2 & x_3 & y \\ x_1^2 & x_2^2 & x_3^2 & y^2 \\ x_1^3 & x_2^3 & x_3^3 & y^3 \end{vmatrix}.$$

一方面，V 按照范德蒙德行列式展开，得

$$(y - x_1)(y - x_2)(y - x_3)\prod_{1\leqslant j<i\leqslant 3}(x_i - x_j),$$

另一方面，V 按照第四列展开，得

$$A_{14} + yA_{24} + y^2 A_{34} + y^3 A_{44},$$

即有

$$(y - x_1)(y - x_2)(y - x_3)\prod_{1\leqslant j<i\leqslant 3}(x_i - x_j) = A_{14} + yA_{24} + y^2 A_{34} + y^3 A_{44}.$$

比较两端 y^2 的系数，得

$$-(x_1 + x_2 + x_3)\prod_{1\leqslant j<i\leqslant 3}(x_i - x_j) = (-1)^{3+4}M_{34} = -D,$$

故

$$D = (x_1 + x_2 + x_3)\prod_{1\leqslant j<i\leqslant 3}(x_i - x_j).$$

□

例 5 计算行列式 $\begin{vmatrix} a & b^3 & 1 \\ a^2 & b^2 & c \\ a^3 & b & c^2 \end{vmatrix}$ $(abc\neq 0)$ 的值.

分析 将行列式的第一列提公因子 a，第二列提公因子 b^3，原行列式就变成了范德蒙德行列式.

解 原式 $=ab^3\begin{vmatrix}1 & 1 & 1\\ a & \dfrac{1}{b} & c\\ a^2 & \dfrac{1}{b^2} & c^2\end{vmatrix}=ab^3(c-a)\left(c-\dfrac{1}{b}\right)\left(\dfrac{1}{b}-a\right).$ □

二、与行列式有关的证明题

例 6 试证：如果 n 阶行列式 D 中等于零的元素个数超过 n^2-n 个，则行列式的值为零.

证明 因为 n 阶行列式中共有 n^2 个元素，而已知超过 n^2-n 个元素为零，则非零元素个数最多 $n-1$ 个，故由行列式的定义可知，不同行不同列的 n 个元素相乘必为零，所以行列式的值为零. □

例 7 已知 n 阶行列式 $D=\begin{vmatrix}a_{11} & a_{12} & \cdots & a_{1n}\\ a_{21} & a_{22} & \cdots & a_{2n}\\ \vdots & \vdots & & \vdots\\ a_{n1} & a_{n2} & \cdots & a_{nn}\end{vmatrix}$，行列式 $D'=$ $\begin{vmatrix}a'_{11} & a'_{12} & \cdots & a'_{1n}\\ a'_{21} & a'_{22} & \cdots & a'_{2n}\\ \vdots & \vdots & & \vdots\\ a'_{n1} & a'_{n2} & \cdots & a'_{nn}\end{vmatrix}$，其中 $a'_{ij}=(-1)^{i+j}a_{ij}$ $(i,\ j=1,\ 2,\ \cdots,\ n)$，证明：$D'=D$.

证明 由行列式的定义

$$\begin{aligned}D'&=\sum_{j_1j_2\cdots j_n}(-1)^{N(j_1j_2\cdots j_n)}(-1)^{1+j_1}a_{1j_1}(-1)^{2+j_2}a_{2j_2}\cdots(-1)^{n+j_n}a_{nj_n}\\&=\sum_{j_1j_2\cdots j_n}(-1)^{N(j_1j_2\cdots j_n)}(-1)^{1+j_1+2+j_2+\cdots+n+j_n}a_{1j_1}a_{2j_2}\cdots a_{nj_n}\\&=\sum_{j_1j_2\cdots j_n}(-1)^{N(j_1j_2\cdots j_n)}(-1)^{n(n+1)}a_{1j_1}a_{2j_2}\cdots a_{nj_n}\\&=\sum_{j_1j_2\cdots j_n}(-1)^{N(j_1j_2\cdots j_n)}a_{1j_1}a_{2j_2}\cdots a_{nj_n}.\end{aligned}$$

即 $D'=D$. □

例 8 设 a_1，a_2，$\cdots$，a_{n+1} 是 $n+1$ 个不同的数，b_1，b_2，$\cdots$，b_{n+1} 是任意 $n+1$ 个数. 证明：存在唯一的一个次数不超过 n 的多项式 $f(x)$，使得 $f(a_i)=b_i$，$i=1$，2，$\cdots$，$n+1$.

证明 设 $f(x)=c_0+c_1x+\cdots+c_nx^n$ 满足 $f(a_i)=b_i, i=1,2,\cdots,n+1$. 于是有

$$\begin{cases} c_0+c_1a_1+\cdots+c_na_1^n=b_1, \\ c_0+c_1a_2+\cdots+c_na_2^n=b_2, \\ \qquad\vdots \\ c_0+c_1a_n+\cdots+c_na_n^n=b_n, \\ c_0+c_1a_{n+1}+\cdots+c_na_{n+1}^n=b_{n+1}. \end{cases}$$

上述方程组可以看成关于未知量 c_0，c_1，…，c_n 的线性方程组，它的系数行列式

$$D=\begin{vmatrix} 1 & a_1 & \cdots & a_1^n \\ 1 & a_2 & \cdots & a_2^n \\ \vdots & \vdots & & \vdots \\ 1 & a_{n+1} & \cdots & a_{n+1}^n \end{vmatrix}=\prod_{1\leqslant i<j\leqslant n+1}(a_j-a_i)\neq 0,$$

因而方程组有唯一解，即 c_0，c_1，…，c_n 是唯一确定的，所以 $f(x)$ 存在且唯一确定. □

习　题　一

A　基础练习

1. 计算下列行列式.

(1) $\begin{vmatrix} -2 & 3 \\ -1 & 5 \end{vmatrix}$；　(2) $\begin{vmatrix} \cos\alpha & -\sin\alpha \\ \sin\alpha & \cos\alpha \end{vmatrix}$；

(3) $\begin{vmatrix} 0 & 1 & 2 \\ -1 & 0 & 3 \\ -2 & -3 & 4 \end{vmatrix}$；　(4) $\begin{vmatrix} 0 & x & y \\ -x & 0 & z \\ -y & -z & 0 \end{vmatrix}$.

2. 利用行列式解下列方程组.

(1) $\begin{cases} x\cos\alpha-y\sin\alpha=a, \\ x\cos\alpha+y\sin\alpha=b; \end{cases}$　(2) $\begin{cases} x_1-2x_2+x_3=1, \\ 2x_1+x_2-x_3=1, \\ x_1-3x_2-4x_3=-10. \end{cases}$

3. 求下列排列的逆序数，并说出它们的奇偶性.

(1) 7531264；　(2) 14326875；

(3) 542136；　(4) $n(n-1)(n-2)\cdots321$.

4. 确定 i 和 j 的值，使得 9 级排列.

(1) $1274i56j9$ 成偶排列；　(2) $3972i15j4$ 成奇排列.

5. 下列各项，哪些是五阶行列式中的一项，若是，试确定该项的符号.

(1) $a_{13}a_{25}a_{32}a_{41}a_{54}$；　(2) $a_{31}a_{12}a_{43}a_{52}a_{24}$；　(3) $a_{43}a_{21}a_{35}a_{12}a_{54}$.

6. 根据行列式的定义计算行列式的值.

(1) $\begin{vmatrix} 0 & 1 & 0 & \cdots & 0 \\ 0 & 0 & 2 & \cdots & 0 \\ \vdots & \vdots & \vdots & & \vdots \\ 0 & 0 & 0 & \cdots & n-1 \\ n & 0 & 0 & \cdots & 0 \end{vmatrix}$； (2) $\begin{vmatrix} n & 0 & \cdots & 0 & 0 & 0 \\ 0 & 0 & \cdots & 0 & 0 & 1 \\ 0 & 0 & \cdots & 0 & 2 & 0 \\ \vdots & \vdots & & \vdots & \vdots & \vdots \\ 0 & 0 & \cdots & 0 & 0 & 0 \\ 0 & n-1 & \cdots & 0 & 0 & 0 \end{vmatrix}$；

(3) $\begin{vmatrix} a_1 & b_1 & c_1 & d_1 & e_1 \\ a_2 & b_2 & c_2 & d_2 & e_2 \\ a_3 & b_3 & 0 & 0 & 0 \\ a_4 & b_4 & 0 & 0 & 0 \\ a_5 & b_5 & 0 & 0 & 0 \end{vmatrix}$.

7. 求行列式 $\begin{vmatrix} 5 & 1 & -1 & 1 \\ -1 & 1 & 3 & -1 \\ 0 & 0 & 1 & 0 \\ -5 & -5 & 3 & 0 \end{vmatrix}$ 的余子式 M_{31}，M_{34} 及代数余子式 A_{31}，A_{34}.

8. 利用行列式的性质计算下列行列式.

(1) $\begin{vmatrix} 200 & 427 & 227 \\ 300 & 643 & 343 \\ 400 & 721 & 421 \end{vmatrix}$； (2) $\begin{vmatrix} 0 & 0 & 2 & 3 \\ 1 & 2 & 1 & -1 \\ 3 & 1 & 2 & 2 \\ 4 & 5 & 1 & 2 \end{vmatrix}$；

(3) $\begin{vmatrix} 1 & 1 & 1 & 1 \\ a_1 & a & a_2 & a_2 \\ a_2 & a_2 & a & a_3 \\ a_3 & a_3 & a_3 & a \end{vmatrix}$； (4) $\begin{vmatrix} a-b-c & 2a & 2a \\ 2b & b-c-a & 2b \\ 2c & 2c & c-a-b \end{vmatrix}$；

(5) $\begin{vmatrix} 1 & -1 & 1 & x-1 \\ 1 & -1 & x+1 & -1 \\ 1 & y-1 & 1 & -1 \\ y+1 & -1 & 1 & -1 \end{vmatrix}$； (6) $\begin{vmatrix} b+c & a & 1 \\ c+a & b & 1 \\ a+b & c & 1 \end{vmatrix}$.

9. 计算下列 n 阶行列式.

(1) $\begin{vmatrix} a & b & 0 & \cdots & 0 & 0 \\ 0 & a & b & \cdots & 0 & 0 \\ 0 & 0 & a & \cdots & 0 & 0 \\ \vdots & \vdots & \vdots & & \vdots & \vdots \\ 0 & 0 & 0 & \cdots & a & b \\ b & 0 & 0 & \cdots & 0 & a \end{vmatrix}$；(2) $\begin{vmatrix} x_1+1 & x_1+2 & \cdots & x_1+n \\ x_2+1 & x_2+2 & \cdots & x_2+n \\ \vdots & \vdots & & \vdots \\ x_n+1 & x_n+2 & \cdots & x_n+n \end{vmatrix}$；

(3) $\begin{vmatrix} a_1+b_1 & a_1+b_2 & \cdots & a_1+b_n \\ a_2+b_1 & a_2+b_2 & \cdots & a_2+b_n \\ \vdots & \vdots & & \vdots \\ a_n+b_1 & a_n+b_2 & \cdots & a_n+b_n \end{vmatrix}$；(4) $\begin{vmatrix} x+a_1 & a_2 & \cdots & a_n \\ a_1 & x+a_2 & \cdots & a_n \\ \vdots & \vdots & & \vdots \\ a_1 & a_2 & \cdots & x+a_n \end{vmatrix}$.

10. 求方程 $D(x)=0$ 的根，其中 $D(x)=\begin{vmatrix} x-1 & x-2 & x-1 & x \\ x-2 & x-4 & x-2 & x \\ x-3 & x-6 & x-4 & x-1 \\ x-4 & x-8 & 2x-5 & x-2 \end{vmatrix}$.

11. 解方程 $\begin{vmatrix} a_1 & a_2 & a_3 & \cdots & a_{n-1} & a_n \\ a_1 & a_1+a_2-x & a_3 & \cdots & a_{n-1} & a_n \\ a_1 & a_2 & a_2+a_3-x & \cdots & a_{n-1} & a_n \\ \vdots & \vdots & \vdots & & \vdots & \vdots \\ a_1 & a_2 & a_3 & \cdots & a_{n-2}+a_{n-1}-x & a_n \\ a_1 & a_2 & a_3 & \cdots & a_{n-1} & a_{n-1}+a_n-x \end{vmatrix}=0$.

12. 用克拉默法则解下列线性方程组.

(1) $\begin{cases} x_1+x_2+x_3+x_4=5, \\ x_1+2x_2-x_3+4x_4=-2, \\ 2x_1-3x_2-x_3-5x_4=-2, \\ 3x_1+x_2+2x_3+11x_4=0; \end{cases}$ (2) $\begin{cases} x_1-2x_2+3x_3-4x_4=4, \\ x_2-x_3+x_4=-3, \\ x_1+3x_2+x_4=1, \\ -7x_2+2x_3+x_4=-3. \end{cases}$

13. 若齐次线性方程组 $\begin{cases} ax+y+z=0, \\ x+by+z=0, \\ x+2by+z=0 \end{cases}$ 有非零解，则 a, b 应满足什么条件?

B　扩展练习

1. 计算下列 n 阶行列式.

(1) $D_n=\begin{vmatrix} x & -1 & 0 & \cdots & 0 & 0 \\ 0 & x & -1 & \cdots & 0 & 0 \\ 0 & 0 & x & \cdots & 0 & 0 \\ \vdots & \vdots & \vdots & & \vdots & \vdots \\ 0 & 0 & 0 & \cdots & x & -1 \\ a_n & a_{n-1} & a_{n-2} & \cdots & a_2 & a_1+x \end{vmatrix}$；(2) $D_n=\begin{vmatrix} 1 & 3 & 3 & \cdots & 3 \\ 3 & 2 & 3 & \cdots & 3 \\ 3 & 3 & 3 & \cdots & 3 \\ \vdots & \vdots & \vdots & & \vdots \\ 3 & 3 & 3 & \cdots & n \end{vmatrix}$；

(3) $D_n=\begin{vmatrix} a+x & a & a & \cdots & a & a \\ -y & x & 0 & \cdots & 0 & 0 \\ 0 & -y & x & \cdots & 0 & 0 \\ \vdots & \vdots & \vdots & & \vdots & \vdots \\ 0 & 0 & 0 & \cdots & -y & x \end{vmatrix}$；(4) $D_n=\begin{vmatrix} 1 & 2 & 2 & \cdots & 2 \\ 2 & 2 & 2 & \cdots & 2 \\ 2 & 2 & 3 & \cdots & 2 \\ \vdots & \vdots & \vdots & & \vdots \\ 2 & 2 & 2 & \cdots & n \end{vmatrix}$；

(5) $D_n=\begin{vmatrix}3&2&0&\cdots&0&0\\1&3&2&\cdots&0&0\\0&1&3&\cdots&0&0\\\vdots&\vdots&\vdots&&\vdots&\vdots\\0&0&0&\cdots&3&2\\0&0&0&\cdots&1&3\end{vmatrix}$;

(6) $D_n=\begin{vmatrix}1&2&3&\cdots&n-1&n\\1&-1&0&\cdots&0&0\\0&2&-2&\cdots&0&0\\\vdots&\vdots&\vdots&&\vdots&\vdots\\0&0&0&\cdots&-(n-2)&0\\0&0&0&\cdots&n-1&-(n-1)\end{vmatrix}$;

(7) $D_n=\begin{vmatrix}1&2&3&\cdots&n\\2&3&4&\cdots&1\\\vdots&\vdots&\vdots&&\vdots\\n-1&n&1&\cdots&n-2\\n&1&2&\cdots&n-1\end{vmatrix}$; (8) $D_n=\begin{vmatrix}0&1&2&\cdots&n\\1&1&0&\cdots&0\\2&0&2&\cdots&0\\\vdots&\vdots&\vdots&&\vdots\\n&0&0&\cdots&n\end{vmatrix}$.

2. 求多项式 $f(x)=\begin{vmatrix}2x&x&1&2\\1&x&1&-1\\1&1&x&2\\2&1&2&x\end{vmatrix}$ 的三次、四次项系数以及常数项.

3. 计算行列式 $D_{n+1}=\begin{vmatrix}a^n&(a-1)^n&\cdots&(a-n+1)^n&(a-n)^n\\a^{n-1}&(a-1)^{n-1}&\cdots&(a-n+1)^{n-1}&(a-n)^{n-1}\\\vdots&\vdots&&\vdots&\vdots\\a&a-1&\cdots&a-n+1&a-n\\1&1&\cdots&1&1\end{vmatrix}$.

4. 计算行列式 $D_{n+1}=\begin{vmatrix}x&a_1&a_2&\cdots&a_{n-1}&1\\a_1&x&a_2&\cdots&a_{n-1}&1\\a_1&a_2&x&\cdots&a_{n-1}&1\\\vdots&\vdots&\vdots&&\vdots&\vdots\\a_1&a_2&a_3&\cdots&x&1\\a_1&a_2&a_3&\cdots&a_n&1\end{vmatrix}$.

5. 求解线性方程组 $\begin{cases}x_1+a_1x_2+a_1^2x_3+\cdots+a_1^{n-1}x_n=1,\\x_1+a_2x_2+a_2^2x_3+\cdots+a_2^{n-1}x_n=1,\\\qquad\vdots\\x_1+a_nx_2+a_n^2x_3+\cdots+a_n^{n-1}x_n=1,\end{cases}$ 其中 a_1, a_2, …, a_n 互不相同.

6. 证明：齐次线性方程组 $\begin{cases} x_1 + x_2 + \cdots + x_n = 0, \\ 2x_1 + 4x_2 + \cdots + 2^n x_n = 0, \\ \quad\quad \vdots \\ nx_1 + n^2 x_2 + \cdots + n^n x_n = 0 \end{cases}$ 有唯一解.

7. 设 $f(x) = \begin{vmatrix} 1 & x-1 & 2x-1 \\ 1 & x^2-2 & 3x-2 \\ 1 & x^3-3 & 4x-3 \end{vmatrix}$，证明：必存在一点 $\varepsilon \in (0, 1)$，使 $f'(\varepsilon) = 0$ 成立.

8. 设 $f(x) = c_0 + c_1 x + \cdots + c_n x^n$，用克拉默法则证明：若 $f(x)$ 有 $n+1$ 个不同的根，则 $f(x)$ 是零多项式.

9. $$\begin{vmatrix} 2\cos\theta & 1 & 0 & \cdots & 0 & 0 \\ 1 & 2\cos\theta & 1 & \cdots & 0 & 0 \\ 0 & 1 & 2\cos\theta & \cdots & 0 & 0 \\ \vdots & \vdots & \vdots & & \vdots & \vdots \\ 0 & 0 & 0 & \cdots & 2\cos\theta & 1 \\ 0 & 0 & 0 & \cdots & 1 & 2\cos\theta \end{vmatrix} = \frac{\sin(n+1)\theta}{\sin\theta}.$$

C 测试练习

1. 选择题（每小题 2 分，共 20 分）

（1）设行列式 $D = \begin{vmatrix} a_{11} & a_{12} & a_{13} \\ a_{21} & a_{22} & a_{23} \\ a_{31} & a_{32} & a_{33} \end{vmatrix} = 4$，$D_1 = \begin{vmatrix} 2a_{11} & a_{11}-3a_{12} & 3a_{13} \\ 2a_{21} & a_{21}-3a_{22} & 3a_{23} \\ 2a_{31} & a_{31}-3a_{32} & 3a_{33} \end{vmatrix}$，则 D_1 的值为（　　）.

A. 72　　B. 27　　C. -72　　D. -18

（2）四阶行列式中含元素 a_{31} 的项共有（　　）项.

A. 24　　B. 12　　C. 6　　D. 8

（3）下列行列式的计算正确的是（　　）.

A. $\begin{vmatrix} 1 & 1 & 1 \\ a & b & c \\ a^2 & b^2 & c^2 \end{vmatrix} = (a-b)(a-c)(c-b)$　　B. $\begin{vmatrix} 0 & 0 & 1 & 0 \\ 2 & 0 & 0 & 0 \\ 0 & 0 & 0 & 3 \\ 0 & 4 & 0 & 0 \end{vmatrix} = 24$

C. $\begin{vmatrix} 0 & 0 & 0 & 2 \\ 1 & 0 & 1 & 0 \\ 0 & 3 & 0 & 0 \\ 2 & 0 & 0 & 0 \end{vmatrix} = -12$　　D. $\begin{vmatrix} a & b & c \\ a_1 & b_1 & c_1 \\ a_2 & b_2 & c_2 \end{vmatrix} = -\begin{vmatrix} a_2 & b_2 & c_2 \\ a & b & c \\ a_1 & b_1 & c_1 \end{vmatrix}$

（4）已知$f(x)=\begin{vmatrix} x-2 & x-1 & x-2 & x-3 \\ 2x-2 & 2x-1 & 2x-2 & 2x-3 \\ 3x-3 & 3x-2 & 4x-5 & 3x-5 \\ 4x & 4x-3 & 5x-7 & 4x-3 \end{vmatrix}$，则$f(x)=0$的根的个数为（　　）.

A. 1　　　　B. 2　　　　C. 3　　　　D. 4

（5）下列成立的是（　　）.

A. $\begin{vmatrix} a+b & c+d \\ e+f & g+h \end{vmatrix}=\begin{vmatrix} a & c \\ e & g \end{vmatrix}+\begin{vmatrix} b & d \\ f & h \end{vmatrix}$　　B. $\begin{vmatrix} a & b & c \\ d & e & f \\ g & h & i \end{vmatrix}=\begin{vmatrix} g & h & i \\ d & e & f \\ a & b & c \end{vmatrix}$

C. $\begin{vmatrix} 0 & 0 & 1 \\ 0 & 1 & 0 \\ 1 & 0 & 0 \end{vmatrix}=1$　　D. $\begin{vmatrix} 1 & c & c^2 \\ 1 & b & b^2 \\ 1 & a & a^2 \end{vmatrix}=(b-c)(a-c)(a-b)$

（6）已知齐次线性方程组$\begin{cases} ax_1+x_2+x_3=0, \\ x_1+bx_2+x_3=0, \\ x_1+2bx_2+x_3=0 \end{cases}$有非零解，则$a$与$b$满足（　　）.

A. $a=1$或$b=0$　　B. $a=0$或$b=1$　　C. $a+b=1$　　D. $a-b=1$

（7）行列式$\begin{vmatrix} 1 & a_1 & 0 & \cdots & 0 & 0 \\ -1 & 1-a_1 & a_2 & \cdots & 0 & 0 \\ 0 & -1 & 1-a_2 & \cdots & 0 & 0 \\ \vdots & \vdots & \vdots & & \vdots & \vdots \\ 0 & 0 & 0 & \cdots & 1-a_{n-1} & a_n \\ 0 & 0 & 0 & \cdots & -1 & 1-a_n \end{vmatrix}$的值为（　　）.

A. 0　　　　B. 1　　　　C. a_n　　　　D. $a_1a_2\cdots a_n$

（8）已知$\begin{vmatrix} a & b & c \\ 1 & -2 & 3 \\ 4 & 1 & 0 \end{vmatrix}=k\neq0$，则$\begin{vmatrix} 1 & a-2 & 4 \\ -2 & b+4 & 1 \\ 3 & c-6 & 0 \end{vmatrix}=$（　　）.

A. 0　　　　B. k　　　　C. $-k$　　　　D. $2k$

（9）行列式$\begin{vmatrix} 0 & a & b & 0 \\ a & 0 & 0 & b \\ 0 & c & d & 0 \\ c & 0 & 0 & d \end{vmatrix}=$（　　）.

A. $(ad-bc)^2$　　B. $-(ad-bc)^2$　　C. $a^2d^2-b^2c^2$　　D. $b^2c^2-a^2d^2$

（10）设行列式$D=\begin{vmatrix} a_1 & b_1 & c_1 \\ a_2 & b_2 & c_2 \\ a_3 & b_3 & c_3 \end{vmatrix}$，则$\begin{vmatrix} c_1 & b_1+2c_1 & a_1+2b_1+3c_1 \\ c_2 & b_2+2c_2 & a_2+2b_2+3c_2 \\ c_3 & b_3+2c_3 & a_3+2b_3+3c_3 \end{vmatrix}=$（　　）.

A. $-D$　　B. D　　C. $2D$　　D. $-2D$

2. 填空题（每小题3分，共30分）

（1）设 $a_{1i}a_{23}a_{35}a_{44}a_{5j}$ 是五阶行列式中带有负号的项，则 $i=$________，$j=$________.

（2）在五阶行列式中，项 $a_{12}a_{31}a_{54}a_{43}a_{25}$ 的符号应取________.

（3）已知 $f(x)=\begin{vmatrix} -x & 3 & 1 & 3 \\ x & 3 & 2x & 11 \\ -1 & x & 0 & 4 \\ 2 & 21 & 4 & x \end{vmatrix}$，则 $f(x)$ 中 x^4 的系数为________.

（4）已知行列式 $\begin{vmatrix} 1 & 2 & -3 & 4 \\ 2 & 2 & 0 & 1 \\ 3 & -1 & 2 & 4 \\ 1 & 1 & 1 & 2 \end{vmatrix}$，则 $3A_{21}-A_{22}+2A_{23}+4A_{24}=$________.

（5）设 a，b，c 为一元三次方程 $x^3-2x+4=0$ 的三个根，则 $\begin{vmatrix} a & b & c \\ c & a & b \\ b & c & a \end{vmatrix}=$________.

（6）如果 n 阶行列式 D_n 中每一行上的 n 个元素之和等于零，则 $D_n=$________.

（7）四阶行列式 D 的第三列元素分别是 -1，2，0，1，它们的余子式的值分别是5，3，7，1，则 $D=$________.

（8）已知四阶行列式 D 中第二行的元素分别为 -2，0，2，4，第四行的元素的余子式分别为5，10，a，4，则 $a=$________.

（9）已知 $D=\begin{vmatrix} -1 & 1 & -2 \\ -2 & -3 & 0 \\ 0 & 1 & -4 \end{vmatrix}$，用 A_{ij} 表示 D 的元素 a_{ij} 的代数余子式，则 $A_{13}-3A_{23}+A_{33}=$________.

（10）线性方程组 $\begin{cases} kx_1+x_2+x_3=0, \\ x_1+kx_2+x_3=0, \\ 2x_1-x_2+x_3=0 \end{cases}$ 有非零解，则 $k=$________.

3. 计算题（每小题10分，共50分）

（1）计算 n 阶行列式 $\begin{vmatrix} 1 & 2 & 3 & \cdots & n-1 & n \\ 1 & 3 & 3 & \cdots & n-1 & n \\ 1 & 2 & 5 & \cdots & n-1 & n \\ \vdots & \vdots & \vdots & & \vdots & \vdots \\ 1 & 2 & 3 & \cdots & 2n-3 & n \\ 1 & 2 & 3 & \cdots & n-1 & 2n-1 \end{vmatrix}$.

(2) 问 λ 为何值时，齐次线性方程组 $\begin{cases} \lambda x_1 + x_2 + x_3 = 0, \\ x_1 + \lambda x_2 + x_3 = 0, \\ \lambda^2 x_1 + 2x_2 + \lambda x_3 = 0 \end{cases}$ 有非零解.

(3) 计算 n 阶行列式 $\begin{vmatrix} 0 & 1 & 1 & \cdots & 1 & 1 \\ 1 & 0 & 1 & \cdots & 1 & 1 \\ 1 & 1 & 0 & \cdots & 1 & 1 \\ \vdots & \vdots & \vdots & & \vdots & \vdots \\ 1 & 1 & 1 & \cdots & 0 & 1 \\ 1 & 1 & 1 & \cdots & 1 & 0 \end{vmatrix}$.

(4) 已知 $D = \begin{vmatrix} 1 & 2 & 3 & 4 & 5 \\ 5 & 5 & 5 & 3 & 3 \\ 3 & 2 & 5 & 4 & 2 \\ 2 & 2 & 2 & 1 & 1 \\ 4 & 6 & 5 & 2 & 3 \end{vmatrix}$，求 (i) $A_{51} + 2A_{52} + 3A_{53} + 4A_{54} + 5A_{55}$；

(ii) $A_{31} + A_{32} + A_{33}$.

第二章　线性方程组

重点难点提示：

知识点	重点	难点	要求
向量的定义			理解
向量的加法和数乘运算法则			掌握
线性组合、线性相关、线性无关的定义		•	理解
向量组的线性相关和线性无关的性质及判断	•		掌握
向量组的等价和性质	•	•	理解
向量组的极大无关组的求解	•		掌握
矩阵秩的定义	•	•	掌握
矩阵的等价和等价标准形		•	了解
（非）齐次线性方程组的解法	•		掌握
（非）齐次线性方程组的解的性质	•		理解
（非）齐次线性方程组的一般解的计算	•		掌握

“只要代数和几何沿着各自的途径去发展，它们的进展将是缓慢的，它们的应用也是很有限的．但是，当这两门学科结成伴侣，它们都将从对方身上获得新鲜的活力，以快速的步伐前进，趋于完美”．

——拉格朗日

自然科学、工程技术和社会科学中的某些问题的数学模型，往往归结为一个线性方程组的求解．在第一章中，我们已经给出如何用行列式求解线性方程组，可是这种方法有它的局限性和操作性差这一缺点．本章我们将大家已经在中学就熟知的消元法进行系统地介绍和归纳，给出线性方程组的高斯消元法的一般步骤以及有解时解的结构．

本章的知识定义抽象，定理繁多，学习时要注意和几何相联系，从而可以辅助对抽象内容进行具体理解．

第一节　高斯消元法

一、消元法的一般步骤

在中学中，我们已经学习了用消元法解二元或三元线性方程组的方法．下面通过一个例子来回忆和归纳高斯消元法．

例 1　解方程组

$$\begin{cases} 3x_1+2x_2-2x_3=3, \\ x_1-x_2+2x_3=3, \\ 2x_1+3x_2+x_3=10. \end{cases} \tag{2-1}$$

解　把方程组（2-1）的第一、二个方程互换，得

$$\begin{cases} x_1-x_2+2x_3=3, \\ 3x_1+2x_2-2x_3=3, \\ 2x_1+3x_2+x_3=10. \end{cases}$$

第二个方程减去第一个方程的 3 倍，第三个方程减去第一个方程的 2 倍，得

$$\begin{cases} x_1-x_2+2x_3=3, \\ 5x_2-8x_3=-6, \\ 5x_2-3x_3=4. \end{cases}$$

第三个方程减去第二个方程，即得

$$\begin{cases} x_1-x_2+2x_3=3, \\ 5x_2-8x_3=-6, \\ 5x_3=10. \end{cases} \tag{2-2}$$

方程组（2-2）中方程自上而下所含未知量个数依次减少，我们称形如式（2-2）形式的方程组为**阶梯形方程组**.

在方程组（2-2）中，解第三个方程得 $x_3=2$，向上回代到第二个方程求出 $x_2=2$，再回代到第一个方程求出 $x_1=1$. 以上回代求解的过程也可以用消元法来实现，具体如下：

第三个方程乘以$\frac{1}{5}$，

$$\begin{cases} x_1-x_2+2x_3=3, \\ 5x_2-8x_3=-6, \\ x_3=2. \end{cases}$$

第二个方程加上第三个方程的 8 倍，第一个方程减去第三个方程的 2 倍，得

$$\begin{cases} x_1-x_2=-1, \\ 5x_2=10, \\ x_3=2. \end{cases}$$

第二个方程乘以$\frac{1}{5}$，进而第一个方程加上第二个方程得

$$\begin{cases} x_1=1, \\ x_2=2, \\ x_3=2. \end{cases} \tag{2-3}$$

这样，便得到方程组的解为 $x_1=1$，$x_2=2$，$x_3=2$.　□

纵观上述求解过程，不难发现我们对方程组使用了以下三种基本变换：

（1）互换两个方程的位置；

（2）用一**非零数**乘以某一个方程；

（3）把一个方程乘以一个数加到另一个方程上.

定义 2.1 上述三种变换称为线性方程组的**初等变换**（**elementary transformation**），分别称作**对换**、**倍乘**、**倍加变换**.

此概念中需要注意：倍乘变换中的数是非零的.

由阶梯形方程组求得方程组的解的过程称为**回代**过程.

我们将消元法的步骤整理如下：

（1）用线性方程组的初等变换化简方程组为阶梯形方程组；

（2）在有解时，再自下而上回代求出方程组的解.

注

（1）读者要理解经初等变换得到的线性方程组与原方程组是同解的，在这里不做详细证明.

（2）在上述的消元过程中，我们发现化简方程组的实质是未知量系数及常数项之间的运算. 我们可以把方程组的未知量的系数及常数项单独拿出来以简化上述的消元过程，为此我们引入矩阵的概念.

二、矩阵

定义 2.2 $m \times n$ 个数域 F 中的数组成的矩形表格

$$\begin{pmatrix} a_{11} & a_{12} & \cdots & a_{1n} \\ a_{21} & a_{22} & \cdots & a_{2n} \\ \vdots & \vdots & & \vdots \\ a_{m1} & a_{m2} & \cdots & a_{mn} \end{pmatrix}$$

称为**矩阵**（**matrix**），其中 a_{ij} 叫作矩阵的第 i 行第 j 列元素，简称 (i,j) **元**，$i=1, 2, \cdots, m$，$j=1, 2, \cdots, n$.

通常用大写字母 $\boldsymbol{A}$，$\boldsymbol{B}$，…等表示矩阵. 上面这个矩阵可简记为 $\boldsymbol{A}$ 或 $\boldsymbol{A}_{m\times n}$ 或 $(a_{ij})_{m\times n}$. 如果 $m=n$，则 $\boldsymbol{A}$ 称为**方阵**或 n **阶矩阵**.

对矩阵的概念需注意：矩阵和行列式形式上虽然有相似之处，却有着本质的区别. 矩阵的实质是表格，主要是记录的作用. 而行列式是代表一个运算式子，其实质是一个数值. 在今后的学习中，一定要区别开来.

我们称具有相同行数和列数的矩阵为**同型矩阵**. 两个同型矩阵 $\boldsymbol{A}=(a_{ij})_{m\times n}$ 和 $\boldsymbol{B}=(b_{ij})_{m\times n}$ **相等**指对 $i=1, 2, \cdots, m$；$j=1, 2, \cdots, n$，都有 $a_{ij}=b_{ij}$ 成立.

下面我们用矩阵来演示例 1 的消元过程：

在例 1 中矩阵

$$\begin{pmatrix} 3 & 2 & -2 \\ 1 & -1 & 2 \\ 2 & 3 & 1 \end{pmatrix}$$

称为方程组（2-1）的**系数矩阵**，记为 $\boldsymbol{A}$. 矩阵

$$\left(\begin{array}{ccc|c} 3 & 2 & -2 & 3 \\ 1 & -1 & 2 & 3 \\ 2 & 3 & 1 & 10 \end{array}\right)$$

称为方程组（2-1）的**增广矩阵**，记为 $\overline{\boldsymbol{A}}$.

由于增广矩阵的行代表了线性方程组的方程，因而消元法中线性方程组的初等变换，在此即为对矩阵进行相应的三种行变换，称之为矩阵的**初等行变换**（和行列式的行变换有相仿的表示，在此不再赘述）. 利用矩阵这种表达形式我们可把例 1 的消元过程简单写为：

$$\left(\begin{array}{ccc|c} 3 & 2 & -2 & 3 \\ 1 & -1 & 2 & 3 \\ 2 & 3 & 1 & 10 \end{array}\right) \xrightarrow{r_1 \leftrightarrow r_2} \left(\begin{array}{ccc|c} 1 & -1 & 2 & 3 \\ 3 & 2 & -2 & 3 \\ 2 & 3 & 1 & 10 \end{array}\right) \xrightarrow[r_3 - 2r_1]{r_2 - 3r_1} \left(\begin{array}{ccc|c} 1 & -1 & 2 & 3 \\ 0 & 5 & -8 & -6 \\ 0 & 5 & -3 & 4 \end{array}\right)$$

$$\xrightarrow{r_3 - r_2} \left(\begin{array}{ccc|c} 1 & -1 & 2 & 3 \\ 0 & 5 & -8 & -6 \\ 0 & 0 & 5 & 10 \end{array}\right) \xrightarrow{r_3 \times \frac{1}{5}} \left(\begin{array}{ccc|c} 1 & -1 & 2 & 3 \\ 0 & 5 & -8 & -6 \\ 0 & 0 & 1 & 2 \end{array}\right) \tag{2-4}$$

$$\xrightarrow[r_1 - 2r_3]{r_2 + 8r_3} \left(\begin{array}{ccc|c} 1 & -1 & 0 & -1 \\ 0 & 5 & 0 & 10 \\ 0 & 0 & 1 & 2 \end{array}\right) \xrightarrow{r_2 \times \frac{1}{5}} \left(\begin{array}{ccc|c} 1 & -1 & 0 & -1 \\ 0 & 1 & 0 & 2 \\ 0 & 0 & 1 & 2 \end{array}\right) \xrightarrow{r_1 + r_2} \begin{pmatrix} 1 & 0 & 0 & 1 \\ 0 & 1 & 0 & 2 \\ 0 & 0 & 1 & 2 \end{pmatrix}. \tag{2-5}$$

称矩阵（2-4）为**阶梯形矩阵**，它对应的方程组为阶梯形方程组（2-2）. 阶梯形矩阵的特点是：

（1）每行第一个非零元下面的元素均为零；

（2）每行第一个非零元所在列的下标随着行数增大而严格变大；

（3）全为零的行在最下面.

例如

$$\begin{pmatrix} 1 & -1 & 1 & -1 \\ 0 & 0 & 1 & 2 \\ 0 & 0 & 0 & 0 \end{pmatrix}, \begin{pmatrix} 1 & -1 & 0 & -1 \\ 0 & 1 & 1 & 2 \\ 0 & 0 & 1 & 3 \end{pmatrix}.$$

称矩阵（2-5）为**行简化矩阵**，它对应的方程组为方程组（2-3）. 行简化矩阵的特点是：

（1）每行的第一个非零元为 1，其所在列的其余元素均为零；

（2）每行第一个非零元所在列的下标随着行数增大而严格变大；

（3）全为零的行在最下面.

需要注意的是，矩阵进行初等行变换后，矩阵之间的连接符是“**箭**

头”，而非“等号”.

下面我们看一个无解的例子.

例 2 用消元法解线性方程组

$$\begin{cases} x_1-2x_2-x_3=0, \\ -x_1+2x_2+x_3=6, \\ 2x_1-x_2=1. \end{cases}$$

解 对方程组的增广矩阵 $\overline{A}$ 进行初等行变换化为阶梯形矩阵：

$$\overline{A}=\left(\begin{array}{ccc|c} 1 & -2 & -1 & 0 \\ -1 & 2 & 1 & 6 \\ 2 & -1 & 0 & 1 \end{array}\right)\xrightarrow[r_3-2r_1]{r_2+r_1}\left(\begin{array}{ccc|c} 1 & -2 & -1 & 0 \\ 0 & 0 & 0 & 6 \\ 0 & 3 & 2 & 1 \end{array}\right)\xrightarrow{r_2\leftrightarrow r_3}\left(\begin{array}{ccc|c} 1 & -2 & -1 & 0 \\ 0 & 3 & 2 & 1 \\ 0 & 0 & 0 & 6 \end{array}\right),$$

与原方程组同解的阶梯形方程组为

$$\begin{cases} x_1-2x_2-x_3=0, \\ 3x_2+2x_3=1, \\ 0=6. \end{cases}$$

这是一个矛盾方程组. 故原方程组无解. □

我们再举一个有无穷解的例子.

例 3 用消元法解线性方程组

$$\begin{cases} x_1+x_2+x_3+x_4=1, \\ x_1+x_2-x_3=0, \\ 2x_3+x_4=1. \end{cases}$$

解法一 将方程组的增广矩阵 $\overline{A}$ 用初等行变换化为行简化矩阵

$$\overline{A}=\left(\begin{array}{cccc|c} 1 & 1 & 1 & 1 & 1 \\ 1 & 1 & -1 & 0 & 0 \\ 0 & 0 & 2 & 1 & 1 \end{array}\right)\xrightarrow{r_2-r_1}\left(\begin{array}{cccc|c} 1 & 1 & 1 & 1 & 1 \\ 0 & 0 & -2 & -1 & -1 \\ 0 & 0 & 2 & 1 & 1 \end{array}\right)$$

$$\xrightarrow{r_3+r_2}\left(\begin{array}{cccc|c} 1 & 1 & 1 & 1 & 1 \\ 0 & 0 & -2 & -1 & -1 \\ 0 & 0 & 0 & 0 & 0 \end{array}\right)\xrightarrow{r_2\times\left(-\frac{1}{2}\right)}\left(\begin{array}{cccc|c} 1 & 1 & 1 & 1 & 1 \\ 0 & 0 & 1 & \frac{1}{2} & \frac{1}{2} \\ 0 & 0 & 0 & 0 & 0 \end{array}\right)$$

$$\xrightarrow{r_1-r_2}\left(\begin{array}{cccc|c} 1 & 1 & 0 & \frac{1}{2} & \frac{1}{2} \\ 0 & 0 & 1 & \frac{1}{2} & \frac{1}{2} \\ 0 & 0 & 0 & 0 & 0 \end{array}\right),$$

根据行简化矩阵，得到与原方程组同解的方程组（最后一行为“0 = 0”，为“多余”方程，不用写出）

$$\begin{cases} x_1 + x_2 + \qquad \frac{1}{2}x_4 = \frac{1}{2}, \\ \qquad\qquad x_3 + \frac{1}{2}x_4 = \frac{1}{2}. \end{cases}$$

我们发现任意给定 x_2，x_4 的值，就可以对应得到 x_1，x_3 的值（称 x_2，x_4 为**自由未知量**），所以原方程组有无穷解．令 $x_2=k_1$，$x_4=k_2$，k_1，k_2 为任意常数，便得到原方程组的一般解

$$\begin{cases} x_1 = \frac{1}{2} - k_1 - \frac{1}{2}k_2, \\ x_2 = k_1, \\ x_3 = \frac{1}{2} - \frac{1}{2}k_2, \\ x_4 = k_2 \end{cases} \quad (k_1, k_2 \text{ 为任意常数}).$$

解法二　将方程组的增广矩阵 $\overline{A}$ 用初等行变换化为行简化矩阵

$$\overline{A} = \left(\begin{array}{cccc|c} 1 & 1 & 1 & 1 & 1 \\ 1 & 1 & -1 & 0 & 0 \\ 0 & 0 & 2 & 1 & 1 \end{array}\right) \xrightarrow{r_2 - r_1} \left(\begin{array}{cccc|c} 1 & 1 & 1 & 1 & 1 \\ 0 & 0 & -2 & -1 & -1 \\ 0 & 0 & 2 & 1 & 1 \end{array}\right)$$

$$\xrightarrow{r_3 + r_2} \left(\begin{array}{cccc|c} 1 & 1 & 1 & 1 & 1 \\ 0 & 0 & -2 & -1 & -1 \\ 0 & 0 & 0 & 0 & 0 \end{array}\right) \xrightarrow{r_1 + r_2} \left(\begin{array}{cccc|c} 1 & 1 & -1 & 0 & 0 \\ 0 & 0 & -2 & -1 & -1 \\ 0 & 0 & 0 & 0 & 0 \end{array}\right)$$

$$\xrightarrow{c_3 \leftrightarrow c_4} \left(\begin{array}{cccc|c} 1 & 1 & 0 & -1 & 0 \\ 0 & 0 & -1 & -2 & -1 \\ 0 & 0 & 0 & 0 & 0 \end{array}\right) \xrightarrow{r_2 \times (-1)} \left(\begin{array}{cccc|c} 1 & 1 & 0 & -1 & 0 \\ 0 & 0 & 1 & 2 & 1 \\ 0 & 0 & 0 & 0 & 0 \end{array}\right).$$

得到与原方程组同解的行简化方程组

$$\begin{cases} x_1 + x_2 - x_3 \qquad = 0, \\ \qquad\quad 2x_3 + x_4 = 1. \end{cases}$$

取 x_2，x_3 为自由未知量，令 $x_2=k_1$，$x_3=k_2$，得到方程组的一般解

$$\begin{cases} x_1 = -k_1 + k_2, \\ x_2 = k_1, \\ x_3 = k_2, \\ x_4 = 1 - 2k_2 \end{cases} \quad (k_1, k_2 \text{ 为任意常数}).$$ □

注

（1）例 3 中也可以取 x_1，x_4 为自由未知量，说明自由未知量可以有不同的取法．

（2）**一般解**是指方程组的全部解，或者可以理解为解的一般形式，有时又称之为**通解**．

（3）化简线性方程组的增广矩阵时，除了可以作初等行变换外，还可以进行列的交换（见解法二）．但在还原方程组时，需要注意的是列

所对应的是哪个未知量.

(4) 在解法二中，化阶梯形矩阵为行简化矩阵时，先从第二行开始，在 -2 和 -1 中选择一个并将其上方元素化为 0 时，显然选择 -1 进行消元较为简单，因此

$$\left(\begin{array}{cccc|c}1&1&1&1&1\\0&0&-2&-1&-1\\0&0&0&0&0\end{array}\right)\xrightarrow{r_1+r_2}\left(\begin{array}{cccc|c}1&1&-1&0&0\\0&0&-2&-1&-1\\0&0&0&0&0\end{array}\right)$$

$$\xrightarrow{c_3\longleftrightarrow c_4}\left(\begin{array}{cccc|c}1&1&0&-1&0\\0&0&-1&-2&-1\\0&0&0&0&0\end{array}\right)\xrightarrow{r_2\times(-1)}\left(\begin{array}{cccc|c}1&1&0&-1&0\\0&0&1&2&1\\0&0&0&0&0\end{array}\right).$$

通过以上例题，我们详细描述了如何用初等行变换把矩阵化为行简化矩阵的步骤，尤其是将阶梯形矩阵化为行简化矩阵时的方法选择，希望读者慢慢体会并掌握其中的技巧.

【同步训练 1】 求下面线性方程组的解.

$$\begin{cases}x_1+x_2+x_3+x_4=3,\\x_1+3x_2+2x_3+4x_4=6,\\2x_1+x_3-x_4=3\end{cases}$$

三、线性方程组的解的情形

我们将上面的三个例子进行归纳总结，得出线性方程组解的一般结论.

对于含有 n 个未知量，m 个方程的线性方程组

$$\begin{cases}a_{11}x_1+a_{12}x_2+\cdots+a_{1n}x_n=b_1,\\a_{21}x_1+a_{22}x_2+\cdots+a_{2n}x_n=b_2,\\\qquad\qquad\vdots\\a_{m1}x_1+a_{m2}x_2+\cdots+a_{mn}x_n=b_m,\end{cases}\tag{2-6}$$

称

$$\boldsymbol{A}=\begin{pmatrix}a_{11}&a_{12}&\cdots&a_{1n}\\a_{21}&a_{22}&\cdots&a_{2n}\\\vdots&\vdots&&\vdots\\a_{m1}&a_{m2}&\cdots&a_{mn}\end{pmatrix}$$

为方程组 (2-6) 的**系数矩阵**.

称

$$\bar{\boldsymbol{A}}=\left(\begin{array}{cccc|c}a_{11}&a_{12}&\cdots&a_{1n}&b_1\\a_{21}&a_{22}&\cdots&a_{2n}&b_2\\\vdots&\vdots&&\vdots&\vdots\\a_{m1}&a_{m2}&\cdots&a_{mn}&b_m\end{array}\right)$$

为方程组 (2-6) 的**增广矩阵**.

下面我们用初等行变换来化简上述增广矩阵 $\bar{\boldsymbol{A}}$. 假定增广矩阵 $\bar{\boldsymbol{A}}$ 经过初等行变换化简为下面的行简化矩阵:

$$\left(\begin{array}{ccccccc|c} 1 & 0 & \cdots & 0 & c_{1,r+1} & \cdots & c_{1n} & d_1 \\ 0 & 1 & \cdots & 0 & c_{2,r+1} & \cdots & c_{2n} & d_2 \\ \vdots & \vdots & & \vdots & \vdots & & \vdots & \vdots \\ 0 & 0 & \cdots & 1 & c_{r,r+1} & \cdots & c_{rn} & d_r \\ 0 & 0 & \cdots & 0 & 0 & \cdots & 0 & d_{r+1} \\ 0 & 0 & \cdots & 0 & 0 & \cdots & 0 & 0 \\ \vdots & \vdots & & \vdots & \vdots & & \vdots & \vdots \\ 0 & 0 & \cdots & 0 & 0 & \cdots & 0 & 0 \end{array}\right), \tag{2-7}$$

根据行简化矩阵，得到与方程组（2-6）同解的线性方程组

$$\begin{cases} x_1 \quad + c_{1,r+1}x_{r+1} + \cdots + c_{1n}x_n = d_1, \\ \quad x_2 \quad + c_{2,r+1}x_{r+1} + \cdots + c_{2n}x_n = d_2, \\ \qquad \vdots \\ \qquad x_r + c_{r,r+1}x_{r+1} + \cdots + c_{rn}x_n = d_r, \\ \qquad\qquad 0 = d_{r+1}. \end{cases} \tag{2-8}$$

这样就只需讨论方程组（2-8）的解的情况．我们得到以下结论：

（1）当 $d_{r+1} \neq 0$ 时，方程组（2-8）中出现了矛盾方程，故方程组（2-8）无解，因而方程组（2-6）无解．

（2）当 $d_{r+1} = 0$ 时，方程组（2-8）有解．此时分为两种情况：

（i）若 $r = n$，方程组（2-8）为

$$\begin{cases} x_1 = d_1, \\ x_2 = d_2, \\ \vdots \\ x_n = d_n. \end{cases} \tag{2-9}$$

方程组（2-9）即为线性方程组（2-6）的唯一解．

（ii）若 $r < n$，方程组（2-8）为

$$\begin{cases} x_1 \quad + c_{1,r+1}x_{r+1} + \cdots + c_{1n}x_n = d_1, \\ \quad x_2 \quad + c_{2,r+1}x_{r+1} + \cdots + c_{2n}x_n = d_2, \\ \qquad \vdots \\ \qquad x_r + c_{r,r+1}x_{r+1} + \cdots + c_{rn}x_n = d_r. \end{cases} \tag{2-10}$$

我们取 x_{r+1}，…，x_n 为一组自由未知量，因此方程组（2-10）有无穷解，方程组（2-6）也就有无穷解，且一般解为

$$\begin{cases} x_1 = d_1 - c_{1,r+1}k_1 - \cdots - c_{1n}k_{n-r}, \\ x_2 = d_2 - c_{2,r+1}k_1 - \cdots - c_{2n}k_{n-r}, \\ \qquad \vdots \\ x_r = d_r - c_{r,r+1}k_1 - \cdots - c_{rn}k_{n-r}, \\ x_{r+1} = k_1, \\ \qquad \vdots \\ x_n = k_{n-r} \end{cases} \tag{2-11}$$

（k_1，k_2，…，k_{n-r}为任意常数）．

对以上结论做下面几点说明：

（1）对于无解的情形，当增广矩阵化为阶梯形矩阵时就能判断，不必进一步化为形式（2-7）.

（2）在上述讨论中，为了方便描述，我们将增广矩阵化为行简化矩阵的形式统一为（2-7）. 事实上，化简增广矩阵可能得到不同于（2-7）的形式，这时，我们通过列对换，可以化为形式（2-7），需要注意的是写同解方程组时，要注意对应列的未知量的顺序. 例如：例3中的增广矩阵化为行简化矩阵$\begin{pmatrix}1&1&0&-1&0\\0&0&1&2&1\\0&0&0&0&0\end{pmatrix}$后，对换第2列和第3列就化为形式（2-7）$\begin{pmatrix}1&0&1&-1&0\\0&1&0&2&1\\0&0&0&0&0\end{pmatrix}$. 但是写同解方程组时，需要注意的是第2列是$x_3$的系数，第3列是$x_2$的系数.

（3）线性方程组有无穷解时，自由未知量的个数等于$n-r$，其中n是未知量的个数，r是行简化矩阵非零行的个数，在后面章节中我们将说明r是唯一确定的（**知识预告：**本章第五节矩阵的秩），从而自由未知量的个数是唯一确定的. 不过自由未知量的选取一般不唯一（见例3注）.

例4 当a为何值时方程组

$$\begin{cases}x_1-x_2-3x_3+x_4=1,\\2x_1-2x_2-5x_3+3x_4=4,\\4x_1-4x_2+3x_3+19x_4=a,\\x_1-x_2-2x_3+2x_4=3\end{cases}$$

有解？若有解并求解.

解 对方程组的增广矩阵进行初等行变换化为阶梯形矩阵：

$$\overline{\boldsymbol{A}}=\begin{pmatrix}1&-1&-3&1&1\\2&-2&-5&3&4\\4&-4&3&19&a\\1&-1&-2&2&3\end{pmatrix}\to\begin{pmatrix}1&-1&-3&1&1\\0&0&1&1&2\\0&0&0&0&a-34\\0&0&0&0&0\end{pmatrix},$$

当$a\neq 34$时，原方程组无解.

当$a=34$时，原方程组有解，把$a=34$代入最后的阶梯形矩阵，化为行简化矩阵

$$\overline{\boldsymbol{A}}\to\begin{pmatrix}1&-1&-3&1&1\\0&0&1&1&2\\0&0&0&0&0\\0&0&0&0&0\end{pmatrix}\to\begin{pmatrix}1&-1&0&4&7\\0&0&1&1&2\\0&0&0&0&0\\0&0&0&0&0\end{pmatrix},$$

得同解方程组

$$\begin{cases}x_1-x_2+4x_4=7,\\x_3+x_4=2.\end{cases}$$

取 $x_2=k_1$，$x_4=k_2$，得原方程组的一般解为

$$\begin{cases} x_1=7+k_1-4k_2, \\ x_2=k_1, \\ x_3=2-k_2, \\ x_4=k_2 \end{cases} \quad (k_1,k_2 \text{ 为任意常数}).$$ □

【同步训练 2】 a，b 为何值时，方程组

$$\begin{cases} x_1+x_2+x_3+x_4+x_5=1, \\ 3x_1+2x_2+x_3+x_4-3x_5=a, \\ x_2+2x_3+2x_4+6x_5=3, \\ 5x_1+4x_2+3x_3+3x_4-x_5=b \end{cases}$$

有解，并在有解时求其一般解．

四、齐次线性方程组解的情形

特别地，上述结论同样适用于齐次线性方程组

$$\begin{cases} a_{11}x_1+a_{12}x_2+\cdots+a_{1n}x_n=0, \\ a_{21}x_1+a_{22}x_2+\cdots+a_{2n}x_n=0, \\ \qquad\vdots \\ a_{m1}x_1+a_{m2}x_2+\cdots+a_{mn}x_n=0. \end{cases} \tag{2-12}$$

由于齐次线性方程组的常数项全为零，即总有 $d_{r+1}=0$，所以关于齐次线性方程组（2-12）有如下**结论**：

（1）当同解行简化方程组中方程的个数 r 等于未知量的个数 n 时，齐次线性方程组有唯一零解；

（2）当同解行简化方程组中方程的个数 r 小于未知量的个数 n 时，齐次线性方程组有无穷解（也称有非零解）．

注　求解齐次线性方程组时，因常数项都是 0，所以只需化简**系数矩阵**即可．

例 5　求下列齐次线性方程组的一般解

$$\begin{cases} 3x_1 \qquad +5x_3 \qquad =0, \\ 2x_1-x_2+3x_3+x_4=0, \\ x_1+x_2+2x_3-x_4=0. \end{cases}$$

解　对系数矩阵 $\boldsymbol{A}$ 施以初等行变换

$$\boldsymbol{A}=\begin{pmatrix} 3 & 0 & 5 & 0 \\ 2 & -1 & 3 & 1 \\ 1 & 1 & 2 & -1 \end{pmatrix} \xrightarrow{r_1\leftrightarrow r_3} \begin{pmatrix} 1 & 1 & 2 & -1 \\ 2 & -1 & 3 & 1 \\ 3 & 0 & 5 & 0 \end{pmatrix} \xrightarrow[r_3-3r_1]{r_2-2r_1} \begin{pmatrix} 1 & 1 & 2 & -1 \\ 0 & -3 & -1 & 3 \\ 0 & -3 & -1 & 3 \end{pmatrix}$$

$$\xrightarrow{r_3-r_2} \begin{pmatrix} 1 & 1 & 2 & -1 \\ 0 & -3 & -1 & 3 \\ 0 & 0 & 0 & 0 \end{pmatrix} \xrightarrow{-\frac{1}{3}r_2} \begin{pmatrix} 1 & 1 & 2 & -1 \\ 0 & 1 & \frac{1}{3} & -1 \\ 0 & 0 & 0 & 0 \end{pmatrix} \xrightarrow{r_1-r_2} \begin{pmatrix} 1 & 0 & \frac{5}{3} & 0 \\ 0 & 1 & \frac{1}{3} & -1 \\ 0 & 0 & 0 & 0 \end{pmatrix}$$

由行简化矩阵可知，原方程组的同解方程组为

$$\begin{cases} x_1 \qquad +\frac{5}{3}x_3 \qquad =0, \\ \qquad x_2-\frac{1}{3}x_3+x_4=0. \end{cases}$$

取 x_3，x_4 为自由未知量，并令 $x_3=k_1$，$x_4=k_2$，则方程组的一般解为

$$\begin{cases} x_1 = -\dfrac{5}{3}k_1, \\ x_2 = -\dfrac{1}{3}k_1 + k_2, \\ x_3 = k_1, \\ x_4 = k_2 \end{cases} \quad (k_1,\ k_2 \text{ 为任意常数}).$$

□

【同步训练 3】 求下面齐次线性方程组的解

$$\begin{cases} x_1 + 2x_2 - x_3 + 2x_4 = 0, \\ x_1 - x_2 + 2x_3 - x_4 = 0, \\ 2x_1 + x_2 + x_3 + x_4 = 0. \end{cases}$$

关于齐次线性方程组还有下面两个结论.

定理 2.1 在

$$\begin{cases} a_{11}x_1 + a_{12}x_2 + \cdots + a_{1n}x_n = 0, \\ a_{21}x_1 + a_{22}x_2 + \cdots + a_{2n}x_n = 0, \\ \quad\vdots \\ a_{m1}x_1 + a_{m2}x_2 + \cdots + a_{mn}x_n = 0 \end{cases}$$

中，如果 $m<n$，那么方程组必有非零解.

证明 与其同解的行简化方程组中方程的个数 $r \leqslant m < n$，结论成立.

■

定理 2.2 齐次线性方程组

$$\begin{cases} a_{11}x_1 + a_{12}x_2 + \cdots + a_{1n}x_n = 0, \\ a_{21}x_1 + a_{22}x_2 + \cdots + a_{2n}x_n = 0, \\ \quad\vdots \\ a_{n1}x_1 + a_{n2}x_2 + \cdots + a_{nn}x_n = 0 \end{cases} \tag{2-13}$$

有唯一零解的充要条件是其系数行列式 $|\boldsymbol{A}| \neq 0$.

证明 定理的充分性即为定理 1.5 的推论，这里主要证明定理的必要性.

设齐次线性方程组有唯一零解，因此系数矩阵 $\boldsymbol{A}$ 经过初等行变换化为行简化矩阵且为

$$\boldsymbol{B} = \begin{pmatrix} 1 & 0 & \cdots & 0 \\ 0 & 1 & \cdots & 0 \\ \vdots & \vdots & & \vdots \\ 0 & 0 & \cdots & 1 \end{pmatrix},$$

显然 $|\boldsymbol{B}| \neq 0$.

而根据第一章行列式的性质知道，系数矩阵 $\boldsymbol{A}$ 经过初等行变换化为矩阵 $\boldsymbol{B}$，则 $|\boldsymbol{B}|$ 为 $|\boldsymbol{A}|$ 的非零常数倍，即 $|\boldsymbol{B}| = k|\boldsymbol{A}|$ 且 $k \neq 0$，所以 $|\boldsymbol{A}| \neq 0$. ■

注 方阵的行列式 $|\boldsymbol{A}|$ 见第三章第一节.

推论 齐次线性方程组（2-13）有非零解的充要条件是其系数行列式 $|\boldsymbol{A}| = 0$.

第二节　n 维向量

在中学我们学习了平面和空间中的向量，而现实中有些问题只用2维和3维向量刻画是不够的．譬如，空间中的一个球面可以用空间中的球心坐标（3个数）和半径（1个数）共4个数来刻画．再比如，线性方程组中的每个方程都对应于增广矩阵的一个行，而每行就是由一些数所形成的有序数组．在处理数据的计算中会大量地涉及这样的一个由 n 个数形成的有序数组，这就是我们这节要学习的 n 维向量．

一、n 维向量

定义 2.3　数域 F 上的 n 个数 a_1，a_2，…，a_n 构成的有序数组称为数域 F 上的一个 n 维**向量（vector）**，记作：$\boldsymbol{\alpha}=(a_1, a_2, \cdots, a_n)$，其中 a_i 称为向量 $\boldsymbol{\alpha}$ 的第 i 个**分量**．称 $\boldsymbol{\alpha}=(a_1, a_2, \cdots, a_n)$ 为**行向量**，$\boldsymbol{\beta}=\begin{pmatrix} a_1 \\ a_2 \\ \vdots \\ a_n \end{pmatrix}=(a_1, a_2, \cdots, a_n)^{\mathrm{T}}$ 为**列向量**（知识预告：$(a_1, a_2, \cdots, a_n)^{\mathrm{T}}$ 表示向量 $(a_1, a_2, \cdots, a_n)$ 的转置，详见第三章第一节）．

向量一般用小写希腊字母 $\boldsymbol{\alpha}$，$\boldsymbol{\beta}$，$\boldsymbol{\gamma}$…等表示，分量用小写拉丁字母 a，b，c，…等添加下标表示．

需要注意的是，上述定义中的行向量和列向量在本章的区别仅仅在于写法的不同，在本章后面的学习中读者要慢慢体会．

定义 2.4　向量

$$\boldsymbol{\alpha}=(a_1,a_2,\cdots,a_n),\boldsymbol{\beta}=(b_1,b_2,\cdots,b_n)$$

相等指的是它们的分量对应相等，即

$$\boldsymbol{\alpha}=\boldsymbol{\beta}\Leftrightarrow a_i=b_i(i=1,2,\cdots,n).$$

二、n 维向量的线性运算

设 $\boldsymbol{\alpha}=(a_1,a_2,\cdots,a_n)$，$\boldsymbol{\beta}=(b_1,b_2,\cdots,b_n)$，$k\in F$（$F$ 是数域）．

定义 2.5　（1）**向量的加法** $\boldsymbol{\alpha}+\boldsymbol{\beta}=(a_1+b_1,a_2+b_2,\cdots,a_n+b_n)$，即向量的和为向量的各分量求和．

（2）**向量的数乘** $k\boldsymbol{\alpha}=(ka_1,ka_2,\cdots,ka_n)$，即 k 与向量 $\boldsymbol{\alpha}$ 的乘积的分量为 $\boldsymbol{\alpha}$ 的分量的 k 倍．

零向量：分量全为零的 n 维向量（0，0，…，0）称为 n 维零向量．记作$\mathbf{0}_n$，或简记为$\mathbf{0}$.

负向量：向量 $-\boldsymbol{\alpha}=(-a_1,-a_2,\cdots,-a_n)$ 称为向量 $\boldsymbol{\alpha}=(a_1,a_2,\cdots,a_n)$ 的负向量．

定义 2.6 $\boldsymbol{\alpha}-\boldsymbol{\beta}=\boldsymbol{\alpha}+(-\boldsymbol{\beta})$．

例 设 $\boldsymbol{\alpha}=(1,3,-2)$，$\boldsymbol{\beta}=(2,0,8)$，计算 $\boldsymbol{\alpha}-3\boldsymbol{\beta}$.

解
$$\boldsymbol{\alpha}-3\boldsymbol{\beta}=(1,3,-2)-3(2,0,8)=(1,3,-2)-(6,0,24)=(-5,3,-26).$$
□

由定义不难推出如下八条运算规律成立：

$\boldsymbol{\alpha}+\boldsymbol{\beta}=\boldsymbol{\beta}+\boldsymbol{\alpha}$；　$(\boldsymbol{\alpha}+\boldsymbol{\beta})+\boldsymbol{\gamma}=\boldsymbol{\alpha}+(\boldsymbol{\beta}+\boldsymbol{\gamma})$；

$\boldsymbol{\alpha}+\boldsymbol{0}_n=\boldsymbol{\alpha}$；　$\boldsymbol{\alpha}+(-\boldsymbol{\alpha})=\boldsymbol{0}_n$；

$1\cdot\boldsymbol{\alpha}=\boldsymbol{\alpha}$；　$(kl)\boldsymbol{\alpha}=k(l\boldsymbol{\alpha})$；

$k(\boldsymbol{\alpha}+\boldsymbol{\beta})=k\boldsymbol{\alpha}+k\boldsymbol{\beta}$；　$(k+l)\boldsymbol{\alpha}=k\boldsymbol{\alpha}+l\boldsymbol{\alpha}$.

注 事实上，向量是特殊的矩阵，上面的八条运算规律与矩阵的八条运算规律（知识预告：第三章第一节矩阵的运算）是一致的．读者在学习第三章时请仔细体会．

除此以外，向量的运算还具有下列简单性质：

$0\cdot\boldsymbol{\alpha}=\boldsymbol{0}_n$，

$k\cdot\boldsymbol{0}_n=\boldsymbol{0}_n$，

$k\cdot\boldsymbol{\alpha}=\boldsymbol{0}_n\Rightarrow k=0$ 或 $\boldsymbol{\alpha}=\boldsymbol{0}_n$，

$\boldsymbol{\alpha}+\boldsymbol{\gamma}=\boldsymbol{\beta}\Rightarrow\boldsymbol{\gamma}=\boldsymbol{\beta}-\boldsymbol{\alpha}$.

定义 2.7 在定义了向量的加法和数乘运算后，数域 F 上的全体 n 维向量构成的集合称为数域 F 上的 n **维向量空间**，记作 F^n. 当 $F=\mathbf{R}$（实数域）时，叫作 n **维实向量空间**，记作 $\mathbf{R}^n$.

第三节　向量的线性相关性

一个 n 元线性方程可以用一个行向量来表示，那么线性方程组就可以用一组向量来代表．如果有一个向量是另一个向量的倍数，则这两个向量所对应的方程中其中一个可以舍掉，这实际上就涉及向量之间的线性相关性．下面我们开始系统地介绍，如果不做特别说明，下文提到的向量均指 n 维向量．

一、向量组的线性组合

定义 2.8 如果存在数域 F 上的一组数 $k_1,k_2,\cdots,k_m$，使得

$$\boldsymbol{\beta}=k_1\boldsymbol{\alpha}_1+k_2\boldsymbol{\alpha}_2+\cdots+k_m\boldsymbol{\alpha}_m, \tag{2-14}$$

我们称向量 $\boldsymbol{\beta}$ 可以由 $\boldsymbol{\alpha}_1,\boldsymbol{\alpha}_2,\cdots,\boldsymbol{\alpha}_m$ **线性表示**，或称 $\boldsymbol{\beta}$ 是 $\boldsymbol{\alpha}_1,\boldsymbol{\alpha}_2,\cdots,\boldsymbol{\alpha}_m$ 的一个**线性组合（linear combination）**.

需要注意的是，如果存在数 $\boldsymbol{k}_1,\boldsymbol{k}_2,\cdots,\boldsymbol{k}_m$ 使得式（2-14）成立，则这组数 $\boldsymbol{k}_1,\boldsymbol{k}_2,\cdots,\boldsymbol{k}_m$ 可能唯一，也可能有无穷多个．当 $\boldsymbol{k}_1,\boldsymbol{k}_2,\cdots,\boldsymbol{k}_m$ 唯一时，我们称 $\boldsymbol{\beta}$ 可以由 $\boldsymbol{\alpha}_1,\boldsymbol{\alpha}_2,\cdots,\boldsymbol{\alpha}_m$ **唯一线性表示**.

例1　设向量

$$\boldsymbol{\beta}=(2,3,4),\boldsymbol{\alpha}_1=(1,1,1),\boldsymbol{\alpha}_2=(1,2,3),\boldsymbol{\alpha}_3=(3,2,1),$$

试判断向量 $\boldsymbol{\beta}$ 是否可以由 $\boldsymbol{\alpha}_1,\boldsymbol{\alpha}_2,\boldsymbol{\alpha}_3$ 线性表示.

解　设

$$\boldsymbol{\beta}=k_1\boldsymbol{\alpha}_1+k_2\boldsymbol{\alpha}_2+k_3\boldsymbol{\alpha}_3,$$

将向量代入上式得

$$\begin{aligned}(2,3,4)&=k_1(1,1,1)+k_2(1,2,3)+k_3(3,2,1)\\&=(k_1+k_2+3k_3,k_1+2k_2+2k_3,k_1+3k_2+k_3),\end{aligned}$$

很自然地有

$$\begin{cases}k_1+\ \ k_2+3k_3=2,\\k_1+2k_2+2k_3=3,\\k_1+3k_2+\ \ k_3=4,\end{cases}$$

解得方程组有无穷解

$$\begin{cases}k_1=1-4c,\\k_2=1+c,\\k_3=c,\end{cases}$$

所以 $\boldsymbol{\beta}=(1-4c)\boldsymbol{\alpha}_1+(1+\boldsymbol{c})\boldsymbol{\alpha}_2+c\boldsymbol{\alpha}_3$，$c$ 为任意常数.　□

【同步训练1】 设向量 $\boldsymbol{\beta}=(5,5,4),\boldsymbol{\alpha}_1=(1,2,1),\boldsymbol{\alpha}_2=(2,1,1),\boldsymbol{\alpha}_3=(1,0,1)$，试判断 $\boldsymbol{\beta}$ 可否由 $\boldsymbol{\alpha}_1,\boldsymbol{\alpha}_2,\boldsymbol{\alpha}_3$ 线性表示.

对于一般的情况，设

$$\boldsymbol{\beta}=\begin{pmatrix}b_1\\b_2\\\vdots\\b_n\end{pmatrix},\ \boldsymbol{\alpha}_i=\begin{pmatrix}a_{1i}\\a_{2i}\\\vdots\\a_{ni}\end{pmatrix},i=1,2,\cdots,m,$$

表达式

$$\boldsymbol{\beta}=x_1\boldsymbol{\alpha}_1+x_2\boldsymbol{\alpha}_2+\cdots+x_m\boldsymbol{\alpha}_m \tag{2-15}$$

与

$$\begin{cases}a_{11}x_1+a_{12}x_2+\cdots+a_{1m}x_m=b_1,\\a_{21}x_1+a_{22}x_2+\cdots+a_{2m}x_m=b_2,\\\qquad\vdots\\a_{n1}x_1+a_{n2}x_2+\cdots+a_{nm}x_m=b_n\end{cases} \tag{2-16}$$

是相对应的（我们通常称式（2-15）是方程组（2-16）的**向量形式**）.有以下结论：

定理 2.3 设 $\boldsymbol{\alpha}_1,\boldsymbol{\alpha}_2,\cdots,\boldsymbol{\alpha}_m,\boldsymbol{\beta}$ 是如上所述的一组 n 维向量，则 $\boldsymbol{\beta}$ 能由 $\boldsymbol{\alpha}_1,\boldsymbol{\alpha}_2,\cdots,\boldsymbol{\alpha}_m$ 线性表示的充要条件是方程组（2-16）有解.

需要注意的是，从例 1 和定理 2.3 给出的向量来看，无论给出的是行向量还是列向量，在判断一个向量可否由一组向量线性表示时，得到的线性方程组的增广矩阵，都是按照**列向量**来形成的.

推论 向量组 $\boldsymbol{\alpha}_1,\boldsymbol{\alpha}_2,\cdots,\boldsymbol{\alpha}_m$ 中的每个向量 $\boldsymbol{\alpha}_i$ 都可以由向量组 $\boldsymbol{\alpha}_1,\boldsymbol{\alpha}_2,\cdots,\boldsymbol{\alpha}_m$ 线性表示.

事实上，$\boldsymbol{\alpha}_i=0\boldsymbol{\alpha}_1+0\boldsymbol{\alpha}_2+\cdots+\boldsymbol{\alpha}_i+\cdots+0\boldsymbol{\alpha}_m$.

二、线性相关和线性无关（线性相关性）

定义 2.9 对于 m 个向量 $\boldsymbol{\alpha}_i\in F^n(i=1,2,\cdots,m)$，如果存在 m 个不全为零的数 $k_1,k_2,\cdots,k_m\in F$，使得

$$\sum_{i=1}^{m}k_i\boldsymbol{\alpha}_i=k_1\boldsymbol{\alpha}_1+k_2\boldsymbol{\alpha}_2+\cdots+k_m\boldsymbol{\alpha}_m=\boldsymbol{0} \tag{2-17}$$

成立，则称向量组 $\boldsymbol{\alpha}_1,\boldsymbol{\alpha}_2,\cdots,\boldsymbol{\alpha}_m$ **线性相关（linearly dependent）；否则，称向量组 $\boldsymbol{\alpha}_1,\boldsymbol{\alpha}_2,\cdots,\boldsymbol{\alpha}_m$ 线性无关（linearly independent）.**

对于此概念的理解需注意以下几点：

（1）无论一组向量线性相关还是线性无关，取 $k_1=k_2=\cdots=k_m=0$，式（2-17）总是成立的.

（2）$\boldsymbol{\alpha}_1,\boldsymbol{\alpha}_2,\cdots,\boldsymbol{\alpha}_m$ 线性相关是指除 $k_1=k_2=\cdots=k_m=0$ 使得式(2-17)成立外，还有不全为零的一组数 $k_1,k_2,\cdots,k_m\in F$ 使得式（2-17）成立.

（3）$\boldsymbol{\alpha}_1,\boldsymbol{\alpha}_2,\cdots,\boldsymbol{\alpha}_m$ 线性无关是指只有 $k_1=k_2=\cdots=k_m=0$ 使得式(2-17)成立. 对不全为零的一组数 $k_1,k_2,\cdots,k_m\in F$，一定使得

$$\sum_{i=1}^{m}k_i\boldsymbol{\alpha}_i=k_1\boldsymbol{\alpha}_1+k_2\boldsymbol{\alpha}_2+\cdots+k_m\boldsymbol{\alpha}_m\neq\boldsymbol{0}.$$

（4）特别地，当 $m=1$，概念的实质是讨论单个向量 $\boldsymbol{\alpha}$. 当 $\boldsymbol{\alpha}=\boldsymbol{0}$ 时，$\boldsymbol{\alpha}$ 线性相关. 而当 $\boldsymbol{\alpha}\neq\boldsymbol{0}$ 时，$\boldsymbol{\alpha}$ 线性无关.

下面我们来看如何判断一个向量组的线性相关性.

设 $\boldsymbol{\alpha}_1=(a_{11},a_{21},\cdots,a_{n1})$，$\boldsymbol{\alpha}_2=(a_{12},a_{22},\cdots,a_{n2})$，$\cdots$，$\boldsymbol{\alpha}_m=(a_{1m},a_{2m},\cdots,a_{nm})$，则

$$\sum_{i=1}^{m}k_i\boldsymbol{\alpha}_i=k_1\boldsymbol{\alpha}_1+k_2\boldsymbol{\alpha}_2+\cdots+k_m\boldsymbol{\alpha}_m=\boldsymbol{0}$$

与齐次线性方程组

$$\begin{cases}a_{11}x_1+a_{12}x_2+\cdots+a_{1m}x_m=0,\\ a_{21}x_1+a_{22}x_2+\cdots+a_{2m}x_m=0,\\ \quad\vdots\\ a_{n1}x_1+a_{n2}x_2+\cdots+a_{nm}x_m=0\end{cases} \tag{2-18}$$

相对应，因此有如下结论：

定理 2.4　向量组 $\boldsymbol{\alpha}_1,\boldsymbol{\alpha}_2,\cdots,\boldsymbol{\alpha}_m$ 线性相关（线性无关）的充要条件是齐次线性方程组（2-18）有非零解（只有零解）.

例 2　试判断下面向量组的线性相关性

$$\boldsymbol{\alpha}_1=(3,0,0,1),\boldsymbol{\alpha}_2=(2,1,1,-1),\boldsymbol{\alpha}_3=(1,1,1,0).$$

解　设

$$k_1\boldsymbol{\alpha}_1+k_2\boldsymbol{\alpha}_2+k_3\boldsymbol{\alpha}_3=\mathbf{0},$$

计算得到下面的齐次线性方程组

$$\begin{cases}3x_1+2x_2+x_3=0,\\ \qquad\quad x_2+x_3=0,\\ \qquad\quad x_2+x_3=0,\\ x_1-\ x_2\qquad=0.\end{cases}$$

用初等行变换化系数矩阵为行简化矩阵

$$\boldsymbol{A}=\begin{pmatrix}3&2&1\\0&1&1\\0&1&1\\1&-1&0\end{pmatrix}\to\begin{pmatrix}1&0&0\\0&1&0\\0&0&1\\0&0&0\end{pmatrix},$$

得到齐次线性方程组只有零解，所以 $\boldsymbol{\alpha}_1,\boldsymbol{\alpha}_2,\boldsymbol{\alpha}_3$ 线性无关. □

结合本章第一节中关于齐次线性方程组理论的定理 2.1 和定理 2.2，对于 m 个 n 维向量

$$\boldsymbol{\alpha}_1=(a_{11},a_{21},\cdots,a_{n1}),\boldsymbol{\alpha}_2=(a_{12},a_{22},\cdots,a_{n2}),\cdots,\boldsymbol{\alpha}_m=(a_{1m},a_{2m},\cdots,a_{nm}),$$

我们得到如下结论:

定理 2.5　若 $m>n$，则向量组 $\boldsymbol{\alpha}_1,\boldsymbol{\alpha}_2,\cdots,\boldsymbol{\alpha}_m$ 必线性相关.

推论　$n+1$ 个 n 维向量必线性相关.

定理 2.6　若 $m=n$，则向量组 $\boldsymbol{\alpha}_1,\boldsymbol{\alpha}_2,\cdots,\boldsymbol{\alpha}_m$ 线性相关（线性无关）的充要条件是

$$\begin{vmatrix}a_{11}&a_{12}&\cdots&a_{1n}\\a_{21}&a_{22}&\cdots&a_{2n}\\\vdots&\vdots&&\vdots\\a_{n1}&a_{n2}&\cdots&a_{nn}\end{vmatrix}=0(\neq 0).$$

注　定理 2.6 说明，n 个 n 维向量的线性相关性可以直接利用行列式来判断. 在计算行列式时，既可以作行的变换，又可以作列的变换，这样的运算更为灵活方便.

例 3　试求 t 的值使得下面向量组线性相关

$$\boldsymbol{\alpha}_1=(1,2,t),\boldsymbol{\alpha}_2=(1,1,1),\boldsymbol{\alpha}_3=(1,0,0).$$

解　据定理 2.6 知，向量 $\boldsymbol{\alpha}_1,\boldsymbol{\alpha}_2,\boldsymbol{\alpha}_3$ 线性相关的充要条件是

$$\begin{vmatrix}1&1&1\\2&1&0\\t&1&0\end{vmatrix}=2-t=0,$$

所以 $t=2$. □

【同步训练2】 试求 t 的值使得下面的向量组线性无关

$\boldsymbol{\alpha}_1=(1,1,0),\boldsymbol{\alpha}_2=(1,1,2),\boldsymbol{\alpha}_3=(1,2,t)$.

例4 已知向量组 $\boldsymbol{\alpha}_1=(a_{11},a_{21},a_{31}),\boldsymbol{\alpha}_2=(a_{12},a_{22},a_{32}),\boldsymbol{\alpha}_3=(a_{13},a_{23},a_{33})$线性无关，试判断向量组

$$\boldsymbol{\alpha}_1'=(a_{11},a_{21},a_{31},1),\boldsymbol{\alpha}_2'=(a_{12},a_{22},a_{32},2),\boldsymbol{\alpha}_3'=(a_{13},a_{23},a_{33},5)$$

的线性相关性.

解 要判断 $\boldsymbol{\alpha}_1',\boldsymbol{\alpha}_2',\boldsymbol{\alpha}_3'$的线性相关性，即为计算下面的线性方程组

$$\begin{cases} a_{11}x_1+a_{12}x_2+a_{13}x_3=0, \\ a_{21}x_1+a_{22}x_2+a_{23}x_3=0, \\ a_{31}x_1+a_{32}x_2+a_{33}x_3=0, \\ x_1+2x_2+5x_3=0. \end{cases} \tag{2-19}$$

而已知 $\boldsymbol{\alpha}_1,\boldsymbol{\alpha}_2,\boldsymbol{\alpha}_3$ 线性无关，所以

$$\begin{cases} a_{11}x_1+a_{12}x_2+a_{13}x_3=0, \\ a_{21}x_1+a_{22}x_2+a_{23}x_3=0, \\ a_{31}x_1+a_{32}x_2+a_{33}x_3=0 \end{cases}$$

只有零解，这样方程组（2-19）也只有零解，故 $\boldsymbol{\alpha}_1'$，$\boldsymbol{\alpha}_2'$，$\boldsymbol{\alpha}_3'$也线性无关. □

注

（1）在例4中，可以看到 $\boldsymbol{\alpha}_1',\boldsymbol{\alpha}_2',\boldsymbol{\alpha}_3'$是在向量组 $\boldsymbol{\alpha}_1,\boldsymbol{\alpha}_2,\boldsymbol{\alpha}_3$ 分量的最后面又增加了一个分量得到的向量组，对应的齐次方程组相当于增加了一个方程. 所以若向量组 $\boldsymbol{\alpha}_1,\boldsymbol{\alpha}_2,\boldsymbol{\alpha}_3$ 线性无关，则增加分量后的向量组 $\boldsymbol{\alpha}_1',\boldsymbol{\alpha}_2',\boldsymbol{\alpha}_3'$仍然线性无关.

（2）在相同位置增加若干分量，结论亦然.

我们把这种在向量组的每个向量的**相同位置**添加若干分量得到的向量组，称为原向量组的**加长**向量组. 因而更为一般地，我们有以下结论：

定理2.7 设 $\boldsymbol{\alpha}_1,\boldsymbol{\alpha}_2,\cdots,\boldsymbol{\alpha}_m$ 线性无关，则 $\boldsymbol{\alpha}_1,\boldsymbol{\alpha}_2,\cdots,\boldsymbol{\alpha}_m$ 的加长向量组也线性无关.

（证明省略，思路与例4完全相同，请读者自行完成.）

定理2.8 如果向量组 $\boldsymbol{\alpha}_1$，$\boldsymbol{\alpha}_2$，…，$\boldsymbol{\alpha}_m$ 的一部分向量线性相关，则这个向量组线性相关.

证明 不妨设向量组的前 s 个向量线性相关，于是存在不全为零的数 $k_1,k_2\cdots,k_s$，使得

$$k_1\boldsymbol{\alpha}_1+k_2\boldsymbol{\alpha}_2+\cdots+k_s\boldsymbol{\alpha}_s=\mathbf{0}.$$

令 $k_{s+1}=k_{s+2}=\cdots=k_m=0$，有

$$k_1\boldsymbol{\alpha}_1+k_2\boldsymbol{\alpha}_2+\cdots+k_s\boldsymbol{\alpha}_s+k_{s+1}\boldsymbol{\alpha}_{s+1}+\cdots+k_m\boldsymbol{\alpha}_m=\mathbf{0}.$$

系数 $k_1,k_2,\cdots,k_s,k_{s+1},\cdots,k_m$ 不全为零，因此 $\boldsymbol{\alpha}_1$，$\boldsymbol{\alpha}_2$，…，$\boldsymbol{\alpha}_m$ 线性相关.

■

推论 若向量组 $\boldsymbol{\alpha}_1,\boldsymbol{\alpha}_2,\cdots,\boldsymbol{\alpha}_m$ 线性无关，则它的任意部分组都线性无关.

三、线性相关和线性组合的关系定理

定理 2.9　向量组 $\boldsymbol{\alpha}_1,\boldsymbol{\alpha}_2,\cdots,\boldsymbol{\alpha}_m(m\geqslant 2)$ 线性相关的充要条件是向量组 $\boldsymbol{\alpha}_1,\boldsymbol{\alpha}_2,\cdots,\boldsymbol{\alpha}_m$ 中至少有一个向量是其余 $m-1$ 个向量的线性组合.

证明（必要性）　若 $\boldsymbol{\alpha}_1,\boldsymbol{\alpha}_2,\cdots,\boldsymbol{\alpha}_m$ 线性相关，则存在不全为零的 $k_1,k_2,\cdots,k_m$ 使得

$$k_1\boldsymbol{\alpha}_1+k_2\boldsymbol{\alpha}_2+\cdots+k_m\boldsymbol{\alpha}_m=\boldsymbol{0},$$

不妨设 $k_1\neq 0$，则

$$\boldsymbol{\alpha}_1=-\frac{1}{k_1}\left(\sum_{i=2}^{m}k_i\boldsymbol{\alpha}_i\right),$$

即 $\boldsymbol{\alpha}_1$ 可以由 $\boldsymbol{\alpha}_2,\boldsymbol{\alpha}_3,\cdots,\boldsymbol{\alpha}_m$ 线性表示.

（充分性）若 $\boldsymbol{\alpha}_1,\boldsymbol{\alpha}_2,\cdots,\boldsymbol{\alpha}_m$ 中至少有一个向量是其余 $m-1$ 个向量的线性组合，不妨设

$$\boldsymbol{\alpha}_1=\sum_{i=2}^{m}l_i\boldsymbol{\alpha}_i,$$

则有

$$-\boldsymbol{\alpha}_1+\sum_{i=2}^{m}l_i\boldsymbol{\alpha}_i=\boldsymbol{0},$$

显然 $-1,l_2,\cdots,l_m$ 不全为零，则 $\boldsymbol{\alpha}_1,\boldsymbol{\alpha}_2,\cdots,\boldsymbol{\alpha}_m$ 线性相关．■

推论　向量组 $\boldsymbol{\alpha}_1,\boldsymbol{\alpha}_2,\cdots,\boldsymbol{\alpha}_m$ 线性无关（$m\geqslant 2$）的充要条件是向量组 $\boldsymbol{\alpha}_1,\boldsymbol{\alpha}_2,\cdots,\boldsymbol{\alpha}_m$ 中任何一个向量都不能表示为其余 $m-1$ 个向量的线性组合.

注

（1）定理 2.9 说明，向量组 $\boldsymbol{\alpha}_1,\boldsymbol{\alpha}_2,\cdots,\boldsymbol{\alpha}_m$ 线性相关（$m\geqslant 2$）必定存在一个向量可以由其余向量线性表示，但并不是任何一个向量都可以由其余的 $m-1$ 个向量线性表示．例如，3 个 2 维向量 $(1,0),(0,1),(2,0)$ 必然线性相关，但向量 $(0,1)$ 显然不能由其余两个向量线性表示.

（2）从证明的过程看，若向量组 $\boldsymbol{\alpha}_1,\boldsymbol{\alpha}_2,\cdots,\boldsymbol{\alpha}_m$ 线性相关，则在下式

$$k_1\boldsymbol{\alpha}_1+k_2\boldsymbol{\alpha}_2+\cdots+k_m\boldsymbol{\alpha}_m=\boldsymbol{0}$$

中，系数不为零的向量必可由其余向量线性表示.

（3）"不妨"的意思指，我们假设 $k_1\neq 0$ 和假定 $k_i\neq 0$，对于此命题的证明有完全相同的思路，但假定 $k_1\neq 0$ 更方便描述一些.

定理 2.10　若向量组 $\boldsymbol{\alpha}_1,\boldsymbol{\alpha}_2,\cdots,\boldsymbol{\alpha}_m$ 线性无关，而 $\boldsymbol{\beta},\boldsymbol{\alpha}_1,\boldsymbol{\alpha}_2,\cdots,\boldsymbol{\alpha}_m$ 线性相关，则 $\boldsymbol{\beta}$ 可以由向量组 $\boldsymbol{\alpha}_1,\boldsymbol{\alpha}_2,\cdots,\boldsymbol{\alpha}_m$ 唯一线性表示.

证明　若 $\boldsymbol{\beta},\boldsymbol{\alpha}_1,\boldsymbol{\alpha}_2,\cdots,\boldsymbol{\alpha}_m$ 线性相关，则存在不全为零的数 $k,k_1,\cdots,k_m$，使得

$$k\boldsymbol{\beta}+\sum_{i=1}^{m}k_i\boldsymbol{\alpha}_i=\boldsymbol{0},$$

我们只需证明 $k\neq 0$ 即可.

用反证法．如果 $k=0$，得

$$\sum_{i=1}^{m} k_i \boldsymbol{\alpha}_i = \mathbf{0},$$

已知 $\boldsymbol{\alpha}_1,\boldsymbol{\alpha}_2,\cdots,\boldsymbol{\alpha}_m$ 线性无关，所以 $k_1,\cdots,k_m$ 全为零，与 $k,k_1,\cdots,k_m$ 不全为零矛盾，所以 $k\neq 0$，这样就有

$$\boldsymbol{\beta} = -\frac{1}{k}\sum_{i=1}^{m} k_i \boldsymbol{\alpha}_i.$$

下证表示方法唯一：

假设

$$\boldsymbol{\beta} = \sum_{i=1}^{m} k_i \boldsymbol{\alpha}_i = \sum_{i=1}^{m} l_i \boldsymbol{\alpha}_i,$$

则

$$\sum_{i=1}^{m} k_i \boldsymbol{\alpha}_i - \sum_{i=1}^{m} l_i \boldsymbol{\alpha}_i = \sum_{i=1}^{m} (k_i - l_i)\boldsymbol{\alpha}_i = \mathbf{0},$$

由 $\boldsymbol{\alpha}_1,\boldsymbol{\alpha}_2,\cdots,\boldsymbol{\alpha}_m$ 线性无关，得

$$k_i - l_i = 0 \quad (i=1,\cdots,m),$$

即

$$k_i = l_i \quad (i=1,\cdots,m),$$

这说明表示方法唯一． ■

结合定理 2.5 的推论和定理 2.10，易证明：

推论 1 如果 F^n 中 n 个向量 $\boldsymbol{\alpha}_1,\boldsymbol{\alpha}_2,\cdots,\boldsymbol{\alpha}_n$ 线性无关，则 F^n 中的任一个向量 $\boldsymbol{\alpha}_0$ 可以由 $\boldsymbol{\alpha}_1,\boldsymbol{\alpha}_2,\cdots,\boldsymbol{\alpha}_n$ 唯一线性表示．

推论 2 若向量组 $\boldsymbol{\alpha}_1,\boldsymbol{\alpha}_2,\cdots,\boldsymbol{\alpha}_m$ 线性无关，$\boldsymbol{\beta}$ 不能由向量组 $\boldsymbol{\alpha}_1,\boldsymbol{\alpha}_2,\cdots,\boldsymbol{\alpha}_m$ 线性表示，则 $\boldsymbol{\alpha}_1,\boldsymbol{\alpha}_2,\cdots,\boldsymbol{\alpha}_m,\boldsymbol{\beta}$ 线性无关.

例 5 设 $\boldsymbol{\alpha},\boldsymbol{\beta},\boldsymbol{\gamma}$ 线性无关，$\boldsymbol{\alpha},\boldsymbol{\beta},\boldsymbol{\delta}$ 线性相关，证明：$\boldsymbol{\delta}$ 可以由 $\boldsymbol{\alpha},\boldsymbol{\beta},\boldsymbol{\gamma}$ 线性表示.

证明 因为 $\boldsymbol{\alpha},\boldsymbol{\beta},\boldsymbol{\gamma}$ 线性无关，所以任意部分组线性无关，于是 $\boldsymbol{\alpha},\boldsymbol{\beta}$ 线性无关，又已知 $\boldsymbol{\alpha},\boldsymbol{\beta},\boldsymbol{\delta}$ 线性相关，由定理 2.10 可知 $\boldsymbol{\delta}$ 可以由 $\boldsymbol{\alpha},\boldsymbol{\beta}$ 线性表示，设

$$\boldsymbol{\delta} = k\boldsymbol{\alpha} + l\boldsymbol{\beta},$$

于是

$$\boldsymbol{\delta} = k\boldsymbol{\alpha} + l\boldsymbol{\beta} + 0\boldsymbol{\gamma},$$

所以 $\boldsymbol{\delta}$ 可以由 $\boldsymbol{\alpha}$，$\boldsymbol{\beta}$，$\boldsymbol{\gamma}$ 线性表示． ■

【同步训练 3】 设 $\boldsymbol{\alpha}_1,\boldsymbol{\alpha}_2,\boldsymbol{\alpha}_3,\boldsymbol{\alpha}_4$ 线性相关，且其中任意三个都线性无关，证明：若 $k_1\boldsymbol{\alpha}_1 + k_2\boldsymbol{\alpha}_2 + k_3\boldsymbol{\alpha}_3 + k_4\boldsymbol{\alpha}_4 = \mathbf{0}$，必有 $k_i \neq 0, i=1,2,3,4$.

例 6 称 $\boldsymbol{\varepsilon}_1=(1,0,\cdots,0),\boldsymbol{\varepsilon}_2=(0,1,\cdots,0),\cdots,\boldsymbol{\varepsilon}_n=(0,0,\cdots,1)$ 为**单位向量组**，对于 $\boldsymbol{\varepsilon}_1,\boldsymbol{\varepsilon}_2,\cdots,\boldsymbol{\varepsilon}_n$，有如下结论：

（1）$\boldsymbol{\varepsilon}_1,\boldsymbol{\varepsilon}_2,\cdots,\boldsymbol{\varepsilon}_n$ 线性无关；

（2）任意一个 n 维向量 $\boldsymbol{\alpha}=(a_1,a_2,\cdots,a_n)$ 都可以由 $\boldsymbol{\varepsilon}_1,\boldsymbol{\varepsilon}_2,\cdots,\boldsymbol{\varepsilon}_n$ 线性表示.

证明 （1）根据定理 2.6，$\boldsymbol{\varepsilon}_1,\boldsymbol{\varepsilon}_2,\cdots,\boldsymbol{\varepsilon}_n$ 是 n 个 n 维向量，可直接由

行列式

$$\begin{vmatrix} 1 & 0 & \cdots & 0 \\ 0 & 1 & \cdots & 0 \\ \vdots & \vdots & & \vdots \\ 0 & 0 & \cdots & 1 \end{vmatrix} = 1 \neq 0$$

判断，所以 $\boldsymbol{\varepsilon}_1,\boldsymbol{\varepsilon}_2,\cdots,\boldsymbol{\varepsilon}_n$ 线性无关.

（2）显然 $\boldsymbol{\alpha}=(a_1,a_2,\cdots,a_n)=a_1\boldsymbol{\varepsilon}_1+a_2\boldsymbol{\varepsilon}_2+\cdots+a_n\boldsymbol{\varepsilon}_n$. ■

第四节　极大无关组

一、向量组的等价

上一节我们讨论了一个向量可以由一组向量线性表示的概念，有时往往会考虑两个向量组互相线性表示的关系.

定义 2.10　若向量组Ⅰ：$\boldsymbol{\beta}_1,\boldsymbol{\beta}_2,\cdots,\boldsymbol{\beta}_s$ 中的每个向量都可以由向量组Ⅱ：$\boldsymbol{\alpha}_1,\boldsymbol{\alpha}_2,\cdots,\boldsymbol{\alpha}_m$ 线性表示，我们称向量组Ⅰ可以由向量组Ⅱ**线性表示**.

例 1　已知向量组 $\boldsymbol{\alpha}_1,\boldsymbol{\alpha}_2,\boldsymbol{\alpha}_3$ 线性无关，向量组 $\boldsymbol{\beta}_1,\boldsymbol{\beta}_2,\boldsymbol{\beta}_3$ 可以由向量组 $\boldsymbol{\alpha}_1,\boldsymbol{\alpha}_2,\boldsymbol{\alpha}_3$ 线性表示，具体表示如下：

$$\begin{cases} \boldsymbol{\beta}_1=\boldsymbol{\alpha}_1-\boldsymbol{\alpha}_2+\boldsymbol{\alpha}_3, \\ \boldsymbol{\beta}_2=2\boldsymbol{\alpha}_1+\boldsymbol{\alpha}_2-\boldsymbol{\alpha}_3, \\ \boldsymbol{\beta}_3=\boldsymbol{\alpha}_1+\boldsymbol{\alpha}_2+\boldsymbol{\alpha}_3, \end{cases}$$

试判断向量组 $\boldsymbol{\beta}_1,\boldsymbol{\beta}_2,\boldsymbol{\beta}_3$ 的线性相关性.

解　设

$$x_1\boldsymbol{\beta}_1+x_2\boldsymbol{\beta}_2+x_3\boldsymbol{\beta}_3=\mathbf{0},$$

整理得

$$(x_1+2x_2+x_3)\boldsymbol{\alpha}_1+(-x_1+x_2+x_3)\boldsymbol{\alpha}_2+(x_1-x_2+x_3)\boldsymbol{\alpha}_3=\mathbf{0}.$$

因为向量组 $\boldsymbol{\alpha}_1,\boldsymbol{\alpha}_2,\boldsymbol{\alpha}_3$ 线性无关，所以

$$\begin{cases} x_1+2x_2+x_3=0, \\ -x_1+x_2+x_3=0, \\ x_1-x_2+x_3=0. \end{cases}$$

计算齐次线性方程组的系数行列式得

$$\begin{vmatrix} 1 & 2 & 1 \\ -1 & 1 & 1 \\ 1 & -1 & 1 \end{vmatrix}=6\neq 0,$$

因此齐次线性方程组只有零解，所以 $\boldsymbol{\beta}_1,\boldsymbol{\beta}_2,\boldsymbol{\beta}_3$ 线性无关. □

例 2　设向量组 $\boldsymbol{\beta}_1,\boldsymbol{\beta}_2,\boldsymbol{\beta}_3$ 可以由向量组 $\boldsymbol{\alpha}_1,\boldsymbol{\alpha}_2$ 线性表示：

【同步训练 1】　已知向量组 $\boldsymbol{\alpha}_1,\boldsymbol{\alpha}_2,\boldsymbol{\alpha}_3$ 线性无关，向量组 $\boldsymbol{\beta}_1,\boldsymbol{\beta}_2,\boldsymbol{\beta}_3$ 可以由向量组 $\boldsymbol{\alpha}_1,\boldsymbol{\alpha}_2,\boldsymbol{\alpha}_3$ 线性表示：

$$\begin{cases} \boldsymbol{\beta}_1=k\boldsymbol{\alpha}_1+\boldsymbol{\alpha}_2+\boldsymbol{\alpha}_3, \\ \boldsymbol{\beta}_2=\boldsymbol{\alpha}_1+k\boldsymbol{\alpha}_2+\boldsymbol{\alpha}_3, \\ \boldsymbol{\beta}_3=\boldsymbol{\alpha}_1+\boldsymbol{\alpha}_2+k\boldsymbol{\alpha}_3, \end{cases}$$

求 k 的值使得向量组 $\boldsymbol{\beta}_1,\boldsymbol{\beta}_2,\boldsymbol{\beta}_3$ 线性相关.

$$\begin{cases}\boldsymbol{\beta}_1=\boldsymbol{\alpha}_1-\boldsymbol{\alpha}_2,\\ \boldsymbol{\beta}_2=2\boldsymbol{\alpha}_1+\boldsymbol{\alpha}_2,\\ \boldsymbol{\beta}_3=\boldsymbol{\alpha}_1+\boldsymbol{\alpha}_2,\end{cases}$$

说明无论 $\boldsymbol{\alpha}_1,\boldsymbol{\alpha}_2$ 线性相关还是线性无关，向量组 $\boldsymbol{\beta}_1,\boldsymbol{\beta}_2,\boldsymbol{\beta}_3$ 必线性相关.

解 设

$$x_1\boldsymbol{\beta}_1+x_2\boldsymbol{\beta}_2+x_3\boldsymbol{\beta}_3=\mathbf{0},$$

整理得

$$(x_1+2x_2+x_3)\boldsymbol{\alpha}_1+(-x_1+x_2+x_3)\boldsymbol{\alpha}_2=\mathbf{0}.$$

无论 $\boldsymbol{\alpha}_1,\boldsymbol{\alpha}_2$ 线性相关还是线性无关，可令

$$\begin{cases}x_1+2x_2+x_3=0,\\ -x_1+x_2+x_3=0.\end{cases}$$

由定理 2.1 知，此齐次线性方程组必有非零解，所以 $\boldsymbol{\beta}_1,\boldsymbol{\beta}_2,\boldsymbol{\beta}_3$ 必线性相关. □

注 可以看到，例 2 中的齐次线性方程组含有 3 个未知量（与向量组 $\boldsymbol{\beta}_1,\boldsymbol{\beta}_2,\boldsymbol{\beta}_3$ 的个数一致）和 2 个方程（与向量组 $\boldsymbol{\alpha}_1,\boldsymbol{\alpha}_2$ 的个数一致），因为 $3>2$，所以齐次线性方程组必有非零解，这和向量组 $\boldsymbol{\beta}_1,\boldsymbol{\beta}_2,\boldsymbol{\beta}_3$ 是如何由 $\boldsymbol{\alpha}_1,\boldsymbol{\alpha}_2$ 线性表示是没有关系的.

我们推广这一结论，得到如下定理：

定理 2.11 给定 F^n 上的向量组 $\boldsymbol{\beta}_1,\boldsymbol{\beta}_2,\cdots,\boldsymbol{\beta}_r$ 和 $\boldsymbol{\alpha}_1,\boldsymbol{\alpha}_2,\cdots,\boldsymbol{\alpha}_s$，如果 $\boldsymbol{\beta}_1,\boldsymbol{\beta}_2,\cdots,\boldsymbol{\beta}_r$ 可由 $\boldsymbol{\alpha}_1,\boldsymbol{\alpha}_2,\cdots,\boldsymbol{\alpha}_s$ 线性表示，且 $r>s$，则向量组 $\boldsymbol{\beta}_1,\boldsymbol{\beta}_2,\cdots,\boldsymbol{\beta}_r$ 线性相关.

根据定理 2.11，很自然地有如下结论：

推论 1 给定 F^n 上的向量组 $\boldsymbol{\alpha}_1,\boldsymbol{\alpha}_2,\cdots,\boldsymbol{\alpha}_s$ 和 $\boldsymbol{\beta}_1,\boldsymbol{\beta}_2,\cdots,\boldsymbol{\beta}_r$，如果 $\boldsymbol{\beta}_1,\boldsymbol{\beta}_2,\cdots,\boldsymbol{\beta}_r$ 可由 $\boldsymbol{\alpha}_1,\boldsymbol{\alpha}_2,\cdots,\boldsymbol{\alpha}_s$ 线性表示，且向量组 $\boldsymbol{\beta}_1,\boldsymbol{\beta}_2,\cdots,\boldsymbol{\beta}_r$ 线性无关，则 $r\leqslant s$.

推论 2 如果 $\boldsymbol{\alpha}_1,\boldsymbol{\alpha}_2,\cdots,\boldsymbol{\alpha}_s$ 和 $\boldsymbol{\beta}_1,\boldsymbol{\beta}_2,\cdots,\boldsymbol{\beta}_r$ 可以互相线性表示，且向量组 $\boldsymbol{\alpha}_1,\boldsymbol{\alpha}_2,\cdots,\boldsymbol{\alpha}_s$ 和 $\boldsymbol{\beta}_1,\boldsymbol{\beta}_2,\cdots,\boldsymbol{\beta}_r$ 都线性无关，则有 $r=s$.

定义 2.11 如果向量组 $\boldsymbol{\alpha}_1,\boldsymbol{\alpha}_2,\cdots,\boldsymbol{\alpha}_s$ 和 $\boldsymbol{\beta}_1,\boldsymbol{\beta}_2,\cdots,\boldsymbol{\beta}_r$ 可以互相线性表示，则称这两个向量组**等价**（equivalence），记为 $(\boldsymbol{\alpha}_1,\boldsymbol{\alpha}_2,\cdots,\boldsymbol{\alpha}_s)\cong(\boldsymbol{\beta}_1,\boldsymbol{\beta}_2,\cdots,\boldsymbol{\beta}_r)$.

不难证明向量组的等价有如下性质：

（1）**反身性**：每一个向量组都与自身等价；

（2）**对称性**：如果

$$(\boldsymbol{\alpha}_1,\boldsymbol{\alpha}_2,\cdots,\boldsymbol{\alpha}_s)\cong(\boldsymbol{\beta}_1,\boldsymbol{\beta}_2,\cdots,\boldsymbol{\beta}_t),$$

则 $(\boldsymbol{\beta}_1,\boldsymbol{\beta}_2,\cdots,\boldsymbol{\beta}_t)\cong(\boldsymbol{\alpha}_1,\boldsymbol{\alpha}_2,\cdots,\boldsymbol{\alpha}_s)$；

（3）**传递性**：如果

$$(\boldsymbol{\alpha}_1,\boldsymbol{\alpha}_2,\cdots,\boldsymbol{\alpha}_s)\cong(\boldsymbol{\beta}_1,\boldsymbol{\beta}_2,\cdots,\boldsymbol{\beta}_t),\ (\boldsymbol{\beta}_1,\boldsymbol{\beta}_2,\cdots,\boldsymbol{\beta}_t)\cong(\boldsymbol{\gamma}_1,\boldsymbol{\gamma}_2,\cdots,\boldsymbol{\gamma}_p),$$

则 $(\boldsymbol{\alpha}_1,\boldsymbol{\alpha}_2,\cdots,\boldsymbol{\alpha}_s)\cong(\boldsymbol{\gamma}_1,\boldsymbol{\gamma}_2,\cdots,\boldsymbol{\gamma}_p)$.

例 3　判断下面的向量组是否等价

Ⅰ:$\boldsymbol{\alpha}_1=(1,0,0),\boldsymbol{\alpha}_2=(0,1,0),\boldsymbol{\alpha}_3=(0,1,1),\boldsymbol{\alpha}_4=(1,2,1),\boldsymbol{\alpha}_5=(1,2,3)$

Ⅱ:$\boldsymbol{\alpha}_1=(1,0,0),\boldsymbol{\alpha}_2=(0,1,0),\boldsymbol{\alpha}_3=(0,1,1)$,

Ⅲ:$\boldsymbol{\alpha}_1=(1,0,0),\boldsymbol{\alpha}_2=(0,1,0),\boldsymbol{\alpha}_3=(0,1,1),\boldsymbol{\alpha}_4=(1,2,1)$.

解　因为向量组Ⅱ和向量组Ⅲ都是向量组Ⅰ的部分组，由定理 2.3 的推论易得，向量组Ⅱ和向量组Ⅲ都可以由向量组Ⅰ线性表示.

反之，向量组Ⅰ能否由向量组Ⅱ线性表示，取决于 $\boldsymbol{\alpha}_4=(1,2,1)$，$\boldsymbol{\alpha}_5=(1,2,3)$能否由向量组Ⅱ线性表示．而通过计算可得 $\boldsymbol{\alpha}_4=\boldsymbol{\alpha}_1+\boldsymbol{\alpha}_2+\boldsymbol{\alpha}_3,\boldsymbol{\alpha}_5=\boldsymbol{\alpha}_1-\boldsymbol{\alpha}_2+3\boldsymbol{\alpha}_3$，因此向量组Ⅰ≅Ⅱ.

易见，Ⅱ≅Ⅲ. 根据等价的传递性可知，向量组Ⅰ和向量组Ⅲ也是等价的． □

例 4　说明下面两个向量组等价

$$\text{Ⅰ}:\boldsymbol{\alpha}_1,\boldsymbol{\alpha}_2,\boldsymbol{\alpha}_3,\ \text{Ⅱ}:\boldsymbol{\alpha}_1,\boldsymbol{\alpha}_1+\boldsymbol{\alpha}_2,\boldsymbol{\alpha}_1+\boldsymbol{\alpha}_2+\boldsymbol{\alpha}_3.$$

解　显然向量组Ⅱ可以由向量组Ⅰ线性表示，现在我们考虑向量组Ⅰ中的向量是否可由向量组Ⅱ线性表示，不难得到下面的关系式：

$$\boldsymbol{\alpha}_1=\boldsymbol{\alpha}_1+0(\boldsymbol{\alpha}_1+\boldsymbol{\alpha}_2)+0(\boldsymbol{\alpha}_1+\boldsymbol{\alpha}_2+\boldsymbol{\alpha}_3),$$
$$\boldsymbol{\alpha}_2=-1\boldsymbol{\alpha}_1+(\boldsymbol{\alpha}_1+\boldsymbol{\alpha}_2)+0(\boldsymbol{\alpha}_1+\boldsymbol{\alpha}_2+\boldsymbol{\alpha}_3),$$
$$\boldsymbol{\alpha}_3=0\boldsymbol{\alpha}_1-(\boldsymbol{\alpha}_1+\boldsymbol{\alpha}_2)+(\boldsymbol{\alpha}_1+\boldsymbol{\alpha}_2+\boldsymbol{\alpha}_3),$$

因此Ⅰ≅Ⅱ. □

二、极大无关组

【同步训练 2】　证明向量组Ⅰ：$\boldsymbol{\alpha}_1,\boldsymbol{\alpha}_2,\boldsymbol{\alpha}_3$ 和向量组Ⅱ：$\boldsymbol{\alpha}_1+\boldsymbol{\alpha}_2,\boldsymbol{\alpha}_2+\boldsymbol{\alpha}_3,\boldsymbol{\alpha}_1+\boldsymbol{\alpha}_3$ 等价.

就像本节中的例 3 一样，对于向量组而言，和它等价的部分组可能不唯一．如果能够找到一个含有向量个数最少且与之等价的部分组，这样我们在解决问题时，就可以用这个部分组来“代表”整个向量组了．这个部分组就是下面要介绍的极大无关组.

定义 2.12　如果一个向量组 $\boldsymbol{\alpha}_1,\boldsymbol{\alpha}_2,\cdots,\boldsymbol{\alpha}_s$ 的部分组 $\boldsymbol{\alpha}_{j_1},\boldsymbol{\alpha}_{j_2},\cdots,\boldsymbol{\alpha}_{j_r}$满足：

（1）$\boldsymbol{\alpha}_{j_1},\boldsymbol{\alpha}_{j_2},\cdots,\boldsymbol{\alpha}_{j_r}$线性无关；

（2）$\boldsymbol{\alpha}_1,\boldsymbol{\alpha}_2,\cdots,\boldsymbol{\alpha}_s$ 中任意一个向量 $\boldsymbol{\alpha}_i$ 都可以由 $\boldsymbol{\alpha}_{j_1},\boldsymbol{\alpha}_{j_2},\cdots,\boldsymbol{\alpha}_{j_r}$线性表示，我们就称 $\boldsymbol{\alpha}_{j_1},\boldsymbol{\alpha}_{j_2},\cdots,\boldsymbol{\alpha}_{j_r}$为 $\boldsymbol{\alpha}_1,\boldsymbol{\alpha}_2,\cdots,\boldsymbol{\alpha}_s$ 的一个**极大线性无关部分组**，简称为

极大无关组（maximal independent group）. 需要说明的是，

（1）结合定理 2.10，定义 2.12 中的（2）可以等价描述为：将 $\boldsymbol{\alpha}_1,\boldsymbol{\alpha}_2,\cdots,\boldsymbol{\alpha}_s$ 中任意向量 $\boldsymbol{\alpha}_i$ 添加到部分组

$$\boldsymbol{\alpha}_{j_1},\boldsymbol{\alpha}_{j_2},\cdots,\boldsymbol{\alpha}_{j_r}$$

中，都有

$$\boldsymbol{\alpha}_{j_1},\boldsymbol{\alpha}_{j_2},\cdots,\boldsymbol{\alpha}_{j_r},\boldsymbol{\alpha}_i$$

线性相关．也就是说，$\boldsymbol{\alpha}_{j_1},\boldsymbol{\alpha}_{j_2},\cdots,\boldsymbol{\alpha}_{j_r}$是向量组 $\boldsymbol{\alpha}_1,\boldsymbol{\alpha}_2,\cdots,\boldsymbol{\alpha}_s$ 的含有向量个

数最多的一个线性无关部分组.

(2) 一个向量组的极大无关组可能不唯一. 例如，向量组(1,0),(2,0),(0,1),(0,2)的极大无关组可以取(1,0),(0,1)，也可以取(2,0),(0,1). 虽然极大无关组可能不唯一，但是不同极大无关组所含向量个数是相同的（详见定理 2.13).

(3) 如果一个向量组本身线性无关，那么它的极大无关组是它本身. 如果一个向量组只含零向量，那么它无极大无关组.

(4) 由定理 2.3 的推论和定义 2.12 易知，一个向量组 $\boldsymbol{\alpha}_1,\boldsymbol{\alpha}_2,\cdots,\boldsymbol{\alpha}_s$ 和它的极大无关组 $\boldsymbol{\alpha}_{j_1},\boldsymbol{\alpha}_{j_2},\cdots,\boldsymbol{\alpha}_{j_r}$ 等价，且极大无关组是与原向量组等价的含向量个数最少的一个部分组.

由等价的传递性，不难得到

定理 2.12 同一向量组的不同极大无关组是等价的.

定理 2.13 同一向量组的不同极大无关组所含的向量个数相等.

证明 设 $\boldsymbol{\alpha}_{i_1},\boldsymbol{\alpha}_{i_2},\cdots,\boldsymbol{\alpha}_{i_r}$ 和 $\boldsymbol{\beta}_{j_1},\boldsymbol{\beta}_{j_2},\cdots,\boldsymbol{\beta}_{j_s}$ 都是向量组 $\boldsymbol{\alpha}_1,\boldsymbol{\alpha}_2,\cdots,\boldsymbol{\alpha}_n$ 的极大无关组，则根据定理 2.12 知两个极大无关组是等价的.

又向量组 $\boldsymbol{\alpha}_{i_1},\boldsymbol{\alpha}_{i_2},\cdots,\boldsymbol{\alpha}_{i_r}$ 和 $\boldsymbol{\beta}_{j_1},\boldsymbol{\beta}_{j_2},\cdots,\boldsymbol{\beta}_{j_s}$ 都是线性无关的，根据定理 2.11 推论 2，我们有 $s=r$. ■

那么究竟如何来求解一个向量组的极大无关组呢？

例 5 已知向量组 $\boldsymbol{\alpha}_1=(0,1,0),\boldsymbol{\alpha}_2=(1,1,0),\boldsymbol{\alpha}_3=(1,2,3),\boldsymbol{\alpha}_4=(0,2,0),\boldsymbol{\alpha}_5=(0,0,1)$，求向量组 $\boldsymbol{\alpha}_1,\boldsymbol{\alpha}_2,\boldsymbol{\alpha}_3,\boldsymbol{\alpha}_4,\boldsymbol{\alpha}_5$ 的一个极大无关组.

解 我们可以对向量组 $\boldsymbol{\alpha}_1,\boldsymbol{\alpha}_2,\boldsymbol{\alpha}_3,\boldsymbol{\alpha}_4,\boldsymbol{\alpha}_5$ 中的向量进行逐一筛选.

先讨论 $\boldsymbol{\alpha}_1$，只要 $\boldsymbol{\alpha}_1\neq\mathbf{0}$，就意味着 $\boldsymbol{\alpha}_1$ 是线性无关的，选上 $\boldsymbol{\alpha}_1$；

然后再看 $\boldsymbol{\alpha}_1,\boldsymbol{\alpha}_2$ 的线性相关性，如果线性无关，就选取上 $\boldsymbol{\alpha}_2$，如果线性相关，就不选取 $\boldsymbol{\alpha}_2$；

继续下去，……，就可以得到一个极大无关组 $\boldsymbol{\alpha}_1,\boldsymbol{\alpha}_2,\boldsymbol{\alpha}_3$. □

这种对向量逐一筛选的方法叫作**筛选法**，不过从过程来看，需要如上步骤逐一增加向量并判断线性相关性，对于较为复杂的向量组而言，并不是最好的选择.

下面我们给出另一种办法，叫作**消元解法**.

给出一组向量

$\boldsymbol{\alpha}_1=(a_{11},a_{21},\cdots,a_{n1})^{\mathrm{T}},\boldsymbol{\alpha}_2=(a_{12},a_{22},\cdots,a_{n2})^{\mathrm{T}},\cdots,\boldsymbol{\alpha}_m=(a_{1m},a_{2m},\cdots,a_{nm})^{\mathrm{T}}$.

我们知道，判断这组向量的线性相关性是求解所对应的齐次线性方程组

$$\begin{cases}a_{11}x_1+a_{12}x_2+\cdots+a_{1m}x_m=0,\\ a_{21}x_1+a_{22}x_2+\cdots+a_{2m}x_m=0,\\ \quad\vdots\\ a_{n1}x_1+a_{n2}x_2+\cdots+a_{nm}x_m=0.\end{cases}\tag{2-20}$$

对其系数矩阵 $\boldsymbol{A}$ 作初等行变换，并假定

$$\boldsymbol{A}=\begin{pmatrix} a_{11} & a_{12} & \cdots & a_{1m} \\ a_{21} & a_{22} & \cdots & a_{2m} \\ \vdots & \vdots & & \vdots \\ a_{n1} & a_{n2} & \cdots & a_{nm} \end{pmatrix} \to \cdots \to \begin{pmatrix} b_{11} & b_{12} & \cdots & b_{1m} \\ b_{21} & b_{22} & \cdots & b_{2m} \\ \vdots & \vdots & & \vdots \\ b_{n1} & b_{n2} & \cdots & b_{nm} \end{pmatrix} = \boldsymbol{B}.$$

设矩阵 $\boldsymbol{B}$ 的列向量组为

$\boldsymbol{\beta}_1=(b_{11},b_{21},\cdots,b_{n1})^{\mathrm{T}},\boldsymbol{\beta}_2=(b_{12},b_{22},\cdots,b_{n2})^{\mathrm{T}},\cdots,\boldsymbol{\beta}_m=(b_{1m},b_{2m},\cdots,b_{nm})^{\mathrm{T}}$，那么 $\boldsymbol{\beta}_1,\boldsymbol{\beta}_2,\cdots,\boldsymbol{\beta}_m$ 的线性相关性是求解以 $\boldsymbol{B}$ 为系数矩阵的齐次线性方程组

$$\begin{cases} b_{11}x_1+b_{12}x_2+\cdots+b_{1m}x_m=0, \\ b_{21}x_1+b_{22}x_2+\cdots+b_{2m}x_m=0, \\ \qquad\vdots \\ b_{n1}x_1+b_{n2}x_2+\cdots+b_{nm}x_m=0, \end{cases} \tag{2-21}$$

而方程组（2-20）和方程组（2-21）是同解方程组，也就是说如果有一组数 $d_1,d_2,\cdots,d_m$ 使得

$$d_1\boldsymbol{\alpha}_1+d_2\boldsymbol{\alpha}_2+\cdots+d_m\boldsymbol{\alpha}_m=\boldsymbol{0}, \tag{2-22}$$

则有

$$d_1\boldsymbol{\beta}_1+d_2\boldsymbol{\beta}_2+\cdots+d_m\boldsymbol{\beta}_m=\boldsymbol{0}$$

成立．反之亦然，于是 $\boldsymbol{\alpha}_1,\boldsymbol{\alpha}_2,\cdots,\boldsymbol{\alpha}_m$ 与 $\boldsymbol{\beta}_1,\boldsymbol{\beta}_2,\cdots,\boldsymbol{\beta}_m$ 的线性相关性完全相同.

特别地，若

$d_{j_1}\boldsymbol{\alpha}_{j_1}+d_{j_2}\boldsymbol{\alpha}_{j_2}+\cdots+d_{j_r}\boldsymbol{\alpha}_{j_r}=\boldsymbol{0}$，(理解为式(2-22)中其余系数为零)

则对应地，有

$$d_{j_1}\boldsymbol{\beta}_{j_1}+d_{j_2}\boldsymbol{\beta}_{j_2}+\cdots+d_{j_r}\boldsymbol{\beta}_{j_r}=\boldsymbol{0}.$$

这说明 $\boldsymbol{\alpha}_1,\boldsymbol{\alpha}_2,\cdots,\boldsymbol{\alpha}_m$ 的部分组 $\boldsymbol{\alpha}_{j_1},\boldsymbol{\alpha}_{j_2},\cdots,\boldsymbol{\alpha}_{j_r}$ 和 $\boldsymbol{\beta}_1,\boldsymbol{\beta}_2,\cdots,\boldsymbol{\beta}_m$ 对应的部分组 $\boldsymbol{\beta}_{j_1},\boldsymbol{\beta}_{j_2},\cdots,\boldsymbol{\beta}_{j_r}$ 的线性相关性也相同．这样，我们便得到下面的结论：

定理 2.14　将一组向量按列形成矩阵，进行初等行变换时，不改变列向量组及列向量组的任意部分组的线性相关性.

注　(1) 根据定理 2.14，为了求向量组 $\boldsymbol{\alpha}_1,\boldsymbol{\alpha}_2,\cdots,\boldsymbol{\alpha}_m$ 的一个极大无关组，可以把向量按**列**形成矩阵 $\boldsymbol{A}$ 并对其进行初等**行**变换化为行简化矩阵 $\boldsymbol{B}$，那么 $\boldsymbol{B}$ 的列向量组 $\boldsymbol{\beta}_1,\boldsymbol{\beta}_2,\cdots,\boldsymbol{\beta}_m$ 的一个极大无关组 $\boldsymbol{\beta}_{j_1},\boldsymbol{\beta}_{j_2},\cdots,\boldsymbol{\beta}_{j_r}$ 对应的 $\boldsymbol{A}$ 的列向量组的部分组 $\boldsymbol{\alpha}_{j_1},\boldsymbol{\alpha}_{j_2},\cdots,\boldsymbol{\alpha}_{j_r}$ 就是 $\boldsymbol{\alpha}_1,\boldsymbol{\alpha}_2,\cdots,\boldsymbol{\alpha}_m$ 的一个极大无关组.

(2) 无论给出的是行向量还是列向量，要按列形成矩阵，这一点在前面强调过，在此还是要引起注意.

下面举例说明.

例 6　求向量组 $\boldsymbol{\alpha}_1=(-1,-1,0,0)^{\mathrm{T}},\boldsymbol{\alpha}_2=(1,2,1,-1)^{\mathrm{T}},\boldsymbol{\alpha}_3=$

$(0,1,1,-1)^{\mathrm{T}},\boldsymbol{\alpha}_4=(1,3,2,1)^{\mathrm{T}},\boldsymbol{\alpha}_5=(2,6,4,-1)^{\mathrm{T}}$ 的一个极大无关组，并将其余向量用这个极大无关组线性表示.

解 将向量按列形成矩阵，并进行初等行变换化为行简化矩阵.

$$\boldsymbol{A}=\begin{pmatrix}-1&1&0&1&2\\-1&2&1&3&6\\0&1&1&2&4\\0&-1&-1&1&-1\end{pmatrix}\xrightarrow[r_1\times(-1)]{r_2-r_1}\begin{pmatrix}1&-1&0&-1&-2\\0&1&1&2&4\\0&1&1&2&4\\0&-1&-1&1&-1\end{pmatrix}$$

$$\xrightarrow[r_3\leftrightarrow r_4]{\substack{r_3-r_2\\r_4+r_2}}\begin{pmatrix}1&-1&0&-1&-2\\0&1&1&2&4\\0&0&0&3&3\\0&0&0&0&0\end{pmatrix}\xrightarrow{r_1+r_2}\begin{pmatrix}1&0&1&1&2\\0&1&1&2&4\\0&0&0&3&3\\0&0&0&0&0\end{pmatrix}$$

$$\xrightarrow{r_3\times\frac{1}{3}}\begin{pmatrix}1&0&1&1&2\\0&1&1&2&4\\0&0&0&1&1\\0&0&0&0&0\end{pmatrix}\xrightarrow[r_2-2r_3]{r_1-r_3}\begin{pmatrix}1&0&1&0&1\\0&1&1&0&2\\0&0&0&1&1\\0&0&0&0&0\end{pmatrix}=\boldsymbol{B}.$$

设 $\boldsymbol{\beta}_1,\boldsymbol{\beta}_2,\boldsymbol{\beta}_3,\boldsymbol{\beta}_4,\boldsymbol{\beta}_5$ 为 $\boldsymbol{B}$ 的列向量组，则 $\boldsymbol{\beta}_1,\boldsymbol{\beta}_2,\boldsymbol{\beta}_4$ 为 $\boldsymbol{\beta}_1$，$\boldsymbol{\beta}_2$，$\boldsymbol{\beta}_3$，$\boldsymbol{\beta}_4$，$\boldsymbol{\beta}_5$ 的一个极大无关组，这说明 $\boldsymbol{\alpha}_1,\boldsymbol{\alpha}_2,\boldsymbol{\alpha}_4$ 为 $\boldsymbol{\alpha}_1$，$\boldsymbol{\alpha}_2$，$\boldsymbol{\alpha}_3$，$\boldsymbol{\alpha}_4$，$\boldsymbol{\alpha}_5$ 的一个极大无关组. 又

$$\boldsymbol{\beta}_3=\boldsymbol{\beta}_1+\boldsymbol{\beta}_2+0\boldsymbol{\beta}_4,\ \boldsymbol{\beta}_5=\boldsymbol{\beta}_1+2\boldsymbol{\beta}_2+\boldsymbol{\beta}_4,$$

则相应地有 $\boldsymbol{\alpha}_3=\boldsymbol{\alpha}_1+\boldsymbol{\alpha}_2+0\boldsymbol{\alpha}_4$，$\boldsymbol{\alpha}_5=\boldsymbol{\alpha}_1+2\boldsymbol{\alpha}_2+\boldsymbol{\alpha}_4$. □

例 7 某机械厂用五种配件（标号 A ~ E）根据不同的比例可配置成四种不同的产品，见表 2-1。

表 2-1

配件 \ 产品	1 号产品	2 号产品	3 号产品	4 号产品
A	1	1	2	3
B	1	3	4	5
C	2	2	4	6
D	5	6	11	16
E	7	8	15	22

那么怎样用四种产品产生新的产品?

解 把每种产品看成一个五维向量，则有

$$\boldsymbol{\beta}_1=(1,1,2,5,7)^{\mathrm{T}},\boldsymbol{\beta}_2=(1,3,2,6,8)^{\mathrm{T}},\boldsymbol{\beta}_3=(2,4,4,11,15)^{\mathrm{T}},$$
$$\boldsymbol{\beta}_4=(3,5,6,16,22)^{\mathrm{T}}.$$

将向量 $\boldsymbol{\beta}_1,\boldsymbol{\beta}_2,\boldsymbol{\beta}_3,\boldsymbol{\beta}_4$ 按列形成矩阵，作初等行变换化为行简化矩阵得

$$\begin{pmatrix}1&1&2&3\\1&3&4&5\\2&2&4&6\\5&6&11&16\\7&8&15&22\end{pmatrix}\xrightarrow[\substack{r_4-5r_1\\r_5-7r_1}]{\substack{r_2-r_1\\r_3-2r_1}}\begin{pmatrix}1&1&2&3\\0&2&2&2\\0&0&0&0\\0&1&1&1\\0&1&1&1\end{pmatrix}\xrightarrow[r_2\times\frac{1}{2}]{\substack{r_4-r_5\\r_5-\frac{1}{2}r_2}}\begin{pmatrix}1&1&2&3\\0&1&1&1\\0&0&0&0\\0&0&0&0\\0&0&0&0\end{pmatrix}\xrightarrow{r_1-r_2}\begin{pmatrix}1&0&1&2\\0&1&1&1\\0&0&0&0\\0&0&0&0\\0&0&0&0\end{pmatrix}$$

可见$\boldsymbol{\beta}_1,\boldsymbol{\beta}_2,\boldsymbol{\beta}_3,\boldsymbol{\beta}_4$中任意两个向量是极大无关组，取$\boldsymbol{\beta}_1,\boldsymbol{\beta}_2$为极大无关组，新产品可以由1号产品和2号产品来形成. □

三、向量组的秩

定义 2.13　给定F^n的一个向量组$\boldsymbol{\alpha}_1,\boldsymbol{\alpha}_2,\cdots,\boldsymbol{\alpha}_s$，它的极大无关组所含向量的个数称为该向量组的**秩**（rank），记作$R(\boldsymbol{\alpha}_1,\boldsymbol{\alpha}_2,\cdots,\boldsymbol{\alpha}_s)$.

由定义，易得下面结论：

（1）$0\leqslant R(\boldsymbol{\alpha}_1,\boldsymbol{\alpha}_2,\cdots,\boldsymbol{\alpha}_s)\leqslant s$.

（2）$R(\boldsymbol{\alpha}_1,\boldsymbol{\alpha}_2,\cdots,\boldsymbol{\alpha}_s)=0$当且仅当$\boldsymbol{\alpha}_1=\boldsymbol{\alpha}_2=\cdots=\boldsymbol{\alpha}_s=\boldsymbol{0}$.

（3）$R(\boldsymbol{\alpha}_1,\boldsymbol{\alpha}_2,\cdots,\boldsymbol{\alpha}_s)=s$当且仅当$\boldsymbol{\alpha}_1,\boldsymbol{\alpha}_2,\cdots,\boldsymbol{\alpha}_s$线性无关；

$R(\boldsymbol{\alpha}_1,\boldsymbol{\alpha}_2,\cdots,\boldsymbol{\alpha}_s)<s$当且仅当$\boldsymbol{\alpha}_1,\boldsymbol{\alpha}_2,\cdots,\boldsymbol{\alpha}_s$线性相关.

【同步训练 3】　求向量组

$\boldsymbol{\alpha}_1=(1,2,-1,2)$,

$\boldsymbol{\alpha}_2=(3,-1,0,1)$,

$\boldsymbol{\alpha}_3=(2,-1,3,2)$,

$\boldsymbol{\alpha}_4=(1,0,-3,-1)$

的一个极大无关组，并把其余向量用此极大无关组线性表示.

定理 2.15　如果向量组$\boldsymbol{\beta}_1,\boldsymbol{\beta}_2,\cdots,\boldsymbol{\beta}_t$可由向量组$\boldsymbol{\alpha}_1,\boldsymbol{\alpha}_2,\cdots,\boldsymbol{\alpha}_s$线性表示，$R(\boldsymbol{\beta}_1,\boldsymbol{\beta}_2,\cdots,\boldsymbol{\beta}_t)=r$，$R(\boldsymbol{\alpha}_1,\boldsymbol{\alpha}_2,\cdots,\boldsymbol{\alpha}_s)=p$，则$r\leqslant p$.

证明　设$\boldsymbol{\beta}_{i_1},\boldsymbol{\beta}_{i_2},\cdots,\boldsymbol{\beta}_{i_r}$和$\boldsymbol{\alpha}_{j_1},\boldsymbol{\alpha}_{j_2},\cdots,\boldsymbol{\alpha}_{j_p}$分别是$\boldsymbol{\beta}_1,\boldsymbol{\beta}_2,\cdots,\boldsymbol{\beta}_t$和$\boldsymbol{\alpha}_1,\boldsymbol{\alpha}_2,\cdots,\boldsymbol{\alpha}_s$的极大无关组，则$\boldsymbol{\beta}_1,\boldsymbol{\beta}_2,\cdots,\boldsymbol{\beta}_t$与$\boldsymbol{\beta}_{i_1},\boldsymbol{\beta}_{i_2},\cdots,\boldsymbol{\beta}_{i_r}$等价，$\boldsymbol{\alpha}_1,\boldsymbol{\alpha}_2,\cdots,\boldsymbol{\alpha}_s$与$\boldsymbol{\alpha}_{j_1},\boldsymbol{\alpha}_{j_2},\cdots,\boldsymbol{\alpha}_{j_p}$等价．而已知$\boldsymbol{\beta}_1,\boldsymbol{\beta}_2,\cdots,\boldsymbol{\beta}_t$可由向量组$\boldsymbol{\alpha}_1,\boldsymbol{\alpha}_2,\cdots,\boldsymbol{\alpha}_s$线性表示，因此$\boldsymbol{\beta}_{i_1},\boldsymbol{\beta}_{i_2},\cdots,\boldsymbol{\beta}_{i_r}$可以由$\boldsymbol{\alpha}_{j_1},\boldsymbol{\alpha}_{j_2},\cdots,\boldsymbol{\alpha}_{j_p}$线性表示，又$\boldsymbol{\beta}_{i_1},\boldsymbol{\beta}_{i_2},\cdots,\boldsymbol{\beta}_{i_r}$线性无关，由定理2.11的推论1知，$r\leqslant p$. ■

推论　等价向量组的秩相等.

例 8　已知向量组$\boldsymbol{\alpha}_1,\boldsymbol{\alpha}_2,\boldsymbol{\alpha}_3$线性相关，向量组$\boldsymbol{\beta}_1,\boldsymbol{\beta}_2,\boldsymbol{\beta}_3$可以由$\boldsymbol{\alpha}_1,\boldsymbol{\alpha}_2,\boldsymbol{\alpha}_3$线性表示，具体表示如下：

$$\begin{cases}\boldsymbol{\beta}_1=\boldsymbol{\alpha}_1+2\boldsymbol{\alpha}_2+\boldsymbol{\alpha}_3,\\ \boldsymbol{\beta}_2=\boldsymbol{\alpha}_1+\boldsymbol{\alpha}_2+2\boldsymbol{\alpha}_3,\\ \boldsymbol{\beta}_3=2\boldsymbol{\alpha}_1+\boldsymbol{\alpha}_2+\boldsymbol{\alpha}_3,\end{cases}$$

证明：向量组$\boldsymbol{\beta}_1,\boldsymbol{\beta}_2,\boldsymbol{\beta}_3$是线性相关的.

证明　显然向量组$\boldsymbol{\beta}_1,\boldsymbol{\beta}_2,\boldsymbol{\beta}_3$可以由$\boldsymbol{\alpha}_1,\boldsymbol{\alpha}_2,\boldsymbol{\alpha}_3$线性表示，因此根据定理2.15知

$$R(\boldsymbol{\beta}_1,\boldsymbol{\beta}_2,\boldsymbol{\beta}_3)\leqslant R(\boldsymbol{\alpha}_1,\boldsymbol{\alpha}_2,\boldsymbol{\alpha}_3),$$

又向量组$\boldsymbol{\alpha}_1,\boldsymbol{\alpha}_2,\boldsymbol{\alpha}_3$线性相关，所以

$$R(\boldsymbol{\alpha}_1,\boldsymbol{\alpha}_2,\boldsymbol{\alpha}_3)<3.$$

从而

$$R(\boldsymbol{\beta}_1,\boldsymbol{\beta}_2,\boldsymbol{\beta}_3)<3,$$

因此向量组$\boldsymbol{\beta}_1,\boldsymbol{\beta}_2,\boldsymbol{\beta}_3$线性相关． □

【同步训练 4】　证明：向量组$\boldsymbol{\alpha}_1,\boldsymbol{\alpha}_2,\boldsymbol{\alpha}_3$线性无关的充要条件是$2\boldsymbol{\alpha}_1+\boldsymbol{\alpha}_2,\boldsymbol{\alpha}_2+\boldsymbol{\alpha}_3,\boldsymbol{\alpha}_1+\boldsymbol{\alpha}_3$也线性无关．

注　本题和例1是同类型的题目，因此还可以采用例1的方法来证明．

第五节 矩阵的秩

上一节，我们介绍了向量组的秩，本节我们将给出矩阵的秩的概念.

首先，对于数域 F 上的矩阵

$$\boldsymbol{A}=\begin{pmatrix} a_{11} & a_{12} & \cdots & a_{1n} \\ a_{21} & a_{22} & \cdots & a_{2n} \\ \vdots & \vdots & & \vdots \\ a_{m1} & a_{m2} & \cdots & a_{mn} \end{pmatrix},$$

定义矩阵 $\boldsymbol{A}$ 的**行向量组**为

$\boldsymbol{\alpha}_1=(a_{11},a_{12},\cdots,a_{1n}),\boldsymbol{\alpha}_2=(a_{21},a_{22},\cdots,a_{2n}),\cdots,\boldsymbol{\alpha}_m=(a_{m1},a_{m2},\cdots,a_{mn})$.

相应地定义矩阵 $\boldsymbol{A}$ 的**列向量组**为

$$\boldsymbol{\beta}_1=\begin{pmatrix} a_{11} \\ a_{21} \\ \vdots \\ a_{m1} \end{pmatrix},\boldsymbol{\beta}_2=\begin{pmatrix} a_{12} \\ a_{22} \\ \vdots \\ a_{m2} \end{pmatrix},\cdots,\boldsymbol{\beta}_n=\begin{pmatrix} a_{1n} \\ a_{2n} \\ \vdots \\ a_{mn} \end{pmatrix}.$$

定义 2.14 把矩阵 $\boldsymbol{A}$ 的行向量组的秩称为矩阵 $\boldsymbol{A}$ 的**行秩**；把矩阵 $\boldsymbol{A}$ 的列向量组的秩称为矩阵 $\boldsymbol{A}$ 的**列秩**.

那么 $\boldsymbol{A}$ 的行秩与 $\boldsymbol{A}$ 的列秩相等吗？我们先看一个例子.

例 1 求 $m\times n$ 矩阵

$$\begin{pmatrix} 1 & 0 & \cdots & 0 & 0 & \cdots & 0 \\ 0 & 1 & \cdots & 0 & 0 & \cdots & 0 \\ \vdots & \vdots & & \vdots & \vdots & & \vdots \\ 0 & 0 & \cdots & 1 & 0 & \cdots & 0 \\ 0 & 0 & \cdots & 0 & 0 & \cdots & 0 \\ \vdots & \vdots & & \vdots & \vdots & & \vdots \\ 0 & 0 & \cdots & 0 & 0 & \cdots & 0 \end{pmatrix} \tag{2-23}$$

的行秩和列秩，其中 1 的个数是 r.

解 矩阵 $\boldsymbol{A}$ 的行向量组中前 r 个向量是单位向量组的一个部分组，因此线性无关，而其余向量是零向量，可以由前 r 个向量线性表示，所以前 r 个向量就是行向量组的一个极大无关组. 故 $\boldsymbol{A}$ 的行秩为 r.

类似地，可以得到 $\boldsymbol{A}$ 的列秩也为 r. □

对于这一简单矩阵，我们发现矩阵 $\boldsymbol{A}$ 的行秩与列秩相等，并且等于 1 的个数 r. 事实上，这一结论对任意矩阵都成立. 为了证明这一结论，我们需要引入矩阵初等变换的概念，并讨论矩阵经过初等变换化为形如式 (2-23) 矩阵的过程中对矩阵的行秩和列秩产生了什么影响.

定义 2.15 矩阵的**初等变换**包括三种初等行变换与三种初等列变换：

（1）对换变换：交换矩阵的某两行（列），即 $r_i \leftrightarrow r_j (c_i \leftrightarrow c_j)$；

（2）倍乘变换：用一个非零数 k 乘以矩阵的某一行（列），即 $r_i \times k$ $(c_i \times k), k \neq 0$；

（3）倍加变换：用一个数 k 乘以矩阵的某一行（列）再加到另一行（列）上，即 $r_i + kr_j (c_i + kc_j)(i \neq j)$.

定理 2.16 对矩阵 $\boldsymbol{A}_{m\times n}$进行初等行变换化为 $\boldsymbol{B}_{m\times n}$，则 $\boldsymbol{B}_{m\times n}$的行秩等于 $\boldsymbol{A}_{m\times n}$的行秩.

证明 我们考虑 $\boldsymbol{A}_{m\times n}$经倍加变换 $r_i + kr_j$ 化为 $\boldsymbol{B}_{m\times n}$的情形．设矩阵 $\boldsymbol{A}_{m\times n}$的行向量组为Ⅰ：$\boldsymbol{\alpha}_1$，$\boldsymbol{\alpha}_2$，…，$\boldsymbol{\alpha}_m$，这样 $\boldsymbol{B}_{m\times n}$的行向量组为

$$\text{Ⅱ}: \boldsymbol{\alpha}_1, \boldsymbol{\alpha}_2, \cdots, \boldsymbol{\alpha}_{i-1}, \boldsymbol{\alpha}_i + k\boldsymbol{\alpha}_j, \boldsymbol{\alpha}_{i+1}, \cdots, \boldsymbol{\alpha}_m,$$

易证Ⅰ≅Ⅱ，故不改变矩阵的行秩．

类似地，其他初等行变换也不改变矩阵的行秩． ■

同理可证，对矩阵 $\boldsymbol{A}_{m\times n}$进行初等列变换化为 $\boldsymbol{B}_{m\times n}$，则 $\boldsymbol{B}_{m\times n}$的列秩等于 $\boldsymbol{A}_{m\times n}$的列秩.

定理 2.17 对矩阵 $\boldsymbol{A}_{m\times n}$进行初等行变换化为 $\boldsymbol{B}_{m\times n}$，则 $\boldsymbol{A}_{m\times n}$的列秩与 $\boldsymbol{B}_{m\times n}$的列秩相等.

证明 根据定理 2.14 知，对矩阵 $\boldsymbol{A}_{m\times n}$进行初等行变换化为 $\boldsymbol{B}_{m\times n}$，两个矩阵对应的列向量组的线性相关性相同.

设 $\boldsymbol{\alpha}_{j_1}, \boldsymbol{\alpha}_{j_2}, \cdots, \boldsymbol{\alpha}_{j_r}$是矩阵 $\boldsymbol{A}$ 的列向量组的极大无关组，那么矩阵 $\boldsymbol{B}$ 的对应列向量 $\boldsymbol{\beta}_{j_1}, \boldsymbol{\beta}_{j_2}, \cdots, \boldsymbol{\beta}_{j_r}$也恰是矩阵 $\boldsymbol{B}$ 的列向量组的极大无关组，因此矩阵 $\boldsymbol{A}$，$\boldsymbol{B}$ 的列秩相等． ■

同理可证，初等列变换也不改变矩阵的行秩.

综上所述，初等行变换和初等列变换均不改变矩阵的行秩和列秩.

定理 2.18 矩阵的行秩等于列秩.

证明 若 $\boldsymbol{A}$ 为零矩阵，结果显然成立.

如果 $\boldsymbol{A}$ 不为零矩阵，先将矩阵通过初等行变换化为行简化矩阵，再通过初等列变换化为式（2-23）的形式，如下所示：

$$\boldsymbol{A} \to \begin{pmatrix} 1 & 0 & \cdots & 0 & c_{1,r+1} & \cdots & c_{1n} \\ 0 & 1 & \cdots & 0 & c_{2,r+1} & \cdots & c_{2n} \\ \vdots & \vdots & & \vdots & \vdots & & \vdots \\ 0 & 0 & \cdots & 1 & c_{r,r+1} & \cdots & c_{rn} \\ 0 & 0 & \cdots & 0 & 0 & \cdots & 0 \\ \vdots & \vdots & & \vdots & \vdots & & \vdots \\ 0 & 0 & \cdots & 0 & 0 & \cdots & 0 \end{pmatrix} \to \begin{pmatrix} 1 & 0 & \cdots & 0 & 0 & \cdots & 0 \\ 0 & 1 & \cdots & 0 & 0 & \cdots & 0 \\ \vdots & \vdots & & \vdots & \vdots & & \vdots \\ 0 & 0 & \cdots & 1 & 0 & \cdots & 0 \\ 0 & 0 & \cdots & 0 & 0 & \cdots & 0 \\ \vdots & \vdots & & \vdots & \vdots & & \vdots \\ 0 & 0 & \cdots & 0 & 0 & \cdots & 0 \end{pmatrix} = \boldsymbol{B}.$$

由例 1 可知，$\boldsymbol{B}$ 的行秩等于 $\boldsymbol{B}$ 的列秩，又 $\boldsymbol{A}$ 的行秩等于 $\boldsymbol{B}$ 的行秩，$\boldsymbol{A}$ 的列秩等于 $\boldsymbol{B}$ 的列秩，故结论成立． ■

定义 2.16 如果矩阵 $\boldsymbol{A}$ 可以经过有限次初等变换化为矩阵 $\boldsymbol{B}$，则称

矩阵 $\boldsymbol{A}$ 与矩阵 $\boldsymbol{B}$ 等价，记作 $\boldsymbol{A}\cong\boldsymbol{B}$.

我们称（2-23）(即定理 2.18 中的矩阵 $\boldsymbol{B}$) 为矩阵 $\boldsymbol{A}$ 的**等价标准形**.

定义 2.17 矩阵 $\boldsymbol{A}$ 的行秩（列秩）称为**矩阵的秩**，记作 $R(\boldsymbol{A})$.

结合定义，给出下面几点**注意事项**：

(1) 对于 $\boldsymbol{A}_{m\times n}$，有 $0\leqslant R(\boldsymbol{A}_{m\times n})\leqslant\min(m,n)$.

(2) $R(\boldsymbol{A})=0$ 当且仅当 $\boldsymbol{A}=\boldsymbol{O}$.

(3) 对于 $\boldsymbol{A}_{n\times n}$，若 $R(\boldsymbol{A})=n$，则称 $\boldsymbol{A}$ 为**满秩矩阵**.

(4) 矩阵的秩等于其等价标准形中 1 的个数.

例 2 求下面矩阵的秩

$$\boldsymbol{A}=\begin{pmatrix}1&1&2&2&1\\0&2&1&5&-1\\2&0&3&-1&3\\1&1&0&4&-1\end{pmatrix}.$$

解

$$A\xrightarrow[r_4-r_1]{r_3-2r_1}\begin{pmatrix}1&1&2&2&1\\0&2&1&5&-1\\0&-2&-1&-5&1\\0&0&-2&2&-2\end{pmatrix}\xrightarrow{r_3+r_2}\begin{pmatrix}1&1&2&2&1\\0&2&1&5&-1\\0&0&0&0&0\\0&0&-2&2&-2\end{pmatrix}$$

$$\xrightarrow{r_3\leftrightarrow r_4}\begin{pmatrix}1&1&2&2&1\\0&2&1&5&-1\\0&0&-2&2&-2\\0&0&0&0&0\end{pmatrix}\xrightarrow[\substack{c_4-2c_1\\c_5-c_1}]{\substack{c_2-c_1\\c_3-2c_1}}\begin{pmatrix}1&0&0&0&0\\0&2&1&5&-1\\0&0&-2&2&-2\\0&0&0&0&0\end{pmatrix}$$

$$\xrightarrow[c_5+\frac{1}{2}c_1]{\substack{c_3-\frac{1}{2}c_2\\c_4-\frac{5}{2}c_2}}\begin{pmatrix}1&0&0&0&0\\0&2&0&0&0\\0&0&-2&2&-2\\0&0&0&0&0\end{pmatrix}\xrightarrow[c_5-c_3]{c_4+c_3}\begin{pmatrix}1&0&0&0&0\\0&2&0&0&0\\0&0&-2&0&0\\0&0&0&0&0\end{pmatrix}$$

$$\xrightarrow[c_3\times\left(-\frac{1}{2}\right)]{c_2\times\frac{1}{2}}\begin{pmatrix}1&0&0&0&0\\0&1&0&0&0\\0&0&1&0&0\\0&0&0&0&0\end{pmatrix}=\boldsymbol{B},$$

$\boldsymbol{B}$ 中有 3 个 1，$R(\boldsymbol{B})=3$，则 $R(\boldsymbol{A})=3$. □

【同步训练 1】 求下面矩阵的秩

$$\boldsymbol{A}=\begin{pmatrix}1&1&0&0\\1&0&1&1\\2&-1&3&3\end{pmatrix}.$$

至此我们利用向量组的秩这一概念给出了矩阵的秩的定义，而事实上，矩阵的秩与行列式也有着较为密切的联系. 为此，首先引入 k 阶子式的概念.

定义 2.18 在矩阵 $\boldsymbol{A}_{m\times n}$ 中任取 k 行、k 列（$1\leqslant k\leqslant\min(m,n)$），由位于这 k 行、k 列交叉处的元素按原来在矩阵 $\boldsymbol{A}$ 中的顺序排列构成的 k

阶行列式，称为 $\boldsymbol{A}$ 的一个 k **阶子式**（subdeterminant）.

下面我们来看一个子式的例子.

例 3　设矩阵 $\boldsymbol{A}=\begin{pmatrix}1&1&2&2&1\\0&2&1&5&-1\\0&0&3&0&3\\0&0&0&0&0\end{pmatrix}$，试求矩阵 $\boldsymbol{A}$ 的一个三阶非零子式.

解　矩阵的三阶子式是从矩阵中任取三行任取三列由交叉处元素形成的，因此 $\boldsymbol{A}$ 共有 $\mathrm{C}_4^3\cdot\mathrm{C}_5^3$ 个三阶子式，而矩阵的第四行是零行，因此非零的三阶子式只能取前三行，然后再选取三列，显然取矩阵的前三行和前三列，得到下面的三阶非零子式

$$\begin{vmatrix}1&1&2\\0&2&1\\0&0&3\end{vmatrix}=6\neq0.$$ □

注　在上例中，由于行列式 $\begin{vmatrix}1&1&2\\0&2&1\\0&0&3\end{vmatrix}=6\neq0$，因此向量组

$$\boldsymbol{\alpha}_1=\begin{pmatrix}1\\0\\0\end{pmatrix},\boldsymbol{\alpha}_2=\begin{pmatrix}1\\2\\0\end{pmatrix},\boldsymbol{\alpha}_3=\begin{pmatrix}2\\1\\3\end{pmatrix}$$

线性无关，所以根据定理 2.7，矩阵 $\boldsymbol{A}$ 的前三列 $\boldsymbol{\alpha}'_1,\boldsymbol{\alpha}'_2,\boldsymbol{\alpha}'_3$（是 $\boldsymbol{\alpha}_1,\boldsymbol{\alpha}_2,\boldsymbol{\alpha}_3$ 的加长向量组）也线性无关，因此有

$$R(\boldsymbol{A})\geqslant3.$$

从上面分析可见，当矩阵存在三阶非零子式时，有 $R(\boldsymbol{A})\geqslant3$ 成立. 更一般地，我们有下面的结论：

定理 2.19　如果矩阵 $\boldsymbol{A}$ 存在一个非零的 k 阶子式，则

$$R(\boldsymbol{A})\geqslant k.$$

定理 2.20　设 $\boldsymbol{A}$ 是 $m\times n$ 矩阵，则 $R(\boldsymbol{A})=k(k<\min(m,n))$ 的充要条件是 $\boldsymbol{A}$ 中存在一个非零的 k 阶子式，而所有大于等于 $k+1$ 阶的子式都是零.

注

(1) 当 $\boldsymbol{A}$ 的 $k+1$ 阶子式都是零时，利用行列式按行（列）展开定理，可以得到所有大于 $k+1$ 阶的子式也都是零，因此上述定理可以简述为：

$R(\boldsymbol{A})=k(k<\min(m,n))$ 的充要条件是 $\boldsymbol{A}$ 至少有一个非零的 k 阶子式，而所有 $k+1$ 阶的子式都是零.

(2) 若矩阵 $\boldsymbol{A}_{m\times n}(m<n)$ 存在非零的 m 阶子式，而矩阵 $\boldsymbol{A}$ 没有更高

阶的子式，我们有 $R(\boldsymbol{A}_{m\times n})=m$ 成立.

（3）在阶梯形矩阵中，非零子式的最高阶数就是非零行的个数，所以在求解矩阵的秩时，只需把矩阵化为阶梯形矩阵即可，不必再化为等价标准形.

例 4 求下列矩阵的秩

$$\boldsymbol{A}=\begin{pmatrix}1&2&-1&0\\0&2&-1&2\\1&0&-2&3\end{pmatrix}.$$

解 对矩阵进行初等行变换化为阶梯形矩阵

$$\begin{pmatrix}1&2&-1&0\\0&2&-1&2\\1&0&-2&3\end{pmatrix}\xrightarrow{r_3-r_1}\begin{pmatrix}1&2&-1&0\\0&2&-1&2\\0&-2&1&3\end{pmatrix}\xrightarrow{r_3+r_2}\begin{pmatrix}1&2&-1&0\\0&2&-1&2\\0&0&0&5\end{pmatrix},$$

阶梯形矩阵的非零行数是 3，所以矩阵 $\boldsymbol{A}$ 的秩为 3. □

【同步训练 2】 求下面矩阵的秩

$$\boldsymbol{A}=\begin{pmatrix}2&-1&3&0\\1&2&1&1\\2&-1&1&3\\2&1&4&0\end{pmatrix}.$$

第六节 线性方程组解的结构

所谓解的结构问题就是在线性方程组有无穷多解时，去找有限个解表示出线性方程组的全部解.

一、线性方程组有解判别定理

已知线性方程组

$$\begin{cases}a_{11}x_1+a_{12}x_2+\cdots+a_{1n}x_n=b_1,\\a_{21}x_1+a_{22}x_2+\cdots+a_{2n}x_n=b_2,\\\qquad\vdots\\a_{m1}x_1+a_{m2}x_2+\cdots+a_{mn}x_n=b_m.\end{cases}\tag{2-24}$$

设

$$\boldsymbol{A}=\begin{pmatrix}a_{11}&a_{12}&\cdots&a_{1n}\\a_{21}&a_{22}&\cdots&a_{2n}\\\vdots&\vdots&&\vdots\\a_{m1}&a_{m2}&\cdots&a_{mn}\end{pmatrix},\ \overline{\boldsymbol{A}}=\begin{pmatrix}a_{11}&a_{12}&\cdots&a_{1n}&b_1\\a_{21}&a_{22}&\cdots&a_{2n}&b_2\\\vdots&\vdots&&\vdots&\vdots\\a_{m1}&a_{m2}&\cdots&a_{mn}&b_m\end{pmatrix}$$

分别为方程组（2-24）的系数矩阵和增广矩阵. 在本章第一节中，我们讨论了线性方程组有解的条件，下面我们用矩阵的秩给出另一种描述.

在方程组（2-24）中，若记

$$\boldsymbol{\beta}=(b_1,b_2,\cdots,b_m)^{\mathrm{T}},\ \boldsymbol{\alpha}_i=(a_{1i},a_{2i},\cdots,a_{mi})^{\mathrm{T}},\ (i=1,2,\cdots n)$$

则方程组（2-24）有下列向量形式

$$x_1\boldsymbol{\alpha}_1+x_2\boldsymbol{\alpha}_2+\cdots+x_n\boldsymbol{\alpha}_n=\boldsymbol{\beta}.\tag{2-25}$$

定理 2.21 线性方程组（2-24）有解的充要条件是其系数矩阵的秩

与增广矩阵的秩相等，即 $R(\boldsymbol{A})=R(\overline{\boldsymbol{A}})$.

证明　设线性方程组的增广矩阵经过初等行变换化为

$$\overline{\boldsymbol{A}}\to\cdots\to\begin{pmatrix}1&0&\cdots&0&c_{1,r+1}&\cdots&c_{1n}&d_1\\0&1&\cdots&0&c_{2,r+1}&\cdots&c_{2n}&d_2\\\vdots&\vdots&&\vdots&\vdots&&\vdots&\vdots\\0&0&\cdots&1&c_{r,r+1}&\cdots&c_{rn}&d_r\\0&0&\cdots&0&0&\cdots&0&d_{r+1}\\0&0&\cdots&0&0&\cdots&0&0\\\vdots&\vdots&&\vdots&\vdots&&\vdots&\vdots\\0&0&\cdots&0&0&\cdots&0&0\end{pmatrix}.$$

由第二章第一节可知，线性方程组有解的充要条件是 $d_{r+1}=0$，用秩的语言描述即为

$$R(\boldsymbol{A})=R(\overline{\boldsymbol{A}}).$$ ■

推论 1　线性方程组（2-24）无解的充要条件是 $R(\boldsymbol{A})\neq R(\overline{\boldsymbol{A}})$.

推论 2　线性方程组（2-24）有无穷解的充要条件是 $R(\boldsymbol{A})=R(\overline{\boldsymbol{A}})<n$.

推论 3　线性方程组（2-24）有唯一解的充要条件是 $R(\boldsymbol{A})=R(\overline{\boldsymbol{A}})=n$.

特别地，若（2-24）是齐次线性方程组，则增广矩阵中最后一列全为 0，总有 $R(\boldsymbol{A})=R(\overline{\boldsymbol{A}})$，即齐次线性方程组恒有解．因此，有如下结论：

推论 4　齐次线性方程组有唯一零解的充要条件是 $R(\boldsymbol{A})=n$；齐次线性方程组有非零解的充要条件是 $R(\boldsymbol{A})<n$.

例 1　设 a_1,a_2,a_3,a_4 互不相等，证明：下面的方程组无解.

$$\begin{cases}x_1+a_1x_2+a_1^2x_3=a_1^3,\\x_1+a_2x_2+a_2^2x_3=a_2^3,\\x_1+a_3x_2+a_3^2x_3=a_3^3,\\x_1+a_4x_2+a_4^2x_3=a_4^3.\end{cases}$$

证明　首先计算线性方程组的增广矩阵的秩

$$\overline{\boldsymbol{A}}=\begin{pmatrix}1&a_1&a_1^2&a_1^3\\1&a_2&a_2^2&a_2^3\\1&a_3&a_3^2&a_3^3\\1&a_4&a_4^2&a_4^3\end{pmatrix}.$$

因为

$$|\overline{\boldsymbol{A}}|=\prod_{1\leqslant j<i\leqslant 4}(a_i-a_j)\neq 0,$$

所以 $R(\overline{\boldsymbol{A}})=4$. 而 $R(\boldsymbol{A})\leqslant 3$，这样有 $R(\boldsymbol{A})\neq R(\overline{\boldsymbol{A}})$，所以线性方程组无解. ■

二、齐次线性方程组的解的结构

设有 n 元齐次线性方程组

$$\begin{cases} a_{11}x_1+a_{12}x_2+\cdots+a_{1n}x_n=0, \\ a_{21}x_1+a_{22}x_2+\cdots+a_{2n}x_n=0, \\ \qquad\vdots \\ a_{m1}x_1+a_{m2}x_2+\cdots+a_{mn}x_n=0. \end{cases} \tag{2-26}$$

令 $\boldsymbol{\alpha}_1=(a_{11},a_{21},\cdots,a_{m1})^{\mathrm{T}}$，$\boldsymbol{\alpha}_2=(a_{12},a_{22},\cdots,a_{m2})^{\mathrm{T}}$，$\cdots$，$\boldsymbol{\alpha}_n=(a_{1n},a_{2n},\cdots,a_{mn})^{\mathrm{T}}$，$\boldsymbol{0}=(0,0,\cdots,0)^{\mathrm{T}}$，则齐次线性方程组（2-26）的向量形式为

$$x_1\boldsymbol{\alpha}_1+x_2\boldsymbol{\alpha}_2+\cdots+x_n\boldsymbol{\alpha}_n=\boldsymbol{0}. \tag{2-27}$$

齐次线性方程组的解有下列性质：

性质 1 若 $\boldsymbol{\xi}_1=(p_1,p_2,\cdots,p_n)^{\mathrm{T}}$，$\boldsymbol{\xi}_2=(q_1,q_2,\cdots,q_n)^{\mathrm{T}}$ 是齐次线性方程组（2-26）的解，则 $k_1\boldsymbol{\xi}_1+k_2\boldsymbol{\xi}_2$ 也是方程组（2-26）的解.

证明 据已知有下列两式成立：

$$p_1\boldsymbol{\alpha}_1+p_2\boldsymbol{\alpha}_2+\cdots+p_n\boldsymbol{\alpha}_n=\boldsymbol{0},\ q_1\boldsymbol{\alpha}_1+q_2\boldsymbol{\alpha}_2+\cdots+q_n\boldsymbol{\alpha}_n=\boldsymbol{0},$$

那么

$$\begin{aligned} &(k_1p_1+k_2q_1)\boldsymbol{\alpha}_1+(k_1p_2+k_2q_2)\boldsymbol{\alpha}_2+\cdots+(k_1p_n+k_2q_n)\boldsymbol{\alpha}_n \\ =&k_1(p_1\boldsymbol{\alpha}_1+p_2\boldsymbol{\alpha}_2+\cdots+p_n\boldsymbol{\alpha}_n)+k_2(q_1\boldsymbol{\alpha}_1+q_2\boldsymbol{\alpha}_2+\cdots+q_n\boldsymbol{\alpha}_n) \\ =&k_1\boldsymbol{0}+k_2\boldsymbol{0} \\ =&\boldsymbol{0}, \end{aligned}$$

即 $k_1\boldsymbol{\xi}_1+k_2\boldsymbol{\xi}_2$ 也是方程组（2-26）的解. ■

如果用 S 表示方程组（2-26）的全体解向量的集合，则上述性质说明 S 对解向量的加法和数乘运算封闭. 那么要想得到齐次线性方程组的全部解，只需找出齐次线性方程组的解向量组的一个极大无关组 $\boldsymbol{\xi}_1$，$\boldsymbol{\xi}_2,\cdots,\boldsymbol{\xi}_p$ 即可. 为此，引入下面概念：

定义 2.19 齐次线性方程组（2-26）的一组解 $\boldsymbol{\eta}_1,\boldsymbol{\eta}_2,\cdots,\boldsymbol{\eta}_t$ 称为（2-26）的一个**基础解系**（fundamental system of solutions），如果

（1）$\boldsymbol{\eta}_1,\boldsymbol{\eta}_2,\cdots,\boldsymbol{\eta}_t$ 线性无关；

（2）齐次线性方程组（2-26）的任意一个解都能表示为 $\boldsymbol{\eta}_1,\boldsymbol{\eta}_2,\cdots,\boldsymbol{\eta}_t$ 的线性组合.

注

（1）由定义容易看出，任何一个线性无关的与某一个基础解系等价的向量组都是齐次线性方程组的基础解系.

（2）对于齐次线性方程组而言，当它只有零解时，就没有基础解系；

当它有非零解时，才存在基础解系，且有以下定理：

定理 2.22 当齐次线性方程组（2-26）有非零解时，它有基础解系，并且基础解系中含有 $n-R(\boldsymbol{A})$ 个向量.

证明 设齐次线性方程组（2-26）的系数矩阵的秩 $R(\boldsymbol{A})=r<n$. 对它的系数矩阵进行初等行变换化为行简化矩阵：

$$\boldsymbol{A}\to\cdots\to\begin{pmatrix}1&0&\cdots&0&c_{1,r+1}&\cdots&c_{1n}\\0&1&\cdots&0&c_{2,r+1}&\cdots&c_{2n}\\\vdots&\vdots&&\vdots&\vdots&&\vdots\\0&0&\cdots&1&c_{r,r+1}&\cdots&c_{rn}\\0&0&\cdots&0&0&\cdots&0\\\vdots&\vdots&&\vdots&\vdots&&\vdots\\0&0&\cdots&0&0&\cdots&0\end{pmatrix},$$

它对应的同解方程组为

$$\begin{cases}x_1=-c_{1,r+1}x_{r+1}-\cdots-c_{1n}x_n,\\x_2=-c_{2,r+1}x_{r+1}-\cdots-c_{2n}x_n,\\\qquad\vdots\\x_r=-c_{r,r+1}x_{r+1}-\cdots-c_{rn}x_n.\end{cases}\tag{2-28}$$

取 $x_{r+1},x_{r+2},\cdots,x_n$ 为自由未知量（$(n-r)$ 个），令 $\begin{pmatrix}x_{r+1}\\x_{r+2}\\\vdots\\x_n\end{pmatrix}$ 分别取 $\begin{pmatrix}1\\0\\\vdots\\0\end{pmatrix}$，$\begin{pmatrix}0\\1\\\vdots\\0\end{pmatrix},\cdots,\begin{pmatrix}0\\0\\\vdots\\1\end{pmatrix}$，则可以得到 $n-r$ 个线性无关的解向量

$$\boldsymbol{\eta}_1=\begin{pmatrix}-c_{1,r+1}\\-c_{2,r+1}\\\vdots\\-c_{r,r+1}\\1\\0\\\vdots\\0\end{pmatrix},\boldsymbol{\eta}_2=\begin{pmatrix}-c_{1,r+2}\\-c_{2,r+2}\\\vdots\\-c_{r,r+2}\\0\\1\\\vdots\\0\end{pmatrix},\cdots,\boldsymbol{\eta}_{n-r}=\begin{pmatrix}-c_{1n}\\-c_{2n}\\\vdots\\-c_{rn}\\0\\0\\\vdots\\1\end{pmatrix}.$$

下面只需证齐次线性方程组的任意一个解可由 $\boldsymbol{\eta}_1,\boldsymbol{\eta}_2,\cdots,\boldsymbol{\eta}_{n-r}$ 线性表示即可.

设

$$
\boldsymbol{\eta}=\begin{pmatrix} x_1 \\ x_2 \\ \vdots \\ x_r \\ x_{r+1} \\ \vdots \\ x_n \end{pmatrix}
$$

是齐次线性方程组（2-26）的任意一个解，那么它也是方程组（2-26）的同解方程组（2-28）的解，因此有

$$
\begin{cases}
x_1=-c_{1,r+1}x_{r+1}-c_{1,r+2}x_{r+2}-\cdots-c_{1n}x_n, \\
x_2=-c_{2,r+1}x_{r+1}-c_{2,r+2}x_{r+2}-\cdots-c_{2n}x_n, \\
\quad\vdots \\
x_r=-c_{r,r+1}x_{r+1}-c_{r,r+2}x_{r+2}-\cdots-c_{rn}x_n, \\
x_{r+1}=x_{r+1}, \\
x_{r+2}=x_{r+2}, \\
\quad\vdots \\
x_n=x_n.
\end{cases}
$$

用向量形式表示就是

$$
\begin{pmatrix} x_1 \\ x_2 \\ \vdots \\ x_r \\ x_{r+1} \\ \vdots \\ x_n \end{pmatrix}
=x_{r+1}\begin{pmatrix} -c_{1,r+1} \\ -c_{2,r+1} \\ \vdots \\ -c_{r,r+1} \\ 1 \\ 0 \\ \vdots \\ 0 \end{pmatrix}
+x_{r+2}\begin{pmatrix} -c_{1,r+2} \\ -c_{2,r+2} \\ \vdots \\ -c_{r,r+2} \\ 0 \\ 1 \\ \vdots \\ 0 \end{pmatrix}
+\cdots+x_n\begin{pmatrix} -c_{1n} \\ -c_{2n} \\ \vdots \\ -c_{rn} \\ 0 \\ 0 \\ \vdots \\ 1 \end{pmatrix},
$$

即

$$
\boldsymbol{\eta}=x_{r+1}\boldsymbol{\eta}_1+x_{r+2}\boldsymbol{\eta}_2+\cdots+x_n\boldsymbol{\eta}_{n-r},
$$

齐次线性方程组的任意一个解 $\boldsymbol{\eta}$ 可由 $\boldsymbol{\eta}_1,\boldsymbol{\eta}_2,\cdots,\boldsymbol{\eta}_{n-r}$ 线性表示．因此 $\boldsymbol{\eta}_1,\boldsymbol{\eta}_2,\cdots,\boldsymbol{\eta}_{n-r}$ 是方程组（2-26）的一个基础解系．■

注

（1）上述定理说明只需找到 $n-r$ 个线性无关的解向量即为齐次线性方程组的一个基础解系.

（2）定理的证明过程给出了具体求基础解系的方法，需要注意的是

自由未知量 $x_{r+1},x_{r+2},\cdots,x_n$ 所形成的向量 $\begin{pmatrix}x_{r+1}\\x_{r+2}\\\vdots\\x_n\end{pmatrix}$ 可以取 $\begin{pmatrix}1\\0\\\vdots\\0\end{pmatrix}$, $\begin{pmatrix}0\\1\\\vdots\\0\end{pmatrix}$, $\cdots$, $\begin{pmatrix}0\\0\\\vdots\\1\end{pmatrix}$，也可以取其他的值，但要保证取到的向量组是线性无关的（见例 2）.

例 2　求下面齐次线性方程组的一般解

$$\begin{cases}3x_1+\qquad 5x_3\qquad=0,\\2x_1-x_2+3x_3+x_4=0,\\x_1+x_2+2x_3-x_4=0.\end{cases}$$

解法一　对系数矩阵 $\boldsymbol{A}$ 施以初等行变换化为行简化矩阵

$$\boldsymbol{A}=\begin{pmatrix}3&0&5&0\\2&-1&3&1\\1&1&2&-1\end{pmatrix}\xrightarrow{r_1\leftrightarrow r_3}\begin{pmatrix}1&1&2&-1\\2&-1&3&1\\3&0&5&0\end{pmatrix}\xrightarrow[r_3-3r_1]{r_2-2r_1}\begin{pmatrix}1&1&2&-1\\0&-3&-1&3\\0&-3&-1&3\end{pmatrix}$$

$$\xrightarrow{r_3-r_2}\begin{pmatrix}1&1&2&-1\\0&-3&-1&3\\0&0&0&0\end{pmatrix}\xrightarrow{-\frac{1}{3}r_2}\begin{pmatrix}1&1&2&-1\\0&1&\frac{1}{3}&-1\\0&0&0&0\end{pmatrix}\xrightarrow{r_1-r_2}\begin{pmatrix}1&0&\frac{5}{3}&0\\0&1&\frac{1}{3}&-1\\0&0&0&0\end{pmatrix},$$

由最后一个阶梯形矩阵可知，$R(\boldsymbol{A})=2$，因此有两个自由未知量，其基础解系含有两个向量.

原方程组的同解方程组为

$$\begin{cases}x_1\qquad+\frac{5}{3}x_3\qquad=0,\\\qquad x_2+\frac{1}{3}x_3-x_4=0.\end{cases}$$

取 x_3,x_4 为自由未知量，令 $\begin{pmatrix}x_3\\x_4\end{pmatrix}$ 分别取 $\begin{pmatrix}3\\0\end{pmatrix}$，$\begin{pmatrix}0\\1\end{pmatrix}$，得到原方程组的一个基础解系

$$\boldsymbol{\eta}_1=\begin{pmatrix}-5\\-1\\3\\0\end{pmatrix},\ \boldsymbol{\eta}_2=\begin{pmatrix}0\\1\\0\\1\end{pmatrix}.$$

因此，原方程组的一般解为

$\boldsymbol{\eta}=k_1\boldsymbol{\eta}_1+k_2\boldsymbol{\eta}_2$，其中 k_1，k_2 为任意常数.

解法二　对系数矩阵 $\boldsymbol{A}$ 施行初等行变换

$$\boldsymbol{A}=\begin{pmatrix}3&0&5&0\\2&-1&3&1\\1&1&2&-1\end{pmatrix}\xrightarrow{r_1\leftrightarrow r_3}\begin{pmatrix}1&1&2&-1\\2&-1&3&1\\3&0&5&0\end{pmatrix}\xrightarrow[r_3-3r_1]{r_2-2r_1}\begin{pmatrix}1&1&2&-1\\0&-3&-1&3\\0&-3&-1&3\end{pmatrix}$$

$$\xrightarrow{r_3-r_2}\begin{pmatrix}1&1&2&-1\\0&-3&-1&3\\0&0&0&0\end{pmatrix}\xrightarrow{r_1+2r_2}\begin{pmatrix}1&-5&0&5\\0&-3&-1&3\\0&0&0&0\end{pmatrix}\xrightarrow{r_2\times(-1)}\begin{pmatrix}1&-5&0&5\\0&3&1&-3\\0&0&0&0\end{pmatrix}.$$

由最后一个阶梯形矩阵可知 $R(\boldsymbol{A})=2$，因此有两个自由未知量，其基础解系含有两个向量.

原方程组的同解方程组为

$$\begin{cases}x_1-5x_2\qquad\quad+5x_4=0,\\ \qquad\quad 3x_2+x_3-3x_4=0.\end{cases}$$

取 x_2，x_4 为自由未知量，令 $\begin{pmatrix}x_2\\x_4\end{pmatrix}$ 分别取 $\begin{pmatrix}1\\0\end{pmatrix}$ 和 $\begin{pmatrix}0\\1\end{pmatrix}$ 得到原方程组的一个基础解系

$$\boldsymbol{\eta}_1=\begin{pmatrix}5\\1\\-3\\0\end{pmatrix},\ \boldsymbol{\eta}_2=\begin{pmatrix}-5\\0\\3\\1\end{pmatrix},$$

因此，原方程组的一般解为

$$\boldsymbol{\eta}=k_1\boldsymbol{\eta}_1+k_2\boldsymbol{\eta}_2\text{，其中 }k_1\text{，}k_2\text{ 为任意常数}.$$ □

【同步训练1】 求下面齐次线性方程组的基础解系

$$\begin{cases}x_1+2x_2-x_3+2x_4=0,\\x_1-x_2+2x_3-x_4=0,\\2x_1+x_2+x_3+x_4=0.\end{cases}$$

三、非齐次线性方程组的解的结构

把非齐次线性方程组

$$\begin{cases}a_{11}x_1+a_{12}x_2+\cdots+a_{1n}x_n=b_1,\\a_{21}x_1+a_{22}x_2+\cdots+a_{2n}x_n=b_2,\\ \qquad\vdots\\a_{m1}x_1+a_{m2}x_2+\cdots+a_{mn}x_n=b_m,\end{cases}\tag{2-29}$$

的常数项换成0，就得到齐次线性方程组（2-26）. 称齐次线性方程组（2-26）为方程组（2-29）的**导出组**. 方程组（2-29）的解与它的导出组（2-26）的解之间有密切的关系.

利用非齐次线性方程组的向量形式：

$$x_1\boldsymbol{\alpha}_1+x_2\boldsymbol{\alpha}_2+\cdots+x_n\boldsymbol{\alpha}_n=\boldsymbol{\beta},$$

容易验证非齐次线性方程组的解有下列性质：

性质2 若 $\boldsymbol{\xi}_1=(p_1,p_2,\cdots,p_n)^{\mathrm{T}}$，$\boldsymbol{\xi}_2=(q_1,q_2,\cdots,q_n)^{\mathrm{T}}$ 是非齐次线性方程组（2-29）的解，则 $k_1\boldsymbol{\xi}_1+k_2\boldsymbol{\xi}_2\,(k_1+k_2=1)$ 也是方程组（2-29）的解.

证明 若 $\boldsymbol{\xi}_1,\boldsymbol{\xi}_2$ 是方程组（2-29）的解，则

$$p_1\boldsymbol{\alpha}_1+p_2\boldsymbol{\alpha}_2+\cdots+p_n\boldsymbol{\alpha}_n=\boldsymbol{\beta},q_1\boldsymbol{\alpha}_1+q_2\boldsymbol{\alpha}_2+\cdots+q_n\boldsymbol{\alpha}_n=\boldsymbol{\beta},$$

那么

$$\begin{aligned}&(k_1p_1+k_2q_1)\boldsymbol{\alpha}_1+(k_1p_2+k_2q_2)\boldsymbol{\alpha}_2+\cdots+(k_1p_n+k_2q_n)\boldsymbol{\alpha}_n\\=&k_1(p_1\boldsymbol{\alpha}_1+p_2\boldsymbol{\alpha}_2+\cdots+p_n\boldsymbol{\alpha}_n)+k_2(q_1\boldsymbol{\alpha}_1+q_2\boldsymbol{\alpha}_2+\cdots+q_n\boldsymbol{\alpha}_n)\\=&k_1\boldsymbol{\beta}+k_2\boldsymbol{\beta}\\=&(k_1+k_2)\boldsymbol{\beta}\\=&\boldsymbol{\beta},\end{aligned}$$

即

$$k_1\boldsymbol{\xi}_1+k_2\boldsymbol{\xi}_2\quad(k_1+k_2=1)$$

是非齐次线性方程组（2-29）的解. ■

用类似的证明方法得到下面性质：

性质 3　若 $\boldsymbol{\xi}_1=(p_1,p_2,\cdots,p_n)^{\mathrm{T}}$，$\boldsymbol{\xi}_2=(q_1,q_2,\cdots,q_n)^{\mathrm{T}}$ 是非齐次线性方程组（2-29）的解，则 $\boldsymbol{\xi}_1-\boldsymbol{\xi}_2$ 是导出组（2-26）的解.

性质 4　若 $\boldsymbol{\gamma}_0$ 是非齐次线性方程组（2-29）的解，$\boldsymbol{\xi}$ 是导出组(2-26)的解，则有 $\boldsymbol{\gamma}_0+\boldsymbol{\xi}$ 是非齐次线性方程组（2-29）的解.

思考与讨论：（1）如上所述，$\boldsymbol{\xi}_1,\boldsymbol{\xi}_2$ 是非齐次线性方程组（2-29）的解，那么 $\boldsymbol{\xi}_1+\boldsymbol{\xi}_2$ 代入到方程组的左边会等于什么？

（2）$\boldsymbol{\xi}_1+\boldsymbol{\xi}_2$ 是哪个方程组的解？$k_1\boldsymbol{\xi}_1+k_2\boldsymbol{\xi}_2$ 是哪个方程组的解？有什么规律吗？

研讨结论____

____

详细应用见第七节.

定理 2.23　如果 $\boldsymbol{\gamma}_0$ 是非齐次线性方程组（2-29）的一个解，$\boldsymbol{\eta}_1,\boldsymbol{\eta}_2,\cdots,\boldsymbol{\eta}_{n-r}$是其导出组（2-26）的一个基础解系，那么非齐次线性方程组（2-29）的任一个解 $\boldsymbol{\gamma}$ 都可以表示成

$$\boldsymbol{\gamma}=\boldsymbol{\gamma}_0+\boldsymbol{\eta}\tag{2-30}$$

其中

$$\boldsymbol{\eta}=k_1\boldsymbol{\eta}_1+k_2\boldsymbol{\eta}_2+\cdots+k_{n-r}\boldsymbol{\eta}_{n-r},$$

$k_1,k_2,\cdots,k_{n-r}$为任意常数.

我们称非齐次线性方程组（2-29）的任意取定的一个解 $\boldsymbol{\gamma}_0$ 为**特解**，当 $\boldsymbol{\eta}$ 取遍它的导出组的全部解时，式（2-30）就给出了非齐次线性方程组（2-29）的全部解.

证明　设 $\boldsymbol{\gamma}$ 是非齐次线性方程组（2-29）的任一个解，则由性质 3 知 $\boldsymbol{\eta}_0=\boldsymbol{\gamma}-\boldsymbol{\gamma}_0$ 是导出组（2-26）的解，并且显然有

$$\boldsymbol{\gamma}=\boldsymbol{\gamma}_0+\boldsymbol{\eta}_0.$$

另一方面，由性质 4 可知，对于导出组（2-26）的任意解 $\boldsymbol{\eta}$，$\boldsymbol{\gamma}_0+\boldsymbol{\eta}$ 是非齐次线性方程组（2-29）的解，其中，$\boldsymbol{\eta}=k_1\boldsymbol{\eta}_1+k_2\boldsymbol{\eta}_2+\cdots+k_{n-r}\boldsymbol{\eta}_{n-r}$. ■

定理 2.23 给出了求非齐次线性方程组一般解的步骤：

（1）化增广矩阵为行简化矩阵；

（2）求出非齐次线性方程组的一个特解 $\boldsymbol{\gamma}_0$（**注意** $\boldsymbol{\gamma}_0$ 只要是非齐次线性方程组的一个解即可，一般是不唯一的）；

（3）求出**导出组**的基础解系 $\boldsymbol{\eta}_1,\boldsymbol{\eta}_2,\cdots,\boldsymbol{\eta}_{n-r}$；

（4）写出一般解 $\boldsymbol{\gamma}=\boldsymbol{\gamma}_0+k_1\boldsymbol{\eta}_1+k_2\boldsymbol{\eta}_2+\cdots+k_{n-r}\boldsymbol{\eta}_{n-r}$，其中 $k_1,k_2,\cdots,k_{n-r}$为任意常数.

注 在第（3）步中一定要注意求的是**导出组**的基础解系.

推论 在非齐次线性方程组（2-29）有解的条件下，解是唯一（无穷多）的充要条件是它的导出组（2-26）只有零解（有非零解）.

注 上述推论中，特别重要的一句话是："在非齐次线性方程组(2-29)**有解**的条件下"，非齐次线性方程组（2-29）的解集和导出组（2-26）的解集可以借助方程组（2-29）的一个特解建立一一对应关系.

例 3 求非齐次方程组的一般解：

$$\begin{cases} x_1+x_2-3x_3-x_4=1, \\ 3x_1+2x_2-3x_3+4x_4=4, \\ x_1+2x_2-9x_3-8x_4=0. \end{cases}$$

解 对方程组的增广矩阵进行初等行变换

$$\overline{\boldsymbol{A}}=\begin{pmatrix} 1 & 1 & -3 & -1 & 1 \\ 3 & 2 & -3 & 4 & 4 \\ 1 & 2 & -9 & -8 & 0 \end{pmatrix} \xrightarrow[r_2-3r_1]{r_3-r_1} \begin{pmatrix} 1 & 1 & -3 & -1 & 1 \\ 0 & -1 & 6 & 7 & 1 \\ 0 & 1 & -6 & -7 & -1 \end{pmatrix}$$

$$\xrightarrow{r_3+r_2} \begin{pmatrix} 1 & 1 & -3 & -1 & 1 \\ 0 & -1 & 6 & 7 & 1 \\ 0 & 0 & 0 & 0 & 0 \end{pmatrix} \xrightarrow[r_2\times(-1)]{r_1+r_2} \begin{pmatrix} 1 & 0 & 3 & 6 & 2 \\ 0 & 1 & -6 & -7 & -1 \\ 0 & 0 & 0 & 0 & 0 \end{pmatrix},$$

$R(\boldsymbol{A})=R(\overline{\boldsymbol{A}})=2$，方程组有解且其同解方程组为

$$\begin{cases} x_1+3x_3+6x_4=2, \\ x_2-6x_3-7x_4=-1. \end{cases}$$

取 $x_3=x_4=0$，得原方程组的一个特解

$$\boldsymbol{\gamma}_0=\begin{pmatrix} 2 \\ -1 \\ 0 \\ 0 \end{pmatrix},$$

且原方程组的导出组的同解方程组为

$$\begin{cases} x_1+3x_3+6x_4=0, \\ x_2-6x_3-7x_4=0. \end{cases}$$

取 x_3，x_4 为自由未知量，令$\begin{pmatrix} x_3 \\ x_4 \end{pmatrix}$取$\begin{pmatrix} 1 \\ 0 \end{pmatrix}$，$\begin{pmatrix} 0 \\ 1 \end{pmatrix}$，可以求出导出组的一个基础解系

$$\boldsymbol{\eta}_1=\begin{pmatrix}-3\\6\\1\\0\end{pmatrix},\ \boldsymbol{\eta}_2=\begin{pmatrix}-6\\7\\0\\1\end{pmatrix}.$$

则原方程组的一般解为

$$\boldsymbol{\eta}=k_1\begin{pmatrix}-3\\6\\1\\0\end{pmatrix}+k_2\begin{pmatrix}-6\\7\\0\\1\end{pmatrix}+\begin{pmatrix}2\\-1\\0\\0\end{pmatrix}(k_1,k_2\ \text{为任意常数}).$$ □

【同步训练 2】 求非齐次线性方程组的一般解（用它的导出组的基础解系表示）

$$\begin{cases}2x_1-x_2+2x_3-x_4=1,\\-x_1+2x_2-x_3+2x_4=2,\\x_1+x_2+x_3+x_4=3.\end{cases}$$

四、投入产出问题简介

建设一公里铁路约需要用钢材 100t，如果计划增建 3000km 铁路，需要钢铁部门增产多少钢材？事实上，需要增产的钢材并不是 100t/km × 3000km = 300000t 这么简单，因为为了增建这 3000km 铁路，还需要增加采矿、炼铁、炼钢、轧钢、电力、运输等部门的生产能力，这些部门都需要增加对钢材的需求. 因此增建 3000km 铁路，远远不止需要 30 万 t 钢材，必须统筹考虑各部门之间的关系，并进行综合平衡.

投入产出分析就是对这样错综复杂的关系进行定量分析，使各部门能有计划按比例地协调发展. 它是研究某一经济系统中各部门之间的“投入”与“产出”关系的一种线性模型，一般称之为投入产出模型，它被广泛地应用在微观及宏观经济系统的平衡分析上，已成为进行现代化管理的重要工具.

下面结合例 4 可以初步了解，具体详细的内容会在经济分析学中学到.

例 4 乡镇有一个煤矿，一个发电厂，一条专用铁路. 每开采出一元钱煤炭，煤矿得支付给铁路 0.25 元的运输费用，而发一元钱的电，发电厂得支付煤矿 0.65 元的燃料费，自己也要支付 0.05 元的电费和 0.05 元的运输费. 而提供一元钱的运输费也需要支付煤矿 0.55 元的燃料费，支付发电厂 0.10 元的电费. 问：在某星期内，煤矿需要生产价值五万元的煤炭，发电厂的任务是发电价值两万五千元，铁路无要求. 那么这三个企业怎样才能满足自身和外界的需求呢？

解 由题意得到，这三个企业生产一元钱产品需要的费用如表 2-2 所示：

表 2-2

企业 产品费用	煤矿	发电厂	铁路
煤炭燃料费/元	0	0.65	0.55
电力费/元	0	0.05	0.10
运输费/元	0.25	0.05	0

在一个星期内设煤矿总产值为 x_1，电厂总产值为 x_2，铁路总产值为 x_3，则得到下面方程组

$$\begin{cases} x_1-(0x_1+0.65x_2+0.55x_3)=50000, \\ x_2-(0x_1+0.05x_2+0.10x_3)=25000, \\ x_3-(0.25x_1+0.05x_2+0x_3)=0. \end{cases}$$

整理得

$$\begin{cases} x_1-0.65x_2-0.55x_3=50000, \\ 0.95x_2-0.10x_3=25000, \\ -0.25x_1-0.05x_2+x_3=0. \end{cases}$$

解得方程组有唯一解且为 $\begin{cases} x_1=80423.1, \\ x_2=28582.7, \\ x_3=21534.8. \end{cases}$

故煤矿总产值为 80423.1 元，电厂的总产值为 28582.7 元，铁路的总产值为 21534.8 元. □

*第七节　综合与提高

一、关于线性相关性的几个例子

例 1　设 $t_1,t_2,\cdots,t_r$ 两两互不相等，试判断下面向量组

$\boldsymbol{\alpha}_1=(1,t_1,t_1^2,\cdots,t_1^{m-1}),\boldsymbol{\alpha}_2=(1,t_2,t_2^2,\cdots,t_2^{m-1}),\cdots,\boldsymbol{\alpha}_r=(1,t_r,t_r^2,\cdots,t_r^{m-1})$ 的线性相关性.

分析　判断向量组线性相关性的最基本的方法是利用定理 2.4，不过本例中向量的分量比较复杂，而且观察到每个向量的分量的特点，可以联想到范德蒙德行列式. 而要想利用行列式来判断向量组的线性相关性需要满足向量组中向量的个数和向量的维数相等，这是 r 个 m 维向量，我们就从 r 和 m 的大小关系入手讨论.

解　情形 1　若 $r>m$，由定理 2.5 可知，向量组线性相关.

情形 2　若 $r=m$，由

$$\begin{vmatrix} 1 & 1 & \cdots & 1 \\ t_1 & t_2 & \cdots & t_r \\ \vdots & \vdots & & \vdots \\ t_1^{r-1} & t_2^{r-1} & \cdots & t_r^{r-1} \end{vmatrix}=\prod_{r\geqslant i>j\geqslant 1}(t_i-t_j)\neq 0,$$

所以向量组线性无关.

情形 3　若 $r<m$，我们取 r 个 r 维向量，令

$\boldsymbol{\alpha}'_1=(1,t_1,t_1^2,\cdots,t_1^{r-1}),\boldsymbol{\alpha}'_2=(1,t_2,t_2^2,\cdots,t_2^{r-1}),\cdots,\boldsymbol{\alpha}'_r=(1,t_r,t_r^2,\cdots,t_r^{r-1})$，由情形 2，得到 $\boldsymbol{\alpha}'_1,\boldsymbol{\alpha}'_2,\cdots,\boldsymbol{\alpha}'_r$ 线性无关，向量组 $\boldsymbol{\alpha}_1,\boldsymbol{\alpha}_2,\cdots,\boldsymbol{\alpha}_r$ 是 $\boldsymbol{\alpha}'_1,\boldsymbol{\alpha}'_2,\cdots,\boldsymbol{\alpha}'_r$ 的加长向量组，因而也线性无关. □

例 2　设有 n 维向量组 Ⅰ：$\boldsymbol{\alpha}_1,\boldsymbol{\alpha}_2,\cdots,\boldsymbol{\alpha}_s$，向量组 Ⅱ：$\boldsymbol{\beta}_1,\boldsymbol{\beta}_2,\cdots,\boldsymbol{\beta}_s$ 和向量组 Ⅲ：$\boldsymbol{\alpha}_1+\boldsymbol{\beta}_1,\boldsymbol{\alpha}_2+\boldsymbol{\beta}_2,\cdots,\boldsymbol{\alpha}_s+\boldsymbol{\beta}_s$，试证明：$R(\text{Ⅲ})\leqslant R(\text{Ⅰ})+R(\text{Ⅱ})$.

分析　要证两个向量组的秩之间满足小于等于关系，可以转化为证明两个向量组之间的关系，因此题目中需要结合已知条件说明向量组 Ⅲ 可以由含有个数是 $R(\text{Ⅰ})+R(\text{Ⅱ})$ 的向量组线性表示．很自然地，根据个数去找向量组 Ⅰ 和向量组 Ⅱ 的极大无关组.

证明　显然向量组

$$\text{Ⅱ}:\boldsymbol{\alpha}_1+\boldsymbol{\beta}_1,\boldsymbol{\alpha}_2+\boldsymbol{\beta}_2,\cdots,\boldsymbol{\alpha}_s+\boldsymbol{\beta}_s$$

可以由向量组

$$\boldsymbol{\alpha}_1,\boldsymbol{\alpha}_2,\cdots,\boldsymbol{\alpha}_s,\boldsymbol{\beta}_1,\boldsymbol{\beta}_2,\cdots,\boldsymbol{\beta}_s$$

线性表示.

取 Ⅰ：$\boldsymbol{\alpha}_1,\boldsymbol{\alpha}_2,\cdots,\boldsymbol{\alpha}_s$ 的一个极大无关组 $\boldsymbol{\alpha}_{i_1},\boldsymbol{\alpha}_{i_2},\cdots,\boldsymbol{\alpha}_{i_r}$，Ⅱ：$\boldsymbol{\beta}_1,\boldsymbol{\beta}_2,\cdots,\boldsymbol{\beta}_s$ 的一个极大无关组 $\boldsymbol{\beta}_{j_1},\boldsymbol{\beta}_{j_2},\cdots,\boldsymbol{\beta}_{j_p}$，则向量组

$$\boldsymbol{\alpha}_1,\boldsymbol{\alpha}_2,\cdots,\boldsymbol{\alpha}_s,\boldsymbol{\beta}_1,\boldsymbol{\beta}_2,\cdots,\boldsymbol{\beta}_s$$

可以由

$$\boldsymbol{\alpha}_{i_1},\boldsymbol{\alpha}_{i_2},\cdots,\boldsymbol{\alpha}_{i_r},\boldsymbol{\beta}_{j_1},\boldsymbol{\beta}_{j_2},\cdots,\boldsymbol{\beta}_{j_p}$$

线性表示.

综合这两点得向量组

$$\text{Ⅲ}:\boldsymbol{\alpha}_1+\boldsymbol{\beta}_1,\boldsymbol{\alpha}_2+\boldsymbol{\beta}_2,\cdots,\boldsymbol{\alpha}_s+\boldsymbol{\beta}_s$$

可以由向量组

$$\boldsymbol{\alpha}_{i_1},\boldsymbol{\alpha}_{i_2},\cdots,\boldsymbol{\alpha}_{i_r},\boldsymbol{\beta}_{j_1},\boldsymbol{\beta}_{j_2},\cdots,\boldsymbol{\beta}_{j_p}$$

线性表示，因此

$$R(\text{Ⅲ})\leqslant R\{\boldsymbol{\alpha}_{i_1},\boldsymbol{\alpha}_{i_2},\cdots,\boldsymbol{\alpha}_{i_r},\boldsymbol{\beta}_{j_1},\boldsymbol{\beta}_{j_2},\cdots,\boldsymbol{\beta}_{j_p}\}\leqslant r+p=R(\text{Ⅰ})+R(\text{Ⅱ}).\quad\square$$

例 3　证明：向量 $\boldsymbol{\beta}$ 可以由 $\boldsymbol{\alpha}_1,\boldsymbol{\alpha}_2,\cdots,\boldsymbol{\alpha}_s$ 唯一线性表示的充分必要条件是 $\boldsymbol{\alpha}_1,\boldsymbol{\alpha}_2,\cdots,\boldsymbol{\alpha}_s$ 线性无关.

分析　向量 $\boldsymbol{\beta}$ 可以由 $\boldsymbol{\alpha}_1,\boldsymbol{\alpha}_2,\cdots,\boldsymbol{\alpha}_s$ 唯一线性表示，等价于线性方程组

$$x_1\boldsymbol{\alpha}_1+x_2\boldsymbol{\alpha}_2+\cdots+x_s\boldsymbol{\alpha}_s=\boldsymbol{\beta}\tag{2-31}$$

有唯一解.

证法一　向量 $\boldsymbol{\beta}$ 可以由 $\boldsymbol{\alpha}_1,\boldsymbol{\alpha}_2,\cdots,\boldsymbol{\alpha}_s$ 唯一线性表示，就意味着线性方程组（2-31）有唯一解，而线性方程组（2-31）有唯一解的充要条件是系数矩阵的秩等于增广矩阵的秩且等于系数矩阵的列数 s，即 $R\{\boldsymbol{\alpha}_1,\boldsymbol{\alpha}_2,\cdots,\boldsymbol{\alpha}_s\}=s$，因此 $\boldsymbol{\alpha}_1,\boldsymbol{\alpha}_2,\cdots,\boldsymbol{\alpha}_s$ 线性无关.

证法二　充分性的证明见定理 2.10. 必要性的证明如下.

反证法：假设向量组 $\boldsymbol{\alpha}_1,\boldsymbol{\alpha}_2,\cdots,\boldsymbol{\alpha}_s$ 线性相关，则有不全为零的一组数 $k_1,k_2,\cdots,k_s$，使得

$$k_1\boldsymbol{\alpha}_1+k_2\boldsymbol{\alpha}_2+\cdots+k_s\boldsymbol{\alpha}_s=\mathbf{0},$$

又因为向量 $\boldsymbol{\beta}$ 可以由 $\boldsymbol{\alpha}_1,\boldsymbol{\alpha}_2,\cdots,\boldsymbol{\alpha}_s$ 表示，不妨设

$$\boldsymbol{\beta}=l_1\boldsymbol{\alpha}_1+l_2\boldsymbol{\alpha}_2+\cdots+l_s\boldsymbol{\alpha}_s, \tag{2-32}$$

则有

$$\boldsymbol{\beta}+\mathbf{0}=l_1\boldsymbol{\alpha}_1+l_2\boldsymbol{\alpha}_2+\cdots+l_s\boldsymbol{\alpha}_s+k_1\boldsymbol{\alpha}_1+k_2\boldsymbol{\alpha}_2+\cdots+k_s\boldsymbol{\alpha}_s,$$

即

$$\boldsymbol{\beta}=(l_1+k_1)\boldsymbol{\alpha}_1+(l_2+k_2)\boldsymbol{\alpha}_2+\cdots+(l_s+k_s)\boldsymbol{\alpha}_s. \tag{2-33}$$

由于 $k_1,k_2,\cdots,k_s$ 不全为零，所以式（2-32）与式（2-33）是不同的表达式，也就是说 $\boldsymbol{\beta}$ 并不是由 $\boldsymbol{\alpha}_1,\boldsymbol{\alpha}_2,\cdots,\boldsymbol{\alpha}_s$ 唯一表示，这与已知矛盾．所以向量组 $\boldsymbol{\alpha}_1,\boldsymbol{\alpha}_2,\cdots,\boldsymbol{\alpha}_s$ 线性无关． □

例 4 试讨论矩阵 $\boldsymbol{A}=\begin{pmatrix}a&1&1\\1&a&1\\1&1&a\end{pmatrix}$ 的秩.

分析 求矩阵的秩的一般方法是利用初等变换化简矩阵为阶梯形矩阵．另外，当矩阵是方阵时，也可以从行列式入手来讨论．

解法一 对矩阵 $\boldsymbol{A}$ 作初等变换（行或列都可以）化简为阶梯形矩阵

$$\begin{pmatrix}a&1&1\\1&a&1\\1&1&a\end{pmatrix}\xrightarrow{r_1\leftrightarrow r_3}\begin{pmatrix}1&1&a\\1&a&1\\a&1&1\end{pmatrix}\xrightarrow{r_2-r_1}\begin{pmatrix}1&1&a\\0&a-1&1-a\\a&1&1\end{pmatrix}$$

$$\xrightarrow{r_3-ar_1}\begin{pmatrix}1&1&a\\0&a-1&1-a\\0&1-a&1-a^2\end{pmatrix}\xrightarrow{r_3+r_2}\begin{pmatrix}1&1&a\\0&a-1&1-a\\0&0&2-a-a^2\end{pmatrix}.$$

接下来讨论矩阵 $\boldsymbol{A}$ 的秩：

当 $2-a-a^2\neq0$ 且 $a-1\neq0$，即 $a\neq-2$ 且 $a\neq1$ 时，$R(\boldsymbol{A})=3$；

当 $a=1$ 时，$\begin{pmatrix}1&1&a\\0&a-1&1-a\\0&0&2-a-a^2\end{pmatrix}=\begin{pmatrix}1&1&1\\0&0&0\\0&0&0\end{pmatrix}$，所以 $R(\boldsymbol{A})=1$；

当 $a=-2$ 时，$\begin{pmatrix}1&1&a\\0&a-1&1-a\\0&0&2-a-a^2\end{pmatrix}=\begin{pmatrix}1&1&-2\\0&-3&3\\0&0&0\end{pmatrix}$，所以 $R(\boldsymbol{A})=2$.

解法二 计算得 $|\boldsymbol{A}|=(a+2)(a-1)^2$.

当 $(a+2)(a-1)^2\neq0$，即 $a\neq-2$ 且 $a\neq1$ 时，矩阵为满秩的，即 $R(\boldsymbol{A})=3$.

当 $a=1$ 时，$\begin{pmatrix}a&1&1\\1&a&1\\1&1&a\end{pmatrix}=\begin{pmatrix}1&1&1\\1&1&1\\1&1&1\end{pmatrix}$，显然 $R(\boldsymbol{A})=1$.

当 $a=-2$ 时，$\begin{pmatrix}a&1&1\\1&a&1\\1&1&a\end{pmatrix}=\begin{pmatrix}-2&1&1\\1&-2&1\\1&1&-2\end{pmatrix}$，显然存在二阶非零

子式$\begin{vmatrix} -2 & 1 \\ 1 & -2 \end{vmatrix}$，且$|\boldsymbol{A}|=0$，所以$R(\boldsymbol{A})=2$. □

需要注意的是，解法一更具广泛性，无论方阵与否都可以用此方法，解法二只适用于方阵，但由于行列式的计算方法较多，因此这种方法比较灵活.

二、求线性方程组的一般解的例子

例 5　齐次线性方程组

$$\begin{cases} a_{11}x_1+a_{12}x_2+\cdots+a_{1n}x_n=0, \\ a_{21}x_1+a_{22}x_2+\cdots+a_{2n}x_n=0, \\ \qquad\vdots \\ a_{n-1,1}x_1+a_{n-1,2}x_2+\cdots+a_{n-1,n}x_n=0 \end{cases}$$

的系数矩阵为

$$\boldsymbol{A}=\begin{pmatrix} a_{11} & a_{12} & \cdots & a_{1n} \\ a_{21} & a_{22} & \cdots & a_{2n} \\ \vdots & \vdots & & \vdots \\ a_{n-1,1} & a_{n-1,2} & \cdots & a_{n-1,n} \end{pmatrix},$$

设M_i是矩阵$\boldsymbol{A}$中划去第i列剩下的$(n-1)\times(n-1)$的矩阵的行列式.

（1）证明：$(M_1,-M_2,\cdots,(-1)^{n-1}M_n)^{\mathrm{T}}$是方程组的一组解；

（2）若$R(\boldsymbol{A})=n-1$，求该方程组的一般解.

分析　证明（1）实际是验证$(M_1,-M_2,\cdots,(-1)^{n-1}M_n)^{\mathrm{T}}$是方程组的一组解．而为了求（2），我们只需求出一个基础解系即可．根据条件，知道该题目中的基础解系是由 1 个非零解向量组成，再由（1），只需说明$(M_1,-M_2,\cdots,(-1)^{n-1}M_n)^{\mathrm{T}}$是个非零解即可，即只需说明某个$M_i\neq0$，而需要注意的是$M_1,M_2,\cdots,M_n$是系数矩阵$\boldsymbol{A}$的全部的$n-1$阶子式.

证明　（1）$a_{11}(-1)^{n+1}M_1+a_{12}(-1)^{n+2}M_2+\cdots+a_{1n}(-1)^{n+n}M_n$

$$=\begin{vmatrix} a_{11} & a_{12} & \cdots & a_{1n} \\ \vdots & \vdots & & \vdots \\ a_{n-1,1} & a_{n-1,2} & \cdots & a_{n-1,n} \\ a_{11} & a_{12} & \cdots & a_{1n} \end{vmatrix}=0,$$

很自然地，把

$$a_{11}(-1)^{n+1}M_1+a_{12}(-1)^{n+2}M_2+\cdots+a_{1n}(-1)^{n+n}M_n$$

中的$(-1)^{n+1}$约去，即可得到

$$a_{11}M_1+a_{12}(-M_2)+\cdots+a_{1n}(-1)^{n-1}M_n=0,$$

从而$(M_1,-M_2,\cdots,(-1)^{n-1}M_n)^{\mathrm{T}}$是方程组的第一个方程的解，类似地，可以得到它也满足其他方程.

（2）因为$M_1,M_2,\cdots,M_n$是矩阵$\boldsymbol{A}$的全体$n-1$阶子式，而$R(\boldsymbol{A})=n-1$，所以存在某个$M_i\neq0$，这样$(M_1,-M_2,\cdots,(-1)^{n-1}M_n)^{\mathrm{T}}$就是方程

组的一个非零解.

又因为 $R(\boldsymbol{A})=n-1$，所以齐次线性方程组的基础解系是由 1 个非零解构成的，$(M_1,-M_2,\cdots,(-1)^{n-1}M_n)^{\mathrm{T}}$ 即为方程组的一个基础解系，这样得到一般解为

$$k(M_1,-M_2,\cdots,(-1)^{n-1}M_n)^{\mathrm{T}},\ k\text{ 是任意常数}.$$

□

例 6 设 $\boldsymbol{\alpha}_1$，$\boldsymbol{\alpha}_2$ 是 n 元非齐次线性方程组的两个不同解，系数矩阵 $\boldsymbol{A}$ 的秩为 $n-1$，求非齐次线性方程组的一般解.

分析 要求非齐次线性方程组的一般解，只需根据条件得到它的一个特解和导出组的一个基础解系即可.

解 由性质 3，$\boldsymbol{\alpha}_1-\boldsymbol{\alpha}_2$ 是导出组的一个非零解，而导出组的基础解系是由 $n-R(\boldsymbol{A})=1$ 个线性无关的解构成，所以 $\boldsymbol{\alpha}_1-\boldsymbol{\alpha}_2$ 是导出组的一个基础解系.

所以非齐次线性方程组的一般解为 $\boldsymbol{\alpha}_1+k(\boldsymbol{\alpha}_1-\boldsymbol{\alpha}_2)$，$k$ 是任意常数.

□

例 7 设 $\boldsymbol{\alpha}_1,\boldsymbol{\alpha}_2,\boldsymbol{\alpha}_3$ 是非齐次线性方程组的三个不同解，系数矩阵 $\boldsymbol{A}$ 的秩为 2，并且

$$\boldsymbol{\alpha}_1+\boldsymbol{\alpha}_2=(1,2,1)^{\mathrm{T}},\boldsymbol{\alpha}_2+\boldsymbol{\alpha}_3=(2,1,0)^{\mathrm{T}},$$

求非齐次线性方程组的一般解.

解 首先

$$(\boldsymbol{\alpha}_1+\boldsymbol{\alpha}_2)-(\boldsymbol{\alpha}_2+\boldsymbol{\alpha}_3)=\boldsymbol{\alpha}_1-\boldsymbol{\alpha}_3=(-1,1,1)^{\mathrm{T}}$$

是导出组的一个非零解，导出组的基础解系是由 $3-R(\boldsymbol{A})=1$ 个线性无关的解构成的，所以 $\boldsymbol{\alpha}_1-\boldsymbol{\alpha}_3$ 是导出组的基础解系.

由性质 2，取

$$\frac{1}{2}(\boldsymbol{\alpha}_1+\boldsymbol{\alpha}_2)=\left(\frac{1}{2},1,\frac{1}{2}\right)^{\mathrm{T}}$$

是非齐次线性方程组的一个特解. 这样就有一般解为

$$\left(\frac{1}{2},1,\frac{1}{2}\right)^{\mathrm{T}}+k(-1,1,1)^{\mathrm{T}},\ k\text{ 是任意常数}.$$

□

习 题 二

A 基础练习

1. 用消元法求下面方程组的一般解.

(1) $\begin{cases}x_1+x_2+x_3=1,\\2x_1+x_2+x_3=-1,\\3x_1+2x_2+2x_3=2;\end{cases}$　　(2) $\begin{cases}x_1+2x_2+3x_3=1,\\2x_1+3x_2+x_3=-1,\\3x_1+x_2+2x_3=6;\end{cases}$

(3) $\begin{cases} x_1+x_2-x_3+x_4-x_5=-4, \\ x_1-x_2+2x_3-x_4-3x_5=-1, \\ 2x_1+x_3-4x_5=-5, \\ x_1+3x_2-4x_3+3x_4+x_5=-7; \end{cases}$　(4) $\begin{cases} x_1-2x_2-3x_3+4x_4=0, \\ 3x_1-6x_2-9x_3+12x_4=0, \\ 2x_1-4x_2-6x_3+8x_4=0; \end{cases}$

(5) $\begin{cases} x_1+x_2+x_3=0, \\ 3x_1-3x_2+2x_3=0, \\ x_1+2x_2-3x_3=0. \end{cases}$

2. 设 $\boldsymbol{\alpha}=(0,0,2)$, $\boldsymbol{\beta}=(1,1,4)$，求向量 $\boldsymbol{\gamma}$，使得 $\boldsymbol{\alpha}+2\boldsymbol{\gamma}=3\boldsymbol{\beta}$.

3. 判断题

(1) 设 $\boldsymbol{\alpha}_1,\boldsymbol{\alpha}_2,\cdots,\boldsymbol{\alpha}_s$ 是线性相关的向量组，当 $k_1\boldsymbol{\alpha}_1+k_2\boldsymbol{\alpha}_2+\cdots+k_s\boldsymbol{\alpha}_s=\mathbf{0}$ 时，则 $k_1,k_2,\cdots,k_s$ 肯定不全为零.

(2) 若向量组 $\boldsymbol{\alpha}_1,\boldsymbol{\alpha}_2,\cdots,\boldsymbol{\alpha}_s$ 的任意两个向量线性无关，则 $\boldsymbol{\alpha}_1,\boldsymbol{\alpha}_2,\cdots,\boldsymbol{\alpha}_s$ 线性无关.

(3) 若 $\boldsymbol{\alpha}_1,\boldsymbol{\alpha}_2$ 线性无关，$\boldsymbol{\beta}_1,\boldsymbol{\beta}_2$ 也线性无关，则有 $\boldsymbol{\alpha}_1+\boldsymbol{\beta}_1,\boldsymbol{\alpha}_2+\boldsymbol{\beta}_2$ 也线性无关.

(4) 若向量组 $\boldsymbol{\alpha}_1,\boldsymbol{\alpha}_2,\cdots,\boldsymbol{\alpha}_s$ 线性相关，则 $\boldsymbol{\alpha}_1,\boldsymbol{\alpha}_1+\boldsymbol{\alpha}_2,\cdots,\boldsymbol{\alpha}_1+\boldsymbol{\alpha}_2+\cdots+\boldsymbol{\alpha}_s$ 也线性相关.

(5) 若 $R(\boldsymbol{A})=r$，则 $\boldsymbol{A}$ 的所有 r 阶子式不为零且所有 $r+1$ 阶子式均为零.

(6) 如果矩阵 $\boldsymbol{A}$ 的秩为 $r(r\geqslant 2)$，则 $\boldsymbol{A}$ 的每一个 $r-1$ 阶子式都不为零.

4. 判断向量 $\boldsymbol{\beta}$ 能否由向量组 $\boldsymbol{\alpha}_1,\boldsymbol{\alpha}_2,\boldsymbol{\alpha}_3$ 线性表示.

(1) $\boldsymbol{\beta}=(1,1,2)$, $\boldsymbol{\alpha}_1=(2,-1,0)$, $\boldsymbol{\alpha}_2=(-1,1,3)$, $\boldsymbol{\alpha}_3=(1,0,3)$;

(2) $\boldsymbol{\beta}=(1,1,1)$, $\boldsymbol{\alpha}_1=(0,-1,0)$, $\boldsymbol{\alpha}_2=(-1,1,0)$, $\boldsymbol{\alpha}_3=(2,2,3)$.

5. 试求 t 使得向量 $\boldsymbol{\beta}$ 可以由 $\boldsymbol{\alpha}_1,\boldsymbol{\alpha}_2,\boldsymbol{\alpha}_3$ 或 $\boldsymbol{\alpha}_1,\boldsymbol{\alpha}_2,\boldsymbol{\alpha}_3,\boldsymbol{\alpha}_4$ 线性表示.

(1) $\boldsymbol{\beta}=(1,0,t)$, $\boldsymbol{\alpha}_1=(1,0,1)$, $\boldsymbol{\alpha}_2=(2,1,1)$, $\boldsymbol{\alpha}_3=(1,1,0)$;

(2) $\boldsymbol{\beta}=(1,0,0)$, $\boldsymbol{\alpha}_1=(1,0,t)$, $\boldsymbol{\alpha}_2=(0,t,1)$, $\boldsymbol{\alpha}_3=(1,1,1)$, $\boldsymbol{\alpha}_4=(1,-1,0)$.

6. 讨论下列向量组的线性相关性.

(1) $\boldsymbol{\alpha}_1=(-1,3,4)$, $\boldsymbol{\alpha}_2=(2,0,1)$;

(2) $\boldsymbol{\alpha}_1=(1,2,-1,2)$, $\boldsymbol{\alpha}_2=(3,-1,0,1)$, $\boldsymbol{\alpha}_3=(2,-1,3,2)$, $\boldsymbol{\alpha}_4=(1,0,-3,-1)$;

(3) $\boldsymbol{\alpha}_1=(2,1,0)$, $\boldsymbol{\alpha}_2=(-1,3,2)$, $\boldsymbol{\alpha}_3=(0,3,4)$, $\boldsymbol{\alpha}_4=(-1,5,6)$.

7. 试求 t，使得向量组 $\boldsymbol{\alpha}_1$，$\boldsymbol{\alpha}_2$，$\boldsymbol{\alpha}_3$ 线性相关.

(1) $\boldsymbol{\alpha}_1=(1,1,t,2)$, $\boldsymbol{\alpha}_2=(2,1-t,1,1)$, $\boldsymbol{\alpha}_3=(1,1,1,0)$;

(2) $\boldsymbol{\alpha}_1=(1,0,-t)$, $\boldsymbol{\alpha}_2=(0,t,1)$, $\boldsymbol{\alpha}_3=(1,1,0)$.

8. 设向量组 $\boldsymbol{\alpha}_1,\boldsymbol{\alpha}_2,\cdots,\boldsymbol{\alpha}_r$ 线性相关，其中 $\boldsymbol{\alpha}_1\neq\mathbf{0}$，证明：存在某个 i 使得 $\boldsymbol{\alpha}_i$ 可由 $\boldsymbol{\alpha}_1,\boldsymbol{\alpha}_2,\cdots,\boldsymbol{\alpha}_{i-1}$ 线性表示.

9. 设向量组 $\boldsymbol{\alpha}_1,\boldsymbol{\alpha}_2,\cdots,\boldsymbol{\alpha}_r$ 线性无关，$\boldsymbol{\beta}_1$ 可以由 $\boldsymbol{\alpha}_1,\boldsymbol{\alpha}_2,\cdots,\boldsymbol{\alpha}_r$ 线性表示，$\boldsymbol{\beta}_2$ 不能由 $\boldsymbol{\alpha}_1,\boldsymbol{\alpha}_2,\cdots,\boldsymbol{\alpha}_r$ 线性表示，证明：$\boldsymbol{\alpha}_1,\boldsymbol{\alpha}_2,\cdots,\boldsymbol{\alpha}_r,\boldsymbol{\beta}_1+\boldsymbol{\beta}_2$ 线性无关.

10. 若 $\boldsymbol{\alpha}_1,\boldsymbol{\alpha}_2,\boldsymbol{\alpha}_3$ 线性无关，试判断

$$\boldsymbol{\alpha}_1-\boldsymbol{\alpha}_2,\boldsymbol{\alpha}_2-\boldsymbol{\alpha}_3,\boldsymbol{\alpha}_1+\boldsymbol{\alpha}_2-\boldsymbol{\alpha}_3$$

的线性相关性.

11. 若 $\boldsymbol{\alpha}_1,\boldsymbol{\alpha}_2,\boldsymbol{\alpha}_3$ 线性无关，求 k 的值使得向量组 $k\boldsymbol{\alpha}_1-\boldsymbol{\alpha}_2,k\boldsymbol{\alpha}_2-\boldsymbol{\alpha}_3,\boldsymbol{\alpha}_2-k\boldsymbol{\alpha}_3$ 线性相关.

12. 设向量组 $\boldsymbol{\alpha}_1,\boldsymbol{\alpha}_2,\cdots,\boldsymbol{\alpha}_r$ 和向量组 $\boldsymbol{\alpha}_1,\boldsymbol{\alpha}_2,\cdots,\boldsymbol{\alpha}_r,\boldsymbol{\alpha}_{r+1}$ 有相同的秩，证明

$$(\boldsymbol{\alpha}_1,\boldsymbol{\alpha}_2,\cdots,\boldsymbol{\alpha}_r)\cong(\boldsymbol{\alpha}_1,\boldsymbol{\alpha}_2,\cdots,\boldsymbol{\alpha}_r,\boldsymbol{\alpha}_{r+1}).$$

13. 求下列向量组的一个极大无关组，并把其余向量用此极大无关组线性表示.

（1）$\boldsymbol{\alpha}_1=(1,1,0,0),\boldsymbol{\alpha}_2=(1,1,0,-1),\boldsymbol{\alpha}_3=(0,1,0,-1),\boldsymbol{\alpha}_4=(1,0,2,1),\boldsymbol{\alpha}_5=(2,2,4,1)$；

（2）$\boldsymbol{\alpha}_1=(1,0,0,0),\boldsymbol{\alpha}_2=(0,1,0,-1),\boldsymbol{\alpha}_3=(0,2,1,-1),\boldsymbol{\alpha}_4=(1,0,0,1),\boldsymbol{\alpha}_5=(1,0,1,2)$.

14. 求下列矩阵的秩.

（1）$\begin{pmatrix}2&-1&0&3\\1&2&-1&2\\3&1&-1&5\end{pmatrix}$；　　（2）$\begin{pmatrix}1&1&2&2&1\\0&2&1&5&-1\\2&0&3&-1&3\\1&1&0&4&-1\end{pmatrix}$.

15. 设 $\boldsymbol{A}=\begin{pmatrix}1&2&1\\2&2&-2\\-1&t&5\\1&0&-3\end{pmatrix}$ 且 $R(\boldsymbol{A})=2$，求 t.

16. 求下面齐次线性方程组的基础解系.

（1）$\begin{cases}x_1-2x_2-x_3-x_4=0,\\x_1+x_3+4x_4=0,\\x_1+3x_2+x_4=0;\end{cases}$　　（2）$\begin{cases}x_1+x_2+x_3+x_4=0,\\x_1+x_2-x_3+2x_4=0,\\2x_1+2x_2+x_3+x_4=0,\\x_1+x_2+2x_3-x_4=0.\end{cases}$

17. 求解方程组的一般解（用导出组的基础解系表示）.

$$\begin{cases}x_1+x_2-3x_3-x_4=1,\\3x_1+2x_2-3x_3+4x_4=4,\\x_1+2x_2-9x_3-8x_4=0.\end{cases}$$

18. 讨论线性方程组的解的情况，并在有解时，求出一般解（用导出组的基础解系表示）.

$$\begin{cases} x_1 + x_2 + x_3 = a - 3, \\ x_1 + ax_2 + x_3 = -2, \\ x_1 + x_2 + ax_3 = -2. \end{cases}$$

B　扩展练习

1. 设 $\boldsymbol{\alpha}_1,\boldsymbol{\alpha}_2,\cdots,\boldsymbol{\alpha}_n$ 线性无关，证明：当 n 是奇数时，向量组

$$\boldsymbol{\alpha}_1+\boldsymbol{\alpha}_2,\boldsymbol{\alpha}_2+\boldsymbol{\alpha}_3,\cdots,\boldsymbol{\alpha}_n+\boldsymbol{\alpha}_1$$

线性无关.

2. 设 $\boldsymbol{\alpha}_1,\boldsymbol{\alpha}_2,\cdots,\boldsymbol{\alpha}_n$ 线性无关，证明：当 n 是偶数时，向量组

$$\boldsymbol{\alpha}_1+\boldsymbol{\alpha}_2,\boldsymbol{\alpha}_2+\boldsymbol{\alpha}_3,\cdots,\boldsymbol{\alpha}_n+\boldsymbol{\alpha}_1$$

线性相关.

3. 已知向量组（Ⅰ）：$\boldsymbol{\alpha}_1,\boldsymbol{\alpha}_2,\boldsymbol{\alpha}_3$；（Ⅱ）：$\boldsymbol{\alpha}_1,\boldsymbol{\alpha}_2,\boldsymbol{\alpha}_3,\boldsymbol{\alpha}_4$；（Ⅲ）：$\boldsymbol{\alpha}_1,\boldsymbol{\alpha}_2,\boldsymbol{\alpha}_3,\boldsymbol{\alpha}_5$. 如果各向量组的秩分别为 $R(\text{Ⅰ})=R(\text{Ⅱ})=3,R(\text{Ⅲ})=4$，证明：$R\{\boldsymbol{\alpha}_1,\boldsymbol{\alpha}_2,\boldsymbol{\alpha}_3,\boldsymbol{\alpha}_5-\boldsymbol{\alpha}_4\}=4$.

4. 讨论三阶方阵 $\boldsymbol{A}$ 的秩

$$\boldsymbol{A}=\begin{pmatrix} a & b & b \\ b & a & b \\ b & b & a \end{pmatrix}.$$

5. 设 n 维单位向量组 $\boldsymbol{\varepsilon}_1,\boldsymbol{\varepsilon}_2,\cdots,\boldsymbol{\varepsilon}_n$ 可以由 n 维向量组 $\boldsymbol{\alpha}_1,\boldsymbol{\alpha}_2,\cdots,\boldsymbol{\alpha}_n$ 线性表示，证明

（1）$(\boldsymbol{\varepsilon}_1,\boldsymbol{\varepsilon}_2,\cdots,\boldsymbol{\varepsilon}_n)\cong(\boldsymbol{\alpha}_1,\boldsymbol{\alpha}_2,\cdots,\boldsymbol{\alpha}_n)$；

（2）$\boldsymbol{\alpha}_1,\boldsymbol{\alpha}_2,\cdots,\boldsymbol{\alpha}_n$ 线性无关.

6. n 维向量组 $\boldsymbol{\alpha}_1,\boldsymbol{\alpha}_2,\cdots,\boldsymbol{\alpha}_n$ 线性无关的充要条件是任意一个 n 维向量都可以由 $\boldsymbol{\alpha}_1,\boldsymbol{\alpha}_2,\cdots,\boldsymbol{\alpha}_n$ 线性表示.

7. 对任意 $b_1,b_2,\cdots,b_n$，线性方程组

$$\begin{cases} a_{11}x_1+a_{12}x_2+\cdots+a_{1n}x_n=b_1, \\ a_{21}x_1+a_{22}x_2+\cdots+a_{2n}x_n=b_2, \\ \qquad\vdots \\ a_{n1}x_1+a_{n2}x_2+\cdots+a_{nn}x_n=b_n \end{cases}$$

都有唯一解的充要条件是系数行列式 $|\boldsymbol{A}|\neq 0$.

8. 向量组 $\boldsymbol{\alpha}_1,\boldsymbol{\alpha}_2,\cdots,\boldsymbol{\alpha}_s$ 和向量组 $\boldsymbol{\beta}_1,\boldsymbol{\beta}_2,\cdots,\boldsymbol{\beta}_t$ 等价的充要条件是 $R(\boldsymbol{\alpha}_1,\boldsymbol{\alpha}_2,\cdots,\boldsymbol{\alpha}_s)\cong R(\boldsymbol{\beta}_1,\boldsymbol{\beta}_2,\cdots,\boldsymbol{\beta}_t)\cong R(\boldsymbol{\alpha}_1,\boldsymbol{\alpha}_2,\cdots,\boldsymbol{\alpha}_s,\boldsymbol{\beta}_1,\boldsymbol{\beta}_2,\cdots,\boldsymbol{\beta}_t)$.

9. 设有向量组

$$\text{Ⅰ}:\boldsymbol{\alpha}_1=(1,0,2),\boldsymbol{\alpha}_2=(1,1,3),\boldsymbol{\alpha}_3=(1,-1,a+2),$$

$$\text{Ⅱ}:\boldsymbol{\beta}_1=(1,2,a+3),\boldsymbol{\beta}_2=(2,1,a+6),\boldsymbol{\beta}_3=(2,1,a+4),$$

试求出两个向量组等价时，a 满足的条件.

10. 下面齐次线性方程组的基础解系由 2 个向量构成，求 t 的值，并求出方程组的一般解.

$$\begin{cases}x_1+x_2+x_3-x_4=0,\\x_1+2x_2+x_3+4x_4=0,\\x_1+3x_2+tx_3+9x_4=0.\end{cases}$$

11. 证明若线性方程组

$$\begin{cases}a_{11}x_1+a_{12}x_2+\cdots+a_{1m}x_m=b_1,\\a_{21}x_1+a_{22}x_2+\cdots+a_{2m}x_m=b_2,\\\qquad\qquad\vdots\\a_{m1}x_1+a_{m2}x_2+\cdots+a_{mm}x_m=b_m\end{cases}$$

的系数矩阵与矩阵

$$\boldsymbol{C}=\begin{pmatrix}a_{11}&a_{12}&\cdots&a_{1m}&b_1\\a_{21}&a_{22}&\cdots&a_{2m}&b_2\\\vdots&\vdots&&\vdots&\vdots\\a_{m1}&a_{m2}&\cdots&a_{mm}&b_m\\b_1&b_2&\cdots&b_m&0\end{pmatrix}$$

的秩相等，则此线性方程组有解.

12. 求一个齐次线性方程组，使它的基础解系为

$$\boldsymbol{\alpha}_1=(1,-1,2,0)^{\mathrm{T}},\boldsymbol{\alpha}_2=(0,2,-2,3)^{\mathrm{T}}.$$

13. 已知齐次线性方程组

$$\text{I}:\begin{cases}x_1+2x_2+3x_3=0,\\2x_1+x_2-x_3=0,\\x_1-x_2+ax_3=0\end{cases}\text{与 II}:\begin{cases}x_1-bx_2+cx_3=0,\\x_1+bx_2-2cx_3=0\end{cases}$$

同解，求 a,b,c 的值.

14. 已知四元非齐次线性方程组的系数矩阵 $\boldsymbol{A}$ 的秩为 2，且 $\boldsymbol{\alpha}_1,\boldsymbol{\alpha}_2,\boldsymbol{\alpha}_3,\boldsymbol{\alpha}_4$ 为非齐次线性方程组的解，$\boldsymbol{\alpha}_1=(1,2,1,0)^{\mathrm{T}}$，$\boldsymbol{\alpha}_2=(2,3,-1,1)^{\mathrm{T}}$，$\boldsymbol{\alpha}_3+\boldsymbol{\alpha}_4=(3,4,2,2)^{\mathrm{T}}$，求该线性方程组的一般解.

15. 设 n 元齐次线性方程组的系数矩阵 $\boldsymbol{A}$ 的各行元素之和都为零，且 $R(\boldsymbol{A})=n-1$，求该齐次线性方程组的一般解.

16. 设四元非齐次线性方程组的系数矩阵的秩为 3，已知 $\boldsymbol{\xi}_1,\boldsymbol{\xi}_2,\boldsymbol{\xi}_3$ 是它的三个解向量，且 $\boldsymbol{\xi}_1+\boldsymbol{\xi}_2=(2,3,4,5)^{\mathrm{T}}$，$3\boldsymbol{\xi}_2-\boldsymbol{\xi}_3=(1,2,3,4)^{\mathrm{T}}$，求方程组的一般解.

17. 设 $\boldsymbol{\eta}^*$ 是某一个非齐次线性方程组的解，$\boldsymbol{\xi}_1,\boldsymbol{\xi}_2,\cdots,\boldsymbol{\xi}_{n-r}$ 是其导出组的一个基础解系，证明：

（1）$\boldsymbol{\eta}^*,\boldsymbol{\xi}_1,\boldsymbol{\xi}_2,\cdots,\boldsymbol{\xi}_{n-r}$ 线性无关；

（2）$\boldsymbol{\eta}^*,\boldsymbol{\eta}^*+\boldsymbol{\xi}_1,\boldsymbol{\eta}^*+\boldsymbol{\xi}_2,\cdots,\boldsymbol{\eta}^*+\boldsymbol{\xi}_{n-r}$ 线性无关；

（3）该非齐次线性方程组的解都可以由 $\boldsymbol{\eta}^*,\boldsymbol{\eta}^*+\boldsymbol{\xi}_1,\boldsymbol{\eta}^*+\boldsymbol{\xi}_2,\cdots,\boldsymbol{\eta}^*+\boldsymbol{\xi}_{n-r}$ 线性表示.

18. 已知下面线性方程组

$$\begin{cases} x_1+x_2+x_3+x_4=1, \\ 2x_1-x_2-x_3+3x_4=1, \\ ax_1+bx_2+3x_3-x_4=1 \end{cases}$$

有三个线性无关的解，求 a，b 的值，并求出线性方程组的一般解.

C　测试练习

1. 填空题（每小题 3 分，共 30 分）

（1）向量组 $\boldsymbol{\alpha}_1=(1,0,1)$，$\boldsymbol{\alpha}_2=(0,1,1)$，$\boldsymbol{\alpha}_3=(1,2,3)$ 的线性相关性是________.

（2）已知向量组 $\boldsymbol{\alpha}_1=(1,2,1)$，$\boldsymbol{\alpha}_2=(2,3,1)$，$\boldsymbol{\alpha}_3=(a,2,b)$ 的秩等于 2，则 a,b 满足________.

（3）若向量组 $\boldsymbol{\alpha}_1,\boldsymbol{\alpha}_2$ 线性相关，向量组 $\boldsymbol{\beta}_1,\boldsymbol{\beta}_2$ 也线性相关，则 $\boldsymbol{\beta}_1+\boldsymbol{\alpha}_1,\boldsymbol{\beta}_2+\boldsymbol{\alpha}_2$ ________线性相关.（填一定 \ 不一定 \ 不是）.

（4）若向量组 $\boldsymbol{\alpha}_1,\boldsymbol{\alpha}_2,\boldsymbol{\alpha}_3$ 线性相关，则 $\boldsymbol{\beta},\boldsymbol{\alpha}_1,\boldsymbol{\alpha}_2,\boldsymbol{\alpha}_3$ 的线性相关性是________.

（5）已知向量组 $\boldsymbol{\alpha}_1,\boldsymbol{\alpha}_2,\boldsymbol{\alpha}_3$ 线性无关，则向量组 $\boldsymbol{\alpha}_1,\boldsymbol{\alpha}_2+\boldsymbol{\alpha}_3$ 的秩为________.

（6）矩阵 $\boldsymbol{A}=\begin{pmatrix} 1 & 1 & 1 & 1 \\ 1 & 2 & 1 & 1 \\ 2 & 1 & 1 & 0 \end{pmatrix}$ 的秩为________.

（7）设矩阵 $\boldsymbol{A}=\begin{pmatrix} 1 & 1 & 0 \\ 2 & 3 & 0 \\ 2 & 1 & 0 \end{pmatrix}$，则以 $\boldsymbol{A}$ 为系数矩阵的齐次线性方程组的通解是________.

（8）设 $\boldsymbol{A}=\begin{pmatrix} a_1b_1 & a_1b_2 & \cdots & a_1b_n \\ a_2b_1 & a_2b_2 & \cdots & a_2b_n \\ \vdots & \vdots & & \vdots \\ a_nb_1 & a_nb_2 & \cdots & a_nb_n \end{pmatrix}$ 是 n 元齐次线性方程组的系数矩阵，且 $a_i\neq0$（$i=1,2,\cdots,n$），$b_j\neq0$（$j=1,2,\cdots,n$），则该齐次线性方程组的基础解系中含有________个向量.

（9）设 $\boldsymbol{A}=\begin{pmatrix} 1 & 1 & -1 \\ -1 & a & 1 \\ 1 & 1 & b \end{pmatrix}$ 是三元齐次线性方程组的系数矩阵，$\boldsymbol{\alpha}_1=(1,0,1)^{\mathrm{T}}$，$\boldsymbol{\alpha}_2=(0,1,1)^{\mathrm{T}}$ 是该方程组的两个解向量，则 a,b 的值为________.

（10）设 $\boldsymbol{\xi}_1,\boldsymbol{\xi}_2,\boldsymbol{\xi}_3$ 是齐次线性方程组的一个基础解系，则 $\boldsymbol{\xi}_1,\boldsymbol{\xi}_1+k\boldsymbol{\xi}_2+\boldsymbol{\xi}_3,\boldsymbol{\xi}_2+k\boldsymbol{\xi}_3$ 仍然是基础解系的充要条件是 k 满足________.

2. 选择题（每小题 2 分，共 20 分）

（1）设 $\boldsymbol{A}_{m\times n}$ 是齐次线性方程组的系数矩阵，则下列哪个条件是方程组有唯一零解的充要条件（　　）.

A. 矩阵 $\boldsymbol{A}$ 的行向量组线性无关　　B. 矩阵 $\boldsymbol{A}$ 的行向量组线性相关

C. 矩阵 $\boldsymbol{A}$ 的列向量组线性无关　　D. 矩阵 $\boldsymbol{A}$ 的列向量组线性相关

（2）下列描述正确的是（　　）.

A. 导出组有唯一零解，则非齐次线性方程组有唯一解

B. 导出组有非零解，则非齐次线性方程组有无穷解

C. 非齐次线性方程组有唯一解，则导出组有唯一零解

D. 非齐次线性方程组无解，则导出组有唯一零解.

（3）设 $m\times n$ 矩阵 $\boldsymbol{A}$ 的秩为 $R(\boldsymbol{A})=n<m$，则下列结论成立的是（　　）.

A. $\boldsymbol{A}$ 的任意 n 个行向量必线性无关

B. $\boldsymbol{A}$ 的任意 n 阶子式不等于零

C. $\boldsymbol{A}$ 的任意 $n+1$ 个行向量必线性相关

D. 以 $\boldsymbol{A}$ 为系数矩阵的齐次线性方程组一定有非零解

（4）下列描述正确的是（　　）.

A. 等价向量组所含向量个数相等

B. 两个向量组等价当且仅当它们的秩相等

C. 向量组Ⅰ中的向量都在向量组Ⅱ中，则Ⅰ和Ⅱ等价的充要条件是它们的秩相等

D. 无正确选项

（5）已知 $\boldsymbol{A}$ 为 $m\times n$ 矩阵，且 $R(\boldsymbol{A})=r$，则 $\boldsymbol{A}$ 中必成立（　　）.

A. 没有等于零的 $r-1$ 阶子式，至少有一个 r 阶子式不为零

B. 有等于零的 r 阶子式，没有不等于零的 $r+1$ 阶子式

C. 有不等于零的 r 阶子式，所有 $r+1$ 阶子式全为零

D. 任何 r 阶子式不等于零，任何 $r+1$ 阶子式都等于零

（6）设向量 $\boldsymbol{\alpha},\boldsymbol{\beta},\boldsymbol{\gamma}$ 以及常数 k,l,m 满足 $k\boldsymbol{\alpha}+l\boldsymbol{\beta}+m\boldsymbol{\gamma}=\boldsymbol{0}$，且 $km\neq 0$，则（　　）.

A. $\boldsymbol{\alpha},\boldsymbol{\beta}$ 与 $\boldsymbol{\alpha},\boldsymbol{\gamma}$ 等价　　B. $\boldsymbol{\alpha},\boldsymbol{\beta}$ 与 $\boldsymbol{\beta},\boldsymbol{\gamma}$ 等价

C. $\boldsymbol{\alpha},\boldsymbol{\gamma}$ 与 $\boldsymbol{\beta},\boldsymbol{\gamma}$ 等价　　D. $\boldsymbol{\alpha}$ 与 $\boldsymbol{\beta},\boldsymbol{\gamma}$ 等价

（7）设线性方程组的系数矩阵是 $\boldsymbol{A}=\begin{pmatrix}1&1&0&0\\0&1&1&0\\0&0&1&1\\1&0&0&1\end{pmatrix}$，$b=\begin{pmatrix}a_1\\a_2\\a_3\\a_4\end{pmatrix}$是常数项列，则方程组有解的充分必要条件为（　　）.

A. $a_1=a_2=a_3=a_4=0$　　B. $a_1+a_2+a_3+a_4=0$

C. $a_1+a_2-a_3-a_4=0$　　D. $a_1-a_2+a_3-a_4=0$

（8）设向量组Ⅰ与向量组Ⅱ：$(1,0,0,-1),(0,1,0,-1),(1,1,0,-1)$等价，则向量组Ⅰ的秩等于（　　）

A. 1　　　　B. 2　　　　C. 3　　　　D. 4

(9) 方程组 $\begin{cases} x_1 + 2x_2 - x_3 = 4, \\ x_2 + 2x_3 = 2, \\ (k-1)(k-2)x_3 = (k-3)(k-4) \end{cases}$ 无解，则 k 的值可能为（　　）.

A. 2　　　　B. 3　　　　C. 4　　　　D. 5

(10) 设 n 维向量组 $\boldsymbol{\alpha}_1, \boldsymbol{\alpha}_2, \boldsymbol{\alpha}_3, \boldsymbol{\alpha}_4, \boldsymbol{\alpha}_5$ 的秩为 3，且满足 $\boldsymbol{\alpha}_1 + 2\boldsymbol{\alpha}_3 - 3\boldsymbol{\alpha}_5 = \mathbf{0}, \boldsymbol{\alpha}_2 = 2\boldsymbol{\alpha}_4$，则向量组的一个极大无关组为（　　）.

A. $\boldsymbol{\alpha}_1, \boldsymbol{\alpha}_2, \boldsymbol{\alpha}_5$　　B. $\boldsymbol{\alpha}_1, \boldsymbol{\alpha}_2, \boldsymbol{\alpha}_4$　　C. $\boldsymbol{\alpha}_2, \boldsymbol{\alpha}_4, \boldsymbol{\alpha}_5$　　D. $\boldsymbol{\alpha}_1, \boldsymbol{\alpha}_3, \boldsymbol{\alpha}_5$

3. 计算题（共 50 分）

(1)（10 分）已知向量组 $\boldsymbol{\alpha}_1 = (1,1,1,1), \boldsymbol{\alpha}_2 = (1,2,1,1), \boldsymbol{\alpha}_3 = (1,3,2,a), \boldsymbol{\alpha}_4 = (2,1,2,1+a)$ 线性相关，求向量组 $\boldsymbol{\alpha}_1, \boldsymbol{\alpha}_2, \boldsymbol{\alpha}_3, \boldsymbol{\alpha}_4$ 的一个极大无关组.

(2)（15 分）设有两个四元线性方程组

$$\text{I}: \begin{cases} x_1 + x_2 = 0, \\ x_2 - x_4 = 0, \end{cases} \qquad \text{II}: \begin{cases} x_1 - x_2 + x_3 = 0, \\ x_2 - x_3 + x_4 = 0, \end{cases}$$

试问线性方程组 I 和 II 是否有非零公共解，若有，求出所有的非零公共解.（15 分）

(3)（10 分）求下面非齐次线性方程组的一般解.

$$\begin{cases} x_1 - x_2 = 5, \\ x_1 + x_2 + x_3 + 2x_4 = 1, \\ 5x_1 + 3x_2 + 2x_3 + 2x_4 = 3. \end{cases}$$

(4)（15 分）证明：向量组 $\boldsymbol{\alpha}_1, \boldsymbol{\alpha}_2, \boldsymbol{\alpha}_3$ 线性相关（无关）的充要条件是 $\boldsymbol{\alpha}_1 + \boldsymbol{\alpha}_2, \boldsymbol{\alpha}_2 + \boldsymbol{\alpha}_3, \boldsymbol{\alpha}_3 + \boldsymbol{\alpha}_1$ 也线性相关（无关）.

第三章　矩　　阵

重点难点提示：

知识点	重点	难点	要求
矩阵的加法、数量乘法			理解
矩阵的乘法定义及其运算性质	•	•	掌握
方阵的幂和行列式			理解
特殊矩阵			理解
逆矩阵的定义	•		掌握
矩阵和伴随矩阵的关系	•	•	掌握
逆矩阵的求解和性质	•	•	掌握
初等矩阵的定义和性质			理解
初等变换法求逆矩阵	•	•	理解
分块矩阵		•	了解
分块矩阵的运算法则	•	•	掌握

华罗庚说:“要打好基础必须经过两个过程，先学习接受：“由薄到厚”，再消化提炼：“由厚到薄”.

善于归纳、比较和总结是学好知识的重要方法. 在本章的学习中，注意比较矩阵与数的运算的异同，并及时整理每一种运算的三个方面(条件、运算方法和运算性质)，对本章的学习会大有益处.

在上一章我们利用矩阵描述了消元法. 除此之外，矩阵的理论和方法在很多学科中都有应用. 本章将以矩阵为主要研究对象，讨论矩阵的运算及运算性质. 在每讨论一种运算时，都要注意其运算的条件、计算方法和运算性质.

第一节　矩阵的运算

一、矩阵的加法、数量乘法

由产地 A_1，A_2 调运大米和面粉到销地 B_1，B_2，B_3 的数量分别见表 3-1、表 3-2：

表 3-1　产地 A_1 调运粮食情况表

数量 种类	销地 B_1	销地 B_2	销地 B_3
大米	2	25	3
面粉	3	50	5

表 3-2　产地 A_2 调运粮食情况表

种类＼数量	销地 B_1	销地 B_2	销地 B_3
大米	6	15	9
面粉	3	13	2

则调运粮食总量即为表 3-3：

表 3-3　两地调运粮食总量表

种类＼数量	销地 B_1	销地 B_2	销地 B_3
大米	2 +6	25 +15	3 +9
面粉	3 +3	50 +13	5 +2

用矩阵 $\boldsymbol{A}$，$\boldsymbol{B}$ 分别表示表 3-1，表 3-2 为

$$\boldsymbol{A}=\begin{pmatrix}2 & 25 & 3\\3 & 50 & 5\end{pmatrix},\ \boldsymbol{B}=\begin{pmatrix}6 & 15 & 9\\3 & 13 & 2\end{pmatrix},$$

那么表 3-3 就是 $\begin{pmatrix}2+6 & 25+15 & 3+9\\3+3 & 50+13 & 5+2\end{pmatrix}$，这就是矩阵的加法.

定义 3.1　设

$$\boldsymbol{A}=(a_{ij})_{s\times n},\ \boldsymbol{B}=(b_{ij})_{s\times n}$$

是两个 $s\times n$ 矩阵，则矩阵

$$\boldsymbol{C}=(c_{ij})_{s\times n}=\begin{pmatrix}a_{11}+b_{11} & a_{12}+b_{12} & \cdots & a_{1n}+b_{1n}\\a_{21}+b_{21} & a_{22}+b_{22} & \cdots & a_{2n}+b_{2n}\\\vdots & \vdots & & \vdots\\a_{s1}+b_{s1} & a_{s2}+b_{s2} & \cdots & a_{sn}+b_{sn}\end{pmatrix}$$

称为 $\boldsymbol{A}$ 和 $\boldsymbol{B}$ 的**和**，记为 $\boldsymbol{C}=\boldsymbol{A}+\boldsymbol{B}$.

注　矩阵的加法就是矩阵对应的元素相加，且相加的矩阵 $\boldsymbol{A}$，$\boldsymbol{B}$ 必为同型矩阵，它们的和 $\boldsymbol{A}+\boldsymbol{B}$ 与它们仍是同型矩阵.

易验证矩阵加法满足交换律与结合律：

$$\boldsymbol{A}+\boldsymbol{B}=\boldsymbol{B}+\boldsymbol{A};\qquad \boldsymbol{A}+(\boldsymbol{B}+\boldsymbol{C})=(\boldsymbol{A}+\boldsymbol{B})+\boldsymbol{C}.$$

矩阵中所有元素都为零的矩阵称为**零矩阵**. m 行 n 列的零矩阵记为 $\boldsymbol{O}_{m\times n}$. 显然，对于任意矩阵 $\boldsymbol{A}_{m\times n}$，有

$$\boldsymbol{A}_{m\times n}+\boldsymbol{O}_{m\times n}=\boldsymbol{O}_{m\times n}+\boldsymbol{A}_{m\times n}=\boldsymbol{A}_{m\times n}$$

成立.

矩阵 $(-a_{ij})_{m\times n}$ 称为 $\boldsymbol{A}$ 的**负矩阵**，记为 $-\boldsymbol{A}$，显然，$\boldsymbol{A}+(-\boldsymbol{A})=\boldsymbol{O}$.

矩阵的**减法**可利用负矩阵来定义：$\boldsymbol{A}-\boldsymbol{B}=\boldsymbol{A}+(-\boldsymbol{B})$.

定义 3.2　矩阵

$$\begin{pmatrix}ka_{11} & ka_{12} & \cdots & ka_{1n}\\ka_{21} & ka_{22} & \cdots & ka_{2n}\\\vdots & \vdots & & \vdots\\ka_{s1} & ka_{s2} & \cdots & ka_{sn}\end{pmatrix}$$

称为数 k 与矩阵 $\boldsymbol{A}=(a_{ij})_{s\times n}$ 的**数量乘积**，记为 $k\boldsymbol{A}$，其中 k 为数域 F 中的任意数.

可验证矩阵的数量乘积满足分配律与结合律：

$$k(\boldsymbol{A}+\boldsymbol{B})=k\boldsymbol{A}+k\boldsymbol{B};\qquad (ks)\boldsymbol{A}=k(s\boldsymbol{A});$$

$$(k+s)\boldsymbol{A}=k\boldsymbol{A}+s\boldsymbol{A};\qquad 1\boldsymbol{A}=\boldsymbol{A},$$

其中 k,s 为数域 F 中的任意数.

注

（1）数 k 乘以矩阵 $\boldsymbol{A}$ 就是数 k 乘以矩阵 $\boldsymbol{A}$ 的每一个元素，而数 k 乘以一个行列式等于数 k 乘以该行列式的某一行（或某一列）的每个元素.

（2）从本质上讲，向量是特殊的矩阵，因此矩阵的加法和数量乘积与 n 维向量的加法和数量乘积有完全相同的运算性质.

二、矩阵的乘法

为了引入矩阵的乘法，我们看下面的例子：

表 3-4，表 3-5 分别表示某个生产厂家生产三种产品的产量及销售价格的记录.

表 3-4　产量表

月份 \ 产量	产品 A/万件	产品 B/万件	产品 C/万件
1 月份	5.2	6.5	11
2 月份	5	5.8	10
3 月份	4	5	9
4 月份	3	4	7

表 3-5　销售价格表

产品	价格
产品 A	20
产品 B	15
产品 C	24

分别用矩阵表示是

$$\boldsymbol{A}=\begin{pmatrix}5.2 & 6.5 & 11\\ 5 & 5.8 & 10\\ 4 & 5 & 9\\ 3 & 4 & 7\end{pmatrix},\ \boldsymbol{B}=\begin{pmatrix}20\\ 15\\ 24\end{pmatrix}.$$

我们做下面运算是有意义的（各月的产品销售额）：

1 月份的产品销售额：$5.2\times20+6.5\times15+11\times24$，

2 月份的产品销售额：$5\times20+5.8\times15+10\times24$，

3 月份的产品销售额：$4\times20+5\times15+9\times24$，

4 月份的产品销售额：$3\times20+4\times15+7\times24$.

可以看到上述运算即为前面矩阵 $\boldsymbol{A}$ 的行与后面矩阵 $\boldsymbol{B}$ 的列的对应元素乘积之和，这就是我们要介绍的矩阵的乘法.

定义 3.3　设 $\boldsymbol{A}=(a_{ik})_{s\times n}, \boldsymbol{B}=(b_{kj})_{n\times m}$，那么两矩阵的**乘积**为 $\boldsymbol{C}=\boldsymbol{AB}=(c_{ij})_{s\times m}$，其中

$$c_{ij}=a_{i1}b_{1j}+a_{i2}b_{2j}+\cdots+a_{in}b_{nj}=\sum_{k=1}^{n}a_{ik}b_{kj},(i=1,\cdots,s,j=1,\cdots m).$$

为了便于记忆，我们用

$$\begin{pmatrix}\cdots & \cdots & \cdots & \cdots\\ \boxed{a_{i1} \quad a_{i2} \quad \cdots \quad a_{in}} \\ \cdots & \cdots & \cdots & \cdots\end{pmatrix}\begin{pmatrix}\vdots & b_{1j} & \vdots\\ \vdots & b_{2j} & \vdots\\ \vdots & \vdots & \vdots\\ \vdots & b_{nj} & \vdots\end{pmatrix}=\begin{pmatrix}\cdots & \cdots & \cdots\\ \cdots & c_{ij} & \cdots\\ \cdots & \cdots & \cdots\end{pmatrix}$$

来表示矩阵 $\boldsymbol{A}$，$\boldsymbol{B}$ 乘积的第 i 行第 j 列元素 c_{ij}（简称为 (i,j) 元），它等于矩阵 $\boldsymbol{A}$ 的第 i 行与矩阵 $\boldsymbol{B}$ 的第 j 列对应元素乘积之和.

注　对于两个矩阵 $\boldsymbol{A}$，$\boldsymbol{B}$，只有 $\boldsymbol{A}$ 的列数等于 $\boldsymbol{B}$ 的行数时才能进行乘法运算．而乘积 $\boldsymbol{AB}$ 的行数为矩阵 $\boldsymbol{A}$ 的行数，列数为矩阵 $\boldsymbol{B}$ 的列数.

例 1　设 $\boldsymbol{A}=(1,0,1), \boldsymbol{B}=\begin{pmatrix}1\\2\\5\end{pmatrix}$，求 $\boldsymbol{AB}$，$\boldsymbol{BA}$.

解　因为 $\boldsymbol{A}$ 是 1×3 的矩阵，$\boldsymbol{B}$ 是 3×1 的矩阵，可见 $\boldsymbol{AB}$ 有意义，且 $\boldsymbol{AB}$ 是 1×1 的矩阵，即为一个数，所以 $\boldsymbol{AB}=1\times 1+0\times 2+1\times 5=6$.

同样地，$\boldsymbol{BA}$ 有意义，且 $\boldsymbol{BA}$ 是 3×3 的矩阵，计算得

$$\boldsymbol{BA}=\begin{pmatrix}1 & 0 & 1\\ 2 & 0 & 2\\ 5 & 0 & 5\end{pmatrix}.$$ □

例 2　设 $\boldsymbol{A}=\begin{pmatrix}1 & 1\\ 2 & 2\end{pmatrix}, \boldsymbol{B}=\begin{pmatrix}1 & 0 & 4\\ -1 & 0 & -4\end{pmatrix}, \boldsymbol{C}=\begin{pmatrix}-1 & 2 & 5\\ 1 & -2 & -5\end{pmatrix}$，求 $\boldsymbol{AB}$，$\boldsymbol{AC}$.

解　因为 $\boldsymbol{A}$ 是 2×2 的矩阵，$\boldsymbol{B}$ 是 2×3 的矩阵，所以 $\boldsymbol{AB}$ 有意义，且 $\boldsymbol{AB}$ 是 2×3 的矩阵，具体计算如下：

$$\begin{aligned}\boldsymbol{AB}&=\begin{pmatrix}1\times 1+1\times(-1) & 1\times 0+1\times 0 & 1\times 4+1\times(-4)\\ 2\times 1+2\times(-1) & 2\times 0+2\times 0 & 2\times 4+2\times(-4)\end{pmatrix}\\ &=\begin{pmatrix}0 & 0 & 0\\ 0 & 0 & 0\end{pmatrix}.\end{aligned}$$

类似地，计算得 $\boldsymbol{AC}=\begin{pmatrix}0 & 0 & 0\\ 0 & 0 & 0\end{pmatrix}$. □

例 3　改写方程组 $\begin{pmatrix}a_{11} & a_{12} & \cdots & a_{1n}\\ a_{21} & a_{22} & \cdots & a_{2n}\\ \vdots & \vdots & & \vdots\\ a_{m1} & a_{m2} & \cdots & a_{mn}\end{pmatrix}\begin{pmatrix}x_1\\ x_2\\ \vdots\\ x_n\end{pmatrix}=\begin{pmatrix}b_1\\ b_2\\ \vdots\\ b_m\end{pmatrix}$（简记为 $\boldsymbol{AX}=\boldsymbol{b}$）.

解 计算$\begin{pmatrix} a_{11} & a_{12} & \cdots & a_{1n} \\ a_{21} & a_{22} & \cdots & a_{2n} \\ \vdots & \vdots & & \vdots \\ a_{n1} & a_{n2} & \cdots & a_{nn} \end{pmatrix}\begin{pmatrix} x_1 \\ x_2 \\ \vdots \\ x_n \end{pmatrix} = \begin{pmatrix} a_{11}x_1 + a_{12}x_2 + \cdots + a_{1n}x_n \\ a_{21}x_1 + a_{22}x_2 + \cdots + a_{2n}x_n \\ \vdots \\ a_{n1}x_1 + a_{n2}x_2 + \cdots + a_{nn}x_n \end{pmatrix} = \begin{pmatrix} b_1 \\ b_2 \\ \vdots \\ b_n \end{pmatrix}$,

即为

$$\begin{cases} a_{11}x_1 + a_{12}x_2 + \cdots + a_{1n}x_n = b_1, \\ a_{21}x_1 + a_{22}x_2 + \cdots + a_{2n}x_n = b_2, \\ \qquad\vdots \\ a_{n1}x_1 + a_{n2}x_2 + \cdots + a_{nn}x_n = b_n. \end{cases} \tag{3-1}$$

我们称 $\boldsymbol{AX} = \boldsymbol{b}$ 为线性方程组（3-1）的矩阵表达式. □

从以上例子可以发现，矩阵的乘法与数的乘法有很大区别：

（1）例 1 说明矩阵的乘法一般不满足交换律. 若

$$\boldsymbol{AB} = \boldsymbol{BA},$$

便称 $\boldsymbol{A}$，$\boldsymbol{B}$ **可交换**. 因为矩阵的乘法，不满足交换律，所以在描述 $\boldsymbol{AB}$ 时，通常说在 $\boldsymbol{A}$ 的右边乘以 $\boldsymbol{B}$ 或者在 $\boldsymbol{B}$ 的左边乘以 $\boldsymbol{A}$.

（2）例 2 说明两个非零矩阵的乘积可能是零矩阵，即若

$$\boldsymbol{AB} = \boldsymbol{O},$$

未必能推出 $\boldsymbol{A} = \boldsymbol{O}$ 或 $\boldsymbol{B} = \boldsymbol{O}$.

（3）矩阵乘法一般**不满足**消去律，即若 $\boldsymbol{AB} = \boldsymbol{AC}$，并不一定有 $\boldsymbol{B} = \boldsymbol{C}$. 今后我们会讨论矩阵乘法消去律成立的条件（详见本章第六节例 4）.

矩阵的乘法运算与数的乘法运算相比也有类似之处，它满足如下规律（证明略）：

（1）结合律 $(\boldsymbol{AB})\boldsymbol{C} = \boldsymbol{A}(\boldsymbol{BC})$；

（2）矩阵的乘法对加法适合

左分配律 $\boldsymbol{C}(\boldsymbol{A} + \boldsymbol{B}) = \boldsymbol{CA} + \boldsymbol{CB}$；

右分配律 $(\boldsymbol{A} + \boldsymbol{B})\boldsymbol{C} = \boldsymbol{AC} + \boldsymbol{BC}$；

（3）数乘结合律 $k(\boldsymbol{AB}) = (k\boldsymbol{A})\boldsymbol{B} = \boldsymbol{A}(k\boldsymbol{B})$.

例 4 设矩阵 $\boldsymbol{A} = \begin{pmatrix} 1 & 1 \\ 0 & 1 \end{pmatrix}$，求所有与 $\boldsymbol{A}$ 可交换的矩阵.

解 与矩阵 $\boldsymbol{A}$ 可交换的矩阵必为 2×2 的矩阵，设 $\boldsymbol{X} = \begin{pmatrix} a & b \\ c & d \end{pmatrix}$且满足

$$\boldsymbol{AX} = \boldsymbol{XA},$$

计算得

$$\begin{pmatrix} 1 & 1 \\ 0 & 1 \end{pmatrix}\begin{pmatrix} a & b \\ c & d \end{pmatrix} = \begin{pmatrix} a + c & b + d \\ c & d \end{pmatrix},$$

$$\begin{pmatrix} a & b \\ c & d \end{pmatrix}\begin{pmatrix} 1 & 1 \\ 0 & 1 \end{pmatrix} = \begin{pmatrix} a & a + b \\ c & c + d \end{pmatrix},$$

比较得下面方程组

$$\begin{cases} a+c=a, \\ b+d=a+b, \\ c+d=d, \end{cases}$$

化简得 $c=0$，$a=d$，所以 $\boldsymbol{X}=\begin{pmatrix} a & b \\ 0 & a \end{pmatrix}$（$a$，$b$ 为任意常数）. □

例 5　设 $\boldsymbol{A}=\begin{pmatrix} 1 & 1 & 1 \\ 0 & 1 & 1 \\ 0 & 0 & 1 \end{pmatrix}$，$\boldsymbol{B}=\begin{pmatrix} 1 & 0 \\ 2 & -2 \\ 1 & 1 \end{pmatrix}$，求矩阵 $\boldsymbol{X}$ 使得 $\boldsymbol{AX}=\boldsymbol{B}$.

解　根据矩阵乘法可知矩阵 $\boldsymbol{X}$ 是一个 3×2 的矩阵，设 $\boldsymbol{X}=\begin{pmatrix} x_1 & x_4 \\ x_2 & x_5 \\ x_3 & x_6 \end{pmatrix}$，则

$$\boldsymbol{AX}=\begin{pmatrix} 1 & 1 & 1 \\ 0 & 1 & 1 \\ 0 & 0 & 1 \end{pmatrix}\begin{pmatrix} x_1 & x_4 \\ x_2 & x_5 \\ x_3 & x_6 \end{pmatrix}=\begin{pmatrix} x_1+x_2+x_3 & x_4+x_5+x_6 \\ x_2+x_3 & x_5+x_6 \\ x_3 & x_6 \end{pmatrix}=\begin{pmatrix} 1 & 0 \\ 2 & -2 \\ 1 & 1 \end{pmatrix},$$

所以有如下两个方程组：

$$\begin{cases} x_1+x_2+x_3=1, \\ \qquad x_2+x_3=2, \\ \qquad\qquad x_3=1, \end{cases} \text{和} \begin{cases} x_4+x_5+x_6=0, \\ \qquad x_5+x_6=-2, \\ \qquad\qquad x_6=1, \end{cases}$$

分别解这两个线性方程组：

$$\overline{\boldsymbol{A}}=\begin{pmatrix} 1 & 1 & 1 & 1 \\ 0 & 1 & 1 & 2 \\ 0 & 0 & 1 & 1 \end{pmatrix}\xrightarrow{r_1-r_2}\begin{pmatrix} 1 & 0 & 0 & -1 \\ 0 & 1 & 1 & 2 \\ 0 & 0 & 1 & 1 \end{pmatrix}\xrightarrow{r_2-r_3}\begin{pmatrix} 1 & 0 & 0 & -1 \\ 0 & 1 & 0 & 1 \\ 0 & 0 & 1 & 1 \end{pmatrix},$$

这样得到

$$x_1=-1, x_2=1, x_3=1.$$

类似地，

$$\overline{\boldsymbol{A}}=\begin{pmatrix} 1 & 1 & 1 & 0 \\ 0 & 1 & 1 & -2 \\ 0 & 0 & 1 & 1 \end{pmatrix}\xrightarrow{r_1-r_2}\begin{pmatrix} 1 & 0 & 0 & 2 \\ 0 & 1 & 1 & -2 \\ 0 & 0 & 1 & 1 \end{pmatrix}\xrightarrow{r_2-r_3}\begin{pmatrix} 1 & 0 & 0 & 2 \\ 0 & 1 & 0 & -3 \\ 0 & 0 & 1 & 1 \end{pmatrix},$$

这样得到

$$x_4=2, x_5=-3, x_6=1.$$

所以 $X=\begin{pmatrix} -1 & 2 \\ 1 & -3 \\ 1 & 1 \end{pmatrix}$. □

思考与讨论

（1）上述求解两个方程组的过程有何共同之处，你能把求解这两个方程组的过程合并起来吗?

【同步训练 1】　求所有与 $\boldsymbol{A}=\begin{pmatrix} 0 & 1 & 0 \\ 0 & 0 & 1 \\ 0 & 0 & 0 \end{pmatrix}$ 可交换的矩阵.

(2) 如果给出矩阵方程，求解未知矩阵的实质是什么？

(3) 结合线性方程组 $\boldsymbol{AX}=\boldsymbol{b}$ 有解的条件，讨论 $\boldsymbol{AX}=\boldsymbol{B}$ 有解的充要条件是什么？

(4) 特别地，当矩阵 $\boldsymbol{A}$ 是方阵且 $|\boldsymbol{A}|\neq 0$ 时，能否使用克拉默法则求解 $\boldsymbol{AX}=\boldsymbol{E}$，若能，得到的 $\boldsymbol{X}$ 有何特点？

研讨结论____

____

【同步训练 2】 设 $\boldsymbol{A}=\begin{pmatrix}0&1&1\\0&1&2\\1&0&1\end{pmatrix}$，$\boldsymbol{B}=\begin{pmatrix}1&1&1\\1&0&2\\2&1&-1\end{pmatrix}$，求矩阵 $\boldsymbol{X}$ 使得 $\boldsymbol{AX}=\boldsymbol{B}$.

在数的乘法中，数 1 的作用是非常重要的，在矩阵的乘法中，有类似于 1 作用的特殊矩阵：单位矩阵.

定义 3.4 主对角线上的元素全是 1，其余元素全是 0 的 n 阶方阵

$$\begin{pmatrix}1&0&\cdots&0\\0&1&\cdots&0\\\vdots&\vdots&&\vdots\\0&0&\cdots&1\end{pmatrix}$$

称为 n 阶**单位矩阵**，记为 $\boldsymbol{E}_n$ 或者 $\boldsymbol{I}_n$，或者在不引起混淆的情况下简记为 $\boldsymbol{E}$ 或者 $\boldsymbol{I}$. 对于任意矩阵 $\boldsymbol{A}_{m\times n}$，恒有

$$\boldsymbol{E}_m\boldsymbol{A}_{m\times n}=\boldsymbol{A}_{m\times n}\boldsymbol{E}_n=\boldsymbol{A}_{m\times n}.$$

三、矩阵的 k 次幂

定义 3.5 若 $\boldsymbol{A}$ 为 n 阶方阵，对任意正整数 k，定义矩阵的 k **次幂**：

$$\boldsymbol{A}^k=\underbrace{\boldsymbol{AA}\cdots \boldsymbol{A}}_{k},$$

并规定 $\boldsymbol{A}^0=\boldsymbol{E}$.

例 6 设 $\boldsymbol{A}=(1,2,1)$，$\boldsymbol{B}=\begin{pmatrix}3\\2\\-1\end{pmatrix}$，求 $(\boldsymbol{BA})^k$.

解 $(\boldsymbol{BA})^k=\boldsymbol{BA}\cdot\boldsymbol{BA}\cdots\boldsymbol{BA}\cdot\boldsymbol{BA}=\boldsymbol{B}(\boldsymbol{AB})\boldsymbol{A}\cdots\boldsymbol{B}(\boldsymbol{AB})\boldsymbol{A}$

$$=\boldsymbol{B}\cdot 6\cdot 6\cdots 6\cdot\boldsymbol{A}=6^{k-1}\boldsymbol{BA}=6^{k-1}\begin{pmatrix}3&6&3\\2&4&2\\-1&-2&-1\end{pmatrix}.\quad\square$$

例 7 设 $\boldsymbol{A}=\begin{pmatrix}1&1\\0&1\end{pmatrix}$，求 $\boldsymbol{A}^k$.

解

$$\boldsymbol{A}^2=\begin{pmatrix}1&1\\0&1\end{pmatrix}\begin{pmatrix}1&1\\0&1\end{pmatrix}=\begin{pmatrix}1&2\\0&1\end{pmatrix},$$

$$\boldsymbol{A}^3=\boldsymbol{A}^2\boldsymbol{A}=\begin{pmatrix}1&2\\0&1\end{pmatrix}\begin{pmatrix}1&1\\0&1\end{pmatrix}=\begin{pmatrix}1&3\\0&1\end{pmatrix}.$$

观察幂指数和乘积的结果易猜想 $\boldsymbol{A}^k=\begin{pmatrix}1&k\\0&1\end{pmatrix}$.

下面归纳证明：设$\boldsymbol{A}^k=\begin{pmatrix}1&k\\0&1\end{pmatrix}$正确，我们只需证明$\boldsymbol{A}^{k+1}=\begin{pmatrix}1&k+1\\0&1\end{pmatrix}$即可．

因为$\boldsymbol{A}^{k+1}=\boldsymbol{A}^k\boldsymbol{A}=\begin{pmatrix}1&k\\0&1\end{pmatrix}\begin{pmatrix}1&1\\0&1\end{pmatrix}=\begin{pmatrix}1&k+1\\0&1\end{pmatrix}$，因此结论正确．　□

注：

（1）比较简单的矩阵可以利用例7的方法来计算其幂，较为复杂的矩阵猜想起来可能比较困难，这种方法就不适用了．（**知识预告：** 在第五章中我们将把矩阵的幂矩阵的计算转化为一类较为简单的矩阵来计算．）

（2）在矩阵的乘法中，如果遇到**行向量与列向量**的乘积，要注意两者之积是**数**这一特点．

设k，l为正整数，易见

$$(\boldsymbol{A}^k)^l=\boldsymbol{A}^{kl},\ \boldsymbol{A}^k\boldsymbol{A}^l=\boldsymbol{A}^{(k+l)}.$$

而一般来讲$\boldsymbol{A}^k\boldsymbol{B}^k\neq(\boldsymbol{AB})^k$．例如$\boldsymbol{A}=\begin{pmatrix}1&0\\0&2\end{pmatrix}$，$\boldsymbol{B}=\begin{pmatrix}1&1\\0&1\end{pmatrix}$，我们计算得

$$\boldsymbol{AB}=\begin{pmatrix}1&0\\0&2\end{pmatrix}\begin{pmatrix}1&1\\0&1\end{pmatrix}=\begin{pmatrix}1&1\\0&2\end{pmatrix},$$

$$(\boldsymbol{AB})^2=\begin{pmatrix}1&1\\0&2\end{pmatrix}\begin{pmatrix}1&1\\0&2\end{pmatrix}=\begin{pmatrix}1&3\\0&4\end{pmatrix},$$

而

$$\boldsymbol{A}^2\boldsymbol{B}^2=\begin{pmatrix}1&0\\0&4\end{pmatrix}\begin{pmatrix}1&2\\0&1\end{pmatrix}=\begin{pmatrix}1&2\\0&4\end{pmatrix},$$

所以$\boldsymbol{A}^2\boldsymbol{B}^2\neq(\boldsymbol{AB})^2$．

例8　设$\boldsymbol{A}$是n阶方阵，求$(\boldsymbol{A}+\boldsymbol{E})(\boldsymbol{A}-2\boldsymbol{E})$．

解

$$\begin{aligned}&(\boldsymbol{A}+\boldsymbol{E})(\boldsymbol{A}-2\boldsymbol{E})\\&=\boldsymbol{A}^2-2\boldsymbol{AE}+\boldsymbol{EA}-2\boldsymbol{E}^2\\&=\boldsymbol{A}^2-\boldsymbol{A}-2\boldsymbol{E}.\end{aligned}$$

□

思考与讨论　当$\boldsymbol{A}$，$\boldsymbol{B}$满足什么条件时，有

$$\boldsymbol{A}^k\boldsymbol{B}^k=(\boldsymbol{AB})^k,\ (\boldsymbol{A}+\boldsymbol{B})^2=\boldsymbol{A}^2+\boldsymbol{B}^2+2\boldsymbol{AB},\ (\boldsymbol{A}-\boldsymbol{B})^2=\boldsymbol{A}^2+\boldsymbol{B}^2-2\boldsymbol{AB},$$

成立？你的结论是什么？如果上述表达式中$\boldsymbol{B}=\boldsymbol{E}$时，情形又如何呢？

研讨结论______________________________

____

形如$f(\boldsymbol{A})=a_n\boldsymbol{A}^n+a_{n-1}\boldsymbol{A}^{n-1}+\cdots+a_1\boldsymbol{A}+a_0\boldsymbol{E}$的矩阵称为矩阵$\boldsymbol{A}$的**多项式**．矩阵$\boldsymbol{A}$的两个多项式$f(\boldsymbol{A})$，$g(\boldsymbol{A})$是可交换的，在运算时类似于一

【同步训练3】　求下列矩阵$\boldsymbol{A}$的k次幂，其中

（1）$\boldsymbol{A}=\begin{pmatrix}a_1&0\\0&a_2\end{pmatrix}$；

（2）$\boldsymbol{A}=\begin{pmatrix}0&1&0\\0&0&1\\0&0&0\end{pmatrix}$.

元多项式的运算.

【同步训练 4】 设 $\boldsymbol{A}$ 是 n 阶方阵，求 $(\boldsymbol{A}+\boldsymbol{E})(\boldsymbol{A}-\boldsymbol{E})$.

四、矩阵的转置

定义 3.6 把一个矩阵 $\boldsymbol{A}$ 的行列互换，所得到的矩阵称为 $\boldsymbol{A}$ 的**转置**（transpose），记为 $\boldsymbol{A}^{\mathrm{T}}$ 或者 $\boldsymbol{A}'$.

更具体地，设

$$\boldsymbol{A}=\begin{pmatrix} a_{11} & a_{12} & \cdots & a_{1n} \\ a_{21} & a_{22} & \cdots & a_{2n} \\ \vdots & \vdots & & \vdots \\ a_{s1} & a_{s2} & \cdots & a_{sn} \end{pmatrix},$$

所谓 $\boldsymbol{A}$ 的转置就是指矩阵

$$\boldsymbol{A}^{\mathrm{T}}=\begin{pmatrix} a_{11} & a_{21} & \cdots & a_{s1} \\ a_{12} & a_{22} & \cdots & a_{s2} \\ \vdots & \vdots & & \vdots \\ a_{1n} & a_{2n} & \cdots & a_{sn} \end{pmatrix}.$$

显然，$s\times n$ 矩阵的转置是 $n\times s$ 矩阵. 我们注意到矩阵 $\boldsymbol{A}$ 的 (i,j) 元就是矩阵 $\boldsymbol{A}^{\mathrm{T}}$ 的 (j,i) 元.

矩阵的转置具有以下几点基本性质：

(1) $(\boldsymbol{A}^{\mathrm{T}})^{\mathrm{T}}=\boldsymbol{A}$;　　(2) $(\boldsymbol{A}+\boldsymbol{B})^{\mathrm{T}}=\boldsymbol{A}^{\mathrm{T}}+\boldsymbol{B}^{\mathrm{T}}$;

(3) $(k\boldsymbol{A})^{\mathrm{T}}=k\boldsymbol{A}^{\mathrm{T}}$;　　(4) $R(\boldsymbol{A})=R(\boldsymbol{A}^{\mathrm{T}})$;

(5) $(\boldsymbol{AB})^{\mathrm{T}}=\boldsymbol{B}^{\mathrm{T}}\boldsymbol{A}^{\mathrm{T}}$.

前四条比较简单，请读者尝试自己完成证明. 在这里我们只证性质(5).

分析 证明两个矩阵相等，即为证明两点：(1) 两者为同型矩阵；(2) 两者对应位置元素相等.

证明 设 $\boldsymbol{A}=(a_{ik})_{s\times n}, \boldsymbol{B}=(b_{kj})_{n\times m}$，则 $\boldsymbol{AB}$ 为 $s\times m$ 矩阵，所以 $(\boldsymbol{AB})^{\mathrm{T}}$ 为 $m\times s$ 矩阵. 而 $\boldsymbol{B}^{\mathrm{T}}$ 为 $m\times n$ 矩阵，$\boldsymbol{A}^{\mathrm{T}}$ 为 $n\times s$ 矩阵，两者乘积有意义，且 $\boldsymbol{B}^{\mathrm{T}}\boldsymbol{A}^{\mathrm{T}}$ 为 $m\times s$ 矩阵. 所以 $(\boldsymbol{AB})^{\mathrm{T}}$ 和 $\boldsymbol{B}^{\mathrm{T}}\boldsymbol{A}^{\mathrm{T}}$ 为同型矩阵.

其次，矩阵 $(\boldsymbol{AB})^{\mathrm{T}}$ 的 (j,i) 元为 $\boldsymbol{AB}$ 的 (i,j) 元，即等于矩阵 $\boldsymbol{A}$ 的第 i 行与矩阵 $\boldsymbol{B}$ 的第 j 列对应元素的乘积之和. 矩阵 $\boldsymbol{B}^{\mathrm{T}}\boldsymbol{A}^{\mathrm{T}}$ 的 (j,i) 元为 $\boldsymbol{B}^{\mathrm{T}}$ 的第 j 行与 $\boldsymbol{A}^{\mathrm{T}}$ 的第 i 列对应元素乘积之和，即为 $\boldsymbol{B}$ 的第 j 列与 $\boldsymbol{A}$ 的第 i 行对应元素的乘积之和，也就是矩阵 $\boldsymbol{A}$ 的第 i 行与矩阵 $\boldsymbol{B}$ 的第 j 列对应元素的乘积之和.

由以上可得性质 (5) 成立. ■

很自然地，使用归纳法就可以得到

$$(\boldsymbol{A}_1\boldsymbol{A}_2\cdots\boldsymbol{A}_t)^{\mathrm{T}}=\boldsymbol{A}_t^{\mathrm{T}}\cdots\boldsymbol{A}_2^{\mathrm{T}}\boldsymbol{A}_1^{\mathrm{T}},$$

$$(\boldsymbol{A}^k)^{\mathrm{T}}=(\boldsymbol{A}^{\mathrm{T}})^k.$$

例 9　设 $\boldsymbol{A}$ 是 n 阶方阵，求下面矩阵的转置矩阵.

$$\boldsymbol{A}+\boldsymbol{A}^{\mathrm{T}},\boldsymbol{A}-\boldsymbol{A}^{\mathrm{T}},\boldsymbol{A}\boldsymbol{A}^{\mathrm{T}},\boldsymbol{A}^{\mathrm{T}}\boldsymbol{A}.$$

解　根据矩阵转置的运算性质

$$(\boldsymbol{A}+\boldsymbol{A}^{\mathrm{T}})^{\mathrm{T}}=\boldsymbol{A}^{\mathrm{T}}+(\boldsymbol{A}^{\mathrm{T}})^{\mathrm{T}}=\boldsymbol{A}^{\mathrm{T}}+\boldsymbol{A}=\boldsymbol{A}+\boldsymbol{A}^{\mathrm{T}},$$

$$(\boldsymbol{A}-\boldsymbol{A}^{\mathrm{T}})^{\mathrm{T}}=\boldsymbol{A}^{\mathrm{T}}-(\boldsymbol{A}^{\mathrm{T}})^{\mathrm{T}}=\boldsymbol{A}^{\mathrm{T}}-\boldsymbol{A}=-(\boldsymbol{A}-\boldsymbol{A}^{\mathrm{T}}),$$

$$(\boldsymbol{A}\boldsymbol{A}^{\mathrm{T}})^{\mathrm{T}}=(\boldsymbol{A}^{\mathrm{T}})^{\mathrm{T}}\boldsymbol{A}^{\mathrm{T}}=\boldsymbol{A}\boldsymbol{A}^{\mathrm{T}},$$

$$(\boldsymbol{A}^{\mathrm{T}}\boldsymbol{A})^{\mathrm{T}}=\boldsymbol{A}^{\mathrm{T}}(\boldsymbol{A}^{\mathrm{T}})^{\mathrm{T}}=\boldsymbol{A}^{\mathrm{T}}\boldsymbol{A}.$$

□

上例中有两类特殊矩阵，$\boldsymbol{A}+\boldsymbol{A}^{\mathrm{T}}$，$\boldsymbol{A}\boldsymbol{A}^{\mathrm{T}}$，$\boldsymbol{A}^{\mathrm{T}}\boldsymbol{A}$ 经转置后不变，$\boldsymbol{A}-\boldsymbol{A}^{\mathrm{T}}$ 经转置后变为它的负矩阵，我们将在下节讨论这两类特殊矩阵.

五、n 阶矩阵的行列式

定义 3.7　n 阶方阵 $\boldsymbol{A}$ 的元素所构成的 n 阶行列式（各元素的位置不变），称为**矩阵 $\boldsymbol{A}$ 的行列式**，记作 $|\boldsymbol{A}|$.

n 阶方阵 $\boldsymbol{A}$，$\boldsymbol{B}$ 的行列式有如下运算规律：

（1）$|\boldsymbol{A}^{\mathrm{T}}|=|\boldsymbol{A}|$；　　　（行列式性质 1）

（2）$|k\boldsymbol{A}|=k^{n}|\boldsymbol{A}|$；　　　（$k$ 为数域 F 中的任意数）

（3）$|\boldsymbol{A}\boldsymbol{B}|=|\boldsymbol{A}||\boldsymbol{B}|$；

（4）$|\boldsymbol{A}^{k}|=|\boldsymbol{A}|^{k}$.

上述性质成立的主要依据是行列式的性质．另外需要**注意**的是，

（1）性质（3）成立的条件是 $\boldsymbol{A}$，$\boldsymbol{B}$ 为同阶方阵，并且有

$$|\boldsymbol{A}\boldsymbol{B}|=|\boldsymbol{A}||\boldsymbol{B}|=|\boldsymbol{B}||\boldsymbol{A}|=|\boldsymbol{B}\boldsymbol{A}|.$$

但若 $\boldsymbol{A}$，$\boldsymbol{B}$ 不是同阶方阵，$|\boldsymbol{A}\boldsymbol{B}|$，$|\boldsymbol{B}\boldsymbol{A}|$未必相等，请读者自行举例.

（2）$|\boldsymbol{A}+\boldsymbol{B}|=|\boldsymbol{A}|+|\boldsymbol{B}|$一般不成立（详见第一章第二节性质 4）.

例 10　设 $\boldsymbol{A}=\begin{pmatrix}1&2\\3&3\end{pmatrix}$，$\boldsymbol{B}=\begin{pmatrix}1&2\\-1&3\end{pmatrix}$，求 $|\boldsymbol{A}\boldsymbol{B}|$.

解　$|\boldsymbol{A}\boldsymbol{B}|=|\boldsymbol{A}||\boldsymbol{B}|=\begin{vmatrix}1&2\\3&3\end{vmatrix}\begin{vmatrix}1&2\\-1&3\end{vmatrix}=(-3)\times5=-15.$　□

例 11　设 n 阶方阵 $\boldsymbol{A}$，$\boldsymbol{B}$ 满足 $\boldsymbol{A}\boldsymbol{B}=\boldsymbol{E}$，且 $|\boldsymbol{A}|=2$，求 $|\boldsymbol{B}|$及 $|3\boldsymbol{B}^{\mathrm{T}}|$.

解　因为 $\boldsymbol{A}$，$\boldsymbol{B}$ 是 n 阶方阵，且 $\boldsymbol{A}\boldsymbol{B}=\boldsymbol{E}$，所以

$$|\boldsymbol{A}\boldsymbol{B}|=|\boldsymbol{A}||\boldsymbol{B}|=|\boldsymbol{E}|=1,$$

因此 $|\boldsymbol{B}|=\dfrac{1}{2}$，$|3\boldsymbol{B}^{\mathrm{T}}|=3^{n}|\boldsymbol{B}^{\mathrm{T}}|=3^{n}|\boldsymbol{B}|=\dfrac{3^{n}}{2}$.　□

【同步训练 5】　设 $\boldsymbol{A}$ 为三阶方阵，且已知 $|-2\boldsymbol{A}|=2$，求 $|\boldsymbol{A}|$.

第二节　几类特殊矩阵

定义 3.8　非主对角线上的元素都是零的方阵，叫作**对角矩阵**（**diagonal matrix**）．即

$$\begin{pmatrix}\lambda_1 & 0 & \cdots & 0\\ 0 & \lambda_2 & \cdots & 0\\ \vdots & \vdots & & \vdots\\ 0 & 0 & \cdots & \lambda_n\end{pmatrix}=\mathrm{diag}(\lambda_1,\lambda_2,\cdots,\lambda_n).$$

例 1 设 $\boldsymbol{A}=\begin{pmatrix}a_1 & 0 & 0\\ 0 & a_2 & 0\\ 0 & 0 & a_3\end{pmatrix},\boldsymbol{B}=\begin{pmatrix}b_{11} & b_{12} & b_{13}\\ b_{21} & b_{22} & b_{23}\\ b_{31} & b_{32} & b_{33}\end{pmatrix}$，求 $\boldsymbol{AB}$，$\boldsymbol{BA}$.

解 按照矩阵乘法计算得

$$\boldsymbol{AB}=\begin{pmatrix}a_1b_{11} & a_1b_{12} & a_1b_{13}\\ a_2b_{21} & a_2b_{22} & a_2b_{23}\\ a_3b_{31} & a_3b_{32} & a_3b_{33}\end{pmatrix},\boldsymbol{BA}=\begin{pmatrix}a_1b_{11} & a_2b_{12} & a_3b_{13}\\ a_1b_{21} & a_2b_{22} & a_3b_{23}\\ a_1b_{31} & a_2b_{32} & a_3b_{33}\end{pmatrix}.$$ □

【同步训练 1】

（1）设 $\boldsymbol{A}=\mathrm{diag}(\lambda_1,\lambda_2,\cdots,\lambda_n)(\lambda_1,\lambda_2,\cdots,\lambda_n$ 互不相等)，证明和 $\boldsymbol{A}$ 可交换的矩阵是对角矩阵.

（2）设 $\boldsymbol{A}=\mathrm{diag}(\lambda_1,\lambda_2,\cdots,\lambda_n)$，求 $\boldsymbol{A}^k$.

性质 1 两个同阶对角矩阵的和、乘积及对角矩阵和数的数量乘积都是对角矩阵.

定义 3.9 若 n 阶对角矩阵 $\boldsymbol{A}$ 中主对角线上的元素都相等，即

$$\boldsymbol{A}=\begin{pmatrix}\lambda & 0 & \cdots & 0\\ 0 & \lambda & \cdots & 0\\ \vdots & \vdots & & \vdots\\ 0 & 0 & \cdots & \lambda\end{pmatrix},$$

则称 $\boldsymbol{A}$ 为 n 阶**数量矩阵**（**scalar matrix**），也可记为 $\lambda\boldsymbol{E}$.

容易看到 $(\lambda\boldsymbol{E})\boldsymbol{A}=\boldsymbol{A}(\lambda\boldsymbol{E})=\lambda\boldsymbol{A}$.

性质 2 两个同阶数量矩阵的和、乘积及数量矩阵和数的数量乘积都是数量矩阵.

定义 3.10 主对角线下方元素均为零的方阵，叫作**上三角矩阵**（**upper triangular matrix**）. 形如

$$\boldsymbol{A}=\begin{pmatrix}a_{11} & a_{12} & \cdots & a_{1n}\\ 0 & a_{22} & \cdots & a_{2n}\\ \vdots & \vdots & & \vdots\\ 0 & 0 & \cdots & a_{nn}\end{pmatrix},$$

可看出上三角矩阵中当 $i>j$ 时，有 $a_{ij}=0$.

类似地，主对角线上方元素均为零的方阵，叫作**下三角矩阵**（**lower triangular matrix**）. 形如

$$\boldsymbol{B}=\begin{pmatrix}b_{11} & 0 & \cdots & 0\\ b_{21} & b_{22} & \cdots & 0\\ \vdots & \vdots & & \vdots\\ b_{n1} & b_{n2} & \cdots & b_{nn}\end{pmatrix},$$

可看出下三角矩阵中当 $i<j$ 时，$b_{ij}=0$.

性质 3　两个同阶上（下）三角矩阵的和、乘积及数与上（下）三角矩阵的数量乘积仍是上（下）三角矩阵.

定义 3.11　若 $\boldsymbol{A}$ 是一个 n 阶矩阵并且 $\boldsymbol{A}^{\mathrm{T}}=\boldsymbol{A}$，则称 $\boldsymbol{A}$ 是一个**对称矩阵**（symmetric matrix）. 若 $\boldsymbol{A}$ 是一个对称矩阵，则其元素满足 $a_{ij}=a_{ji},i,j=1,2,\cdots,n$.

定义 3.12　若 $\boldsymbol{A}$ 是一个 n 阶矩阵并且 $\boldsymbol{A}^{\mathrm{T}}=-\boldsymbol{A}$，则称 $\boldsymbol{A}$ 是一个**反对称矩阵**（skew symmetric matrix）. 若 $\boldsymbol{A}$ 是一个反对称矩阵，其元素满足 $a_{ij}=-a_{ji},i,j=1,2,\cdots,n$.

性质 4　两个同阶对称（反对称）矩阵的和、对称（反对称）矩阵与数的数量乘积仍是对称（反对称）矩阵.

证明　设 $\boldsymbol{A}$，$\boldsymbol{B}$ 为对称矩阵

$$(\boldsymbol{A}+\boldsymbol{B})^{\mathrm{T}}=\boldsymbol{A}^{\mathrm{T}}+\boldsymbol{B}^{\mathrm{T}}=\boldsymbol{A}+\boldsymbol{B},$$

$$(k\boldsymbol{A})^{\mathrm{T}}=k\boldsymbol{A}^{\mathrm{T}}=k\boldsymbol{A},$$ ■

所以结论成立.（反对称矩阵的情况类似可得）.

相仿地，读者可以自行推导得到下面结论：

性质 5　如果两个同阶对称（反对称）矩阵 $\boldsymbol{A}$，$\boldsymbol{B}$ 可交换，即 $\boldsymbol{AB}=\boldsymbol{BA}$，则它们的乘积 $\boldsymbol{AB}$ 必为对称矩阵，即$(\boldsymbol{AB})^{\mathrm{T}}=\boldsymbol{AB}$.

【同步训练 2】　证明反对称矩阵的奇数次幂是反对称矩阵，偶数次幂是对称矩阵.

第三节　逆　矩　阵

一、逆矩阵的定义

我们知道，对于任意非零常数 a，存在唯一倒数 a^{-1}，使得 $a^{-1}a=aa^{-1}=1$. 从而对于方程 $ax=b$，当 $a\neq0$ 时，有 $a^{-1}ax=a^{-1}b$，所以 $x=a^{-1}b$. 而在矩阵的乘法中，单位矩阵 E 有类似于数 1 的作用，那么对于某些矩阵 $\boldsymbol{A}\neq\boldsymbol{O}$，是否存在矩阵 $\boldsymbol{B}$，使得 $\boldsymbol{AB}=\boldsymbol{BA}=\boldsymbol{E}$ 呢？本节主要讨论这个问题.

定义 3.13　设 $\boldsymbol{E}$ 是一个 n 阶单位矩阵. 若对于矩阵 $\boldsymbol{A}$，存在一个矩阵 $\boldsymbol{B}$，使得

$$\boldsymbol{AB}=\boldsymbol{BA}=\boldsymbol{E},$$

则称矩阵 $\boldsymbol{A}$ 是**可逆矩阵**（invertible matrix）（简称矩阵 $\boldsymbol{A}$ **可逆**），并称矩阵 $\boldsymbol{B}$ 为 $\boldsymbol{A}$ 的**逆矩阵**（inverse matrix）.

值得注意的几点是，

（1）从定义中的等式 $\boldsymbol{AB}=\boldsymbol{BA}$ 可见矩阵 $\boldsymbol{A},\boldsymbol{B}$ 都是 n 阶方阵. 如果只是 $\boldsymbol{AB}=\boldsymbol{E}$，这是广义逆矩阵的一种，其中 $\boldsymbol{A}$，$\boldsymbol{B}$ 不一定是方阵（见本章第六节例 9）.

（2）从定义可见，$\boldsymbol{A}$，$\boldsymbol{B}$ 处于对等地位，也就是说当 $\boldsymbol{A}$ 是可逆矩阵

时，$\boldsymbol{B}$ 也是可逆矩阵，且 $\boldsymbol{A}$，$\boldsymbol{B}$ 互为逆矩阵.

（3）若 $\boldsymbol{A}$ 可逆，则它的逆矩阵是唯一的.

证明 设 $\boldsymbol{B}$，$\boldsymbol{C}$ 都是 $\boldsymbol{A}$ 的逆矩阵，则有

$$\boldsymbol{AB}=\boldsymbol{BA}=\boldsymbol{E},\ \boldsymbol{AC}=\boldsymbol{CA}=\boldsymbol{E},$$

那么

$$\boldsymbol{B}=\boldsymbol{BE}=\boldsymbol{B}(\boldsymbol{AC})=(\boldsymbol{BA})\boldsymbol{C}=\boldsymbol{EC}=\boldsymbol{C},$$

这说明 $\boldsymbol{A}$ 的逆矩阵唯一．我们记 $\boldsymbol{A}$ 的逆矩阵为 $\boldsymbol{A}^{-1}$，读作 $\boldsymbol{A}$ 的逆矩阵． ■

需要说明的是，$\boldsymbol{A}^{-1}$不能写作$\dfrac{1}{\boldsymbol{A}}$的形式.

并不是所有的方阵都存在逆矩阵．如$\begin{pmatrix}0&0\\0&1\end{pmatrix}$，就找不到任何矩阵满足定义，因此是不可逆矩阵．那么矩阵可逆的条件是什么呢？当矩阵可逆时，如何来求解其逆矩阵呢？下面围绕这两个问题展开讨论.

二、逆矩阵存在的条件及逆矩阵的求解方法

为了找出矩阵可逆的充要条件，我们需引入下列定义.

定义 3.14 由方阵 $\boldsymbol{A}=(a_{ij})_{n\times n}$的行列式

$$|\boldsymbol{A}|=\begin{vmatrix}a_{11}&a_{12}&\cdots&a_{1n}\\a_{21}&a_{22}&\cdots&a_{2n}\\\vdots&\vdots&&\vdots\\a_{n1}&a_{n2}&\cdots&a_{nn}\end{vmatrix}$$

中元素 $a_{ij}(i,j=1,2,\cdots,n)$的代数余子式 A_{ij}按如下方式构成的 n 阶方阵，记作 $\boldsymbol{A}^*$：

$$\boldsymbol{A}^*=\begin{pmatrix}A_{11}&A_{21}&\cdots&A_{n1}\\A_{12}&A_{22}&\cdots&A_{n2}\\\vdots&\vdots&&\vdots\\A_{1n}&A_{2n}&\cdots&A_{nn}\end{pmatrix},$$

称 $\boldsymbol{A}^*$ 为 $\boldsymbol{A}$ 的**伴随矩阵（adjoint matrix）**.

在计算伴随矩阵时，有下面两点要**特别注意**：

（1）代数余子式 $A_{ij}=(-1)^{i+j}M_{ij}$，其中的符号$(-1)^{i+j}$别落掉；

（2）我们可以横着求代数余子式，再竖着排代数余子式来求解伴随矩阵，简言之：横着求，竖着排（见例 1）.

例 1 设 $\boldsymbol{A}=\begin{pmatrix}3&2&1\\1&2&2\\3&4&3\end{pmatrix}$，求 $\boldsymbol{A}^*$ 及 $\boldsymbol{AA}^*$，$\boldsymbol{A}^*\boldsymbol{A}$.

解 经计算得

$$A_{11}=-2,\ A_{12}=3,\ A_{13}=-2,$$
$$A_{21}=-2,\ A_{22}=6,\ A_{23}=-6,$$
$$A_{31}=2,\ A_{32}=-5,\ A_{33}=4,$$

所以 $\boldsymbol{A}^*=\begin{pmatrix}-2&-2&2\\3&6&-5\\-2&-6&4\end{pmatrix}$，且有

$$\boldsymbol{A}\boldsymbol{A}^*=\begin{pmatrix}3&2&1\\1&2&2\\3&4&3\end{pmatrix}\begin{pmatrix}-2&-2&2\\3&6&-5\\-2&-6&4\end{pmatrix}=\begin{pmatrix}-2&0&0\\0&-2&0\\0&0&-2\end{pmatrix}=-2\boldsymbol{E},$$

$$\boldsymbol{A}^*\boldsymbol{A}=\begin{pmatrix}-2&-2&2\\3&6&-5\\-2&-6&4\end{pmatrix}\begin{pmatrix}3&2&1\\1&2&2\\3&4&3\end{pmatrix}=-2\boldsymbol{E}.$$ □

我们发现 $\boldsymbol{A}^*\boldsymbol{A}$ 与 $\boldsymbol{A}\boldsymbol{A}^*$ 相等并等于一个数量矩阵，这并非偶然现象.更为一般地，我们有下面的结论：

定理 3.1 设 $\boldsymbol{A}$ 是 n 阶方阵，则

$$\boldsymbol{A}^*\boldsymbol{A}=\boldsymbol{A}\boldsymbol{A}^*=|\boldsymbol{A}|\boldsymbol{E}.$$

证明

$$\boldsymbol{A}\boldsymbol{A}^*=\begin{pmatrix}a_{11}&a_{12}&\cdots&a_{1n}\\a_{21}&a_{22}&\cdots&a_{2n}\\\vdots&\vdots&&\vdots\\a_{n1}&a_{n2}&\cdots&a_{nn}\end{pmatrix}\begin{pmatrix}A_{11}&A_{21}&\cdots&A_{n1}\\A_{12}&A_{22}&\cdots&A_{n2}\\\vdots&\vdots&&\vdots\\A_{1n}&A_{2n}&\cdots&A_{nn}\end{pmatrix}$$

$$=\begin{pmatrix}\sum\limits_{j=1}^{n}a_{1j}A_{1j}&\sum\limits_{j=1}^{n}a_{1j}A_{2j}&\cdots&\sum\limits_{j=1}^{n}a_{1j}A_{nj}\\\sum\limits_{j=1}^{n}a_{2j}A_{1j}&\sum\limits_{j=1}^{n}a_{2j}A_{2j}&\cdots&\sum\limits_{j=1}^{n}a_{2j}A_{nj}\\\vdots&\vdots&&\vdots\\\sum\limits_{j=1}^{n}a_{nj}A_{1j}&\sum\limits_{j=1}^{n}a_{nj}A_{2j}&\cdots&\sum\limits_{j=1}^{n}a_{nj}A_{nj}\end{pmatrix}=\begin{pmatrix}|\boldsymbol{A}|&0&\cdots&0\\0&|\boldsymbol{A}|&\cdots&0\\\vdots&\vdots&&\vdots\\0&0&\cdots&|\boldsymbol{A}|\end{pmatrix}=|\boldsymbol{A}|\boldsymbol{E}.$$

相仿地，有 $\boldsymbol{A}^*\boldsymbol{A}=|\boldsymbol{A}|\boldsymbol{E}$. ■

由此我们有下面的结论：

定理 3.2 n 阶方阵 $\boldsymbol{A}$ 可逆的充要条件是：$|\boldsymbol{A}|\neq0$，且当矩阵 $\boldsymbol{A}$ 可逆时，

$$\boldsymbol{A}^{-1}=\frac{\boldsymbol{A}^*}{|\boldsymbol{A}|}.$$

证明

充分性 因为 $\boldsymbol{A}\boldsymbol{A}^*=\boldsymbol{A}^*\boldsymbol{A}=|\boldsymbol{A}|\boldsymbol{E}$，所以当 $|\boldsymbol{A}|\neq0$ 时，有

$$\boldsymbol{A}\frac{\boldsymbol{A}^*}{|\boldsymbol{A}|}=\frac{\boldsymbol{A}^*}{|\boldsymbol{A}|}\boldsymbol{A}=\boldsymbol{E}.$$

从而 $\boldsymbol{A}$ 可逆，且 $\boldsymbol{A}^{-1}=\dfrac{\boldsymbol{A}^*}{|\boldsymbol{A}|}$.

必要性　如果 $\boldsymbol{A}$ 可逆，则有方阵 $\boldsymbol{A}^{-1}$ 使得 $\boldsymbol{A}\boldsymbol{A}^{-1}=\boldsymbol{E}$，所以

$$|\boldsymbol{A}\boldsymbol{A}^{-1}|=|\boldsymbol{A}||\boldsymbol{A}^{-1}|=|\boldsymbol{E}|=1,$$

因此 $|\boldsymbol{A}|\neq 0$. ■

从上面的推导过程得到一个结论：如果 $\boldsymbol{A}$ 可逆，则 $|\boldsymbol{A}^{-1}|=|\boldsymbol{A}|^{-1}$.

利用定理 3.2 我们可以得到下面的结论：

推论　设 $\boldsymbol{A}$ 为 n 阶方阵，若存在 n 阶方阵 $\boldsymbol{B}$，使得 $\boldsymbol{AB}=\boldsymbol{E}$（或 $\boldsymbol{BA}=\boldsymbol{E}$），则 $\boldsymbol{A}$，$\boldsymbol{B}$ 均可逆，且 $\boldsymbol{A}^{-1}=\boldsymbol{B}$ 和 $\boldsymbol{B}^{-1}=\boldsymbol{A}$ 成立.

证明　由 $\boldsymbol{AB}=\boldsymbol{E}$，可以推出 $|\boldsymbol{A}|\neq 0$，所以 $\boldsymbol{A}$ 可逆，故 $\boldsymbol{A}^{-1}$ 存在．在 $\boldsymbol{AB}=\boldsymbol{E}$ 的两边同时左边乘以 $\boldsymbol{A}^{-1}$，得

$$\boldsymbol{A}^{-1}(\boldsymbol{AB})=\boldsymbol{A}^{-1}\boldsymbol{E},$$

$$\boldsymbol{A}^{-1}(\boldsymbol{AB})=(\boldsymbol{A}^{-1}\boldsymbol{A})\boldsymbol{B}=\boldsymbol{EB}=\boldsymbol{B}=\boldsymbol{A}^{-1},$$

即 $\boldsymbol{A}^{-1}=\boldsymbol{B}$. 同理可得，$\boldsymbol{B}$ 可逆，且 $\boldsymbol{B}^{-1}=\boldsymbol{A}$. ■

注　此推论首先限定了矩阵 $\boldsymbol{A}$，$\boldsymbol{B}$ 都是方阵，这一点对推论的成立很重要.

例 2　给出 $\boldsymbol{A}=\begin{pmatrix} a & b \\ c & d \end{pmatrix}$ 可逆的条件，并求出 $\boldsymbol{A}$ 的逆矩阵.

解　$\boldsymbol{A}$ 可逆的充要条件是 $\begin{vmatrix} a & b \\ c & d \end{vmatrix}=ad-bc\neq 0$.

计算得 $A_{11}=d, A_{12}=-c, A_{21}=-b, A_{22}=a$. 这样

$$\boldsymbol{A}^*=\begin{pmatrix} d & -b \\ -c & a \end{pmatrix},$$

所以

$$\boldsymbol{A}^{-1}=\frac{\boldsymbol{A}^*}{|\boldsymbol{A}|}=\frac{1}{ad-bc}\begin{pmatrix} d & -b \\ -c & a \end{pmatrix}.$$ □

注　从例 2 不难发现**二阶**矩阵 $\boldsymbol{A}$ 的伴随矩阵 $\boldsymbol{A}^*$ 是把矩阵 $\boldsymbol{A}$ 的主对角线元素交换位置（**两调**），副对角线元素取为原值的相反数（**两反**），我们把这种规律简称为：**两调两反**.

例 3　判断下列方阵 $\boldsymbol{A}=\begin{pmatrix} 3 & 2 & 1 \\ 1 & 2 & 2 \\ 3 & 4 & 3 \end{pmatrix}$，$\boldsymbol{B}=\begin{pmatrix} -1 & 3 & 2 \\ -11 & 15 & 1 \\ -3 & 3 & -1 \end{pmatrix}$ 是否可逆. 若可逆，求其逆矩阵.

解　由于 $|\boldsymbol{A}|=-2\neq 0$，$|\boldsymbol{B}|=0$，所以矩阵 $\boldsymbol{A}$ 可逆，矩阵 $\boldsymbol{B}$ 不可逆.

由例 1 知

$$\boldsymbol{A}^*=\begin{pmatrix} -2 & -2 & 2 \\ 3 & 6 & -5 \\ -2 & -6 & 4 \end{pmatrix},$$

所以

$$A^{-1}=\frac{A^*}{|A|}=-\frac{1}{2}\begin{pmatrix}-2&-2&2\\3&6&-5\\-2&-6&4\end{pmatrix}.\quad\square$$

注　对不高于三阶的方阵，可以利用伴随矩阵求逆矩阵．但当矩阵 $\boldsymbol{A}$ 的阶数 n 较高时，利用伴随矩阵求逆矩阵需要求 n^2+1 个行列式，计算量很大．后面我们将利用初等变换给出求逆矩阵更简洁的办法.

【同步训练 1】　判断下面矩阵是否可逆，若可逆，求它们的逆矩阵.

（1）$\boldsymbol{A}=\begin{pmatrix}2&-1\\3&1\end{pmatrix}$；

（2）$\boldsymbol{A}=\begin{pmatrix}1&1&1\\0&1&1\\0&0&1\end{pmatrix}$.

例 4　设 $\boldsymbol{A}$ 为 n 阶方阵，且满足

$$\boldsymbol{A}^2-2\boldsymbol{A}-\boldsymbol{E}=\boldsymbol{O},$$

证明

（1）$\boldsymbol{A}$ 是可逆矩阵，并求 $\boldsymbol{A}^{-1}$；

（2）$\boldsymbol{A}-\boldsymbol{E}$ 是可逆矩阵，并求 $(\boldsymbol{A}-\boldsymbol{E})^{-1}$.

分析　对于抽象矩阵 $\boldsymbol{A}$ 的可逆性的判断及逆矩阵的求解，一般是构造等式 $\boldsymbol{AB}=\boldsymbol{E}$，这样就会得到矩阵 $\boldsymbol{A}$ 可逆，且 $\boldsymbol{A}^{-1}=\boldsymbol{B}$. 类似地，对于 $\boldsymbol{A}-\boldsymbol{E}$ 只需要构造出等式 $(\boldsymbol{A}-\boldsymbol{E})\boldsymbol{C}=\boldsymbol{E}$ 即可.

证明　（1）因为 $\boldsymbol{A}^2-2\boldsymbol{A}-\boldsymbol{E}=\boldsymbol{O}$，所以 $\boldsymbol{A}^2-2\boldsymbol{A}=\boldsymbol{E}$，这样

$$\boldsymbol{A}^2-2\boldsymbol{A}=\boldsymbol{A}(\boldsymbol{A}-2\boldsymbol{E})=\boldsymbol{E},$$

由推论得 $\boldsymbol{A}$ 为可逆矩阵，且

$$\boldsymbol{A}^{-1}=\boldsymbol{A}-2\boldsymbol{E}.$$

（2）因为 $(\boldsymbol{A}-\boldsymbol{E})(\boldsymbol{A}-\boldsymbol{E})=\boldsymbol{A}^2-2\boldsymbol{A}+\boldsymbol{E}$，而 $\boldsymbol{A}^2-2\boldsymbol{A}=\boldsymbol{E}$，所以

$$(\boldsymbol{A}-\boldsymbol{E})(\boldsymbol{A}-\boldsymbol{E})=\boldsymbol{E}+\boldsymbol{E}=2\boldsymbol{E},$$

进一步地，$(\boldsymbol{A}-\boldsymbol{E})\dfrac{(\boldsymbol{A}-\boldsymbol{E})}{2}=\boldsymbol{E}$，所以 $\boldsymbol{A}-\boldsymbol{E}$ 是可逆矩阵，并且有

$$(\boldsymbol{A}-\boldsymbol{E})^{-1}=\frac{\boldsymbol{A}-\boldsymbol{E}}{2}.\quad\square$$

注

（1）切记 $\boldsymbol{A}^2-2\boldsymbol{A}=\boldsymbol{A}(\boldsymbol{A}-2)$ 是**错误**的．因为 $\boldsymbol{A}-2$ 是没有意义的.

（2）证明 $\boldsymbol{A}-\boldsymbol{E}$ 可逆时，关键是发现 $(\boldsymbol{A}-\boldsymbol{E})(\boldsymbol{A}-\boldsymbol{E})$ 会出现 $\boldsymbol{A}^2-2\boldsymbol{A}$. 这样利用已知条件就可以找到 $\boldsymbol{A}-\boldsymbol{E}$ 的逆矩阵．再比如若证明 $\boldsymbol{A}+\boldsymbol{E}$ 可逆，就要考虑 $\boldsymbol{A}+\boldsymbol{E}$ 乘以哪个矩阵会出现 $\boldsymbol{A}^2-2\boldsymbol{A}$，读者可以按此思路自己尝试一下.

【同步训练 2】　设 $\boldsymbol{A}$ 为 n 阶方阵，且满足

$$\boldsymbol{A}^2+\boldsymbol{A}-3\boldsymbol{E}=\boldsymbol{O},$$

证明：$\boldsymbol{A}-3\boldsymbol{E}$ 可逆，并求 $(\boldsymbol{A}-3\boldsymbol{E})^{-1}$.

三、逆矩阵的性质

矩阵的逆矩阵有如下性质：

性质 1　若方阵 $\boldsymbol{A}$ 可逆，则 $\boldsymbol{A}^{-1}$ 也可逆，且 $(\boldsymbol{A}^{-1})^{-1}=\boldsymbol{A}$.

证明　因为 $\boldsymbol{A}$ 可逆，故有 $\boldsymbol{AA}^{-1}=\boldsymbol{E}$，由推论知 $\boldsymbol{A}^{-1}$ 也可逆，且

$$(\boldsymbol{A}^{-1})^{-1}=\boldsymbol{A}.\quad\blacksquare$$

性质 2　若方阵 $\boldsymbol{A}$ 可逆，数 $k\neq0$，则 $k\boldsymbol{A}$ 也可逆，且 $(k\boldsymbol{A})^{-1}=\dfrac{1}{k}\boldsymbol{A}^{-1}$.

证明 只需证$(kA)\left(\frac{1}{k}A^{-1}\right)=E$.

事实上：$(kA)\left(\frac{1}{k}A^{-1}\right)=\left(k\frac{1}{k}\right)(AA^{-1})=E$. ■

性质3 若同阶方阵A，B都可逆，则AB也可逆，且$(AB)^{-1}=B^{-1}A^{-1}$.

证明 只需证$(AB)(B^{-1}A^{-1})=E$.

事实上：$(AB)(B^{-1}A^{-1})=A(BB^{-1})A^{-1}=A^{-1}EA=A^{-1}A=E$. ■

性质4 若A可逆，则A^{T}也可逆，且$(A^{T})^{-1}=(A^{-1})^{T}$.

证明 只需证$(A^{T})(A^{-1})^{T}=E$.

事实上：$(A^{T})(A^{-1})^{T}=(A^{-1}A)^{T}=E^{T}=E$. ■

思考与讨论

（1）两个同阶可逆矩阵的和还是可逆矩阵吗？

（2）式子$(A+B)^{-1}=A^{-1}+B^{-1}$成立吗？

研讨结论____

____

例5 设A是三阶可逆方阵，且$|A|=2$，求$|A^{*}|$.

解 首先有$A^{*}=|A|A^{-1}$，所以$A^{*}=2A^{-1}$，进一步

$$|A^{*}|=|2A^{-1}|=2^{3}|A^{-1}|=2^{3}|A|^{-1}=2^{3}2^{-1}=4.$$ □

【同步训练3】

（1）设A是n阶可逆方阵，找出$|A^{*}|$和$|A|$的关系；

（2）设A是三阶可逆方阵，且$|A|=2$，求$|A^{*}-A^{-1}|$.

四、用逆矩阵解矩阵方程

在本章的第一节中，我们给出了求矩阵方程的一种方法，现在我们继续讨论它的解法.

对于矩阵方程$AX=B$，当矩阵A是可逆矩阵时，则有

$$A^{-1}(AX)=A^{-1}B,$$

即$X=A^{-1}B$.

现在我们重新计算第一节中的例5：设$A=\begin{pmatrix}1&1&1\\0&1&1\\0&0&1\end{pmatrix}$，$B=\begin{pmatrix}1&0\\2&-2\\1&1\end{pmatrix}$，求矩阵$X$使得$AX=B$.

解 计算得

$$|A|=\begin{vmatrix}1&1&1\\0&1&1\\0&0&1\end{vmatrix}=1\neq0,$$

所以矩阵A可逆，并且$X=A^{-1}B$.

计算得$A^{-1}=\frac{1}{|A|}A^{*}=\begin{pmatrix}1&-1&0\\0&1&-1\\0&0&1\end{pmatrix}$，所以

$$X = A^{-1}B = \begin{pmatrix} 1 & -1 & 0 \\ 0 & 1 & -1 \\ 0 & 0 & 1 \end{pmatrix}\begin{pmatrix} 1 & 0 \\ 2 & -2 \\ 1 & 1 \end{pmatrix} = \begin{pmatrix} -1 & 2 \\ 1 & -3 \\ 1 & 1 \end{pmatrix}. \qquad \square$$

注　可以看到这种方法是有局限性的，仅限于 A 为可逆矩阵时才可使用．而对于其他情况，此方法就行不通了，第一节中例 5 提供的方法则是一种更为普遍的方法（更多的例子参见本章第六节）．

思考与讨论

（1）设矩阵 A，B 都是可逆矩阵，则矩阵方程 $XA = B$ 及 $AXB = C$ 的解应该是什么？

（2）当矩阵 A 是不可逆矩阵时，如何求解 $XA = B$？能否转化成 $PX = Q$ 形式的矩阵方程进行求解？若可以，应如何转化？

研讨结论____

【同步训练 4】

设三阶矩阵

$$A = \begin{pmatrix} 0 & 1 & 3 \\ 0 & 2 & 5 \\ 2 & 0 & 0 \end{pmatrix},$$

$$B = \begin{pmatrix} 1 & 3 & 0 \\ 2 & 0 & 1 \\ 1 & 0 & 0 \end{pmatrix},$$

求矩阵 X 使得 $AX = B$.

第四节　矩阵的分块

一、分块矩阵的定义

在第一章，我们学习了形如 $\begin{vmatrix} A & B \\ O & C \end{vmatrix}$ 的行列式的计算，这种将行列式分块处理的方式已经包含分块的思想．在本节中，我们将对矩阵进行分块，以达到简化矩阵运算的目的.

定义 3.15　将矩阵 A 用若干条纵线和横线分成许多个小矩阵，每一个小矩阵称为矩阵的一个**子块**，以子块为元素的形式上的矩阵称为**分块矩阵（block matrix）**.

矩阵的分块方法主要是根据需要而定，下面给出几种常用的分法：

（1）对于

$$A = \begin{pmatrix} a_{11} & a_{12} & \cdots & a_{1n} \\ a_{21} & a_{22} & \cdots & a_{2n} \\ \vdots & \vdots & & \vdots \\ a_{m1} & a_{m2} & \cdots & a_{mn} \end{pmatrix}.$$

按列分块：将它的每一列视为一块，则有

$$A = (\boldsymbol{\beta}_1, \boldsymbol{\beta}_2, \cdots, \boldsymbol{\beta}_n),$$

其中 $\boldsymbol{\beta}_j = (a_{1j}, a_{2j}, \cdots, a_{mj})^{\mathrm{T}}, j = 1, 2, \cdots, n.$

按行分块：将它的每一行视为一块，则有

$$\boldsymbol{A}=\begin{pmatrix}\boldsymbol{\alpha}_1\\\boldsymbol{\alpha}_2\\\vdots\\\boldsymbol{\alpha}_m\end{pmatrix},$$

其中 $\boldsymbol{\alpha}_i=(a_{i1},a_{i2},\cdots,a_{in}),i=1,2,\cdots,m.$

（2）利用矩阵的特点，尽量划分出 $\boldsymbol{O},\boldsymbol{E},a\boldsymbol{E}$ 等特殊矩阵，以利于计算．如

$$\boldsymbol{C}=\begin{pmatrix}1&7&0&0&0\\-5&2&6&0&0\\3&6&1&0&0\\0&3&4&2&0\\1&-2&3&0&2\end{pmatrix},$$

我们把它分成四块，其每一块按原来的位置也构成一个矩阵，

$$\boldsymbol{C}_1=\begin{pmatrix}1&7&0\\-5&2&6\\3&6&1\end{pmatrix},\boldsymbol{O}=\begin{pmatrix}0&0\\0&0\\0&0\end{pmatrix},\boldsymbol{C}_2=\begin{pmatrix}0&3&4\\1&-2&3\end{pmatrix},2\boldsymbol{E}_2=\begin{pmatrix}2&0\\0&2\end{pmatrix},$$

于是 $\boldsymbol{C}=\begin{pmatrix}\boldsymbol{C}_1&\boldsymbol{O}\\\boldsymbol{C}_2&2\boldsymbol{E}_2\end{pmatrix}$．形如 $\boldsymbol{C}$ 的分块矩阵称为**下三角分块矩阵**．类似地，我们还有**上三角分块矩阵、对角分块矩阵**，形式如下：

$$\begin{pmatrix}\boldsymbol{A}_1&\boldsymbol{A}_2\\\boldsymbol{O}&\boldsymbol{A}_3\end{pmatrix},\begin{pmatrix}\boldsymbol{A}_1&O\\O&\boldsymbol{A}_3\end{pmatrix},\text{其中 }\boldsymbol{A}_1,\boldsymbol{A}_3\text{ 为方阵}.$$

二、分块矩阵的运算

我们讨论分块矩阵的运算，需要考虑的是，如何对矩阵进行分块及如何定义分块矩阵的运算使得运算结果与不分块时保持一致．在这一部分，我们更关注的是，如何利用分块矩阵简化运算，关于结论的一致性，在此均不作证明.

我们可以定义分块矩阵的加法和数乘运算，这两种运算基本上与矩阵的加法和数乘运算相同：

（1）加法：两个分块形式相同的同型矩阵相加就是将对应子块相加.

（2）数乘运算：数域中的任意数 k 与分块矩阵的数量乘积等于 k 与矩阵的每一个子块相乘.

为了说明分块矩阵的乘法，下面来看一个例子.

例 1 设矩阵

$$\begin{pmatrix}1&0&0&0\\1&1&0&0\\0&0&1&1\\0&0&0&1\end{pmatrix}=\begin{pmatrix}\boldsymbol{A}_1&\boldsymbol{O}\\\boldsymbol{O}&\boldsymbol{A}_2\end{pmatrix},$$

其中

$$\boldsymbol{A}_1=\begin{pmatrix}1&0\\1&1\end{pmatrix},\ \boldsymbol{O}=\begin{pmatrix}0&0\\0&0\end{pmatrix},\ \boldsymbol{A}_2=\begin{pmatrix}1&1\\0&1\end{pmatrix}.$$

对于矩阵

$$\boldsymbol{B}=\begin{pmatrix}1&0&0&1&1\\0&1&0&0&0\\0&0&1&1&0\\0&0&0&0&1\end{pmatrix}=\begin{pmatrix}\boldsymbol{E}_2&\boldsymbol{B}_1\\\boldsymbol{O}&\boldsymbol{B}_2\end{pmatrix},$$

其中

$$\boldsymbol{B}_1=\begin{pmatrix}0&1&1\\0&0&0\end{pmatrix},\ \boldsymbol{B}_2=\begin{pmatrix}1&1&0\\0&0&1\end{pmatrix}.$$

于是

$$\boldsymbol{AB}=\begin{pmatrix}\boldsymbol{A}_1&\boldsymbol{O}\\\boldsymbol{O}&\boldsymbol{A}_2\end{pmatrix}\begin{pmatrix}\boldsymbol{E}&\boldsymbol{B}_1\\\boldsymbol{O}&\boldsymbol{B}_2\end{pmatrix}=\begin{pmatrix}\boldsymbol{A}_1\boldsymbol{E}+\boldsymbol{O}&\boldsymbol{A}_1\boldsymbol{B}_1+\boldsymbol{O}\boldsymbol{B}_2\\\boldsymbol{O}\boldsymbol{E}+\boldsymbol{A}_2\boldsymbol{O}&\boldsymbol{O}\boldsymbol{B}_1+\boldsymbol{A}_2\boldsymbol{B}_2\end{pmatrix}=\begin{pmatrix}\boldsymbol{A}_1&\boldsymbol{A}_1\boldsymbol{B}_1\\\boldsymbol{O}&\boldsymbol{A}_2\boldsymbol{B}_2\end{pmatrix},$$

其中

$$\boldsymbol{A}_1\boldsymbol{B}_1=\begin{pmatrix}1&0\\1&1\end{pmatrix}\begin{pmatrix}0&1&1\\0&0&0\end{pmatrix}=\begin{pmatrix}0&1&1\\0&1&1\end{pmatrix},$$

$$\boldsymbol{A}_2\boldsymbol{B}_2=\begin{pmatrix}1&1\\0&1\end{pmatrix}\begin{pmatrix}1&1&0\\0&0&1\end{pmatrix}=\begin{pmatrix}1&1&1\\0&0&1\end{pmatrix}.$$

所以

$$\boldsymbol{AB}=\begin{pmatrix}1&0&0&1&1\\1&1&0&1&1\\0&0&1&1&1\\0&0&0&0&1\end{pmatrix}.$$

□

不难验证，直接按矩阵乘法的定义来做，结果和上面是一致的.

从上例可见，分块矩阵的乘法类似于以数为元素的矩阵的乘法，因此在分块时，要求矩阵 $\boldsymbol{A}$ 的**列**的分法必须与矩阵 $\boldsymbol{B}$ 的**行**的分法相同，这样保证了 $\boldsymbol{A}$ 的每行的子块个数与 $\boldsymbol{B}$ 的每列的子块个数相等，且每一个对应小块也满足矩阵可乘的条件.

由此我们给出分块矩阵的乘法定义：

（3）乘法：设 $\boldsymbol{A}=(a_{ik})_{s\times n},\boldsymbol{B}=(b_{kj})_{n\times m}$，对 $\boldsymbol{A},\boldsymbol{B}$ 进行如下分块

$$
A=\begin{matrix} & n_1 & n_2 & \cdots & n_l \\ s_1 \\ s_2 \\ \vdots \\ s_t \end{matrix}
\begin{pmatrix} A_{11} & A_{12} & \cdots & A_{1l} \\ A_{21} & A_{22} & \cdots & A_{2l} \\ \vdots & \vdots & & \vdots \\ A_{t1} & A_{t2} & \cdots & A_{tl} \end{pmatrix},
$$

$$
B=\begin{matrix} & m_1 & m_2 & \cdots & m_r \\ n_1 \\ n_2 \\ \vdots \\ n_l \end{matrix}
\begin{pmatrix} B_{11} & B_{12} & \cdots & B_{1r} \\ B_{21} & B_{22} & \cdots & B_{2r} \\ \vdots & \vdots & & \vdots \\ B_{l1} & B_{l2} & \cdots & B_{lr} \end{pmatrix},
$$

其中每个 $\boldsymbol{A}_{ij}$ 是 $s_i\times n_j$ 小矩阵，每个 $\boldsymbol{B}_{ij}$ 是 $n_i\times m_j$ 小矩阵，于是有

$$
C=AB=\begin{matrix} & m_1 & m_2 & \cdots & m_r \\ s_1 \\ s_2 \\ \vdots \\ s_t \end{matrix}
\begin{pmatrix} C_{11} & C_{12} & \cdots & C_{1r} \\ C_{21} & C_{22} & \cdots & C_{2r} \\ \vdots & \vdots & & \vdots \\ C_{t1} & C_{t2} & \cdots & C_{tr} \end{pmatrix},
$$

其中

$$
C_{pq}=A_{p1}B_{1q}+A_{p2}B_{2q}+\cdots+A_{pl}B_{lq}\,(p=1,2,\cdots,t;q=1,2,\cdots,r).
$$

由矩阵乘法的定义直接验证即得无论分块与否乘积结果是一致的.

需要注意的是，在利用分块矩阵作矩阵的乘法时，一般先对其中一个矩阵进行分块，然后根据分块方法的要求对另外一个矩阵进行分块．在例 1 中，还有其他的分块方法求解矩阵的乘积吗？请读者尝试一下.

【同步训练 1】 用分块矩阵计算矩阵的乘积 $\boldsymbol{AB}$，其中

$$
A=\begin{pmatrix} 1 & 0 & 0 & 0 & 0 \\ 0 & 1 & 0 & 0 & 0 \\ 0 & 2 & 1 & 0 & 0 \\ 0 & 1 & 0 & 1 & 0 \\ -2 & 0 & 0 & 0 & 1 \end{pmatrix},
\quad
B=\begin{pmatrix} 3 & 0 & 0 & 1 & 0 \\ 0 & 3 & 0 & 0 & 1 \\ -1 & 0 & 0 & 0 & 0 \\ 0 & -1 & 0 & 0 & 0 \\ 0 & 0 & -1 & 0 & 0 \end{pmatrix}.
$$

例 2 将非齐次线性方程组 $\boldsymbol{AX}=\boldsymbol{B}$ 化为方程组的向量表达式，其中

$$
A=\begin{pmatrix} a_{11} & a_{12} & \cdots & a_{1n} \\ a_{21} & a_{22} & \cdots & a_{2n} \\ \vdots & \vdots & & \vdots \\ a_{m1} & a_{m2} & \cdots & a_{mn} \end{pmatrix},\ X=\begin{pmatrix} x_1 \\ x_2 \\ \vdots \\ x_n \end{pmatrix},\ B=\begin{pmatrix} b_1 \\ b_2 \\ \vdots \\ b_m \end{pmatrix}.
$$

解 将 $\boldsymbol{A}$ 按列进行分块，则有 $\boldsymbol{A}=(\boldsymbol{\alpha}_1,\boldsymbol{\alpha}_2,\cdots,\boldsymbol{\alpha}_n)$.

根据分块矩阵的乘法，将每一个数 x_i 看成一子块，则

$$
\boldsymbol{\alpha}_1x_1+\boldsymbol{\alpha}_2x_2+\cdots+\boldsymbol{\alpha}_nx_n=x_1\boldsymbol{\alpha}_1+x_2\boldsymbol{\alpha}_2+\cdots+x_n\boldsymbol{\alpha}_n=\boldsymbol{B}.
$$

这实际就是线性方程组的向量形式. □

例 3 设 $\boldsymbol{A}=(\boldsymbol{\alpha}_1,\boldsymbol{\alpha}_2,\boldsymbol{\alpha}_3)$，$\boldsymbol{B}=(\boldsymbol{\alpha}_1+\boldsymbol{\alpha}_2,\boldsymbol{\alpha}_2+\boldsymbol{\alpha}_3,\boldsymbol{\alpha}_2+\boldsymbol{\alpha}_3-\boldsymbol{\alpha}_1)$，其中 $\boldsymbol{\alpha}_1,\boldsymbol{\alpha}_2,\boldsymbol{\alpha}_3$ 是三维列向量，且 $|\boldsymbol{A}|=1$，求 $|\boldsymbol{B}|$.

解 利用例 2 的结论，可以得到

$$\boldsymbol{B}=(\boldsymbol{\alpha}_1+\boldsymbol{\alpha}_2,\boldsymbol{\alpha}_2+\boldsymbol{\alpha}_3,\boldsymbol{\alpha}_2+\boldsymbol{\alpha}_3-\boldsymbol{\alpha}_1)=(\boldsymbol{\alpha}_1,\boldsymbol{\alpha}_2,\boldsymbol{\alpha}_3)\begin{pmatrix}1&0&-1\\1&1&1\\0&1&1\end{pmatrix}=\boldsymbol{A}\begin{pmatrix}1&0&-1\\1&1&1\\0&1&1\end{pmatrix},$$

两边取行列式，有

$$|\boldsymbol{B}|=|\boldsymbol{A}|\begin{vmatrix}1&0&-1\\1&1&1\\0&1&1\end{vmatrix}=-|\boldsymbol{A}|=-1. \qquad \square$$

（4）分块矩阵的转置

设 $\boldsymbol{A}=\begin{pmatrix}\boldsymbol{A}_{11}&\boldsymbol{A}_{12}&\cdots&\boldsymbol{A}_{1k}\\\boldsymbol{A}_{21}&\boldsymbol{A}_{22}&\cdots&\boldsymbol{A}_{2k}\\\vdots&\vdots&&\vdots\\\boldsymbol{A}_{p1}&\boldsymbol{A}_{p2}&\cdots&\boldsymbol{A}_{pk}\end{pmatrix}$，则 $\boldsymbol{A}^{\mathrm{T}}=\begin{pmatrix}\boldsymbol{A}_{11}^{\mathrm{T}}&\boldsymbol{A}_{21}^{\mathrm{T}}&\cdots&\boldsymbol{A}_{p1}^{\mathrm{T}}\\\boldsymbol{A}_{12}^{\mathrm{T}}&\boldsymbol{A}_{22}^{\mathrm{T}}&\cdots&\boldsymbol{A}_{p2}^{\mathrm{T}}\\\vdots&\vdots&&\vdots\\\boldsymbol{A}_{1k}^{\mathrm{T}}&\boldsymbol{A}_{2k}^{\mathrm{T}}&\cdots&\boldsymbol{A}_{pk}^{\mathrm{T}}\end{pmatrix}$.

【同步训练 2】 设 $\boldsymbol{A}=(\boldsymbol{\alpha}_1,\boldsymbol{\alpha}_2,\boldsymbol{\alpha}_3)$，$\boldsymbol{B}=(t\boldsymbol{\alpha}_1+\boldsymbol{\alpha}_2,\boldsymbol{\alpha}_1+2\boldsymbol{\alpha}_3,\boldsymbol{\alpha}_3-t\boldsymbol{\alpha}_1)$，其中 $\boldsymbol{\alpha}_1,\boldsymbol{\alpha}_2,\boldsymbol{\alpha}_3$ 是三维列向量，且 $|\boldsymbol{A}|=1$，求矩阵 $\boldsymbol{B}$ 为可逆矩阵的条件.

注 分块矩阵的转置不仅要行列互换，还要把每一个子块转置.

三、分块矩阵的应用

1. 用分块矩阵求矩阵的逆矩阵

例 4 设 $\boldsymbol{A}$ 和 $\boldsymbol{B}$ 都是可逆矩阵，证明 $\begin{pmatrix}\boldsymbol{A}&\boldsymbol{C}\\\boldsymbol{O}&\boldsymbol{B}\end{pmatrix}$ 可逆，并求其逆矩阵.

分析 证明矩阵可逆可以借助行列式不等于 0 来说明，逆矩阵的求解可以利用定义去找与之乘积等于 $\boldsymbol{E}$ 的矩阵.

证明 $\begin{vmatrix}\boldsymbol{A}&\boldsymbol{C}\\\boldsymbol{O}&\boldsymbol{B}\end{vmatrix}=|\boldsymbol{A}||\boldsymbol{B}|\neq0$，所以 $\begin{pmatrix}\boldsymbol{A}&\boldsymbol{C}\\\boldsymbol{O}&\boldsymbol{B}\end{pmatrix}$ 是可逆矩阵.

下面求解 $\begin{pmatrix}\boldsymbol{A}&\boldsymbol{C}\\\boldsymbol{O}&\boldsymbol{B}\end{pmatrix}^{-1}$.

设

$$\begin{pmatrix}\boldsymbol{A}&\boldsymbol{C}\\\boldsymbol{O}&\boldsymbol{B}\end{pmatrix}^{-1}=\begin{pmatrix}\boldsymbol{X}_1&\boldsymbol{X}_2\\\boldsymbol{X}_3&\boldsymbol{X}_4\end{pmatrix},$$

则

$$\begin{pmatrix}\boldsymbol{A}&\boldsymbol{C}\\\boldsymbol{O}&\boldsymbol{B}\end{pmatrix}\begin{pmatrix}\boldsymbol{X}_1&\boldsymbol{X}_2\\\boldsymbol{X}_3&\boldsymbol{X}_4\end{pmatrix}=\begin{pmatrix}\boldsymbol{E}&\boldsymbol{O}\\\boldsymbol{O}&\boldsymbol{E}\end{pmatrix},$$

$$\begin{pmatrix}\boldsymbol{A}\boldsymbol{X}_1+\boldsymbol{C}\boldsymbol{X}_3&\boldsymbol{A}\boldsymbol{X}_2+\boldsymbol{C}\boldsymbol{X}_4\\\boldsymbol{B}\boldsymbol{X}_3&\boldsymbol{B}\boldsymbol{X}_4\end{pmatrix}=\begin{pmatrix}\boldsymbol{E}&\boldsymbol{O}\\\boldsymbol{O}&\boldsymbol{E}\end{pmatrix},$$

由矩阵相等的定义可知

$$\begin{cases}\boldsymbol{A}\boldsymbol{X}_1+\boldsymbol{C}\boldsymbol{X}_3=\boldsymbol{E}, & ①\\\boldsymbol{A}\boldsymbol{X}_2+\boldsymbol{C}\boldsymbol{X}_4=\boldsymbol{O}, & ②\\\boldsymbol{B}\boldsymbol{X}_3=\boldsymbol{O}, & ③\\\boldsymbol{B}\boldsymbol{X}_4=\boldsymbol{E}. & ④\end{cases}$$

因为 $\boldsymbol{B}$ 可逆，故从③和④可得出 $\boldsymbol{X}_3=\boldsymbol{O}$，$\boldsymbol{X}_4=\boldsymbol{B}^{-1}$，代入①和②可得

$$\begin{cases} AX_1 = E, \\ AX_2 + CB^{-1} = O. \end{cases}$$

求得 $X_1 = A^{-1}$，$X_2 = -A^{-1}CB^{-1}$. 所以

$$\begin{pmatrix} A & C \\ O & B \end{pmatrix}^{-1} = \begin{pmatrix} A^{-1} & -A^{-1}CB^{-1} \\ O & B^{-1} \end{pmatrix}.$$

类似地，

$$\begin{pmatrix} A & O \\ C & B \end{pmatrix}^{-1} = \begin{pmatrix} A^{-1} & O \\ -B^{-1}CA^{-1} & B^{-1} \end{pmatrix}.$$

特别地，当 $C = O$ 时，有

$$\begin{pmatrix} A & O \\ O & B \end{pmatrix}^{-1} = \begin{pmatrix} A^{-1} & O \\ O & B^{-1} \end{pmatrix}.$$

□

【同步训练 3】 求 $\begin{pmatrix} O & A \\ B & O \end{pmatrix}$ 的逆矩阵，其中 A，B 为可逆矩阵.

2. 分块矩阵在矩阵的秩方面的应用

(1) $R(A+B) \leqslant R(A) + R(B)$.

证明 设

$$A = (\alpha_1, \alpha_2, \cdots, \alpha_n), \ B = (\beta_1, \beta_2, \cdots, \beta_n),$$

则

$$A + B = (\alpha_1 + \beta_1, \alpha_2 + \beta_2, \cdots, \alpha_n + \beta_n).$$

由第二章第七节的例 2 知

$$R(\alpha_1 + \beta_1, \alpha_2 + \beta_2, \cdots, \alpha_n + \beta_n) \leqslant R(\alpha_1, \alpha_2, \cdots, \alpha_n) + R(\beta_1, \beta_2, \cdots, \beta_n),$$

即为

$$R(A+B) \leqslant R(A) + R(B).$$

■

(2) $R(AB) \leqslant \min(R(A), R(B))$.

证明 设 A 为 $m \times n$ 矩阵，B 为 $n \times s$ 矩阵，将 A 按列分块得 $A = (\alpha_1, \alpha_2, \cdots, \alpha_n)$，令

$$C = AB = (\alpha_1, \alpha_2, \cdots, \alpha_n) \begin{pmatrix} b_{11} & b_{12} & \cdots & b_{1s} \\ b_{21} & b_{22} & \cdots & b_{2s} \\ \vdots & \vdots & & \vdots \\ b_{n1} & b_{n2} & \cdots & b_{ns} \end{pmatrix} = (\gamma_1, \gamma_2, \cdots, \gamma_s),$$

即有

$$\gamma_i = (\alpha_1, \alpha_2, \cdots, \alpha_n) \begin{pmatrix} b_{1i} \\ b_{2i} \\ \vdots \\ b_{ni} \end{pmatrix} = b_{1i}\alpha_1 + b_{2i}\alpha_2 + \cdots + b_{ni}\alpha_n, i = 1, 2, \cdots, s.$$

因此向量组 $\gamma_1, \gamma_2, \cdots, \gamma_s$ 可以由 $\alpha_1, \alpha_2, \cdots, \alpha_n$ 线性表示，由定理 2.15 得

$$R(\gamma_1, \gamma_2, \cdots, \gamma_s) \leqslant R(\alpha_1, \alpha_2, \cdots, \alpha_s),$$

即 $R(C) = R(AB) \leqslant R(A)$.

另一方面，

$$R(AB) = R((AB)^{\mathrm{T}}) = R(B^{\mathrm{T}}A^{\mathrm{T}}) \leqslant R(B^{\mathrm{T}}) = R(B).$$

综上，可得 $R(\boldsymbol{AB})\leqslant\min(R(\boldsymbol{A}),R(\boldsymbol{B}))$. ■

例 5　设 $\boldsymbol{A}$ 是 $m\times n$ 矩阵，且 $m<n$，证明：$|\boldsymbol{A}^{\mathrm{T}}\boldsymbol{A}|=0$.

解　$R(\boldsymbol{A})\leqslant\min(m,n)=m$，而 $\boldsymbol{A}^{\mathrm{T}}\boldsymbol{A}$ 是 n 阶矩阵，且

$$R(\boldsymbol{A}^{\mathrm{T}}\boldsymbol{A})\leqslant R(\boldsymbol{A})\leqslant m<n,$$

故 $|\boldsymbol{A}^{\mathrm{T}}\boldsymbol{A}|=0$. □

(3) $\boldsymbol{A}$ 是 $m\times n$ 矩阵，$\boldsymbol{P},\boldsymbol{Q}$ 分别为 m,n 阶可逆方阵，则

$$R(\boldsymbol{A})=R(\boldsymbol{PA})=R(\boldsymbol{AQ})=R(\boldsymbol{PAQ}).$$

证明　由 (2) 可以知道 $R(\boldsymbol{PA})\leqslant R(\boldsymbol{A})$.

另一方面，由于 $\boldsymbol{P}$ 可逆，所以

$$R(\boldsymbol{A})=R(\boldsymbol{P}^{-1}\boldsymbol{PA})\leqslant R(\boldsymbol{PA}),$$

因此 $R(\boldsymbol{A})=R(\boldsymbol{PA})$.

类似地，可证 $R(\boldsymbol{A})=R(\boldsymbol{AQ})=R(\boldsymbol{PAQ})$. ■

例 6　设矩阵 $\boldsymbol{A}=\begin{pmatrix}1&0&1\\1&1&0\\0&1&1\end{pmatrix}$，矩阵 $\boldsymbol{B}$ 满足 $R(\boldsymbol{B})=2$，求 $R(\boldsymbol{AB})$.

解　计算得

$$|\boldsymbol{A}|=\begin{vmatrix}1&0&1\\1&1&0\\0&1&1\end{vmatrix}=\begin{vmatrix}1&0&1\\0&1&-1\\0&1&1\end{vmatrix}=2\neq0,$$

所以矩阵 $\boldsymbol{A}$ 为可逆矩阵，这样 $R(\boldsymbol{AB})=R(\boldsymbol{B})=2$. □

第五节　矩阵的初等变换

前面学习了利用矩阵的初等变换解线性方程组和求矩阵的秩，本节将介绍它与矩阵乘法的关系，并给出求逆矩阵的另一种方法.

一、矩阵的初等变换与初等矩阵

我们知道矩阵的初等变换包括三种初等行变换与三种初等列变换：

(1) 对换变换：交换矩阵的第 i,j 行（列），即 $r_i\leftrightarrow r_j(c_i\leftrightarrow c_j)$；

(2) 倍乘变换：用一个非零的数 k 乘矩阵的第 i 行（列），即 $r_i\times k(c_i\times k),k\neq0$；

(3) 倍加变换：用一个数 k 乘矩阵第 j 行（列）加到第 i 行（列），即 $r_i+kr_j(c_i+kc_j)(i\neq j)$.

注　初等变换保持矩阵的秩不变，因而初等变换把可逆矩阵化为可逆矩阵.

定义 3.16　由单位矩阵 $\boldsymbol{E}$ 只经过**一次**初等变换而得到的矩阵称为**初等矩阵**（elementary matrix）.

初等矩阵有如下三种形式：

（1）交换单位矩阵 $\boldsymbol{E}$ 的第 i,j 行（列），所得初等矩阵记为

$$\boldsymbol{P}(i,j)=\left(\begin{array}{ccccccc}1&&&&&&\\&\ddots&&&&&\\&&0&\cdots&1&&\\&&\vdots&\ddots&\vdots&&\\&&1&\cdots&0&&\\&&&&&\ddots&\\&&&&&&1\end{array}\right)\begin{array}{l}\\\\i\text{ 行}\\\\j\text{ 行}\\\\\\\end{array}$$

$$\begin{array}{cc}i\text{ 列}&j\text{ 列}\end{array}$$

（2）用一个非零数 k 乘单位矩阵的第 i 行（列），所得初等矩阵记为

$$\boldsymbol{P}(i(k))=\left(\begin{array}{ccccc}1&&&&\\&\ddots&&&\\&&k&&\\&&&\ddots&\\&&&&1\end{array}\right)\begin{array}{l}\\\\i\text{ 行}\\\\\\\end{array}$$

$$i\text{ 列}$$

（3）用一个数 k 乘单位矩阵的第 j 行加到第 i 行（或用一个数 k 乘单位矩阵的第 i 列加到第 j 列），所得初等矩阵记为

$$\boldsymbol{P}(i,j(k))=\left(\begin{array}{ccccccc}1&&&&&&\\&\ddots&&&&&\\&&1&\cdots&k&&\\&&&\ddots&\vdots&&\\&&&&1&&\\&&&&&\ddots&\\&&&&&&1\end{array}\right)\begin{array}{l}\\\\i\text{ 行}\\\\j\text{ 行}\\\\\\\end{array}$$

$$\begin{array}{cc}i\text{ 列}&j\text{ 列}\end{array}$$

注

（1）概念中强调“只经过一次”这句话.

（2）初等矩阵都可以只经过一次初等变换化为单位矩阵．具体来讲：

$\boldsymbol{P}(i,j)$ 作 $r_i \leftrightarrow r_j$ 化为 $\boldsymbol{E}$；$\boldsymbol{P}(i(k))$ 作 $r_i \times \dfrac{1}{k}$ 化为 $\boldsymbol{E}$；

$\boldsymbol{P}(i,j(k))$ 作 $r_i+(-k)r_j$ 化为 $\boldsymbol{E}$.

例 1　判断下列矩阵是否为初等矩阵：

(1) $A=\begin{pmatrix}1&5&0\\0&1&0\\0&0&1\end{pmatrix}$；(2) $B=\begin{pmatrix}0&1&0\\0&0&1\\1&0&0\end{pmatrix}$；(3) $C=\begin{pmatrix}1&0&0\\0&0&0\\0&0&1\end{pmatrix}$.

解　$\boldsymbol{A}$ 是初等矩阵，它是单位矩阵的第二行乘以数 5 加到第一行得到的．$\boldsymbol{B}$ 是单位矩阵经过两次初等行交换得到的，所以不是初等矩阵．任何初等行（列）变换都不能把 $\boldsymbol{C}$ 化为单位矩阵，所以 $\boldsymbol{C}$ 不是初等矩阵. □

下面我们看初等矩阵的一个结论.

引理 3.1　若 $\boldsymbol{B}=\begin{pmatrix}b_{11}&b_{12}&\cdots&b_{1n}\\b_{21}&b_{22}&\cdots&b_{2n}\\\vdots&\vdots&&\vdots\\b_{m1}&b_{m2}&\cdots&b_{mn}\end{pmatrix}=\begin{pmatrix}\boldsymbol{B}_1\\\boldsymbol{B}_2\\\vdots\\\boldsymbol{B}_m\end{pmatrix}$，其中 $\boldsymbol{B}_1,\boldsymbol{B}_2,\cdots,\boldsymbol{B}_m$ 表示 $\boldsymbol{B}_{m\times n}$的行向量，$\boldsymbol{\varepsilon}_i=(0,\cdots,0,1,0,\cdots,0),i=1,2,\cdots,m$ 为 m 维单位向量组，则

$$\boldsymbol{\varepsilon}_i\boldsymbol{B}=\boldsymbol{B}_i,\ i=1,2,\cdots,m.$$

证明　将行向量 $\boldsymbol{\varepsilon}_i=(0,\cdots,0,1,0,\cdots,0)$ 看作 $1\times m$ 的矩阵，矩阵 $\boldsymbol{B}=\begin{pmatrix}\boldsymbol{B}_1\\\boldsymbol{B}_2\\\vdots\\\boldsymbol{B}_m\end{pmatrix}$是 $m\times 1$ 的分块矩阵，两者可以作分块矩阵的乘法，且为

$$\boldsymbol{\varepsilon}_i\boldsymbol{B}=(0,\cdots,0,1,0,\cdots,0)\begin{pmatrix}\boldsymbol{B}_1\\\boldsymbol{B}_2\\\vdots\\\boldsymbol{B}_m\end{pmatrix}=0\boldsymbol{B}_1+0\boldsymbol{B}_2+\cdots+1\boldsymbol{B}_i+\cdots+0\boldsymbol{B}_m=\boldsymbol{B}_i.$$ ■

定理 3.3

(1) $\boldsymbol{P}_m(i,j)\boldsymbol{A}_{m\times n}$其结果相当于交换 $\boldsymbol{A}_{m\times n}$的 i,j 两行；

$\boldsymbol{A}_{m\times n}\boldsymbol{P}_n(i,j)$其结果相当于交换 $\boldsymbol{A}_{m\times n}$的 i,j 两列.

(2) $\boldsymbol{P}_m(i(k))\boldsymbol{A}_{m\times n}$其结果相当于以 $k(\neq 0)$ 乘 $\boldsymbol{A}_{m\times n}$的第 i 行；

$\boldsymbol{A}_{m\times n}\boldsymbol{P}_n(i(k))$其结果相当于以 $k(\neq 0)$ 乘 $\boldsymbol{A}_{m\times n}$的第 i 列.

(3) $\boldsymbol{P}_m(i,j(k))\boldsymbol{A}_{m\times n}$其结果相当于把 $\boldsymbol{A}_{m\times n}$的第 j 行的 k 倍加到第 i 行上去；

$\boldsymbol{A}_{m\times n}\boldsymbol{P}_n(i,j(k))$其结果相当于把 $\boldsymbol{A}_{m\times n}$ 的第 i 列的 k 倍加到第 j 列上去.

证明　我们只证明 (3)，其余可类似证明，感兴趣的读者可自行尝试．令

$$A_{m\times n}=\begin{pmatrix}\vdots\\A_i\\\vdots\\A_j\\\vdots\end{pmatrix},$$

那么

$$P_m(i,j(k))A=\begin{pmatrix}\vdots\\\varepsilon_i+k\varepsilon_j\\\vdots\\\varepsilon_j\\\vdots\end{pmatrix}A=\begin{pmatrix}\vdots\\(\varepsilon_i+k\varepsilon_j)A\\\vdots\\\varepsilon_jA\\\vdots\end{pmatrix}=\begin{pmatrix}\vdots\\A_i+kA_j\\\vdots\\A_j\\\vdots\end{pmatrix},$$

即在$A_{m\times n}$的左边乘以$P_m(i,j(k))$等于把$A_{m\times n}$的第j行的k倍加到第i行上去.

类似地，可证明，$A_{m\times n}P_n(i,j(k))$相当于把$A_{m\times n}$的第i列的k倍加到第j列上去. ■

根据上面定理，很自然地有，

$$P(i,j)P(i,j)=E,\ P\left(i\left(\frac{1}{k}\right)\right)P(i(k))=E,\ P(i,j(-k))P(i,j(k))=E.$$

所以初等矩阵都是可逆矩阵，且它们的逆矩阵仍然是初等矩阵.

二、利用初等行变换求逆矩阵

定理 3.4 可以只经过一系列的初等行变换把n阶可逆方阵A化为n阶单位矩阵E.

证明 矩阵A是可逆方阵，因此齐次线性方程组$AX=0$只有零解. 因此系数矩阵A可化简为E，并且只经过了一系列的初等行变换. ■

用矩阵的形式来表示定理 3.4 即，存在初等矩阵$P_1,P_2,\cdots,P_s$，使得

$$P_s\cdots P_2P_1A=E. \tag{3-2}$$

式（3-2）意味着

$$P_s\cdots P_2P_1=A^{-1},$$

易得

$$P_s\cdots P_2P_1E=A^{-1}. \tag{3-3}$$

比较式（3-2）和式（3-3）知：若A经过一系列的初等行变换化为E，则E经过完全相同的初等行变换化为A^{-1}. 至此我们得到一种利用初等行变换求逆矩阵的方法：

（1）把A和E并排放在一起，构成一个$n\times 2n$的矩阵(A,E)；

（2）对上面的$n\times 2n$矩阵作初等行变换，目的是把A化成E，E就自然被化为A^{-1}，即$(A,E)\xrightarrow{\text{初等行变换}}(E,A^{-1})$.

注　如果将式（3-3）中的 $\boldsymbol{E}$ 换为矩阵 $\boldsymbol{B}$，那么式（3-3）就变为

$$\boldsymbol{P}_s\cdots\boldsymbol{P}_2\boldsymbol{P}_1\boldsymbol{B}=\boldsymbol{A}^{-1}\boldsymbol{B} \tag{3-4}$$

结合式（3-2）和式（3-4）知，$(\boldsymbol{A},\boldsymbol{B})\xrightarrow{\text{初等行变换}}(\boldsymbol{E},\boldsymbol{A}^{-1}\boldsymbol{B})$.

这和第一节的例 5 是统一的，即可以求解矩阵方程 $\boldsymbol{AX}=\boldsymbol{B}$.

例 2　利用初等行变换法求矩阵 $\boldsymbol{A}=\begin{pmatrix}1&1&1\\0&1&1\\0&0&1\end{pmatrix}$ 的逆矩阵.

解　将矩阵 $\boldsymbol{A}$ 和矩阵 $\boldsymbol{E}$ 形成分块矩阵（$\boldsymbol{A}$，$\boldsymbol{E}$）作初等行变换，具体计算如下：

$$(\boldsymbol{A},\boldsymbol{E})=\begin{pmatrix}1&1&1&1&0&0\\0&1&1&0&1&0\\0&0&1&0&0&1\end{pmatrix}\xrightarrow{r_1-r_2}\begin{pmatrix}1&0&0&1&-1&0\\0&1&1&0&1&0\\0&0&1&0&0&1\end{pmatrix}$$

$$\xrightarrow{r_2-r_3}\begin{pmatrix}1&0&0&1&-1&0\\0&1&0&0&1&-1\\0&0&1&0&0&1\end{pmatrix}.$$

因此 $\boldsymbol{A}^{-1}=\begin{pmatrix}1&-1&0\\0&1&-1\\0&0&1\end{pmatrix}$. □

三、初等列变换法求逆矩阵

定理 3.5　n 阶可逆方阵 $\boldsymbol{A}$ 可以只经过一系列的初等列变换化为 n 阶单位矩阵 $\boldsymbol{E}$.

证明　矩阵 $\boldsymbol{A}$ 是可逆矩阵，所以矩阵 $\boldsymbol{A}^{\mathrm{T}}$ 也是可逆矩阵．齐次线性方程组 $\boldsymbol{A}^{\mathrm{T}}\boldsymbol{X}=\boldsymbol{0}$ 只有零解．进而系数矩阵 $\boldsymbol{A}^{\mathrm{T}}$ 可只经过一系列的初等行变换化简为 $\boldsymbol{E}$，也就是 $\boldsymbol{A}$ 只经过一系列的初等列变换可化简为 $\boldsymbol{E}$. ■

用矩阵的形式来表示定理 3.5 就是，存在初等矩阵 $\boldsymbol{Q}_1,\boldsymbol{Q}_2,\cdots,\boldsymbol{Q}_t$，使得

$$\boldsymbol{AQ}_1\boldsymbol{Q}_2\cdots\boldsymbol{Q}_t=\boldsymbol{E}. \tag{3-5}$$

式（3-5）意味着

$$\boldsymbol{Q}_1\boldsymbol{Q}_2\cdots\boldsymbol{Q}_t=\boldsymbol{A}^{-1},$$

易得

$$\boldsymbol{EQ}_1\boldsymbol{Q}_2\cdots\boldsymbol{Q}_t=\boldsymbol{A}^{-1}. \tag{3-6}$$

比较式（3-5）和式（3-6）知：若 $\boldsymbol{A}$ 经过一系列的初等列变换化为 $\boldsymbol{E}$，则 $\boldsymbol{E}$ 经过完全相同的初等列变换化为 $\boldsymbol{A}^{-1}$. 至此我们得到一种利用初等列变换求逆矩阵的方法：

（1）把 $\boldsymbol{A}$ 和 $\boldsymbol{E}$ 按列形成 $2n\times n$ 的矩阵 $\begin{pmatrix}\boldsymbol{A}\\\boldsymbol{E}\end{pmatrix}$；

（2）对上面的 $2n\times n$ 的矩阵作初等列变换，目的是把 $\boldsymbol{A}$ 化成 $\boldsymbol{E}$，$\boldsymbol{E}$

【同步训练 1】　用初等行变换法求矩阵 $\boldsymbol{A}=\begin{pmatrix}1&0&1\\1&1&0\\0&1&1\end{pmatrix}$ 的逆矩阵.

就自然被化为A^{-1}，即$\begin{pmatrix}A\\E\end{pmatrix}\xrightarrow{\text{初等列变换}}\begin{pmatrix}E\\A^{-1}\end{pmatrix}$.

注 如果将式（3-6）中的E换为矩阵B，那么式（3-6）会变为

$$BQ_1Q_2\cdots Q_t=BA^{-1}. \tag{3-7}$$

结合式（3-5）和式（3-7）知$\begin{pmatrix}A\\B\end{pmatrix}\xrightarrow{\text{初等列变换}}\begin{pmatrix}E\\BA^{-1}\end{pmatrix}$.

例 3 利用初等列变换法求矩阵$A=\begin{pmatrix}1&1&1\\0&1&1\\0&0&1\end{pmatrix}$的逆矩阵.

解 将矩阵A和E形成分块矩阵$\begin{pmatrix}A\\E\end{pmatrix}$并作初等列变换，具体计算如下：

$$\begin{pmatrix}A\\E\end{pmatrix}=\begin{pmatrix}1&1&1\\0&1&1\\0&0&1\\1&0&0\\0&1&0\\0&0&1\end{pmatrix}\xrightarrow{c_3-c_2}\begin{pmatrix}1&1&0\\0&1&0\\0&0&1\\1&0&0\\0&1&-1\\0&0&1\end{pmatrix}\xrightarrow{c_2-c_1}\begin{pmatrix}1&0&0\\0&1&0\\0&0&1\\1&-1&0\\0&1&-1\\0&0&1\end{pmatrix}.$$

因此$A^{-1}=\begin{pmatrix}1&-1&0\\0&1&-1\\0&0&1\end{pmatrix}$. □

【同步训练 2】 用初等列变换法求矩阵$A=\begin{pmatrix}1&0&1\\1&1&0\\0&1&1\end{pmatrix}$的逆矩阵.

*第六节 综合与提高

一、关于$AB=O$的相关结论

例 1 $AB=O$当且仅当B的每一列都是齐次线性方程组$AX=0$的解.

证明 将矩阵B按列分块，设$B=(B_1,B_2,\cdots,B_s)$，则

$$AB=A(B_1,B_2,\cdots,B_s)=(AB_1,AB_2,\cdots,AB_s)=(0,0,\cdots,0),$$

当且仅当

$$AB_i=0,i=1,2,\cdots,s,$$

即B的每一列都是齐次线性方程组$AX=0$的解. □

例 2 设矩阵$A_{m\times n},B_{n\times s}$满足$AB=O$，则有$R(A)+R(B)\leqslant n$.

证明 由例 1，当$AB=O$时，B的每一列都是齐次线性方程组$AX=0$的解. 即B的列向量组包含于齐次线性方程组$AX=0$的解集中. 所以

$$R(B)\leqslant n-R(A).$$ □

例 3 设矩阵$A_{m\times n}$，证明：存在非零矩阵$B_{n\times s}$，使得$AB=O$的充要条件是$R(A)<n$.

证明 由例 1 知，存在非零矩阵$B_{n\times s}$，使得$AB=O$的充要条件是

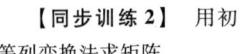

$AX=0$ 有非零解，而 $AX=0$ 有非零解的充要条件是 $R(A)<n$. □

例 4　若对于 $A_{m\times n}$，有 $AB=AC$，则 $B=C$ 的充要条件是 $R(A)=n$.

证明　已知 $AB=AC$，所以 $AB-AC=O$，即 $A(B-C)=O$.

根据例 3 的逆否命题，知道 $B-C=O$（即 $B=C$）的充要条件是 $R(A)=n$. □

例 5　设 $A=\begin{pmatrix}1&0&2\\2&1&3\\1&t&1\end{pmatrix}$，存在 $B\neq O$，使得 $AB=O$，求 $R(B)$ 及 t 的值.

解　由例 3 知，$R(A)<3$，而

$$\begin{pmatrix}1&0&2\\2&1&3\\1&t&1\end{pmatrix}\xrightarrow{r_2-2r_1}\begin{pmatrix}1&0&2\\0&1&-1\\1&t&1\end{pmatrix}\xrightarrow{r_3-r_1}\begin{pmatrix}1&0&2\\0&1&-1\\0&t&-1\end{pmatrix}\xrightarrow{r_3-tr_2}\begin{pmatrix}1&0&2\\0&1&-1\\0&0&t-1\end{pmatrix},$$

所以 $t=1$，且 $R(A)=2$.

再根据例 2 有，

$$R(A)+R(B)\leqslant 3,$$

易得 $R(B)\leqslant 1$. 又因为 $B\neq O$，所以 $R(B)\geqslant 1$. 故有 $R(B)=1$. □

二、关于伴随矩阵的结论

我们前面已经有一些伴随矩阵的结论，下面给出其他的一些结论.

例 6　设矩阵 A,B 都是 n 阶可逆矩阵，则有下面结论成立

$$(AB)^*=B^*A^*;\ A^{**}=|A|^{n-2}A.$$

证明　$(AB)^*=|AB|(AB)^{-1}=|A||B|B^{-1}A^{-1}=(|B|B^{-1})(|A|A^{-1})=B^*A^*$;

$$A^{**}=|A^*|A^{*-1}=|A|^{n-1}(|A|A^{-1})^{-1}=|A|^{n-1}\frac{1}{|A|}A^{-1^{-1}}=|A|^{n-2}A. \quad □$$

例 7　设矩阵 A 是 n 阶矩阵，则

$$R(A^*)=\begin{cases}n, R(A)=n,\\1, R(A)=n-1,\\0, R(A)<n-1.\end{cases}$$

分析：从 A 与 A^* 的关系式 $AA^*=|A|E$ 入手，分情况讨论. 若 $|A|\neq 0$，可得到 A 和 A^* 都是可逆矩阵；若 $|A|=0$，则有 $AA^*=O$，进一步利用本节前面的结论分析秩之间的关系.

证明　分三种情况讨论：

（1）若 $R(A)=n$，则矩阵 A 为可逆矩阵，这样 A^* 也是可逆矩阵，所以

$$R(A^*)=n.$$

（2）若 $R(A)=n-1$，则 A 至少有一个 $n-1$ 阶子式不等于 0，也就是说 $A^*\neq O$，所以 $R(A^*)\geqslant 1$.

又 $R(\boldsymbol{A})=n-1$，有 $|\boldsymbol{A}|=0$，则

$$\boldsymbol{A}\boldsymbol{A}^*=|\boldsymbol{A}|\boldsymbol{E}=\boldsymbol{O},$$

根据例 2，$R(\boldsymbol{A})+R(\boldsymbol{A}^*)\leqslant n$，所以 $R(\boldsymbol{A}^*)\leqslant n-R(\boldsymbol{A})\leqslant 1$.

故 $R(\boldsymbol{A}^*)=1$.

(3) 若 $R(\boldsymbol{A})<n-1$，则矩阵 $\boldsymbol{A}$ 的所有 $n-1$ 阶子式都是 0，也就是说 $|\boldsymbol{A}|$ 的所有余子式 $M_{ij}=0$，这样就有 $A_{ij}=0$，所以 $\boldsymbol{A}^*=\boldsymbol{O}$，进而 $R(\boldsymbol{A}^*)=0$. □

三、矩阵方程

定理 3.6 矩阵方程 $\boldsymbol{AX}=\boldsymbol{B}$ 有解的充要条件是 $R(\boldsymbol{A})=R(\boldsymbol{A},\boldsymbol{B})$.

例 8 设矩阵 $\boldsymbol{A}=\begin{pmatrix}-1&1&1\\2&a&1\\-1&1&a\end{pmatrix}$，$\boldsymbol{B}=\begin{pmatrix}-2&-2\\1&a\\-a-1&-2\end{pmatrix}$，当 a 为何值时，矩阵方程 $\boldsymbol{AX}=\boldsymbol{B}$ 无解，有解，有唯一解？

解 设 $\boldsymbol{X}=\begin{pmatrix}x_1&y_1\\x_2&y_2\\x_3&y_3\end{pmatrix}$，则有

$$\begin{pmatrix}-1&1&1\\2&a&1\\-1&1&a\end{pmatrix}\begin{pmatrix}x_1\\x_2\\x_3\end{pmatrix}=\begin{pmatrix}-2\\1\\-a-1\end{pmatrix}\text{和}\begin{pmatrix}-1&1&1\\2&a&1\\-1&1&a\end{pmatrix}\begin{pmatrix}y_1\\y_2\\y_3\end{pmatrix}=\begin{pmatrix}-2\\a\\-2\end{pmatrix}.$$

同时解两个方程组

$$\begin{pmatrix}-1&1&1&-2&-2\\2&a&1&1&a\\-1&1&a&-a-1&-2\end{pmatrix}\to\begin{pmatrix}-1&1&1&-2&-2\\0&a+2&3&-3&a-4\\0&0&a-1&1-a&0\end{pmatrix}.$$

显然当 $a\neq-2,1$ 时，方程组有唯一解，因此 $\boldsymbol{X}$ 唯一.

当 $a=-2$ 时，无解.

当 $a=1$ 时，有无穷解. □

例 9 设矩阵 $\boldsymbol{A}=\begin{pmatrix}1&1&0\\1&1&2\end{pmatrix}$，求矩阵 $\boldsymbol{B}$，使得 $\boldsymbol{AB}=\boldsymbol{E}$.

解 设矩阵 $\boldsymbol{B}=\begin{pmatrix}x_1&x_4\\x_2&x_5\\x_3&x_6\end{pmatrix}$，则矩阵 $\boldsymbol{B}$ 的求解归结为两个方程组的求解

$$\begin{pmatrix}1&1&0\\1&1&2\end{pmatrix}\begin{pmatrix}x_1\\x_2\\x_3\end{pmatrix}=\begin{pmatrix}1\\0\end{pmatrix}\text{和}\begin{pmatrix}1&1&0\\1&1&2\end{pmatrix}\begin{pmatrix}x_4\\x_5\\x_6\end{pmatrix}=\begin{pmatrix}0\\1\end{pmatrix},$$

同时解这两个方程组即为化简

$$\begin{pmatrix}1&1&0&1&0\\1&1&2&0&1\end{pmatrix}\xrightarrow{r_2-r_1}\begin{pmatrix}1&1&0&1&0\\0&0&2&-1&1\end{pmatrix}\xrightarrow{\frac{1}{2}r_2}\begin{pmatrix}1&1&0&1&0\\0&0&1&-\frac{1}{2}&\frac{1}{2}\end{pmatrix},$$

解得

$$\begin{pmatrix} x_1 \\ x_2 \\ x_3 \end{pmatrix} = \begin{pmatrix} 1-k \\ k \\ -\frac{1}{2} \end{pmatrix}, \quad \begin{pmatrix} x_4 \\ x_5 \\ x_6 \end{pmatrix} = \begin{pmatrix} -l \\ l \\ \frac{1}{2} \end{pmatrix},$$

所以矩阵

$$\boldsymbol{B} = \begin{pmatrix} 1-k & -l \\ k & l \\ -\frac{1}{2} & \frac{1}{2} \end{pmatrix}, \ k, \ l \text{ 为任意常数.}$$ □

习 题 三

A 基础练习

1. 设矩阵 $\boldsymbol{A} = \begin{pmatrix} 1 & 0 & -1 & 2 \\ 2 & 1 & 3 & -5 \\ 0 & 0 & 1 & 4 \end{pmatrix}$，$\boldsymbol{B} = \begin{pmatrix} 3 & 0 & 5 & 0 \\ 1 & -1 & 2 & -2 \\ 2 & 3 & 0 & -2 \end{pmatrix}$，求 $\boldsymbol{A} + 2\boldsymbol{B}$，$2\boldsymbol{A} - 3\boldsymbol{B}$.

2. 设 $\boldsymbol{A} = \begin{pmatrix} 2 & 1 \\ -4 & -2 \end{pmatrix}$，$\boldsymbol{B} = \begin{pmatrix} 3 & -1 \\ -6 & 2 \end{pmatrix}$，求 $\boldsymbol{AB}$，$\boldsymbol{BA}$，$\boldsymbol{A}^2$.

3. 计算下列矩阵的乘积.

(1) $\begin{pmatrix} 1 & 1 & 1 \\ 0 & 1 & 3 \end{pmatrix} \begin{pmatrix} 2 & 0 \\ 1 & 9 \\ 1 & -1 \end{pmatrix}$；(2) $\begin{pmatrix} 1 & 0 & 1 \\ -3 & 1 & 2 \end{pmatrix} \begin{pmatrix} 1 \\ 2 \\ -4 \end{pmatrix}$；

(3) $(1, \ -1) \begin{pmatrix} 1 & 2 & 1 \\ -1 & 1 & 1 \end{pmatrix}$；

(4) $(1, \ -3) \begin{pmatrix} 2 & -2 & 1 \\ -1 & 0 & 1 \end{pmatrix} \begin{pmatrix} 0 \\ -7 \\ 3 \end{pmatrix}$；(5) $\begin{pmatrix} 0 \\ -5 \\ 4 \end{pmatrix} (1, \ 2, \ 5)$.

4. 设 $\boldsymbol{A} = \begin{pmatrix} 1 & 0 & 0 \\ 1 & 1 & 0 \\ 0 & 0 & 1 \end{pmatrix}$，求 $\boldsymbol{A}^n$.

5. 已知 $\boldsymbol{\alpha} = (1, \ 2, \ 3)^{\mathrm{T}}$，$\boldsymbol{\beta} = \left(1, \ \frac{1}{2}, \ \frac{1}{3}\right)^{\mathrm{T}}$，$\boldsymbol{A} = \boldsymbol{\alpha}\boldsymbol{\beta}^{\mathrm{T}}$，求 $\boldsymbol{A}^n$.

6. 设 $\boldsymbol{A} = \begin{pmatrix} 1 & 1 & 1 \\ 0 & 1 & 3 \end{pmatrix}$，$\boldsymbol{B} = \begin{pmatrix} 0 & 1 & 2 \\ 2 & 1 & -3 \end{pmatrix}$，求 $\boldsymbol{AB}^{\mathrm{T}}$ 和 $\boldsymbol{BA}^{\mathrm{T}}$.

7. 设 $\boldsymbol{A} = \begin{pmatrix} 2 & 1 & 1 \\ 3 & 1 & 2 \\ 1 & -1 & 0 \end{pmatrix}$，$f(x) = x^2 - x - 1$，求 $f(\boldsymbol{A})$.

8. 设 $\boldsymbol{A}$，$\boldsymbol{B}$ 为 n 阶方阵，且 $\boldsymbol{A}$ 是对称矩阵，证明：$\boldsymbol{B}^{\mathrm{T}}\boldsymbol{A}\boldsymbol{B}$ 也是对称矩阵.

9. 设 $\boldsymbol{A}$ 是实对称矩阵，且满足 $\boldsymbol{A}^2=\boldsymbol{O}$，证明：$\boldsymbol{A}=\boldsymbol{O}$.

10. 设 $\boldsymbol{A}^{\mathrm{T}}=2\boldsymbol{A}$，求证：$\boldsymbol{A}=\boldsymbol{O}$.

11. 设 $\boldsymbol{A}$ 是 n 阶方阵，求证：存在唯一对称矩阵 $\boldsymbol{B}$、反对称矩阵 $\boldsymbol{C}$，使得 $\boldsymbol{A}=\boldsymbol{B}+\boldsymbol{C}$.

12. 证明：两个上三角矩阵的乘积仍是上三角矩阵.

13. 判断下面矩阵是否可逆，若可逆，求出它们的逆矩阵.

（1）$\begin{pmatrix}1&2\\3&5\end{pmatrix}$；（2）$\begin{pmatrix}1&1&-1\\0&2&1\\1&1&2\end{pmatrix}$；（3）$\begin{pmatrix}0&1&-1\\1&2&1\\1&1&3\end{pmatrix}$.

14. 求解矩阵方程 $\boldsymbol{X}\begin{pmatrix}1&0&1\\0&1&0\\1&2&5\end{pmatrix}=\begin{pmatrix}1&1&2\\0&0&-2\end{pmatrix}$.

15. 求解矩阵方程 $\begin{pmatrix}2&1\\1&3\end{pmatrix}\boldsymbol{X}\begin{pmatrix}0&-1\\1&1\end{pmatrix}=\begin{pmatrix}1&3\\-6&1\end{pmatrix}$.

16. 求解矩阵方程 $\begin{pmatrix}1&0&1\\0&1&0\\1&0&3\end{pmatrix}\boldsymbol{X}=\begin{pmatrix}1&2&3\\7&0&0\\1&1&0\end{pmatrix}$.

17. 设 $\boldsymbol{A}$ 是 n 阶方阵，且 $(\boldsymbol{A}+\boldsymbol{E})^2=\boldsymbol{O}$，证明：$\boldsymbol{A}$ 可逆.

18. 已知 n 阶方阵 $\boldsymbol{A}$ 满足 $\boldsymbol{A}^2+2\boldsymbol{A}-3\boldsymbol{E}=\boldsymbol{O}$，求

（1）$(\boldsymbol{A}+2\boldsymbol{E})^{-1}$，$(\boldsymbol{A}+4\boldsymbol{E})^{-1}$.

（2）$\boldsymbol{A}+n\boldsymbol{E}$（$n$ 是整数）是否可逆？若可逆，求其逆矩阵.

19. 设三阶方阵 $\boldsymbol{A}=\begin{pmatrix}0&2&3\\1&1&0\\0&2&3\end{pmatrix}$，又 $\boldsymbol{X}$ 是三阶未知矩阵．解矩阵方程

$$\boldsymbol{AX}=\boldsymbol{A}+2\boldsymbol{X}.$$

20. 已知 $\boldsymbol{ABA}^{\mathrm{T}}=2\boldsymbol{BA}^{\mathrm{T}}+\boldsymbol{E}$，求 $\boldsymbol{B}$，其中 $\boldsymbol{A}=\begin{pmatrix}1&0&0\\0&1&2\\0&0&1\end{pmatrix}$.

21. 设二阶矩阵 $\boldsymbol{A}$ 可逆，且 $\boldsymbol{A}^{-1}=\begin{pmatrix}a_1&a_2\\b_1&b_2\end{pmatrix}$，对于矩阵 $\boldsymbol{P}=\begin{pmatrix}1&2\\0&1\end{pmatrix}$，$\boldsymbol{Q}=\begin{pmatrix}0&1\\1&0\end{pmatrix}$，令 $\boldsymbol{B}=\boldsymbol{PAQ}$，求 $\boldsymbol{B}^{-1}$.

22. 用初等行变换求下面矩阵的逆矩阵

$$\boldsymbol{A}=\begin{pmatrix}0&2&-1\\1&1&2\\-1&-1&-1\end{pmatrix}.$$

23. 设 $\boldsymbol{A}$ 为 n 阶矩阵，$\boldsymbol{\beta}_1$，$\boldsymbol{\beta}_2$，…，$\boldsymbol{\beta}_n$ 为 $\boldsymbol{A}$ 的列向量，试用 $\boldsymbol{\beta}_1$，

$\boldsymbol{\beta}_2$，…，$\boldsymbol{\beta}_n$ 表示 $\boldsymbol{A}^{\mathrm{T}}\boldsymbol{A}$.

24. 证明：$R\begin{pmatrix}\boldsymbol{A} & \boldsymbol{O}\\ \boldsymbol{O} & \boldsymbol{B}\end{pmatrix}=R(\boldsymbol{A})+R(\boldsymbol{B})$.

25. 利用分块矩阵求解下面矩阵的逆矩阵，其中 $a_i\neq 0$：

（1）$\begin{pmatrix}2 & 1 & 0 & 0\\ 1 & 1 & 0 & 0\\ 0 & 0 & 1 & 2\\ 0 & 0 & 3 & 4\end{pmatrix}$；（2）$\begin{pmatrix}0 & a_1 & \cdots & 0\\ \vdots & \vdots & & \vdots\\ 0 & 0 & \cdots & a_{n-1}\\ a_n & 0 & \cdots & 0\end{pmatrix}$；

（3）$\begin{pmatrix}0 & 0 & \cdots & a_1\\ 0 & \cdots & a_2 & 0\\ \vdots & & \vdots & \vdots\\ a_n & \cdots & 0 & 0\end{pmatrix}$.

B 扩展练习

1. 已知 $\boldsymbol{\alpha}=\left(\frac{1}{2},0,\cdots,0,\frac{1}{2}\right)^{\mathrm{T}}$ 是 n 维列向量，$\boldsymbol{A}=\boldsymbol{E}-\boldsymbol{\alpha}\boldsymbol{\alpha}^{\mathrm{T}}$，$\boldsymbol{B}=\boldsymbol{E}+2\boldsymbol{\alpha}\boldsymbol{\alpha}^{\mathrm{T}}$，求 $\boldsymbol{AB}$，$\boldsymbol{BA}$.

2. 设 $\boldsymbol{A}$ 是 n 阶方阵，$\boldsymbol{\alpha}$ 是 n 维非零列向量，且 $\boldsymbol{A}=\boldsymbol{E}-\boldsymbol{\alpha}\boldsymbol{\alpha}^{\mathrm{T}}$，证明：

（1）$\boldsymbol{A}^2=\boldsymbol{A}$ 的充要条件是 $\boldsymbol{\alpha}^{\mathrm{T}}\boldsymbol{\alpha}=1$.

（2）$\boldsymbol{\alpha}^{\mathrm{T}}\boldsymbol{\alpha}=1$ 时，$\boldsymbol{A}$ 是不可逆矩阵.

3. 已知 $\boldsymbol{\alpha}$ 是 3×1 矩阵，且 $\boldsymbol{A}=\boldsymbol{\alpha}\boldsymbol{\alpha}^{\mathrm{T}}=\begin{pmatrix}1 & 2 & 3\\ 2 & 4 & 6\\ 3 & 6 & 9\end{pmatrix}$，求（1）$\boldsymbol{\alpha}^{\mathrm{T}}\boldsymbol{\alpha}$；（2）$\boldsymbol{A}^n$（$n$ 为正整数）.

4. 若 $\boldsymbol{A}$ 为非零实矩阵，且 $\boldsymbol{A}^*=\boldsymbol{A}^{\mathrm{T}}$，证明：$\boldsymbol{A}$ 可逆.

5. 设 n 阶矩阵 $\boldsymbol{A}$，$\boldsymbol{B}$，$\boldsymbol{A}+\boldsymbol{B}$ 均为可逆矩阵，证明：$\boldsymbol{A}^{-1}+\boldsymbol{B}^{-1}$ 也可逆，并求其逆矩阵.

6. 当 a，b 满足什么条件时，矩阵 $\boldsymbol{A}$ 可逆. 其中

$$\boldsymbol{A}=\begin{pmatrix}1 & 2 & a\\ 1 & 0 & -1\\ b & 1 & 0\end{pmatrix}.$$

7. 设 $\boldsymbol{A}$ 是三阶矩阵，$\boldsymbol{A}^*$ 为 $\boldsymbol{A}$ 的伴随矩阵. 已知 $|\boldsymbol{A}|=\frac{1}{2}$，求 $|(3\boldsymbol{A})^{-1}-2\boldsymbol{A}^*|$.

*8. 设 $\boldsymbol{A}=\begin{pmatrix}1 & 1 & 0\\ 0 & 1 & 2\\ 0 & 1 & t\end{pmatrix}$，试求 $R(\boldsymbol{A}^*)$.

*9. 设 n 阶矩阵 $\boldsymbol{A}$，$\boldsymbol{B}$ 均是可逆矩阵，证明：$\begin{pmatrix}\boldsymbol{A} & \boldsymbol{O}\\ \boldsymbol{O} & \boldsymbol{B}\end{pmatrix}^*=$

$\begin{pmatrix} |B|A^* & O \\ O & |A|B^* \end{pmatrix}$.

*10. 设 A，B 都是二阶矩阵，且 $|A|=2$，$|B|=3$，证明：$\begin{pmatrix} O & A \\ B & O \end{pmatrix}^* = \begin{pmatrix} O & 2B^* \\ 3A^* & O \end{pmatrix}$.

11. 设 A 为 n 阶方阵，且 $A^k=O$，$\xi \neq 0$ 是 n 维列向量，证明：向量组 ξ，$A\xi$，$A^2\xi$，…，$A^{k-1}\xi$ 线性无关（$k>0$）.

12. 证明：若 A 为 n 阶方阵且 $A^2=A$，$A \neq E$，则 $|A|=0$.

13. 设 A 为 n 阶方阵，且 $A^k=O$，证明：矩阵 $E-A$ 是可逆矩阵，且

$$(E-A)^{-1}=E+A+A^2+\cdots+A^{k-1}.$$

*14. 证明：若 A 为 n 阶方阵且 $A^2=E$，则 $R(E-A)+R(E+A)=n$.

*15. 设 A 是列满秩矩阵，$AB=C$，证明：线性方程组 $BX=0$ 与 $CX=0$ 同解.

16. 设 α，β 是三维非零列向量，且 $A=\alpha\beta^T$，求 $R(A^*)$.

C 测试练习

1. 填空题（每空 3 分，共 30 分）.

（1）设 $X\begin{pmatrix} 2 & -1 \\ -1 & 2 \end{pmatrix} = \begin{pmatrix} 1 & 1 \\ 0 & 2 \end{pmatrix}X$，则 $X=$________.

（2）设 $A=\begin{pmatrix} 1 & 0 & 1 \\ 0 & 2 & 0 \\ 1 & 0 & 1 \end{pmatrix}$，$k \geqslant 2$ 为正整数，则 $A^k-2A^{k-1}=$________.

（3）若 $A=\begin{pmatrix} 1 & 0 & 1 \\ 0 & 2 & 0 \\ 0 & 0 & 1 \end{pmatrix}$，则 $(A+3E)^{-1}(A^2-9E)=$________.

（4）已知 A 为 n 阶矩阵，A 可逆，则$[E+(E-A)(E+A)^{-1}](E+A)=$________.

（5）设矩阵 A，B，C 为同阶方阵，矩阵 B 是可逆矩阵，则 $(AB^{-1}C^T)^T=$________.

（6）设矩阵 $A=\begin{pmatrix} 0 & -1 \\ -1 & 2 \end{pmatrix}$，则 $|A^*|=$________.

（7）设三阶方阵 $A=(\alpha_1,\alpha_2,\beta_1)$，$B=(\alpha_1,\alpha_2,\beta_2)$，且 $|A|=1$，$|A-3B|=-8$，则 $|B|=$________.

（8）设 α，β 是三维列向量，且 $A=\alpha\beta^T$，则 $R(A)=$________.

（9）设 $P=(\alpha_1,\alpha_2,\alpha_3)$，矩阵 A 为三阶矩阵，且满足 $P^TAP=\begin{pmatrix} 1 & & \\ & 1 & \\ & & 2 \end{pmatrix}$，若 $Q=(\alpha_1+\alpha_2,\alpha_2,\alpha_3)$，则 $Q^TAQ=$________.

(10) 设 $\boldsymbol{A}$ 为 n 阶可逆矩阵，则 $((\boldsymbol{A}^{-1})^{\mathrm{T}})^{-1}=$________.

2. 选择题（每小题 2 分，共 20 分）.

(1) 设 $\boldsymbol{A}$，$\boldsymbol{B}$ 均为 n 阶方阵，则下面结论正确的是（　　）.

A. 若 $\boldsymbol{A}$ 或 $\boldsymbol{B}$ 可逆，则 $\boldsymbol{AB}$ 必可逆

B. 若 $\boldsymbol{A}$ 或 $\boldsymbol{B}$ 不可逆，则 $\boldsymbol{AB}$ 必不可逆

C. 若 $\boldsymbol{A}$，$\boldsymbol{B}$ 均可逆，则 $\boldsymbol{A}+\boldsymbol{B}$ 必可逆

D. 若 $\boldsymbol{A}$，$\boldsymbol{B}$ 均不可逆，若 $\boldsymbol{A}+\boldsymbol{B}$ 必不可逆

(2) 设 $\boldsymbol{A}$，$\boldsymbol{B}$ 均为 n 阶方阵，若 $\boldsymbol{AB}=\boldsymbol{O}$，且 $\boldsymbol{B}\neq\boldsymbol{O}$，则必有（　　）.

A. $\boldsymbol{B}$ 为不可逆矩阵　　B. $\boldsymbol{A}$ 为不可逆矩阵

C. $(\boldsymbol{A}+\boldsymbol{B})^2=\boldsymbol{A}^2+\boldsymbol{B}^2$　　D. $\boldsymbol{A}=\boldsymbol{O}$

(3) 设 n 阶方阵 $\boldsymbol{A}$，$\boldsymbol{B}$，$\boldsymbol{C}$ 满足 $\boldsymbol{ABC}=\boldsymbol{E}$，则必有（　　）.

A. $\boldsymbol{ACB}=\boldsymbol{E}$　　B. $\boldsymbol{CBA}=\boldsymbol{E}$　　C. $\boldsymbol{BAC}=\boldsymbol{E}$　　D. $\boldsymbol{BCA}=\boldsymbol{E}$

(4) 若 n 阶矩阵 $\boldsymbol{A}$，$\boldsymbol{B}$ 都可逆，且 $\boldsymbol{AB}=\boldsymbol{BA}$，则下列结论（　　）错误.

A. $\boldsymbol{A}^{-1}\boldsymbol{B}=\boldsymbol{B}\boldsymbol{A}^{-1}$　　B. $\boldsymbol{A}\boldsymbol{B}^{-1}=\boldsymbol{B}^{-1}\boldsymbol{A}$

C. $\boldsymbol{A}^{-1}\boldsymbol{B}^{-1}=\boldsymbol{B}^{-1}\boldsymbol{A}^{-1}$　　D. $\boldsymbol{B}\boldsymbol{A}^{-1}=\boldsymbol{A}\boldsymbol{B}^{-1}$

(5) 设 $\boldsymbol{A}=\begin{pmatrix}a_{11}&a_{12}&a_{13}\\a_{21}&a_{22}&a_{23}\\a_{31}&a_{32}&a_{33}\end{pmatrix}$，$\boldsymbol{B}=\begin{pmatrix}a_{21}&a_{22}&a_{23}\\a_{11}&a_{12}&a_{13}\\a_{31}-a_{21}&a_{32}-a_{22}&a_{33}-a_{23}\end{pmatrix}$，$\boldsymbol{P}_1=\begin{pmatrix}0&1&0\\1&0&0\\0&0&1\end{pmatrix}$，设有 $\boldsymbol{P}_2\boldsymbol{P}_1\boldsymbol{A}=\boldsymbol{B}$，则 $\boldsymbol{P}_2=$（　　）.

A. $\begin{pmatrix}1&0&-1\\0&1&0\\0&0&1\end{pmatrix}$　　B. $\begin{pmatrix}1&0&1\\0&1&0\\0&0&1\end{pmatrix}$

C. $\begin{pmatrix}1&0&0\\0&1&0\\-1&0&1\end{pmatrix}$　　D. $\begin{pmatrix}1&0&0\\0&1&0\\1&0&1\end{pmatrix}$

(6) 设 $\boldsymbol{A}$ 为 n 阶可逆矩阵，则（　　）.

A. 若 $\boldsymbol{AB}=\boldsymbol{CB}$，则 $\boldsymbol{A}=\boldsymbol{C}$

B. $\boldsymbol{A}$ 总可以经过初等变换化为 $\boldsymbol{E}_n$

C. 对矩阵（$\boldsymbol{A}$，$\boldsymbol{E}$）施行若干次初等变换，当 $\boldsymbol{A}$ 变为 $\boldsymbol{E}$ 时，相应的 $\boldsymbol{E}$ 变为 $\boldsymbol{A}^{-1}$

D. 对矩阵 $\begin{pmatrix}\boldsymbol{A}\\\boldsymbol{E}\end{pmatrix}$ 施行若干次初等变换，当 $\boldsymbol{A}$ 变为 $\boldsymbol{E}$ 时，相应的 $\boldsymbol{E}$ 变为 $\boldsymbol{A}^{-1}$

(7) 设 $\boldsymbol{A}$，$\boldsymbol{B}$ 为同阶可逆矩阵，则（　　）.

A. $\boldsymbol{AB}=\boldsymbol{BA}$

B. 存在可逆矩阵 $\boldsymbol{P}$，使 $\boldsymbol{AP}=\boldsymbol{B}$

C. 存在可逆矩阵 $\boldsymbol{C}$，使 $\boldsymbol{CA}=\boldsymbol{B}$

D. 存在可逆矩阵 $\boldsymbol{P}$ 和 $\boldsymbol{Q}$，使 $\boldsymbol{PAQ}=\boldsymbol{B}$

(8) 设 $\boldsymbol{A}$ 为 n 阶非零实方阵，且 $R(\boldsymbol{A})=n-1$，则齐次线性方程组 $\boldsymbol{A}^*\boldsymbol{X}=\boldsymbol{0}$ 的基础解系由（　　）个解向量构成.

A. 1　　B. $n-1$　　C. n　　D. 0

(9) $\boldsymbol{A}$，$\boldsymbol{B}$ 都是 n 阶可逆矩阵，且满足 $(\boldsymbol{AB})^2=\boldsymbol{E}$，则下列不成立的是（　　）.

A. $\boldsymbol{A}=\boldsymbol{B}^{-1}$　　B. $\boldsymbol{ABA}=\boldsymbol{B}^{-1}$　　C. $\boldsymbol{BAB}=\boldsymbol{A}^{-1}$　　D. $(\boldsymbol{BA})^2=\boldsymbol{E}$

(10) 设 $\boldsymbol{A}$ 为可逆矩阵，则 $(\boldsymbol{A}^{-1})^*=$（　　）.

A. $\boldsymbol{A}$　　B. $|\boldsymbol{A}|\boldsymbol{A}$　　C. $(\boldsymbol{A}^*)^{-1}$　　D. $|\boldsymbol{A}|^{n-1}\boldsymbol{A}$

3. 计算题（共 50 分）.

(1)（15 分）解矩阵方程 $\begin{pmatrix}1 & 2 & 0\\ 1 & 1 & -1\\ 0 & 1 & -1\end{pmatrix}\boldsymbol{X}=\begin{pmatrix}1 & 4 & 0\\ 0 & 1 & 0\\ 0 & 2 & 4\end{pmatrix}$.

(2)（10 分）求矩阵 $\begin{pmatrix}0 & 0 & 1 & 1\\ 0 & 0 & 1 & 2\\ 2 & 1 & 0 & 0\\ 1 & 2 & 0 & 0\end{pmatrix}$ 的逆矩阵.

(3)（15 分）设矩阵 $\boldsymbol{A}=\begin{pmatrix}1 & 1 & 0\\ 1 & 1 & 1\\ 3 & 3 & 2\end{pmatrix}$，试判断是否存在非零的三阶矩阵 $\boldsymbol{B}$ 使得 $\boldsymbol{AB}=\boldsymbol{O}$. 若有，求一个这样的矩阵 $\boldsymbol{B}$ 且有最大的秩.

(4)（10 分）设方阵 $\boldsymbol{A}$ 满足 $\boldsymbol{A}^2-3\boldsymbol{A}+\boldsymbol{E}=\boldsymbol{O}$，证明：$\boldsymbol{A}-2\boldsymbol{E}$ 可逆，并写出 $(\boldsymbol{A}-2\boldsymbol{E})^{-1}$.

第四章　线 性 空 间

重点难点提示：

知识点	重点	难点	要求
线性空间、线性子空间的概念			了解
基（底）、维数、坐标等概念			理解
过渡矩阵的概念	•		理解
基变换公式	•	•	掌握
坐标变换公式	•	•	掌握
向量的内积、长度、夹角、正交等概念			理解
向量的内积、长度、正交的性质			掌握
正交基、标准正交基的概念	•		理解
施密特正交化方法	•	•	掌握
正交矩阵的概念	•		理解
正交矩阵的主要性质	•		掌握

抽象对数学概念的形成和发展具有重要意义，也是认识数学的基本方法，在数学研究中应用非常广泛.

在第二章中我们引入了数域 F 上 n 维向量的概念，讨论了向量的线性关系及其性质，并给出了向量空间 F^n 的概念. 在数学中，存在很多与 F^n 有着相似结构的代数系统，将这些代数系统的共同性质抽象出来，就可以得到线性空间的概念. 线性空间的概念是向量空间 F^n 概念的推广，是代数学的基本概念. 除了介绍线性空间的一些基本概念及其结论以外，本章还将在实向量空间 $\mathbf{R}^n$ 上讨论向量的度量性质和正交性，深化对向量的认识.

本章的定义和定理高度抽象，学习过程中要注意利用前面学习过的向量和矩阵的知识来帮助我们理解本章内容，在学习实向量空间 $\mathbf{R}^n$ 中的向量的度量性质和正交性时，还可以借助解析几何直观形象的特点加深对知识的理解.

第一节　线 性 空 间

一、线性空间的定义

回顾前面讨论过的一些对象，如矩阵、向量，虽然对象的具体表现形式完全不同，但都定义了加法与数量乘法两种线性运算，而且这两种运算都满足八条运算规律（见第二章第二节和第三章第一节）. 如果忽略对象的具体表现形式和具体运算含义的不同，挖掘其共性，我们就可以抽象出线性空间的概念.

定义 4.1 设 V 是一个非空集合，F 是一个数域．在 V 中定义了两种代数运算：

(1) 加法 对 V 中的任意两个元素 $\boldsymbol{\alpha}$ 与 $\boldsymbol{\beta}$，按某一法则，在 V 中都有唯一的一个元素 $\boldsymbol{\gamma}$ 与之对应，称之为 $\boldsymbol{\alpha}$ 与 $\boldsymbol{\beta}$ 的和，记为 $\boldsymbol{\gamma}=\boldsymbol{\alpha}+\boldsymbol{\beta}$；

(2) 数量乘法 对 V 中的任意元素 $\boldsymbol{\alpha}$ 和数域 F 中的任意数 k，按某一法则，在 V 中都有唯一的一个元素 $\boldsymbol{\delta}$ 与之对应，称之为 $\boldsymbol{\alpha}$ 与 $\boldsymbol{\beta}$ 的**数量乘法**，记为 $\boldsymbol{\delta}=k\boldsymbol{\alpha}$.

如果集合 V 对于加法与数量乘法两种运算是封闭的，且满足下述八条运算规律，那么 V 就称为数域 F 上的一个**线性空间（linear space）**：

(1) $\boldsymbol{\alpha}+\boldsymbol{\beta}=\boldsymbol{\beta}+\boldsymbol{\alpha}$；

(2) $(\boldsymbol{\alpha}+\boldsymbol{\beta})+\boldsymbol{\gamma}=\boldsymbol{\alpha}+(\boldsymbol{\beta}+\boldsymbol{\gamma})$；

(3) 在 V 中有一个元素 $\mathbf{0}$，对 V 中的任一元素 $\boldsymbol{\alpha}$，都有 $\boldsymbol{\alpha}+\mathbf{0}=\boldsymbol{\alpha}$，元素 $\mathbf{0}$ 称为 V 的**零元素**；

(4) 对 V 中的任一元素 $\boldsymbol{\alpha}$，都有 V 中的元素 $\boldsymbol{\beta}$，使得 $\boldsymbol{\alpha}+\boldsymbol{\beta}=\mathbf{0}$，$\boldsymbol{\beta}$ 称为 $\boldsymbol{\alpha}$ 的**负元素**，记作 $-\boldsymbol{\alpha}$；

(5) $1\boldsymbol{\alpha}=\boldsymbol{\alpha}$；

(6) $k(l\boldsymbol{\alpha})=(kl)\boldsymbol{\alpha}$；

(7) $(k+l)\boldsymbol{\alpha}=k\boldsymbol{\alpha}+l\boldsymbol{\alpha}$；

(8) $k(\boldsymbol{\alpha}+\boldsymbol{\beta})=k\boldsymbol{\alpha}+k\boldsymbol{\beta}$，

其中 $\boldsymbol{\alpha}$，$\boldsymbol{\beta}$，$\boldsymbol{\gamma}$ 是集合 V 中的任意元素，k，l 是数域 F 中的任意数.

例 1 数域 F 上的 n 维向量空间 F^n，对于向量的加法和数量乘法运算，构成数域 F 上的一个线性空间．特别地，n 维实向量空间 $\mathbf{R}^n$，对于向量的加法和数乘运算，构成了实数域 $\mathbf{R}$ 上的一个线性空间. □

例 2 数域 F 上的全体 $m\times n$ 矩阵组成的集合，对于矩阵的加法和数量乘法运算，构成数域 F 上的一个线性空间，记作 $F^{m\times n}$. □

例 3 实数域 $\mathbf{R}$ 上的全体一元多项式的集合，对于多项式的加法和数与多项式的乘法运算，构成实数域 $\mathbf{R}$ 上的一个线性空间，记作 $\mathbf{R}[x]$. □

上述例子表明，线性空间的概念比向量空间 F^n 的概念更具有普遍性．由于线性空间的概念是向量空间的概念的推广，因此在不引起混淆的情况下，线性空间也称为**向量空间**，线性空间中的元素（不论其具体表现形式是矩阵、多项式，还是其他）也称为**向量**.

二、线性空间的简单性质

由线性空间的定义可直接推导出线性空间的一些简单性质.

性质 1 线性空间 V 的零向量是唯一的.

证明 设 $\mathbf{0}_1$ 与 $\mathbf{0}_2$ 都是 V 的零向量，则有

$$\mathbf{0}_1=\mathbf{0}_1+\mathbf{0}_2=\mathbf{0}_2+\mathbf{0}_1=\mathbf{0}_2.$$ ■

性质 2 线性空间 V 中任一向量的负向量是唯一的.

证明 对 V 中的任一向量 $\boldsymbol{\alpha}$，设 $\boldsymbol{\beta}$，$\boldsymbol{\gamma}$ 都是 $\boldsymbol{\alpha}$ 的负向量，则

$$\boldsymbol{\beta}=\boldsymbol{\beta}+\mathbf{0}=\boldsymbol{\beta}+(\boldsymbol{\alpha}+\boldsymbol{\gamma})=(\boldsymbol{\beta}+\boldsymbol{\alpha})+\boldsymbol{\gamma}=\mathbf{0}+\boldsymbol{\gamma}=\boldsymbol{\gamma}.$$ ■

由负向量的唯一性，可以定义向量 $\boldsymbol{\alpha}$ 与 $\boldsymbol{\beta}$ 的**减法**：

$$\boldsymbol{\alpha}-\boldsymbol{\beta}=\boldsymbol{\alpha}+(-\boldsymbol{\beta}).$$

性质 3　设 V 是数域 F 上的线性空间，则

（1）$0\boldsymbol{\alpha}=\mathbf{0}$（注意：等号左边“0”是数零，等号右边“$\mathbf{0}$”是零向量）；

（2）$k\mathbf{0}=\mathbf{0}$；

（3）$(-k)\boldsymbol{\alpha}=-(k\boldsymbol{\alpha})$；

（4）如果 $k\boldsymbol{\alpha}=\mathbf{0}$，则 $k=0$ 或者 $\boldsymbol{\alpha}=\mathbf{0}$.

证明　（1）由线性空间的定义知

$$0\boldsymbol{\alpha}=(0+0)\boldsymbol{\alpha}=0\boldsymbol{\alpha}+0\boldsymbol{\alpha},$$

等式两边同时加上 $-0\boldsymbol{\alpha}$，即可得到 $0\boldsymbol{\alpha}=\mathbf{0}$.

类似地，可以证明（2）. 请读者自行证明.

（3）由于

$$(-k)\boldsymbol{\alpha}+k\boldsymbol{\alpha}=(-k+k)\boldsymbol{\alpha}=0\boldsymbol{\alpha}=\mathbf{0},$$

从而得到 $(-k)\boldsymbol{\alpha}=-(k\boldsymbol{\alpha})$.

（4）若 $k=0$，由（1）可知结论成立.

若 $k\neq0$，则

$$\boldsymbol{\alpha}=\left(\frac{1}{k}k\right)\boldsymbol{\alpha}=\frac{1}{k}(k\boldsymbol{\alpha})=\frac{1}{k}\mathbf{0}=\mathbf{0}.$$ ■

三、线性子空间

定义 4.2　设 W 是数域 F 上的线性空间 V 的一个非空子集，若 W 对于 V 的两种运算也构成数域 F 上的线性空间，则称 W 是 V 的一个**线性子空间（linear subspace）**，简称**子空间**.

显然，线性空间 V 本身就是 V 的一个子空间. 而由单个零向量组成的子集也是 V 的一个子空间，称为**零子空间**. 线性空间 V 本身与零子空间这两个子空间称为 V 的**平凡子空间（trivial subspace）**，而其他的子空间称为 V 的**非平凡子空间（non－trivial subspace）**.

那么，一个线性空间 V 的非空子集 W 满足什么条件时才能构成 V 的子空间呢？下面的定理回答了这个问题.

定理 4.1　如果线性空间 V 的一个非空子集 W 对于 V 的两种运算都是封闭的，那么 W 就是 V 的一个子空间.

证明　因为 W 是线性空间 V 的非空子集，所以 W 满足线性空间定义中的（1）、（2）和(5)～(8)，从而只需要说明在 W 对于 V 的两种运算封闭的情况下，W 也满足线性空间定义中的（3）和（4）即可.

由于 W 对加法和数量乘法两种运算是封闭的，则对 W 中的任意向量 $\boldsymbol{\alpha}$，有

$$\mathbf{0}=0\boldsymbol{\alpha}\in W,\ -\boldsymbol{\alpha}=(-1)\boldsymbol{\alpha}\in W,$$

即 W 满足线性空间定义中的（3）和（4）. 因此 W 是 V 的一个子空间. ■

例 4 在线性空间 F^n 中，齐次线性方程组 $\boldsymbol{AX}=\boldsymbol{0}$（其中 $\boldsymbol{A}$ 是 $m\times n$ 矩阵）的全体解向量组成的集合记作 S. 显然 S 是 F^n 的非空子集（至少包含零向量），又由齐次线性方程组解的性质（知识回顾：第二章第六节）可知，S 对向量的加法和数乘运算是封闭的，从而构成 F^n 的一个子空间，称其为齐次线性方程组的**解空间**. □

例 5 设 $\boldsymbol{\alpha}_1$，$\boldsymbol{\alpha}_2$，…，$\boldsymbol{\alpha}_r$ 是线性空间 F^n 中的一组向量，k_1，k_2，…，k_r 是数域 F 中的任意数，由这些向量的所有可能的线性组合 $k_1\boldsymbol{\alpha}_1+k_2\boldsymbol{\alpha}_2+\cdots+k_r\boldsymbol{\alpha}_r$ 组成的集合记作 $L(\boldsymbol{\alpha}_1,\boldsymbol{\alpha}_2,\cdots,\boldsymbol{\alpha}_r)$，即

$$L(\boldsymbol{\alpha}_1,\boldsymbol{\alpha}_2,\cdots,\boldsymbol{\alpha}_r)=\{\boldsymbol{\beta}\,|\,\boldsymbol{\beta}=k_1\boldsymbol{\alpha}_1+k_2\boldsymbol{\alpha}_2+\cdots+k_r\boldsymbol{\alpha}_r, k_i\in F,\ i=1,2,\cdots,r\}.$$

显然 $\boldsymbol{\alpha}_i\in L(\boldsymbol{\alpha}_1,\boldsymbol{\alpha}_2,\cdots,\boldsymbol{\alpha}_r)$，$i=1,2,\cdots,r$，所以 $L(\boldsymbol{\alpha}_1,\boldsymbol{\alpha}_2,\cdots,\boldsymbol{\alpha}_r)$ 是 F^n 的非空子集. 容易验证 $L(\boldsymbol{\alpha}_1,\boldsymbol{\alpha}_2,\cdots,\boldsymbol{\alpha}_r)$ 构成 F^n 的一个子空间，称为**由 $\boldsymbol{\alpha}_1$，$\boldsymbol{\alpha}_2$，…，$\boldsymbol{\alpha}_r$ 生成的子空间**. □

例 6 在线性空间 $F^{n\times n}$ 中，由全体 n 阶上三角矩阵组成的子集非空（至少包含零矩阵），又由第三章第二节性质 3 可知，该集合对于矩阵的加法和数量乘法运算是封闭的，因此该子集构成 $F^{n\times n}$ 的一个子空间. □

四、线性空间的维数

线性空间的概念作为向量空间 F^n 的概念的推广，虽然元素的表现形式不同，但元素之间的运算规律是相同的（见定义 4.1），因此第二章讨论过的向量空间 F^n 中向量的有关概念和结论都可以平行地推广到一般线性空间中来. 这里只给出其中几个常用的概念，其他的概念和结论不再重述.

定义 4.3 设 V 是数域 F 上的一个线性空间，$\boldsymbol{\beta}$，$\boldsymbol{\alpha}_1$，$\boldsymbol{\alpha}_2$，…，$\boldsymbol{\alpha}_r$ $(r\geqslant 1)$ 是线性空间 V 中的向量. 如果存在数域 F 中的一组数 k_1，k_2，…，k_r，使得

$$\boldsymbol{\beta}=k_1\boldsymbol{\alpha}_1+k_2\boldsymbol{\alpha}_2+\cdots+k_r\boldsymbol{\alpha}_r,$$

则称向量 $\boldsymbol{\beta}$ 可以由 $\boldsymbol{\alpha}_1$，$\boldsymbol{\alpha}_2$，…，$\boldsymbol{\alpha}_r$ **线性表示**，或称 $\boldsymbol{\beta}$ 是 $\boldsymbol{\alpha}_1$，$\boldsymbol{\alpha}_2$，…，$\boldsymbol{\alpha}_r$ 的一个**线性组合**.

定义 4.4 设 V 是数域 F 上的一个线性空间，对 V 中的向量组 $\boldsymbol{\alpha}_1$，$\boldsymbol{\alpha}_2$，…，$\boldsymbol{\alpha}_r$，如果存在数域 F 中的 r 个不全为零的数 k_1，k_2，…，k_r，使得

$$k_1\boldsymbol{\alpha}_1+k_2\boldsymbol{\alpha}_2+\cdots+k_r\boldsymbol{\alpha}_r=\boldsymbol{0},$$

则称向量组 $\boldsymbol{\alpha}_1$，$\boldsymbol{\alpha}_2$，…，$\boldsymbol{\alpha}_r$ **线性相关**，否则，称向量组 $\boldsymbol{\alpha}_1$，$\boldsymbol{\alpha}_2$，…，$\boldsymbol{\alpha}_r$ **线性无关**.

定义 4.5 在线性空间 V 中，如果向量组 $\boldsymbol{\alpha}_1$，$\boldsymbol{\alpha}_2$，…，$\boldsymbol{\alpha}_s$ 的一个部分组 $\boldsymbol{\alpha}_{j_1}$，$\boldsymbol{\alpha}_{j_2}$，…，$\boldsymbol{\alpha}_{j_r}$ 满足

（1）$\boldsymbol{\alpha}_{j_1}$，$\boldsymbol{\alpha}_{j_2}$，…，$\boldsymbol{\alpha}_{j_r}$ 线性无关；

（2）$\boldsymbol{\alpha}_1$，$\boldsymbol{\alpha}_2$，…，$\boldsymbol{\alpha}_s$ 中的任意一个向量都可以由 $\boldsymbol{\alpha}_{j_1}$，$\boldsymbol{\alpha}_{j_2}$，…，$\boldsymbol{\alpha}_{j_r}$ 线性表示，则称 $\boldsymbol{\alpha}_{j_1}$，$\boldsymbol{\alpha}_{j_2}$，…，$\boldsymbol{\alpha}_{j_r}$ 为 $\boldsymbol{\alpha}_1$，$\boldsymbol{\alpha}_2$，…，$\boldsymbol{\alpha}_s$ 的一个**极大线性无关组**，简称为**极大无关组**. 向量组 $\boldsymbol{\alpha}_1$，$\boldsymbol{\alpha}_2$，…，$\boldsymbol{\alpha}_s$ 的极大无关组所含向量的个数称为该向量组的**秩**，记作 $R(\boldsymbol{\alpha}_1, \boldsymbol{\alpha}_2, \cdots, \boldsymbol{\alpha}_s)$.

例 7　在 $F^{2\times 2}$ 中，令

$$\boldsymbol{E}_{11}=\begin{pmatrix}1&0\\0&0\end{pmatrix},\ \boldsymbol{E}_{12}=\begin{pmatrix}0&1\\0&0\end{pmatrix},\ \boldsymbol{E}_{21}=\begin{pmatrix}0&0\\1&0\end{pmatrix},\ \boldsymbol{E}_{22}=\begin{pmatrix}0&0\\0&1\end{pmatrix},$$

证明：$\boldsymbol{E}_{11}$，$\boldsymbol{E}_{12}$，$\boldsymbol{E}_{21}$，$\boldsymbol{E}_{22}$ 线性无关，并说明矩阵 $\boldsymbol{A}=\begin{pmatrix}a_{11}&a_{12}\\a_{21}&a_{22}\end{pmatrix}$ 可由 $\boldsymbol{E}_{11}$，$\boldsymbol{E}_{12}$，$\boldsymbol{E}_{21}$，$\boldsymbol{E}_{22}$ 唯一线性表示.

解　设存在数 k_1，k_2，k_3，k_4，使得

$$k_1\boldsymbol{E}_{11}+k_2\boldsymbol{E}_{12}+k_3\boldsymbol{E}_{21}+k_4\boldsymbol{E}_{22}=\boldsymbol{O},$$

即

$$\begin{pmatrix}k_1&k_2\\k_3&k_4\end{pmatrix}=\begin{pmatrix}0&0\\0&0\end{pmatrix},$$

所以 $k_1=k_2=k_3=k_4=0$，从而 $\boldsymbol{E}_{11}$，$\boldsymbol{E}_{12}$，$\boldsymbol{E}_{21}$，$\boldsymbol{E}_{22}$ 线性无关.

设 $\boldsymbol{A}=x_1\boldsymbol{E}_{11}+x_2\boldsymbol{E}_{12}+x_3\boldsymbol{E}_{21}+x_4\boldsymbol{E}_{22}$，即

$$\begin{pmatrix}a_{11}&a_{12}\\a_{21}&a_{22}\end{pmatrix}=\begin{pmatrix}x_1&x_2\\x_3&x_4\end{pmatrix},$$

得到 $x_1=a_{11}$，$x_2=a_{12}$，$x_3=a_{21}$，$x_4=a_{22}$，所以矩阵 $\boldsymbol{A}$ 可由 $\boldsymbol{E}_{11}$，$\boldsymbol{E}_{12}$，$\boldsymbol{E}_{21}$，$\boldsymbol{E}_{22}$ 唯一线性表示，且

$$\boldsymbol{A}=a_{11}\boldsymbol{E}_{11}+a_{12}\boldsymbol{E}_{12}+a_{21}\boldsymbol{E}_{21}+a_{22}\boldsymbol{E}_{22}.$$ □

在第二章中我们已经知道，向量组的极大无关组是能“代表”向量组中的所有向量的一个线性无关部分组，而这个部分组的向量个数就是向量组的秩. 那么在线性空间 V 中，有多少个线性无关的向量能“代表”所有向量呢？下面我们给出线性空间的维数的概念.

定义 4.6　在线性空间 V 中，如果有 n 个线性无关的向量，而任意 $n+1$ 个向量都是线性相关的，则称 V 为 n **维线性空间**，记作 $\dim V=n$，也称其为**有限维线性空间**. 如果在 V 中存在任意多个线性无关的向量，则称 V 为**无限维线性空间**.

本书只讨论有限维线性空间.

注　将线性空间的维数的定义与向量组的秩的定义进行比较就会发现，如果把线性空间看作一个向量组，那么这个向量组的秩就是线性空间的维数.

显然，$\dim\mathbf{R}^n=n$. 因为在 $\mathbf{R}^n$ 中，可以找到 n 个线性无关的 n 维向量，例如 n 维单位向量组 $\boldsymbol{\varepsilon}_1=(1, 0, \cdots, 0)^{\mathrm{T}}$，$\boldsymbol{\varepsilon}_2=(0, 1, \cdots, 0)^{\mathrm{T}}$，$\boldsymbol{\varepsilon}_n=(0, 0, \cdots, 1)^{\mathrm{T}}$，而任意 $n+1$ 个 n 维向量又是线性相关的（知识回顾：定理 2.5 推论），所以 $\dim\mathbf{R}^n=n$. 这也正是把 $\mathbf{R}^n$ 称为 n 维实向量空间的

原因.

类似地可以得到，解空间 $S=\{\boldsymbol{X}\mid \boldsymbol{AX}=\mathbf{0},\ \boldsymbol{A}\in F^{m\times n}\}$ 的维数是 $n-R(\boldsymbol{A})$，由 $\boldsymbol{\alpha}_1$，$\boldsymbol{\alpha}_2$，…，$\boldsymbol{\alpha}_r$ 生成的子空间 $L(\boldsymbol{\alpha}_1,\ \boldsymbol{\alpha}_2,\ \cdots,\ \boldsymbol{\alpha}_r)$ 的维数是$R(\boldsymbol{\alpha}_1,\ \boldsymbol{\alpha}_2,\ \cdots,\ \boldsymbol{\alpha}_r)$.

需要注意的是，线性空间的维数与线性空间中向量的维数是两个完全不同的概念. 例如，$V=\{X=(a,\ a)^{\mathrm{T}}\mid a\in\mathbf{R}\}$ 构成一个线性空间，其维数是 1，而向量 $\boldsymbol{X}$ 是 2 维的.

第二节 $\mathbf{R}^n$ 的基与坐标

本节中我们将在 n 维实向量空间 $\mathbf{R}^n$ 上给出基与坐标等概念，这些概念对于一般的 n 维线性空间也是成立的. 有关一般线性空间的相应内容详见本章第四节.

一、基与坐标的概念

定义 4.7 在 $\mathbf{R}^n$ 中，n 个线性无关的有序向量 $\boldsymbol{\alpha}_1$，$\boldsymbol{\alpha}_2$，…，$\boldsymbol{\alpha}_n$ 称为 $\mathbf{R}^n$ 的一组**基底**，简称为**基**（**basis**）.

基是 $\mathbf{R}^n$ 的基本概念，要注意把握以下两点：

（1）将 $\mathbf{R}^n$ 的基的定义与向量组的极大无关组的定义进行比较不难发现，如果把 $\mathbf{R}^n$ 看作一个向量组，那么这个向量组的一个极大无关组就是 $\mathbf{R}^n$ 的一组基.

（2）$\mathbf{R}^n$ 的基是有序的. 例如，在 $\mathbf{R}^2$ 中，基 $\boldsymbol{\alpha}_1$，$\boldsymbol{\alpha}_2$ 与基 $\boldsymbol{\alpha}_2$，$\boldsymbol{\alpha}_1$ 是被看作不同的基的. 这一点读者可在后续内容中加以体会.

例 1 显然，$\boldsymbol{\varepsilon}_1=(1,\ 0,\ \cdots,\ 0)^{\mathrm{T}}$，$\boldsymbol{\varepsilon}_2=(1,\ 0,\ \cdots,\ 0)^{\mathrm{T}}$，…，$\boldsymbol{\varepsilon}_n=(0,\ 0,\ \cdots,\ 1)^{\mathrm{T}}$ 是 $\mathbf{R}^n$ 的一组基，称为**自然基**.

例 2 证明：n 维向量组 $\boldsymbol{\eta}_1=(1,\ 0,\ \cdots,\ 0)^{\mathrm{T}}$，$\boldsymbol{\eta}_2=(1,\ 1,\ \cdots,\ 0)^{\mathrm{T}}$，…，$\boldsymbol{\eta}_n=(1,\ 1,\ \cdots,\ 1)^{\mathrm{T}}$ 是 $\mathbf{R}^n$ 的一组基.

证明 由定义 4.7 可知，只需要说明 $\boldsymbol{\eta}_1$，$\boldsymbol{\eta}_2$，…，$\boldsymbol{\eta}_n$ 是线性无关的即可.

由于行列式

$$\begin{vmatrix} 1 & 1 & \cdots & 1 \\ 0 & 1 & \cdots & 1 \\ \vdots & \vdots & & \vdots \\ 0 & 0 & \cdots & 1 \end{vmatrix}=1\neq 0,$$

所以 $\boldsymbol{\eta}_1$，$\boldsymbol{\eta}_2$，…，$\boldsymbol{\eta}_n$ 线性无关，可以构成 $\mathbf{R}^n$ 的一组基. ■

由例 1 和例 2 可知，$\mathbf{R}^n$ 的基并不是唯一的，任意 n 个线性无关的 n 维向量都可以构成 $\mathbf{R}^n$ 的一组基.

定理 4.2 $\mathbf{R}^n$ 的任意一组线性无关的向量均可以扩充成 $\mathbf{R}^n$ 的一

组基.

证明　略.　■

例 3　将 $\mathbf{R}^4$ 中的向量组 $\boldsymbol{\alpha}_1=(1,2,4,1)^{\mathrm{T}}$，$\boldsymbol{\alpha}_2=(3,-1,5,2)^{\mathrm{T}}$ 扩充成 $\mathbf{R}^4$ 的一组基.

解　易证 $\boldsymbol{\alpha}_1$，$\boldsymbol{\alpha}_2$ 线性无关. 以 $\boldsymbol{\alpha}_1$，$\boldsymbol{\alpha}_2$ 构造矩阵 $\boldsymbol{A}$，并对 $\boldsymbol{A}$ 进行初等行变换

$$\boldsymbol{A}=(\boldsymbol{\alpha}_1,\boldsymbol{\alpha}_2)=\begin{pmatrix}1&3\\2&-1\\4&5\\1&2\end{pmatrix}\xrightarrow[r_4-r_1]{\substack{r_2-2r_1\\r_3-4r_1}}\begin{pmatrix}1&3\\0&-7\\0&-7\\0&-1\end{pmatrix}\xrightarrow[r_2\leftrightarrow r_4]{\substack{r_2-7r_4\\r_3-7r_4}}\begin{pmatrix}1&3\\0&-1\\0&0\\0&0\end{pmatrix},$$

显然 $R(\boldsymbol{A})=2$. $\boldsymbol{A}$ 的二阶子式 $\begin{vmatrix}1&3\\2&-1\end{vmatrix}=-7\neq0$（选取的是 $\boldsymbol{A}$ 的第一行和第二行的元素），因此 $\boldsymbol{\alpha}_1$，$\boldsymbol{\alpha}_2$，$\boldsymbol{\varepsilon}_3$，$\boldsymbol{\varepsilon}_4$ 即为所求，又 $\boldsymbol{A}$ 的二阶子式 $\begin{vmatrix}1&3\\1&2\end{vmatrix}=-1\neq0$（选取的是 $\boldsymbol{A}$ 的第一行和第四行的元素），因此 $\boldsymbol{\alpha}_1$，$\boldsymbol{\varepsilon}_2$，$\boldsymbol{\varepsilon}_3$，$\boldsymbol{\alpha}_2$ 也是 $\mathbf{R}^4$ 的一组基.　□

设 $\boldsymbol{\alpha}_1$，$\boldsymbol{\alpha}_2$，…，$\boldsymbol{\alpha}_n$ 是 $\mathbf{R}^n$ 的一组基，则 n 维向量组 $\boldsymbol{\alpha}_1$，$\boldsymbol{\alpha}_2$，…，$\boldsymbol{\alpha}_n$ 线性无关，又 $n+1$ 个 n 维向量 $\boldsymbol{\alpha}$，$\boldsymbol{\alpha}_1$，$\boldsymbol{\alpha}_2$，…，$\boldsymbol{\alpha}_n$ 必线性相关（知识回顾：定理 2.5 推论），由定理 2.10 可知，向量 $\boldsymbol{\alpha}$ 可以由基 $\boldsymbol{\alpha}_1$，$\boldsymbol{\alpha}_2$，…，$\boldsymbol{\alpha}_n$ 唯一线性表示，从而引入如下定义.

定义 4.8　设 $\boldsymbol{\alpha}_1$，$\boldsymbol{\alpha}_2$，…，$\boldsymbol{\alpha}_n$ 是 $\mathbf{R}^n$ 的一组基，$\boldsymbol{\alpha}$ 是 $\mathbf{R}^n$ 中的任一向量，若

$$\boldsymbol{\alpha}=a_1\boldsymbol{\alpha}_1+a_2\boldsymbol{\alpha}_2+\cdots+a_n\boldsymbol{\alpha}_n,$$

则称系数 a_1，a_2，…，a_n 为向量 $\boldsymbol{\alpha}$ 在基 $\boldsymbol{\alpha}_1$，$\boldsymbol{\alpha}_2$，…，$\boldsymbol{\alpha}_n$ 下的**坐标**（**coordinates**），记作 $(a_1,a_2,\cdots,a_n)^{\mathrm{T}}$.

易知，一个向量在给定的某组基下的坐标是唯一的.

例 4　求向量 $\boldsymbol{\alpha}=(a_1,a_2,\cdots,a_n)^{\mathrm{T}}$ 分别在例 1 和例 2 的两组基下的坐标.

解　由第二章第三节例 6 可知，$\boldsymbol{\alpha}=a_1\boldsymbol{\varepsilon}_1+a_2\boldsymbol{\varepsilon}_2+\cdots+a_n\boldsymbol{\varepsilon}_n$，所以 $\boldsymbol{\alpha}$ 在自然基 $\boldsymbol{\varepsilon}_1$，$\boldsymbol{\varepsilon}_2$，…，$\boldsymbol{\varepsilon}_n$ 下的坐标为 $(a_1,a_2,\cdots,a_n)^{\mathrm{T}}$.

为了求向量 $\boldsymbol{\alpha}$ 在基 $\boldsymbol{\eta}_1$，$\boldsymbol{\eta}_2$，…，$\boldsymbol{\eta}_n$ 下的坐标，可以利用两种方法.

方法一　坐标的求解等价于一个线性方程组的唯一解的求解.

设 $\boldsymbol{\alpha}=x_1\boldsymbol{\eta}_1+x_2\boldsymbol{\eta}_2+\cdots+x_n\boldsymbol{\eta}_n$，即

$$\begin{cases}x_1+x_2+\cdots+x_{n-1}+x_n=a_1,\\ \qquad x_2+\cdots+x_{n-1}+x_n=a_2,\\ \qquad\qquad\vdots\\ \qquad\qquad x_{n-1}+x_n=a_{n-1},\\ \qquad\qquad\qquad x_n=a_n,\end{cases}$$

解得 $x_1=a_1-a_2$，$x_2=a_2-a_3$，…，$x_{n-1}=a_{n-1}-a_n$，$x_n=a_n$，

所以向量 $\boldsymbol{\alpha}$ 在基 $\boldsymbol{\eta}_1$，$\boldsymbol{\eta}_2$，…，$\boldsymbol{\eta}_n$ 下的坐标为（a_1-a_2，a_2-a_3，…，$a_{n-1}-a_n$，a_n）^{T}.

方法二　设 $\boldsymbol{\alpha}=x_1\boldsymbol{\eta}_1+x_2\boldsymbol{\eta}_2+\cdots+x_n\boldsymbol{\eta}_n$，则

$$\boldsymbol{\alpha}=x_1\boldsymbol{\eta}_1+x_2\boldsymbol{\eta}_2+\cdots+x_n\boldsymbol{\eta}_n=(\boldsymbol{\eta}_1,\boldsymbol{\eta}_2,\cdots,\boldsymbol{\eta}_n)\begin{pmatrix}x_1\\x_2\\\vdots\\x_n\end{pmatrix},$$

因为 $\boldsymbol{\eta}_1$，$\boldsymbol{\eta}_2$，…，$\boldsymbol{\eta}_n$ 是一组基，所以矩阵（$\boldsymbol{\eta}_1$，$\boldsymbol{\eta}_2$，…，$\boldsymbol{\eta}_n$）可逆，从而

$$\begin{pmatrix}x_1\\x_2\\\vdots\\x_n\end{pmatrix}=(\boldsymbol{\eta}_1,\boldsymbol{\eta}_2,\cdots,\boldsymbol{\eta}_n)^{-1}\boldsymbol{\alpha}$$

$$=\begin{pmatrix}1&-1&0&0&\cdots&0&0&0\\0&1&-1&0&\cdots&0&0&0\\0&0&1&-1&&0&0&0\\\vdots&\vdots&\vdots&\vdots&&\vdots&\vdots&\vdots\\0&0&0&0&\cdots&1&-1&0\\0&0&0&0&\cdots&0&1&-1\\0&0&0&0&\cdots&0&0&1\end{pmatrix}\begin{pmatrix}a_1\\a_2\\\vdots\\a_n\end{pmatrix}$$

$$=\begin{pmatrix}a_1-a_2\\a_2-a_3\\\vdots\\a_{n-1}-a_n\\a_n\end{pmatrix}.$$ □

二、基变换与坐标变换

从例 4 可以看出，同一个向量在不同基下的坐标一般是不同的. 那么，随着基的改变，同一个向量的坐标是如何变化的呢？为此我们首先讨论 $\mathbf{R}^n$ 中的两组基之间的关系（基变换），并进一步研究同一个向量在不同基下的坐标之间的关系（坐标变换）.

设 $\boldsymbol{\alpha}_1$，$\boldsymbol{\alpha}_2$，…，$\boldsymbol{\alpha}_n$ 和 $\boldsymbol{\beta}_1$，$\boldsymbol{\beta}_2$，…，$\boldsymbol{\beta}_n$ 是 $\mathbf{R}^n$ 中的两组基，则 $\boldsymbol{\beta}_1$，$\boldsymbol{\beta}_2$，…，$\boldsymbol{\beta}_n$ 必可由 $\boldsymbol{\alpha}_1$，$\boldsymbol{\alpha}_2$，…，$\boldsymbol{\alpha}_n$ 线性表示，不妨设

$$\begin{cases}\boldsymbol{\beta}_1=a_{11}\boldsymbol{\alpha}_1+a_{21}\boldsymbol{\alpha}_2+\cdots+a_{n1}\boldsymbol{\alpha}_n,\\\boldsymbol{\beta}_2=a_{12}\boldsymbol{\alpha}_1+a_{22}\boldsymbol{\alpha}_2+\cdots+a_{n2}\boldsymbol{\alpha}_n,\\\qquad\vdots\\\boldsymbol{\beta}_n=a_{1n}\boldsymbol{\alpha}_1+a_{2n}\boldsymbol{\alpha}_2+\cdots+a_{nn}\boldsymbol{\alpha}_n,\end{cases}$$

利用分块矩阵的乘法，可以得到

$$(\boldsymbol{\beta}_1,\boldsymbol{\beta}_2,\cdots,\boldsymbol{\beta}_n)=(\boldsymbol{\alpha}_1,\boldsymbol{\alpha}_2,\cdots,\boldsymbol{\alpha}_n)\begin{pmatrix}a_{11}&a_{12}&\cdots&a_{1n}\\a_{21}&a_{22}&\cdots&a_{2n}\\\vdots&\vdots&&\vdots\\a_{n1}&a_{n2}&\cdots&a_{nn}\end{pmatrix},\quad(4\text{-}1)$$

记

$$\boldsymbol{A}=\begin{pmatrix}a_{11}&a_{12}&\cdots&a_{1n}\\a_{21}&a_{22}&\cdots&a_{2n}\\\vdots&\vdots&&\vdots\\a_{n1}&a_{n2}&\cdots&a_{nn}\end{pmatrix}.$$

定义 4.9　称式（4-1）为由基 $\boldsymbol{\alpha}_1$，$\boldsymbol{\alpha}_2$，…，$\boldsymbol{\alpha}_n$ 到基 $\boldsymbol{\beta}_1$，$\boldsymbol{\beta}_2$，…，$\boldsymbol{\beta}_n$ 的**基变换**，简记为

$$(\boldsymbol{\beta}_1,\boldsymbol{\beta}_2,\cdots,\boldsymbol{\beta}_n)=(\boldsymbol{\alpha}_1,\boldsymbol{\alpha}_2,\cdots,\boldsymbol{\alpha}_n)\boldsymbol{A},$$

称矩阵 $\boldsymbol{A}$ 为由基 $\boldsymbol{\alpha}_1$，$\boldsymbol{\alpha}_2$，…，$\boldsymbol{\alpha}_n$ 到基 $\boldsymbol{\beta}_1$，$\boldsymbol{\beta}_2$，…，$\boldsymbol{\beta}_n$ 的**过渡矩阵(transition matrix)**.

关于上述定义，需要注意以下几点：

（1）过渡矩阵 $\boldsymbol{A}$ 的第 i 列恰好为 $\boldsymbol{\beta}_i$ 在基 $\boldsymbol{\alpha}_1$，$\boldsymbol{\alpha}_2$，…，$\boldsymbol{\alpha}_n$ 下的坐标（$i=1$，2，…，n）.

（2）过渡矩阵 $\boldsymbol{A}$ 是可逆的．事实上，若令

$$\boldsymbol{B}=(\boldsymbol{\beta}_1,\boldsymbol{\beta}_2,\cdots,\boldsymbol{\beta}_n),\ \boldsymbol{C}=(\boldsymbol{\alpha}_1,\boldsymbol{\alpha}_2,\cdots,\boldsymbol{\alpha}_n),$$

则 $\boldsymbol{B}=\boldsymbol{C}\boldsymbol{A}$. 由于 $\boldsymbol{\alpha}_1$，$\boldsymbol{\alpha}_2$，…，$\boldsymbol{\alpha}_n$ 是 $\mathbf{R}^n$ 的一组基，故 $|\boldsymbol{C}|\neq0$，从而矩阵 $\boldsymbol{C}$ 可逆，同理矩阵 $\boldsymbol{B}$ 也可逆，所以 $\boldsymbol{A}$ 是可逆的.

（3）由基变换得到

$$(\boldsymbol{\alpha}_1,\boldsymbol{\alpha}_2,\cdots,\boldsymbol{\alpha}_n)=(\boldsymbol{\beta}_1,\boldsymbol{\beta}_2,\cdots,\boldsymbol{\beta}_n)\boldsymbol{A}^{-1},$$

则上式是由基 $\boldsymbol{\beta}_1$，$\boldsymbol{\beta}_2$，…，$\boldsymbol{\beta}_n$ 到基 $\boldsymbol{\alpha}_1$，$\boldsymbol{\alpha}_2$，…，$\boldsymbol{\alpha}_n$ 的基变换，而 $\boldsymbol{A}^{-1}$ 是由基 $\boldsymbol{\beta}_1$，$\boldsymbol{\beta}_2$，…，$\boldsymbol{\beta}_n$ 到基 $\boldsymbol{\alpha}_1$，$\boldsymbol{\alpha}_2$，…，$\boldsymbol{\alpha}_n$ 的过渡矩阵.

例 5　设 $\mathbf{R}^3$ 中的两组向量

$$\boldsymbol{\alpha}_1=(1,0,1)^{\mathrm{T}},\ \boldsymbol{\alpha}_2=(0,1,1)^{\mathrm{T}},\ \boldsymbol{\alpha}_3=(0,0,1)^{\mathrm{T}},$$

和

$$\boldsymbol{\beta}_1=(1,1,1)^{\mathrm{T}},\ \boldsymbol{\beta}_2=(1,1,2)^{\mathrm{T}},\ \boldsymbol{\beta}_3=(1,2,1)^{\mathrm{T}}.$$

（1）证明：$\boldsymbol{\alpha}_1$，$\boldsymbol{\alpha}_2$，$\boldsymbol{\alpha}_3$ 和 $\boldsymbol{\beta}_1$，$\boldsymbol{\beta}_2$，$\boldsymbol{\beta}_3$ 都是 $\mathbf{R}^3$ 的基；

（2）求由基 $\boldsymbol{\alpha}_1$，$\boldsymbol{\alpha}_2$，$\boldsymbol{\alpha}_3$ 到基 $\boldsymbol{\beta}_1$，$\boldsymbol{\beta}_2$，$\boldsymbol{\beta}_3$ 的过渡矩阵.

解　（1）因为

$$\begin{vmatrix}1&0&0\\0&1&0\\1&1&1\end{vmatrix}=1\neq0,\quad\begin{vmatrix}1&1&1\\1&1&2\\1&2&1\end{vmatrix}=-1\neq0,$$

所以 $\boldsymbol{\alpha}_1$，$\boldsymbol{\alpha}_2$，$\boldsymbol{\alpha}_3$ 和 $\boldsymbol{\beta}_1$，$\boldsymbol{\beta}_2$，$\boldsymbol{\beta}_3$ 都是线性无关的，从而都是 $\mathbf{R}^3$ 的基.

（2）求过渡矩阵 $\boldsymbol{A}$ 相当于求解矩阵方程 $\boldsymbol{C}\boldsymbol{A}=\boldsymbol{B}$.

令

$$B=\begin{pmatrix}1&1&1\\1&1&2\\1&2&1\end{pmatrix},\ C=\begin{pmatrix}1&0&0\\0&1&0\\1&1&1\end{pmatrix},$$

则对（C，B）进行初等行变换，得到

$$(C,\ B)=\begin{pmatrix}1&0&0&1&1&1\\0&1&0&1&1&2\\1&1&1&1&2&1\end{pmatrix}\xrightarrow{r_3-r_1}\begin{pmatrix}1&0&0&1&1&1\\0&1&0&1&1&2\\0&1&1&0&1&0\end{pmatrix}$$

$$\xrightarrow{r_3-r_2}\begin{pmatrix}1&0&0&1&1&1\\0&1&0&1&1&2\\0&0&1&-1&0&-2\end{pmatrix},$$

所以过渡矩阵为

$$A=\begin{pmatrix}1&1&1\\1&1&2\\-1&0&-2\end{pmatrix}.$$

□

【同步训练1】

给定 $\mathbf{R}^3$ 中的两组向量

$\boldsymbol{\alpha}_1=(1,2,1)^{\mathrm{T}}$,

$\boldsymbol{\alpha}_2=(1,0,1)^{\mathrm{T}}$,

$\boldsymbol{\alpha}_3=(1,1,2)^{\mathrm{T}}$.

和

$\boldsymbol{\beta}_1=(1,2,2)^{\mathrm{T}}$,

$\boldsymbol{\beta}_2=(2,1,0)^{\mathrm{T}}$,

$\boldsymbol{\beta}_3=(-1,0,1)^{\mathrm{T}}$.

（1）证明：$\boldsymbol{\alpha}_1$，$\boldsymbol{\alpha}_2$，$\boldsymbol{\alpha}_3$ 和 $\boldsymbol{\beta}_1$，$\boldsymbol{\beta}_2$，$\boldsymbol{\beta}_3$ 都是 $\mathbf{R}^3$ 的基；

（2）求由基 $\boldsymbol{\alpha}_1$，$\boldsymbol{\alpha}_2$，$\boldsymbol{\alpha}_3$ 到基 $\boldsymbol{\beta}_1$，$\boldsymbol{\beta}_2$，$\boldsymbol{\beta}_3$ 的过渡矩阵.

例6 已知 $\mathbf{R}^3$ 的一组基 $\boldsymbol{\alpha}_1$，$\boldsymbol{\alpha}_2$，$\boldsymbol{\alpha}_3$，试证明：$\boldsymbol{\alpha}_1$，$\boldsymbol{\alpha}_2+\boldsymbol{\alpha}_3$，$\boldsymbol{\alpha}_2-\boldsymbol{\alpha}_3$ 也是 $\mathbf{R}^3$ 的一组基，并写出由基 $\boldsymbol{\alpha}_1$，$\boldsymbol{\alpha}_2$，$\boldsymbol{\alpha}_3$ 到基 $\boldsymbol{\alpha}_1$，$\boldsymbol{\alpha}_2+\boldsymbol{\alpha}_3$，$\boldsymbol{\alpha}_2-\boldsymbol{\alpha}_3$ 的过渡矩阵.

解 因为

$$(\boldsymbol{\alpha}_1,\ \boldsymbol{\alpha}_2+\boldsymbol{\alpha}_3,\ \boldsymbol{\alpha}_2-\boldsymbol{\alpha}_3)=(\boldsymbol{\alpha}_1,\ \boldsymbol{\alpha}_2,\ \boldsymbol{\alpha}_3)\begin{pmatrix}1&0&0\\0&1&1\\0&1&-1\end{pmatrix},$$

令

$$A=\begin{pmatrix}1&0&0\\0&1&1\\0&1&-1\end{pmatrix},$$

则 $|A|=-2\neq0$，从而矩阵 A 可逆，又由于矩阵（$\boldsymbol{\alpha}_1$，$\boldsymbol{\alpha}_2$，$\boldsymbol{\alpha}_3$）可逆，因此矩阵（$\boldsymbol{\alpha}_1$，$\boldsymbol{\alpha}_2+\boldsymbol{\alpha}_3$，$\boldsymbol{\alpha}_2-\boldsymbol{\alpha}_3$）可逆，所以 $\boldsymbol{\alpha}_1$，$\boldsymbol{\alpha}_2+\boldsymbol{\alpha}_3$，$\boldsymbol{\alpha}_2-\boldsymbol{\alpha}_3$ 线性无关，从而 $\boldsymbol{\alpha}_1$，$\boldsymbol{\alpha}_2+\boldsymbol{\alpha}_3$，$\boldsymbol{\alpha}_2-\boldsymbol{\alpha}_3$ 是 $\mathbf{R}^3$ 的一组基，且由基 $\boldsymbol{\alpha}_1$，$\boldsymbol{\alpha}_2$，$\boldsymbol{\alpha}_3$ 到基 $\boldsymbol{\alpha}_1$，$\boldsymbol{\alpha}_2+\boldsymbol{\alpha}_3$，$\boldsymbol{\alpha}_2-\boldsymbol{\alpha}_3$ 的过渡矩阵为 A. □

注 由例6不难看出，若 $\boldsymbol{\alpha}_1$，$\boldsymbol{\alpha}_2$，…，$\boldsymbol{\alpha}_n$ 是 $\mathbf{R}^n$ 的一组基，A 是一个 n 阶可逆矩阵，且 $(\boldsymbol{\beta}_1,\boldsymbol{\beta}_2,\cdots,\boldsymbol{\beta}_n)=(\boldsymbol{\alpha}_1,\boldsymbol{\alpha}_2,\cdots,\boldsymbol{\alpha}_n)A$，则可以得到 $\boldsymbol{\beta}_1$，$\boldsymbol{\beta}_2$，…，$\boldsymbol{\beta}_n$ 也是 $\mathbf{R}^n$ 的一组基，而 A 恰好是由基 $\boldsymbol{\alpha}_1$，$\boldsymbol{\alpha}_2$，…，$\boldsymbol{\alpha}_n$ 到基 $\boldsymbol{\beta}_1$，$\boldsymbol{\beta}_2$，…，$\boldsymbol{\beta}_n$ 的过渡矩阵.

下面我们来研究同一个向量在不同基下的坐标之间的关系.

定理4.3 设 $\boldsymbol{\alpha}_1$，$\boldsymbol{\alpha}_2$，…，$\boldsymbol{\alpha}_n$ 和 $\boldsymbol{\beta}_1$，$\boldsymbol{\beta}_2$，…，$\boldsymbol{\beta}_n$ 是 $\mathbf{R}^n$ 的两组基，且有基变换

$$(\boldsymbol{\beta}_1,\boldsymbol{\beta}_2,\cdots,\boldsymbol{\beta}_n)=(\boldsymbol{\alpha}_1,\boldsymbol{\alpha}_2,\cdots,\boldsymbol{\alpha}_n)A.$$

若 $\mathbf{R}^n$ 中的向量 $\boldsymbol{\alpha}$ 在上述两组基下的坐标分别为 $\boldsymbol{X}=(x_1, x_2, \cdots, x_n)^{\mathrm{T}}$ 和 $\boldsymbol{Y}=(y_1, y_2, \cdots, y_n)^{\mathrm{T}}$，则

$$\boldsymbol{X}=\boldsymbol{A}\boldsymbol{Y} \text{ 或者 } \boldsymbol{Y}=\boldsymbol{A}^{-1}\boldsymbol{X}. \tag{4-2}$$

式（4-2）称为**坐标变换公式**.

证明 由于向量 $\boldsymbol{\alpha}$ 在基 $\boldsymbol{\alpha}_1$，$\boldsymbol{\alpha}_2$，…，$\boldsymbol{\alpha}_n$ 和基 $\boldsymbol{\beta}_1$，$\boldsymbol{\beta}_2$，…，$\boldsymbol{\beta}_n$ 下的坐标分别为 $\boldsymbol{X}=(x_1, x_2, \cdots, x_n)^{\mathrm{T}}$ 和 $\boldsymbol{Y}=(y_1, y_2, \cdots, y_n)^{\mathrm{T}}$，则

$$\begin{aligned}\boldsymbol{\alpha} &= x_1\boldsymbol{\alpha}_1+x_2\boldsymbol{\alpha}_2+\cdots+x_n\boldsymbol{\alpha}_n=(\boldsymbol{\alpha}_1, \boldsymbol{\alpha}_2, \cdots, \boldsymbol{\alpha}_n)\begin{pmatrix}x_1\\x_2\\\vdots\\x_n\end{pmatrix}\\ &= y_1\boldsymbol{\beta}_1+y_2\boldsymbol{\beta}_2+\cdots+y_n\boldsymbol{\beta}_n=(\boldsymbol{\beta}_1, \boldsymbol{\beta}_2, \cdots, \boldsymbol{\beta}_n)\begin{pmatrix}y_1\\y_2\\\vdots\\y_n\end{pmatrix},\end{aligned}$$

代入基变换

$$(\boldsymbol{\beta}_1, \boldsymbol{\beta}_2, \cdots, \boldsymbol{\beta}_n)=(\boldsymbol{\alpha}_1, \boldsymbol{\alpha}_2, \cdots, \boldsymbol{\alpha}_n)\boldsymbol{A},$$

得到

$$\boldsymbol{\alpha}=(\boldsymbol{\alpha}_1, \boldsymbol{\alpha}_2, \cdots, \boldsymbol{\alpha}_n)\begin{pmatrix}x_1\\x_2\\\vdots\\x_n\end{pmatrix}=(\boldsymbol{\alpha}_1, \boldsymbol{\alpha}_2, \cdots, \boldsymbol{\alpha}_n)\boldsymbol{A}\begin{pmatrix}y_1\\y_2\\\vdots\\y_n\end{pmatrix},$$

根据向量在给定一组基下的坐标的唯一性，得到 $\boldsymbol{X}=\boldsymbol{A}\boldsymbol{Y}$ 或者 $\boldsymbol{Y}=\boldsymbol{A}^{-1}\boldsymbol{X}$. ■

例 7 求向量 $\boldsymbol{\alpha}=(2,4,5)^{\mathrm{T}}$ 在例 5 的两组基下的坐标.

解 设 $\boldsymbol{\alpha}$ 在基 $\boldsymbol{\beta}_1$，$\boldsymbol{\beta}_2$，$\boldsymbol{\beta}_3$ 下的坐标为 $\boldsymbol{Y}=(y_1, y_2, y_3)^{\mathrm{T}}$，从而有

$$\boldsymbol{\alpha}=y_1\boldsymbol{\beta}_1+y_2\boldsymbol{\beta}_2+y_3\boldsymbol{\beta}_3,$$

即

$$\begin{cases}y_1+y_2+y_3=2,\\y_1+y_2+2y_3=4,\\y_1+2y_2+y_3=5,\end{cases}$$

解得方程组的唯一解为 $y_1=-3$，$y_2=3$，$y_3=2$，所以向量 $\boldsymbol{\alpha}$ 在基 $\boldsymbol{\beta}_1$，$\boldsymbol{\beta}_2$，$\boldsymbol{\beta}_3$ 下的坐标为 $\boldsymbol{Y}=(-3, 3, 2)^{\mathrm{T}}$.

利用公式 $\boldsymbol{X}=\boldsymbol{A}\boldsymbol{Y}$，得到向量 $\boldsymbol{\alpha}$ 在基 $\boldsymbol{\alpha}_1$，$\boldsymbol{\alpha}_2$，$\boldsymbol{\alpha}_3$ 下的坐标为

$$\boldsymbol{X}=\boldsymbol{A}\boldsymbol{Y}=\begin{pmatrix}1&1&1\\1&1&2\\-1&0&-2\end{pmatrix}\begin{pmatrix}-3\\3\\2\end{pmatrix}=\begin{pmatrix}2\\4\\-1\end{pmatrix}.$$

当然也可以选择公式 $\boldsymbol{Y}=\boldsymbol{A}^{-1}\boldsymbol{X}$. 读者可自行计算并加以比较. □

【同步训练2】

给定 $\mathbf{R}^3$ 中的两组基

$\boldsymbol{\alpha}_1=(1,\ -1,\ 1)^{\mathrm{T}}$,

$\boldsymbol{\alpha}_2=(2,\ 1,\ 1)^{\mathrm{T}}$,

$\boldsymbol{\alpha}_3=(1,\ 0,\ 0)^{\mathrm{T}}$

和

$\boldsymbol{\beta}_1=(2,\ 1,\ -1)^{\mathrm{T}}$,

$\boldsymbol{\beta}_2=(0,\ 3,\ 1)^{\mathrm{T}}$,

$\boldsymbol{\beta}_3=(1,\ 3,\ 1)^{\mathrm{T}}$.

求向量 $\boldsymbol{\alpha}=(1,\ 1,\ 0)^{\mathrm{T}}$ 在两组基下的坐标.

例 8 设 $\boldsymbol{\alpha}_1$，$\boldsymbol{\alpha}_2$，$\boldsymbol{\alpha}_3$ 为 $\mathbf{R}^3$ 的一组基，且

$$\begin{cases}\boldsymbol{\beta}_1=\boldsymbol{\alpha}_1+2\boldsymbol{\alpha}_2+\boldsymbol{\alpha}_3,\\ \boldsymbol{\beta}_2=2\boldsymbol{\alpha}_1+\boldsymbol{\alpha}_2+3\boldsymbol{\alpha}_3,\\ \boldsymbol{\beta}_3=3\boldsymbol{\alpha}_1+2\boldsymbol{\alpha}_2+4\boldsymbol{\alpha}_3,\end{cases}\qquad \begin{cases}\boldsymbol{\gamma}_1=\boldsymbol{\alpha}_1-\boldsymbol{\alpha}_2+2\boldsymbol{\alpha}_3,\\ \boldsymbol{\gamma}_2=2\boldsymbol{\alpha}_1+\boldsymbol{\alpha}_2+\boldsymbol{\alpha}_3,\\ \boldsymbol{\gamma}_3=\boldsymbol{\alpha}_1-\boldsymbol{\alpha}_3,\end{cases}$$

（1）证明：$\boldsymbol{\beta}_1$，$\boldsymbol{\beta}_2$，$\boldsymbol{\beta}_3$ 和 $\boldsymbol{\gamma}_1$，$\boldsymbol{\gamma}_2$，$\boldsymbol{\gamma}_3$ 都是 $\mathbf{R}^3$ 的基；

（2）求由基 $\boldsymbol{\beta}_1$，$\boldsymbol{\beta}_2$，$\boldsymbol{\beta}_3$ 到基 $\boldsymbol{\gamma}_1$，$\boldsymbol{\gamma}_2$，$\boldsymbol{\gamma}_3$ 的过渡矩阵；

（3）求由基 $\boldsymbol{\beta}_1$，$\boldsymbol{\beta}_2$，$\boldsymbol{\beta}_3$ 到基 $\boldsymbol{\gamma}_1$，$\boldsymbol{\gamma}_2$，$\boldsymbol{\gamma}_3$ 的坐标变换公式.

解 （1）由题意可知

$$(\boldsymbol{\beta}_1,\boldsymbol{\beta}_2,\boldsymbol{\beta}_3)=(\boldsymbol{\alpha}_1,\boldsymbol{\alpha}_2,\boldsymbol{\alpha}_3)\begin{pmatrix}1&2&3\\2&1&2\\1&3&4\end{pmatrix},$$

$$(\boldsymbol{\gamma}_1,\boldsymbol{\gamma}_2,\boldsymbol{\gamma}_3)=(\boldsymbol{\alpha}_1,\boldsymbol{\alpha}_2,\boldsymbol{\alpha}_3)\begin{pmatrix}1&2&1\\-1&1&0\\2&1&-1\end{pmatrix},$$

令

$$\boldsymbol{A}=\begin{pmatrix}1&2&3\\2&1&2\\1&3&4\end{pmatrix},\ \boldsymbol{B}=\begin{pmatrix}1&2&1\\-1&1&0\\2&1&-1\end{pmatrix},$$

则 $|\boldsymbol{A}|=1\neq0$，$|\boldsymbol{B}|=-6\neq0$，说明矩阵 $\boldsymbol{A}$，$\boldsymbol{B}$ 都可逆，因此 $\boldsymbol{\beta}_1$，$\boldsymbol{\beta}_2$，$\boldsymbol{\beta}_3$ 和 $\boldsymbol{\gamma}_1$，$\boldsymbol{\gamma}_2$，$\boldsymbol{\gamma}_3$ 都是 $\mathbf{R}^3$ 的基.

（2）由（1）可得到

$$(\boldsymbol{\alpha}_1,\boldsymbol{\alpha}_2,\boldsymbol{\alpha}_3)=(\boldsymbol{\beta}_1,\boldsymbol{\beta}_2,\boldsymbol{\beta}_3)\boldsymbol{A}^{-1},$$

所以

$$(\boldsymbol{\gamma}_1,\boldsymbol{\gamma}_2,\boldsymbol{\gamma}_3)=(\boldsymbol{\alpha}_1,\boldsymbol{\alpha}_2,\boldsymbol{\alpha}_3)\boldsymbol{B}=(\boldsymbol{\beta}_1,\boldsymbol{\beta}_2,\boldsymbol{\beta}_3)\boldsymbol{A}^{-1}\boldsymbol{B},$$

即由基 $\boldsymbol{\beta}_1$，$\boldsymbol{\beta}_2$，$\boldsymbol{\beta}_3$ 到基 $\boldsymbol{\gamma}_1$，$\boldsymbol{\gamma}_2$，$\boldsymbol{\gamma}_3$ 的过渡矩阵为

$$\boldsymbol{C}=\boldsymbol{A}^{-1}\boldsymbol{B}=\begin{pmatrix}-2&1&1\\-6&1&4\\5&-1&-3\end{pmatrix}\begin{pmatrix}1&2&1\\-1&1&0\\2&1&-1\end{pmatrix}=\begin{pmatrix}-1&-2&-3\\1&-7&-10\\0&6&8\end{pmatrix}.$$

（3）设 $\mathbf{R}^3$ 中的向量 $\boldsymbol{\alpha}$ 在基 $\boldsymbol{\beta}_1$，$\boldsymbol{\beta}_2$，$\boldsymbol{\beta}_3$ 和基 $\boldsymbol{\gamma}_1$，$\boldsymbol{\gamma}_2$，$\boldsymbol{\gamma}_3$ 下的坐标分别为 $\boldsymbol{X}=(x_1,x_2,x_3)^{\mathrm{T}}$ 和 $\boldsymbol{Y}=(y_1,y_2,y_3)^{\mathrm{T}}$，则由基 $\boldsymbol{\beta}_1$，$\boldsymbol{\beta}_2$，$\boldsymbol{\beta}_3$ 到基 $\boldsymbol{\gamma}_1$，$\boldsymbol{\gamma}_2$，$\boldsymbol{\gamma}_3$ 的坐标变换公式为

$$\boldsymbol{X}=\boldsymbol{C}\boldsymbol{Y}\ 或者\ \boldsymbol{Y}=\boldsymbol{C}^{-1}\boldsymbol{X}.$$

□

第三节　向量的内积与正交矩阵

在空间解析几何中，向量 $\boldsymbol{a}$ 与 $\boldsymbol{b}$ 的数量积定义为：

$$\boldsymbol{a}\cdot\boldsymbol{b}=|\boldsymbol{a}||\boldsymbol{b}|\cos\langle\boldsymbol{a},\boldsymbol{b}\rangle,$$

其中 $|\boldsymbol{a}|$ 表示向量 $\boldsymbol{a}$ 的长度，$\langle\boldsymbol{a},\boldsymbol{b}\rangle$ 表示向量 $\boldsymbol{a}$ 与 $\boldsymbol{b}$ 的夹角.

利用数量积的定义可以得到

$$\boldsymbol{a}\cdot\boldsymbol{a}=|\boldsymbol{a}|^2,\ \cos\langle\boldsymbol{a},\boldsymbol{b}\rangle=\frac{\boldsymbol{a}\cdot\boldsymbol{b}}{|\boldsymbol{a}||\boldsymbol{b}|},$$

上面第一个式子表明了长度与数量积之间的关系，从第二个式子可以得到两个非零向量垂直当且仅当它们的数量积为0.

在空间直角坐标系中，设坐标轴的单位向量分别为 $\boldsymbol{i}$，$\boldsymbol{j}$，$\boldsymbol{k}$，显然三者两两垂直，且每个向量的长度都为1. 若向量 $\boldsymbol{a}$ 与 $\boldsymbol{b}$ 在此坐标系下的坐标分别为 (x_1, y_1, z_1)，(x_2, y_2, z_2)，则

$$\boldsymbol{a}\cdot\boldsymbol{b}=x_1x_2+y_1y_2+z_1z_2,$$

从而向量 $\boldsymbol{a}$ 的长度为：

$$|\boldsymbol{a}|=\sqrt{x_1^2+y_1^2+z_1^2}.$$

本节中，我们将数量积的概念推广到 n 维实向量空间 $\mathbf{R}^n$ 上，给出 $\mathbf{R}^n$ 中向量内积的概念，并讨论向量的夹角、长度等度量性质.

一、向量的内积

定义 4.10　给定 $\mathbf{R}^n$ 中的向量 $\boldsymbol{\alpha}=(a_1, a_2, \cdots, a_n)^{\mathrm{T}}$ 和 $\boldsymbol{\beta}=(b_1, b_2, \cdots, b_n)^{\mathrm{T}}$，称实数

$$a_1b_1+a_2b_2+\cdots+a_nb_n=\sum_{i=1}^{n}a_ib_i$$

为向量 $\boldsymbol{\alpha}$ 与 $\boldsymbol{\beta}$ 的**内积（inner product）**，记为 $(\boldsymbol{\alpha}, \boldsymbol{\beta})$.

由定义可知，两个向量的内积是一个实数.

按照矩阵的乘法，向量 $\boldsymbol{\alpha}$ 与 $\boldsymbol{\beta}$ 的内积也可以表示为 $\boldsymbol{\alpha}^{\mathrm{T}}\boldsymbol{\beta}$，即 $(\boldsymbol{\alpha}, \boldsymbol{\beta})=\boldsymbol{\alpha}^{\mathrm{T}}\boldsymbol{\beta}$.

注　当 $\boldsymbol{\alpha}$ 与 $\boldsymbol{\beta}$ 都是行向量时，$(\boldsymbol{\alpha}, \boldsymbol{\beta})=\boldsymbol{\alpha}\boldsymbol{\beta}^{\mathrm{T}}$.

例 1　设 $\boldsymbol{\alpha}=(1, -1, 2, 4)^{\mathrm{T}}$，$\boldsymbol{\beta}=(3, 4, 1, -2)^{\mathrm{T}}$，则 $\boldsymbol{\alpha}$ 与 $\boldsymbol{\beta}$ 的内积为

$$(\boldsymbol{\alpha}, \boldsymbol{\beta})=1\times3+(-1)\times4+2\times1+4\times(-2)=-7.$$ □

根据定义容易证明，向量的内积具有下列性质：

(1) $(\boldsymbol{\alpha}, \boldsymbol{\beta})=(\boldsymbol{\beta}, \boldsymbol{\alpha})$;

(2) $(k\boldsymbol{\alpha}, \boldsymbol{\beta})=k(\boldsymbol{\alpha}, \boldsymbol{\beta})$;

(3) $(\boldsymbol{\alpha}+\boldsymbol{\beta}, \boldsymbol{\gamma})=(\boldsymbol{\alpha}, \boldsymbol{\gamma})+(\boldsymbol{\beta}, \boldsymbol{\gamma})$;

(4) $(\boldsymbol{\alpha}, \boldsymbol{\alpha})\geqslant0$，当且仅当 $\boldsymbol{\alpha}=\boldsymbol{0}$ 时，$(\boldsymbol{\alpha}, \boldsymbol{\alpha})=0$，

其中 $\boldsymbol{\alpha}$，$\boldsymbol{\beta}$，$\boldsymbol{\gamma}$ 为 $\mathbf{R}^n$ 中的任意向量，k 为任意实数.

证明　仅就性质（3）给出证明.

$$(\boldsymbol{\alpha}+\boldsymbol{\beta}, \boldsymbol{\gamma})=(\boldsymbol{\alpha}+\boldsymbol{\beta})^{\mathrm{T}}\boldsymbol{\gamma}=\boldsymbol{\alpha}^{\mathrm{T}}\boldsymbol{\gamma}+\boldsymbol{\beta}^{\mathrm{T}}\boldsymbol{\gamma}=(\boldsymbol{\alpha}, \boldsymbol{\gamma})+(\boldsymbol{\beta}, \boldsymbol{\gamma}).$$ ■

性质（1）说明了内积具有对称性，因此下列性质也成立：

(2′) $(\boldsymbol{\alpha}, \boldsymbol{\beta}+\boldsymbol{\gamma})=(\boldsymbol{\alpha}, \boldsymbol{\beta})+(\boldsymbol{\alpha}, \boldsymbol{\gamma})$;

(3′) $(\boldsymbol{\alpha}, k\boldsymbol{\beta})=k(\boldsymbol{\alpha}, \boldsymbol{\beta})$.

由上述性质得到，

$$(k_1\boldsymbol{\alpha}+k_2\boldsymbol{\beta},\ k_3\boldsymbol{\gamma}+k_4\boldsymbol{\eta})$$
$$=k_1k_3(\boldsymbol{\alpha},\ \boldsymbol{\gamma})+k_2k_3(\boldsymbol{\beta},\ \boldsymbol{\gamma})+k_1k_4(\boldsymbol{\alpha},\ \boldsymbol{\eta})+k_2k_4(\boldsymbol{\beta},\ \boldsymbol{\eta}).$$

二、向量的长度

定义 4.11 设 $\boldsymbol{\alpha}=(a_1,\ a_2,\ \cdots,a_n)^{\mathrm{T}}$ 是 $\mathbf{R}^n$ 中的任一向量，称非负实数 $\sqrt{(\boldsymbol{\alpha},\ \boldsymbol{\alpha})}$ 为向量 $\boldsymbol{\alpha}$ 的**长度**（**length**），记为 $\|\boldsymbol{\alpha}\|$ ，即

$$\|\boldsymbol{\alpha}\|=\sqrt{(\boldsymbol{\alpha},\ \boldsymbol{\alpha})}=\sqrt{a_1^2+a_2^2+\cdots+a_n^2}.$$

特别地，若 $\|\boldsymbol{\alpha}\|=1$，则称 $\boldsymbol{\alpha}$ 为**单位向量**（**unit vector**）.

向量的长度具有下列性质：

（1） $\|\boldsymbol{\alpha}\|\geqslant 0$，当且仅当 $\boldsymbol{\alpha}=\mathbf{0}$ 时，$\|\boldsymbol{\alpha}\|=0$.（由内积的性质（4）即可得到）

上述性质表明，只有零向量的长度为 0，若 $\boldsymbol{\alpha}\neq\mathbf{0}$，则 $\|\boldsymbol{\alpha}\|>0$.

（2）对 $\mathbf{R}^n$ 中的任意向量 $\boldsymbol{\alpha}$ 和任意实数 k，有 $\|k\boldsymbol{\alpha}\|=|k|\cdot\|\boldsymbol{\alpha}\|$.

证明 $\|k\boldsymbol{\alpha}\|=\sqrt{(k\boldsymbol{\alpha},\ k\boldsymbol{\alpha})}=\sqrt{k^2(\boldsymbol{\alpha},\ \boldsymbol{\alpha})}=|k|\sqrt{(\boldsymbol{\alpha},\ \boldsymbol{\alpha})}=|k|\cdot\|\boldsymbol{\alpha}\|$. ■

根据此性质，若 $\boldsymbol{\alpha}\neq\mathbf{0}$，由于 $\|\boldsymbol{\alpha}\|>0$ 且 $\left\|\dfrac{\boldsymbol{\alpha}}{\|\boldsymbol{\alpha}\|}\right\|=\dfrac{1}{\|\boldsymbol{\alpha}\|}\cdot\|\boldsymbol{\alpha}\|=1$，即 $\dfrac{\boldsymbol{\alpha}}{\|\boldsymbol{\alpha}\|}$ 是单位向量，从而我们得到了一个与 $\boldsymbol{\alpha}$ 同方向的单位向量．这一过程称为将向量 $\boldsymbol{\alpha}$ **单位化**.

（3）对 $\mathbf{R}^n$ 中的任意向量 $\boldsymbol{\alpha}$ 和 $\boldsymbol{\beta}$，有 $|(\boldsymbol{\alpha},\boldsymbol{\beta})|\leqslant\|\boldsymbol{\alpha}\|\cdot\|\boldsymbol{\beta}\|$，当且仅当 $\boldsymbol{\alpha}$ 与 $\boldsymbol{\beta}$ 线性相关时，等号成立．这一不等式称为**柯西－施瓦茨（Cauchy－Schwarz）不等式.**

证明 当 $\boldsymbol{\beta}=\mathbf{0}$ 时，$(\boldsymbol{\alpha},\ \boldsymbol{\beta})=0$，$\|\boldsymbol{\beta}\|=0$，不等式显然成立.

以下设 $\boldsymbol{\beta}\neq\mathbf{0}$. 对任意实数 k，构造向量 $\boldsymbol{\gamma}=\boldsymbol{\alpha}+k\boldsymbol{\beta}$，则无论 k 取何值，都有

$$(\boldsymbol{\gamma},\ \boldsymbol{\gamma})=(\boldsymbol{\alpha}+k\boldsymbol{\beta},\ \boldsymbol{\alpha}+k\boldsymbol{\beta})\geqslant 0,$$

即

$$(\boldsymbol{\beta},\ \boldsymbol{\beta})k^2+2(\boldsymbol{\alpha},\ \boldsymbol{\beta})k+(\boldsymbol{\alpha},\ \boldsymbol{\alpha})\geqslant 0. \tag{4-3}$$

由于 $\boldsymbol{\beta}\neq\mathbf{0}$，令 $k=-\dfrac{(\boldsymbol{\alpha},\ \boldsymbol{\beta})}{(\boldsymbol{\beta},\ \boldsymbol{\beta})}$ 并代入式（4-3），则

$$(\boldsymbol{\beta},\ \boldsymbol{\beta})\left[\frac{(\boldsymbol{\alpha},\boldsymbol{\beta})}{(\boldsymbol{\beta},\boldsymbol{\beta})}\right]^2-2(\boldsymbol{\alpha},\ \boldsymbol{\beta})\frac{(\boldsymbol{\alpha},\ \boldsymbol{\beta})}{(\boldsymbol{\beta},\ \boldsymbol{\beta})}+(\boldsymbol{\alpha},\ \boldsymbol{\alpha})\geqslant 0,$$

整理后得到 $(\boldsymbol{\alpha},\ \boldsymbol{\beta})^2\leqslant(\boldsymbol{\alpha},\ \boldsymbol{\alpha})\cdot(\boldsymbol{\beta},\ \boldsymbol{\beta})$，即 $|(\boldsymbol{\alpha},\ \boldsymbol{\beta})|\leqslant\|\boldsymbol{\alpha}\|\cdot\|\boldsymbol{\beta}\|$.

当 $\boldsymbol{\alpha}$ 与 $\boldsymbol{\beta}$ 线性相关时，不妨设 $\boldsymbol{\beta}=k\boldsymbol{\alpha}$，则

$$(\boldsymbol{\alpha},\ \boldsymbol{\beta})^2=(\boldsymbol{\alpha},\ k\boldsymbol{\alpha})^2=k^2(\boldsymbol{\alpha},\ \boldsymbol{\alpha})^2=(\boldsymbol{\alpha},\ \boldsymbol{\alpha})\cdot(k\boldsymbol{\alpha},\ k\boldsymbol{\alpha})=(\boldsymbol{\alpha},\ \boldsymbol{\alpha})\cdot(\boldsymbol{\beta},\ \boldsymbol{\beta}),$$

从而有

$$|(\boldsymbol{\alpha},\ \boldsymbol{\beta})|=\|\boldsymbol{\alpha}\|\cdot\|\boldsymbol{\beta}\|.$$

当等号成立时，若 $\boldsymbol{\beta}=\mathbf{0}$，则 $\boldsymbol{\alpha}$ 与 $\boldsymbol{\beta}$ 必线性相关.

若$\boldsymbol{\beta}\neq\mathbf{0}$，则由前面的推导过程可知，对数$k=-\dfrac{(\boldsymbol{\alpha},\boldsymbol{\beta})}{(\boldsymbol{\beta},\boldsymbol{\beta})}$，有

$$(\boldsymbol{\alpha}+k\boldsymbol{\beta},\boldsymbol{\alpha}+k\boldsymbol{\beta})=0,$$

从而有

$$\boldsymbol{\alpha}+k\boldsymbol{\beta}=\boldsymbol{\alpha}-\frac{(\boldsymbol{\alpha},\boldsymbol{\beta})}{(\boldsymbol{\beta},\boldsymbol{\beta})}\boldsymbol{\beta}=\mathbf{0},$$

即$\boldsymbol{\alpha}$与$\boldsymbol{\beta}$线性相关. ■

例 2 证明：任给$\boldsymbol{\alpha}$，$\boldsymbol{\beta}\in\mathbf{R}^n$，都有

$$\|\boldsymbol{\alpha}+\boldsymbol{\beta}\|^2+\|\boldsymbol{\alpha}-\boldsymbol{\beta}\|^2=2(\|\boldsymbol{\alpha}\|^2+\|\boldsymbol{\beta}\|^2).$$

证明

$$\begin{aligned}&\|\boldsymbol{\alpha}+\boldsymbol{\beta}\|^2+\|\boldsymbol{\alpha}-\boldsymbol{\beta}\|^2\\=&(\boldsymbol{\alpha}+\boldsymbol{\beta},\boldsymbol{\alpha}+\boldsymbol{\beta})+(\boldsymbol{\alpha}-\boldsymbol{\beta},\boldsymbol{\alpha}-\boldsymbol{\beta})\\=&(\boldsymbol{\alpha},\boldsymbol{\alpha})+(\boldsymbol{\beta},\boldsymbol{\beta})+2(\boldsymbol{\alpha},\boldsymbol{\beta})+(\boldsymbol{\alpha},\boldsymbol{\alpha})+(\boldsymbol{\beta},\boldsymbol{\beta})-2(\boldsymbol{\alpha},\boldsymbol{\beta})\\=&2(\|\boldsymbol{\alpha}\|^2+\|\boldsymbol{\beta}\|^2).\end{aligned}$$ ■

例 2 的几何意义是：平行四边形的两条对角线的平方和等于它的四条边的平方和.

由性质（3）可知，对非零向量$\boldsymbol{\alpha}$与$\boldsymbol{\beta}$，有$-1\leqslant\dfrac{(\boldsymbol{\alpha},\boldsymbol{\beta})}{\|\boldsymbol{\alpha}\|\cdot\|\boldsymbol{\beta}\|}\leqslant1$，由此引出向量夹角的概念.

定义 4.12 $\mathbf{R}^n$中的非零向量$\boldsymbol{\alpha}$与$\boldsymbol{\beta}$之间的**夹角**定义为

$$\langle\boldsymbol{\alpha},\boldsymbol{\beta}\rangle=\arccos\frac{(\boldsymbol{\alpha},\boldsymbol{\beta})}{\|\boldsymbol{\alpha}\|\cdot\|\boldsymbol{\beta}\|}(0\leqslant\langle\boldsymbol{\alpha},\boldsymbol{\beta}\rangle\leqslant\pi).$$

例 3 将向量$\boldsymbol{\alpha}=(2,1,3,2)^{\mathrm{T}}$单位化，并求它与向量$\boldsymbol{\beta}=(1,2,-2,1)^{\mathrm{T}}$的夹角.

解 因为$\|\boldsymbol{\alpha}\|=\sqrt{2^2+1^2+3^2+2^2}=\sqrt{18}=3\sqrt{2}$，所以$\boldsymbol{\alpha}$对应的单位向量为

$$\frac{\boldsymbol{\alpha}}{\|\boldsymbol{\alpha}\|}=\frac{1}{3\sqrt{2}}(2,1,3,2)^{\mathrm{T}}=\left(\frac{\sqrt{2}}{3},\frac{\sqrt{2}}{6},\frac{\sqrt{2}}{2},\frac{\sqrt{2}}{3}\right)^{\mathrm{T}}.$$

由定义 4.12，
$$\begin{aligned}\langle\boldsymbol{\alpha},\boldsymbol{\beta}\rangle&=\arccos\frac{(\boldsymbol{\alpha},\boldsymbol{\beta})}{\|\boldsymbol{\alpha}\|\cdot\|\boldsymbol{\beta}\|}\\&=\arccos\frac{2\times1+1\times2+3\times(-2)+2\times1}{\sqrt{2^2+1^2+3^2+2^2}\cdot\sqrt{1^2+2^2+(-2)^2+1^2}}\\&=\arccos0\\&=\frac{\pi}{2}.\end{aligned}$$ □

【同步训练1】 求向量 $\boldsymbol{\alpha}=(1,2,2,3)^{\mathrm{T}}$ $\boldsymbol{\beta}=(3,1,5,1)^{\mathrm{T}}$ 的内积与夹角.

三、向量的正交

定义 4.13 如果$(\boldsymbol{\alpha},\boldsymbol{\beta})=0$，则称$\boldsymbol{\alpha}$与$\boldsymbol{\beta}$正交（orthogonality）（或垂直）.

向量的正交满足下列性质：

（1）零向量与$\mathbf{R}^n$中的任意向量都正交.

(2) $\mathbf{R}^n$ 中与自己正交的向量只有零向量.

(3) 任意两个非零向量 $\boldsymbol{\alpha}$ 与 $\boldsymbol{\beta}$ 正交的充要条件是 $\langle\boldsymbol{\alpha},\boldsymbol{\beta}\rangle=\dfrac{\pi}{2}$.

(4) 对于任意向量 $\boldsymbol{\alpha}$ 和 $\boldsymbol{\beta}$，有三角不等式 $\|\boldsymbol{\alpha}+\boldsymbol{\beta}\|\leqslant\|\boldsymbol{\alpha}\|+\|\boldsymbol{\beta}\|$ 成立.

当 $\boldsymbol{\alpha}$ 与 $\boldsymbol{\beta}$ 正交时，有勾股定理 $\|\boldsymbol{\alpha}+\boldsymbol{\beta}\|^2=\|\boldsymbol{\alpha}\|^2+\|\boldsymbol{\beta}\|^2$ 成立.

请读者自行证明性质 (1) ~ (3). 下面证明性质 (4).

证明 因为

$$\|\boldsymbol{\alpha}+\boldsymbol{\beta}\|^2=(\boldsymbol{\alpha}+\boldsymbol{\beta},\ \boldsymbol{\alpha}+\boldsymbol{\beta})=(\boldsymbol{\alpha},\ \boldsymbol{\alpha})+2(\boldsymbol{\alpha},\ \boldsymbol{\beta})+(\boldsymbol{\beta},\ \boldsymbol{\beta}),$$

由柯西－施瓦茨不等式，得到

$$\|\boldsymbol{\alpha}+\boldsymbol{\beta}\|^2\leqslant\|\boldsymbol{\alpha}\|^2+2\|\boldsymbol{\alpha}\|\cdot\|\boldsymbol{\beta}\|+\|\boldsymbol{\beta}\|^2=(\|\boldsymbol{\alpha}\|+\|\boldsymbol{\beta}\|)^2,$$

即 $\|\boldsymbol{\alpha}+\boldsymbol{\beta}\|\leqslant\|\boldsymbol{\alpha}\|+\|\boldsymbol{\beta}\|$.

当 $\boldsymbol{\alpha}$ 与 $\boldsymbol{\beta}$ 正交时，

$$\|\boldsymbol{\alpha}+\boldsymbol{\beta}\|^2=(\boldsymbol{\alpha}+\boldsymbol{\beta},\ \boldsymbol{\alpha}+\boldsymbol{\beta})=(\boldsymbol{\alpha},\ \boldsymbol{\alpha})+(\boldsymbol{\beta},\ \boldsymbol{\beta})=\|\boldsymbol{\alpha}\|^2+\|\boldsymbol{\beta}\|^2.$$ ■

四、标准正交基及其求法

下面我们仿照解析几何，在 $\mathbf{R}^n$ 中建立直角坐标系. 从解析几何中我们知道，建立直角坐标系的关键在于选取彼此垂直且长度为 1 的向量，例如在空间直角坐标系中，选取的是单位向量 $\boldsymbol{i}$，$\boldsymbol{j}$，$\boldsymbol{k}$. 为此我们首先讨论满足两两正交的向量组.

定义 4.14 如果 $\mathbf{R}^n$ 中的非零向量组 $\boldsymbol{\alpha}_1$，$\boldsymbol{\alpha}_2$，…，$\boldsymbol{\alpha}_s$ 满足两两正交，即

$$(\boldsymbol{\alpha}_i,\ \boldsymbol{\alpha}_j)=0,\ i\neq j,\ i,\ j=1,\ 2,\ \cdots,\ s,$$

则称该向量组为**正交向量组**. 若一个正交向量组中的每一个向量都是单位向量，则称为**标准正交向量组**.

定理 4.4 正交向量组是线性无关的.

证明 设 $\boldsymbol{\alpha}_1$，$\boldsymbol{\alpha}_2$，…，$\boldsymbol{\alpha}_s$ 是一个正交向量组. 为了证明 $\boldsymbol{\alpha}_1$，$\boldsymbol{\alpha}_2$，…，$\boldsymbol{\alpha}_s$ 线性无关，设存在数 k_1，k_2，…，k_s，使得

$$k_1\boldsymbol{\alpha}_1+k_2\boldsymbol{\alpha}_2+\cdots+k_s\boldsymbol{\alpha}_s=\boldsymbol{0},$$

则

$$(\boldsymbol{\alpha}_i,\ k_1\boldsymbol{\alpha}_1+k_2\boldsymbol{\alpha}_2+\cdots+k_s\boldsymbol{\alpha}_s)=(\boldsymbol{\alpha}_i,\ \boldsymbol{0})(i=1,\ 2,\ \cdots,\ s),$$

即

$$k_1(\boldsymbol{\alpha}_i,\ \boldsymbol{\alpha}_1)+k_2(\boldsymbol{\alpha}_i,\ \boldsymbol{\alpha}_2)+\cdots+k_s(\boldsymbol{\alpha}_i,\ \boldsymbol{\alpha}_s)=\boldsymbol{0}(i=1,\ 2,\ \cdots,\ s),$$

由于 $(\boldsymbol{\alpha}_i,\boldsymbol{\alpha}_j)=\boldsymbol{0},i\neq j$，所以

$$k_i(\boldsymbol{\alpha}_i,\ \boldsymbol{\alpha}_i)=\boldsymbol{0}\ \ (i=1,\ 2,\ \cdots,\ s),$$

而 $\boldsymbol{\alpha}_i\neq\boldsymbol{0}$，故 $(\boldsymbol{\alpha}_i,\ \boldsymbol{\alpha}_i)>0$，得到 $k_i=0$，$i=1$，2，…，s. 因此 $\boldsymbol{\alpha}_1$，$\boldsymbol{\alpha}_2$，…，$\boldsymbol{\alpha}_s$ 线性无关. ■

需要注意的是，定理 4.4 的逆命题不一定成立，即线性无关的向量组不一定是正交向量组. 例如向量组 $\boldsymbol{\alpha}_1=(1,\ 0)^{\mathrm{T}}$，$\boldsymbol{\alpha}_2=(1,\ 1)^{\mathrm{T}}$ 线性无

关，但$(\boldsymbol{\alpha}_1, \boldsymbol{\alpha}_2)=1\neq 0$，所以该向量组不是正交向量组.

推论　$\mathbf{R}^n$ 中任意一个正交向量组的向量个数不会超过 n 个.

上述推论的几何意义在于，在平面上找不到三个两两垂直的非零向量，在空间中，找不到四个两两垂直的非零向量.

定义 4.15　在 $\mathbf{R}^n$ 中，由 n 个向量组成的正交向量组可以构成 $\mathbf{R}^n$ 的一组基，称为 $\mathbf{R}^n$ 的一组**正交基**（**orthogonal basis**）. 若一组正交基中的每一个向量都是单位向量，则称为 $\mathbf{R}^n$ 的一组**标准正交基**（**canonical orthogonal basis**）.

由定义 4.15 我们可以得到

（1）对一组正交基进行单位化就可以得到一组标准正交基；

（2）若 $\boldsymbol{\alpha}_1, \boldsymbol{\alpha}_2, \cdots, \boldsymbol{\alpha}_n$ 是 $\mathbf{R}^n$ 的一组标准正交基，则 $\boldsymbol{\alpha}_1, \boldsymbol{\alpha}_2, \cdots, \boldsymbol{\alpha}_n$ 就是满足以下条件的 n 个向量：

（i）两两正交：$(\boldsymbol{\alpha}_i, \boldsymbol{\alpha}_j)=0$，$i\neq j$，$(i, j=1, 2, \cdots, n)$；

（ii）单位向量：$\|\boldsymbol{\alpha}_i\|=1$，$i=1, 2, \cdots, n$.

即 $\boldsymbol{\alpha}_1, \boldsymbol{\alpha}_2, \cdots, \boldsymbol{\alpha}_n$ 满足

$$(\boldsymbol{\alpha}_i, \boldsymbol{\alpha}_j)=\begin{cases}1, & i=j, \\ 0, & i\neq j,\end{cases}\quad i, j=1, 2, \cdots, n.$$

例 4　自然基 $\boldsymbol{\varepsilon}_1, \boldsymbol{\varepsilon}_2, \cdots, \boldsymbol{\varepsilon}_n$ 就是 $\mathbf{R}^n$ 的一组标准正交基.

例 5　设 $\boldsymbol{\alpha}_1, \boldsymbol{\alpha}_2, \cdots, \boldsymbol{\alpha}_n$ 是 $\mathbf{R}^n$ 的一组标准正交基，求 $\mathbf{R}^n$ 中的向量 $\boldsymbol{\beta}$ 在此基下的坐标.

解　设向量 $\boldsymbol{\beta}$ 在基 $\boldsymbol{\alpha}_1, \boldsymbol{\alpha}_2, \cdots, \boldsymbol{\alpha}_n$ 下的坐标为 $(x_1, x_2, \cdots, x_n)^{\mathrm{T}}$，即

$$\boldsymbol{\beta}=x_1\boldsymbol{\alpha}_1+x_2\boldsymbol{\alpha}_2+\cdots+x_n\boldsymbol{\alpha}_n,$$

则

$$(\boldsymbol{\beta}, \boldsymbol{\alpha}_j)=(x_1\boldsymbol{\alpha}_1+x_2\boldsymbol{\alpha}_2+\cdots+x_n\boldsymbol{\alpha}_n, \boldsymbol{\alpha}_j)=x_j(\boldsymbol{\alpha}_j, \boldsymbol{\alpha}_j)=x_j.$$

故向量 $\boldsymbol{\beta}$ 在标准正交基下的坐标的第 j 个分量为 $x_j=(\boldsymbol{\beta}, \boldsymbol{\alpha}_j)$.　□

标准正交基可以理解为是空间直角坐标系中的单位向量 $\boldsymbol{i}, \boldsymbol{j}, \boldsymbol{k}$ 在 $\mathbf{R}^n$ 上的一个推广，许多问题在标准正交基下讨论会比较方便，如例 5. 那么，如何得到 $\mathbf{R}^n$ 的一组标准正交基呢？前面我们指出，对一组正交基进行单位化就可以得到一组标准正交基，因此寻找标准正交基的关键就是构造一组正交基. 下面我们来介绍构造正交基的方法.

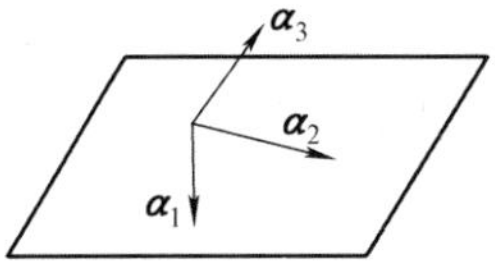

图　4-1

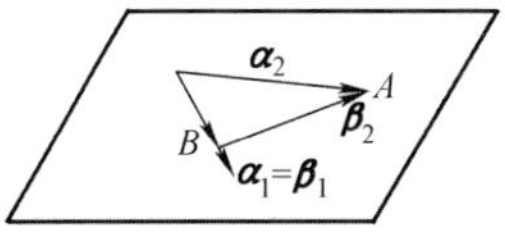

图　4-2

虽然线性无关的向量组不一定是正交向量组，但可以在线性无关向量组的基础上，构造一个正交向量组. 我们以三个线性无关的向量为例进行说明.

设 $\mathbf{R}^3$ 中的向量组 $\boldsymbol{\alpha}_1, \boldsymbol{\alpha}_2, \boldsymbol{\alpha}_3$ 线性无关，则它们不共面，如图 4-1 所示. 由 $\boldsymbol{\alpha}_2$ 的终点 A 向 $\boldsymbol{\alpha}_1$ 作垂线，交 $\boldsymbol{\alpha}_1$ 于点 B，如图 4-2 所示，令 $\boldsymbol{\beta}_1=\boldsymbol{\alpha}_1$，$\boldsymbol{\beta}_2=\overrightarrow{BA}$，则 $\boldsymbol{\beta}_2=\boldsymbol{\alpha}_2-k\boldsymbol{\beta}_1$ 且 $\boldsymbol{\beta}_1$ 与 $\boldsymbol{\beta}_2$ 正交. 由 $(\boldsymbol{\beta}_1, \boldsymbol{\beta}_2)=0$ 得到 $k=\dfrac{(\boldsymbol{\alpha}_2, \boldsymbol{\beta}_1)}{(\boldsymbol{\beta}_1, \boldsymbol{\beta}_1)}$，所以

$$\boldsymbol{\beta}_2=\boldsymbol{\alpha}_2-\frac{(\boldsymbol{\alpha}_2,\boldsymbol{\beta}_1)}{(\boldsymbol{\beta}_1,\boldsymbol{\beta}_1)}\boldsymbol{\beta}_1.$$

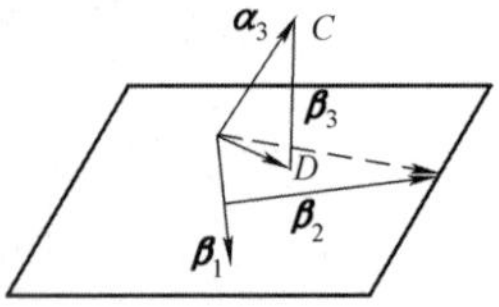

图　4-3

由 $\boldsymbol{\alpha}_3$ 的终点 C 向 $\boldsymbol{\alpha}_1$ 与 $\boldsymbol{\alpha}_2$ 所在平面作垂线，交点为 D，如图 4-3 所示，令 $\boldsymbol{\beta}_3=\overrightarrow{DC}$，则

$$\boldsymbol{\beta}_3=\boldsymbol{\alpha}_3-k_1\boldsymbol{\beta}_1-k_2\boldsymbol{\beta}_2,$$

且 $\boldsymbol{\beta}_3$ 与 $\boldsymbol{\beta}_1$ 和 $\boldsymbol{\beta}_2$ 都正交．由 $(\boldsymbol{\beta}_3,\boldsymbol{\beta}_1)=0$ 得到 $k_1=\dfrac{(\boldsymbol{\alpha}_3,\boldsymbol{\beta}_1)}{(\boldsymbol{\beta}_1,\boldsymbol{\beta}_1)}$，由 $(\boldsymbol{\beta}_3,\boldsymbol{\beta}_2)=0$ 得到 $k_2=\dfrac{(\boldsymbol{\alpha}_3,\boldsymbol{\beta}_2)}{(\boldsymbol{\beta}_2,\boldsymbol{\beta}_2)}$. 于是

$$\boldsymbol{\beta}_3=\boldsymbol{\alpha}_3-\frac{(\boldsymbol{\alpha}_3,\boldsymbol{\beta}_1)}{(\boldsymbol{\beta}_1,\boldsymbol{\beta}_1)}\boldsymbol{\beta}_1-\frac{(\boldsymbol{\alpha}_3,\boldsymbol{\beta}_2)}{(\boldsymbol{\beta}_2,\boldsymbol{\beta}_2)}\boldsymbol{\beta}_2.$$

上面我们将 $\mathbf{R}^3$ 中的线性无关向量组 $\boldsymbol{\alpha}_1$，$\boldsymbol{\alpha}_2$，$\boldsymbol{\alpha}_3$ 转化为了正交向量组 $\boldsymbol{\beta}_1$，$\boldsymbol{\beta}_2$，$\boldsymbol{\beta}_3$. 显然 $\boldsymbol{\beta}_1$，$\boldsymbol{\beta}_2$，$\boldsymbol{\beta}_3$ 是 $\mathbf{R}^3$ 的一组正交基. 将上述过程推广，我们就得到了构造正交基的方法——**施密特正交化（Schmidt orthogonalization）方法**：

设 $\boldsymbol{\alpha}_1$，$\boldsymbol{\alpha}_2$，…，$\boldsymbol{\alpha}_s$ 是 $\mathbf{R}^n$ 中的一个线性无关向量组，令

$$\boldsymbol{\beta}_1=\boldsymbol{\alpha}_1,$$

$$\boldsymbol{\beta}_2=\boldsymbol{\alpha}_2-\frac{(\boldsymbol{\alpha}_2,\boldsymbol{\beta}_1)}{(\boldsymbol{\beta}_1,\boldsymbol{\beta}_1)}\boldsymbol{\beta}_1,$$

$$\boldsymbol{\beta}_3=\boldsymbol{\alpha}_3-\frac{(\boldsymbol{\alpha}_3,\boldsymbol{\beta}_1)}{(\boldsymbol{\beta}_1,\boldsymbol{\beta}_1)}\boldsymbol{\beta}_1-\frac{(\boldsymbol{\alpha}_3,\boldsymbol{\beta}_2)}{(\boldsymbol{\beta}_2,\boldsymbol{\beta}_2)}\boldsymbol{\beta}_2,$$

$$\vdots$$

$$\boldsymbol{\beta}_s=\boldsymbol{\alpha}_s-\frac{(\boldsymbol{\alpha}_s,\boldsymbol{\beta}_1)}{(\boldsymbol{\beta}_1,\boldsymbol{\beta}_1)}\boldsymbol{\beta}_1-\frac{(\boldsymbol{\alpha}_s,\boldsymbol{\beta}_2)}{(\boldsymbol{\beta}_2,\boldsymbol{\beta}_2)}\boldsymbol{\beta}_2-\cdots-\frac{(\boldsymbol{\alpha}_s,\boldsymbol{\beta}_{s-1})}{(\boldsymbol{\beta}_{s-1},\boldsymbol{\beta}_{s-1})}\boldsymbol{\beta}_{s-1},$$

则 $\boldsymbol{\beta}_1$，$\boldsymbol{\beta}_2$，…，$\boldsymbol{\beta}_s$ 是一个与 $\boldsymbol{\alpha}_1$，$\boldsymbol{\alpha}_2$，…，$\boldsymbol{\alpha}_s$ 等价的正交向量组.

若再将向量组 $\boldsymbol{\beta}_1$，$\boldsymbol{\beta}_2$，…，$\boldsymbol{\beta}_s$ 中的每个向量单位化得到 $\boldsymbol{\gamma}_1$，$\boldsymbol{\gamma}_2$，…，$\boldsymbol{\gamma}_s$，则 $\boldsymbol{\gamma}_1$，$\boldsymbol{\gamma}_2$，…，$\boldsymbol{\gamma}_s$ 即为与原向量组 $\boldsymbol{\alpha}_1$，$\boldsymbol{\alpha}_2$，…，$\boldsymbol{\alpha}_s$ 等价的标准正交向量组.

如果 $s=n$，则按上述方法得到的向量组 $\boldsymbol{\beta}_1$，$\boldsymbol{\beta}_2$，…，$\boldsymbol{\beta}_n$ 就是 $\mathbf{R}^n$ 的一组正交基，而 $\boldsymbol{\gamma}_1$，$\boldsymbol{\gamma}_2$，…，$\boldsymbol{\gamma}_n$ 就是 $\mathbf{R}^n$ 的一组标准正交基.

例 6　将 $\mathbf{R}^3$ 的一组基 $\boldsymbol{\alpha}_1=(1,-1,0)^{\mathrm{T}}$，$\boldsymbol{\alpha}_2=(1,0,1)^{\mathrm{T}}$，$\boldsymbol{\alpha}_3=(1,-1,1)^{\mathrm{T}}$ 化为标准正交基.

解　先正交化：

$$\boldsymbol{\beta}_1=\boldsymbol{\alpha}_1=(1,-1,0)^{\mathrm{T}},$$

$$\begin{aligned}\boldsymbol{\beta}_2&=\boldsymbol{\alpha}_2-\frac{(\boldsymbol{\alpha}_2,\boldsymbol{\beta}_1)}{(\boldsymbol{\beta}_1,\boldsymbol{\beta}_1)}\boldsymbol{\beta}_1\\&=(1,0,1)^{\mathrm{T}}-\frac{1}{2}(1,-1,0)^{\mathrm{T}}=\left(\frac{1}{2},\frac{1}{2},1\right)^{\mathrm{T}},\end{aligned}$$

$$\boldsymbol{\beta}_3=\boldsymbol{\alpha}_3-\frac{(\boldsymbol{\alpha}_3,\boldsymbol{\beta}_1)}{(\boldsymbol{\beta}_1,\boldsymbol{\beta}_1)}\boldsymbol{\beta}_1-\frac{(\boldsymbol{\alpha}_3,\boldsymbol{\beta}_2)}{(\boldsymbol{\beta}_2,\boldsymbol{\beta}_2)}\boldsymbol{\beta}_2,$$

$$=(1,\ -1,1)^{\mathrm{T}}-\frac{2}{2}(1,\ -1,0)^{\mathrm{T}}-\frac{2}{3}\left(\frac{1}{2},\ \frac{1}{2},1\right)^{\mathrm{T}}$$

$$=\left(-\frac{1}{3},\ -\frac{1}{3},\ \frac{1}{3}\right)^{\mathrm{T}}.$$

再单位化：

$$\boldsymbol{\gamma}_1=\frac{1}{\|\boldsymbol{\beta}_1\|}\boldsymbol{\beta}_1=\frac{1}{\sqrt{2}}(1,\ -1,0)^{\mathrm{T}}=\left(\frac{\sqrt{2}}{2},\ -\frac{\sqrt{2}}{2},0\right)^{\mathrm{T}},$$

$$\boldsymbol{\gamma}_2=\frac{1}{\|\boldsymbol{\beta}_2\|}\boldsymbol{\beta}_2=\frac{2}{\sqrt{6}}\left(\frac{1}{2},\ \frac{1}{2},1\right)^{\mathrm{T}}=\left(\frac{\sqrt{6}}{6},\ \frac{\sqrt{6}}{6},\frac{\sqrt{6}}{3}\right)^{\mathrm{T}},$$

$$\boldsymbol{\gamma}_3=\frac{1}{\|\boldsymbol{\beta}_3\|}\boldsymbol{\beta}_3=\sqrt{3}\left(-\frac{1}{3},\ -\frac{1}{3},\ \frac{1}{3}\right)^{\mathrm{T}}=\left(-\frac{\sqrt{3}}{3},\ -\frac{\sqrt{3}}{3},\frac{\sqrt{3}}{3}\right)^{\mathrm{T}},$$

则 $\boldsymbol{\gamma}_1$，$\boldsymbol{\gamma}_2$，$\boldsymbol{\gamma}_3$ 即为 $\mathbf{R}^3$ 的一组标准正交基. □

上述例 6 中，

（1）在计算 $\boldsymbol{\beta}_3=\boldsymbol{\alpha}_3-\frac{(\boldsymbol{\alpha}_3,\boldsymbol{\beta}_1)}{(\boldsymbol{\beta}_1,\boldsymbol{\beta}_1)}\boldsymbol{\beta}_1-\frac{(\boldsymbol{\alpha}_3,\boldsymbol{\beta}_2)}{(\boldsymbol{\beta}_2,\boldsymbol{\beta}_2)}\boldsymbol{\beta}_2$ 时，若不直接将 $\boldsymbol{\beta}_2=\left(\frac{1}{2},\ \frac{1}{2},\ 1\right)^{\mathrm{T}}$ 代入，而是以 $(1,\ 1,\ 2)^{\mathrm{T}}$ 代入，即按如下进行：

$$\boldsymbol{\beta}_3=\boldsymbol{\alpha}_3-\frac{(\boldsymbol{\alpha}_3,\boldsymbol{\beta}_1)}{(\boldsymbol{\beta}_1,\boldsymbol{\beta}_1)}\boldsymbol{\beta}_1-\frac{(\boldsymbol{\alpha}_3,\boldsymbol{\beta}_2)}{(\boldsymbol{\beta}_2,\boldsymbol{\beta}_2)}\boldsymbol{\beta}_2$$

$$=(1,\ -1,\ 1)^{\mathrm{T}}-\frac{2}{2}(1,\ -1,\ 0)^{\mathrm{T}}-\frac{2}{6}(1,1,2)^{\mathrm{T}}$$

$$=\left(-\frac{1}{3},\ -\frac{1}{3},\ \frac{1}{3}\right)^{\mathrm{T}},$$

我们发现与例题结果是一致的，但计算变得更方便，读者可细心体会.

（2）若将问题改为将线性无关向量组 $\boldsymbol{\alpha}_1=(1,\ -1,\ 0)^{\mathrm{T}}$，$\boldsymbol{\alpha}_2=(1,\ 0,\ 1)^{\mathrm{T}}$，$\boldsymbol{\alpha}_3=(1,\ -1,\ 1)^{\mathrm{T}}$ 化为标准正交向量组，则 $\boldsymbol{\gamma}_1$，$\boldsymbol{\gamma}_2$，$\boldsymbol{\gamma}_3$ 即为所求. 若令 $\boldsymbol{\xi}_1=\boldsymbol{\alpha}_2$，$\boldsymbol{\xi}_2=\boldsymbol{\alpha}_1$，$\boldsymbol{\xi}_3=\boldsymbol{\alpha}_3$，并将线性无关向量组 $\boldsymbol{\xi}_1$，$\boldsymbol{\xi}_2$，$\boldsymbol{\xi}_3$ 代入公式，那么可以得到以下标准正交向量组

$$\boldsymbol{\zeta}_1=\left(\frac{\sqrt{2}}{2},0,\frac{\sqrt{2}}{2}\right)^{\mathrm{T}},\boldsymbol{\zeta}_2=\left(\frac{\sqrt{6}}{6},-\frac{\sqrt{6}}{3},-\frac{\sqrt{6}}{6}\right)^{\mathrm{T}},\boldsymbol{\zeta}_3=\left(-\frac{\sqrt{3}}{3},-\frac{\sqrt{3}}{3},\frac{\sqrt{3}}{3}\right)^{\mathrm{T}}.$$

前后比较得到，如果正交化的起始向量不同，可以得到不同的标准正交向量组.

【同步训练 2】

将 $\mathbf{R}^3$ 的一组基 $\boldsymbol{\alpha}_1=(1,\ 0,\ 1)^{\mathrm{T}}$，$\boldsymbol{\alpha}_2=(1,\ 1,\ 0)^{\mathrm{T}}$，$\boldsymbol{\alpha}_3=(0,\ 1,\ 1)^{\mathrm{T}}$ 化为标准正交基.

五、正交矩阵

在本节的最后，我们将介绍一类在后面两章有着重要应用的矩阵. 为了引出其定义，我们首先来看以下结论.

定理 4.5 设 $\boldsymbol{\alpha}_1$，$\boldsymbol{\alpha}_2$，…，$\boldsymbol{\alpha}_n$ 和 $\boldsymbol{\beta}_1$，$\boldsymbol{\beta}_2$，…，$\boldsymbol{\beta}_n$ 是 $\mathbf{R}^n$ 的两组标准

正交基.

(1) 令 $\boldsymbol{B}=(\boldsymbol{\alpha}_1, \boldsymbol{\alpha}_2, \cdots, \boldsymbol{\alpha}_n)$，则 $\boldsymbol{B}^{\mathrm{T}}\boldsymbol{B}=\boldsymbol{E}$；

(2) 设基变换为$(\boldsymbol{\beta}_1, \boldsymbol{\beta}_2, \cdots, \boldsymbol{\beta}_n)=(\boldsymbol{\alpha}_1, \boldsymbol{\alpha}_2, \cdots, \boldsymbol{\alpha}_n)\boldsymbol{A}$，则过渡矩阵 $\boldsymbol{A}$ 满足 $\boldsymbol{A}^{\mathrm{T}}\boldsymbol{A}=\boldsymbol{E}$.

证明 (1) 由分块矩阵的运算及标准正交基的定义，得到

$$\boldsymbol{B}^{\mathrm{T}}\boldsymbol{B}=\begin{pmatrix}\boldsymbol{\alpha}_1^{\mathrm{T}}\\ \boldsymbol{\alpha}_2^{\mathrm{T}}\\ \vdots\\ \boldsymbol{\alpha}_n^{\mathrm{T}}\end{pmatrix}(\boldsymbol{\alpha}_1, \boldsymbol{\alpha}_2, \cdots, \boldsymbol{\alpha}_n)=\begin{pmatrix}\boldsymbol{\alpha}_1^{\mathrm{T}}\boldsymbol{\alpha}_1 & \boldsymbol{\alpha}_1^{\mathrm{T}}\boldsymbol{\alpha}_2 & \cdots & \boldsymbol{\alpha}_1^{\mathrm{T}}\boldsymbol{\alpha}_n\\ \boldsymbol{\alpha}_2^{\mathrm{T}}\boldsymbol{\alpha}_1 & \boldsymbol{\alpha}_2^{\mathrm{T}}\boldsymbol{\alpha}_2 & \cdots & \boldsymbol{\alpha}_2^{\mathrm{T}}\boldsymbol{\alpha}_n\\ \vdots & \vdots & & \vdots\\ \boldsymbol{\alpha}_n^{\mathrm{T}}\boldsymbol{\alpha}_1 & \boldsymbol{\alpha}_n^{\mathrm{T}}\boldsymbol{\alpha}_2 & \cdots & \boldsymbol{\alpha}_n^{\mathrm{T}}\boldsymbol{\alpha}_n\end{pmatrix}$$

$$=\begin{pmatrix}1 & 0 & \cdots & 0\\ 0 & 1 & \cdots & 0\\ \vdots & \vdots & & \vdots\\ 0 & 0 & \cdots & 1\end{pmatrix}=\boldsymbol{E}.$$

(2) 令 $\boldsymbol{C}=(\boldsymbol{\beta}_1, \boldsymbol{\beta}_2, \cdots, \boldsymbol{\beta}_n)$，则有 $\boldsymbol{C}=\boldsymbol{B}\boldsymbol{A}$，且根据(1)有 $\boldsymbol{B}^{\mathrm{T}}\boldsymbol{B}=\boldsymbol{E}$，$\boldsymbol{C}^{\mathrm{T}}\boldsymbol{C}=\boldsymbol{E}$. 将 $\boldsymbol{C}=\boldsymbol{B}\boldsymbol{A}$ 代入 $\boldsymbol{C}^{\mathrm{T}}\boldsymbol{C}=\boldsymbol{E}$ 中，有

$$\boldsymbol{C}^{\mathrm{T}}\boldsymbol{C}=(\boldsymbol{B}\boldsymbol{A})^{\mathrm{T}}(\boldsymbol{B}\boldsymbol{A})=\boldsymbol{A}^{\mathrm{T}}\boldsymbol{B}^{\mathrm{T}}\boldsymbol{B}\boldsymbol{A}=\boldsymbol{A}^{\mathrm{T}}(\boldsymbol{B}^{\mathrm{T}}\boldsymbol{B})\boldsymbol{A}=\boldsymbol{A}^{\mathrm{T}}\boldsymbol{A}=\boldsymbol{E}.$$ ■

由此我们引出正交矩阵的定义.

定义 4.16 若 n 阶实矩阵 $\boldsymbol{A}$ 满足 $\boldsymbol{A}^{\mathrm{T}}\boldsymbol{A}=\boldsymbol{E}$，则称 $\boldsymbol{A}$ 为**正交矩阵 (orthogonal matrix)**.

由定理 4.5 和定义 4.16 可知，$\mathbf{R}^n$ 的两组标准正交基之间的过渡矩阵是正交矩阵.

例 7 容易验证，单位矩阵 $\boldsymbol{E}$ 和$\dfrac{\sqrt{2}}{2}\begin{pmatrix}1 & -1\\ -1 & 1\end{pmatrix}$都是正交矩阵.

定理 4.6 n 阶实矩阵 $\boldsymbol{A}$ 为正交矩阵的充要条件是 $\boldsymbol{A}^{-1}=\boldsymbol{A}^{\mathrm{T}}$.

证明 (必要性) 由定义 4.16 即可得到.

(充分性) 若 $\boldsymbol{A}^{-1}=\boldsymbol{A}^{\mathrm{T}}$，则 $\boldsymbol{A}^{\mathrm{T}}\boldsymbol{A}=\boldsymbol{A}^{-1}\boldsymbol{A}=\boldsymbol{E}$，所以 $\boldsymbol{A}$ 为正交矩阵. ■

定理 4.7 n 阶实矩阵 $\boldsymbol{A}$ 为正交矩阵的充要条件是 $\boldsymbol{A}$ 的列向量组为 $\mathbf{R}^n$ 的一组标准正交基.

证明 (充分性) 由定理 4.5 即可得到.

(必要性) 将矩阵 $\boldsymbol{A}$ 按列分块 $\boldsymbol{A}=(\boldsymbol{\alpha}_1, \boldsymbol{\alpha}_2, \cdots, \boldsymbol{\alpha}_n)$，则

$$\boldsymbol{A}^{\mathrm{T}}\boldsymbol{A}=\begin{pmatrix}\boldsymbol{\alpha}_1^{\mathrm{T}}\\ \boldsymbol{\alpha}_2^{\mathrm{T}}\\ \vdots\\ \boldsymbol{\alpha}_n^{\mathrm{T}}\end{pmatrix}(\boldsymbol{\alpha}_1, \boldsymbol{\alpha}_2, \cdots, \boldsymbol{\alpha}_n)=\begin{pmatrix}\boldsymbol{\alpha}_1^{\mathrm{T}}\boldsymbol{\alpha}_1 & \boldsymbol{\alpha}_1^{\mathrm{T}}\boldsymbol{\alpha}_2 & \cdots & \boldsymbol{\alpha}_1^{\mathrm{T}}\boldsymbol{\alpha}_n\\ \boldsymbol{\alpha}_2^{\mathrm{T}}\boldsymbol{\alpha}_1 & \boldsymbol{\alpha}_2^{\mathrm{T}}\boldsymbol{\alpha}_2 & \cdots & \boldsymbol{\alpha}_2^{\mathrm{T}}\boldsymbol{\alpha}_n\\ \vdots & \vdots & & \vdots\\ \boldsymbol{\alpha}_n^{\mathrm{T}}\boldsymbol{\alpha}_1 & \boldsymbol{\alpha}_n^{\mathrm{T}}\boldsymbol{\alpha}_2 & \cdots & \boldsymbol{\alpha}_n^{\mathrm{T}}\boldsymbol{\alpha}_n\end{pmatrix}.$$

因为 $\boldsymbol{A}$ 是正交矩阵，所以 $\boldsymbol{A}^{\mathrm{T}}\boldsymbol{A}=\boldsymbol{E}$，从而

$$\boldsymbol{\alpha}_i^{\mathrm{T}}\boldsymbol{\alpha}_j=(\boldsymbol{\alpha}_i, \boldsymbol{\alpha}_j)=\begin{cases}1, & i=j,\\ 0, & i\neq j,\end{cases}\quad i, j=1, 2, \cdots, n,$$

即 $\boldsymbol{A}$ 的列向量组为 $\mathbf{R}^n$ 的一组标准正交基. ■

推论 n 阶实矩阵 $\boldsymbol{A}$ 为正交矩阵的充要条件是 $\boldsymbol{A}$ 的行向量组为 $\mathbf{R}^n$ 的一组标准正交基.

注 由定理4.7及其推论可知，只要找到 $\mathbf{R}^n$ 的一组标准正交基 $\boldsymbol{\alpha}_1$，$\boldsymbol{\alpha}_2$，…，$\boldsymbol{\alpha}_n$，则以它们为列（或行）构造的矩阵 $\boldsymbol{A}$ 一定是正交矩阵，这一点在后续章节中将会用到.

例8 判断下列矩阵 $\boldsymbol{A}$ 是否为正交矩阵.

$$\boldsymbol{A}=\frac{1}{3}\begin{pmatrix}1 & 2 & 2\\ 2 & 1 & -2\\ 2 & -2 & 1\end{pmatrix}.$$

解法一 经计算 $\boldsymbol{A}^{\mathrm{T}}\boldsymbol{A}=\boldsymbol{E}$，所以 $\boldsymbol{A}$ 是正交矩阵.

解法二 经计算 $\boldsymbol{A}^{-1}=\frac{1}{3}\begin{pmatrix}1 & 2 & 2\\ 2 & 1 & -2\\ 2 & -2 & 1\end{pmatrix}=\boldsymbol{A}^{\mathrm{T}}$，所以 $\boldsymbol{A}$ 是正交矩阵.

解法三 设 $\boldsymbol{A}$ 的列向量组为

$$\boldsymbol{\alpha}_1=\left(\frac{1}{3},\frac{2}{3},\frac{2}{3}\right)^{\mathrm{T}},\ \boldsymbol{\alpha}_2=\left(\frac{2}{3},\frac{1}{3},-\frac{2}{3}\right)^{\mathrm{T}},\ \boldsymbol{\alpha}_3=\left(\frac{2}{3},-\frac{2}{3},\frac{1}{3}\right)^{\mathrm{T}},$$

则 $(\boldsymbol{\alpha}_1,\boldsymbol{\alpha}_2)=(\boldsymbol{\alpha}_1,\boldsymbol{\alpha}_3)=(\boldsymbol{\alpha}_2,\boldsymbol{\alpha}_3)=0$，$\|\boldsymbol{\alpha}_1\|=\|\boldsymbol{\alpha}_2\|=\|\boldsymbol{\alpha}_3\|=1$，从而 $\boldsymbol{\alpha}_1$，$\boldsymbol{\alpha}_2$，$\boldsymbol{\alpha}_3$ 为 $\mathbf{R}^3$ 的一组标准正交基，所以 $\boldsymbol{A}$ 是正交矩阵. □

最后，我们来看正交矩阵的性质：

(1) 若 $\boldsymbol{A}$ 为正交矩阵，则 $|\boldsymbol{A}|=1$ 或 $|\boldsymbol{A}|=-1$；

(2) 若 $\boldsymbol{A}$ 为正交矩阵，则 $\boldsymbol{A}^{-1}$（或 $\boldsymbol{A}^{\mathrm{T}}$）也是正交矩阵；

(3) 若 $\boldsymbol{A}$ 与 $\boldsymbol{B}$ 都是正交矩阵，则 $\boldsymbol{AB}$ 也是正交矩阵；

(4) 若 $\boldsymbol{A}$ 为正交矩阵，则对 $\mathbf{R}^n$ 中的任意向量 $\boldsymbol{\alpha}$，$\boldsymbol{\beta}$，有

$$(\boldsymbol{A\alpha},\boldsymbol{A\beta})=(\boldsymbol{\alpha},\boldsymbol{\beta}),\ \|\boldsymbol{A\alpha}\|=\|\boldsymbol{\alpha}\|.$$

证明 下面证明(2)~(4)，请读者自行证明（1）.

(2) $(\boldsymbol{A}^{-1})^{\mathrm{T}}\boldsymbol{A}^{-1}=(\boldsymbol{A}^{\mathrm{T}})^{\mathrm{T}}\boldsymbol{A}^{\mathrm{T}}=\boldsymbol{AA}^{\mathrm{T}}=\boldsymbol{E}$，所以 $\boldsymbol{A}^{-1}$(或 $\boldsymbol{A}^{\mathrm{T}}$)也是正交矩阵.

(3) $(\boldsymbol{AB})^{\mathrm{T}}(\boldsymbol{AB})=\boldsymbol{B}^{\mathrm{T}}\boldsymbol{A}^{\mathrm{T}}\boldsymbol{AB}=\boldsymbol{B}^{\mathrm{T}}(\boldsymbol{A}^{\mathrm{T}}\boldsymbol{A})\boldsymbol{B}=\boldsymbol{B}^{\mathrm{T}}\boldsymbol{B}=\boldsymbol{E}$，所以 $\boldsymbol{AB}$ 也是正交矩阵.

(4) $(\boldsymbol{A\alpha},\boldsymbol{A\beta})=(\boldsymbol{A\alpha})^{\mathrm{T}}(\boldsymbol{A\beta})=\boldsymbol{\alpha}^{\mathrm{T}}\boldsymbol{A}^{\mathrm{T}}\boldsymbol{A\beta}=\boldsymbol{\alpha}^{\mathrm{T}}(\boldsymbol{A}^{\mathrm{T}}\boldsymbol{A})\boldsymbol{\beta}=\boldsymbol{\alpha}^{\mathrm{T}}\boldsymbol{\beta}=(\boldsymbol{\alpha},\boldsymbol{\beta})$，

$$\|\boldsymbol{A\alpha}\|=\sqrt{(\boldsymbol{A\alpha},\boldsymbol{A\alpha})}=\sqrt{(\boldsymbol{\alpha},\boldsymbol{\alpha})}=\|\boldsymbol{\alpha}\|.$$ ■

思考与研讨 如果 n 阶实矩阵 $\boldsymbol{A}$ 同时满足上述性质（1）、（2）和（4），那么 $\boldsymbol{A}$ 是不是一个正交矩阵呢？

研讨结论____

____

【同步训练3】

判断下列矩阵是否为正交矩阵.

$$\boldsymbol{A}=\frac{1}{9}\begin{pmatrix}1 & -8 & -4\\ -8 & 1 & -4\\ -4 & -4 & 7\end{pmatrix}.$$

*第四节 综合与提高

一、有关线性空间的例子

例 1 在 $\mathbf{R}^{2\times 2}$ 中，讨论

$$\boldsymbol{A}_1=\begin{pmatrix}a&1\\1&1\end{pmatrix},\ \boldsymbol{A}_2=\begin{pmatrix}1&a\\1&1\end{pmatrix},\ \boldsymbol{A}_3=\begin{pmatrix}1&1\\a&1\end{pmatrix},\ \boldsymbol{A}_4=\begin{pmatrix}1&1\\1&a\end{pmatrix}$$

的线性相关性.

解 设存在数 k_1，k_2，k_3，k_4，使得

$$k_1\boldsymbol{A}_1+k_2\boldsymbol{A}_2+k_3\boldsymbol{A}_3+k_4\boldsymbol{A}_4=\boldsymbol{O},$$

即

$$\begin{cases}ak_1+k_2+k_3+k_4=0,\\k_1+ak_2+k_3+k_4=0,\\k_1+k_2+ak_3+k_4=0,\\k_1+k_2+k_3+ak_4=0,\end{cases}$$

上述线性方程组的系数行列式为

$$D=\begin{vmatrix}a&1&1&1\\1&a&1&1\\1&1&a&1\\1&1&1&a\end{vmatrix}=(a+3)(a-1)^3.$$

当 $a=1$ 或 $a=-3$ 时，$D=0$，方程组有非零解，因而 $\boldsymbol{A}_1$，$\boldsymbol{A}_2$，$\boldsymbol{A}_3$，$\boldsymbol{A}_4$ 线性相关；

当 $a\neq 1$ 且 $a\neq -3$ 时，$D\neq 0$，方程组只有零解，因而 $\boldsymbol{A}_1$，$\boldsymbol{A}_2$，$\boldsymbol{A}_3$，$\boldsymbol{A}_4$ 线性无关. □

例 2 在 $F^{2\times 2}$ 中，求矩阵

$$\boldsymbol{P}=\begin{pmatrix}2&3\\4&-7\end{pmatrix}$$

在基 $\boldsymbol{\alpha}_1$，$\boldsymbol{\alpha}_2$，$\boldsymbol{\alpha}_3$，$\boldsymbol{\alpha}_4$ 下的坐标，其中

$$\boldsymbol{\alpha}_1=\begin{pmatrix}1&1\\1&1\end{pmatrix},\ \boldsymbol{\alpha}_2=\begin{pmatrix}0&-1\\1&0\end{pmatrix},\ \boldsymbol{\alpha}_3=\begin{pmatrix}1&-1\\0&0\end{pmatrix},\ \boldsymbol{\alpha}_4=\begin{pmatrix}1&0\\0&0\end{pmatrix}.$$

解法一 设 $P=k_1\boldsymbol{\alpha}_1+k_2\boldsymbol{\alpha}_2+k_3\boldsymbol{\alpha}_3+k_4\boldsymbol{\alpha}_4$，即

$$\begin{cases}k_1+k_3+k_4=2,\\k_1-k_2-k_3=3,\\k_1+k_2=4,\\k_1=-7,\end{cases}$$

解得方程组的唯一解为 $k_1=-7$，$k_2=11$，$k_3=-21$，$k_4=30$，所以矩阵 $\boldsymbol{P}$ 在基 $\boldsymbol{\alpha}_1$，$\boldsymbol{\alpha}_2$，$\boldsymbol{\alpha}_3$，$\boldsymbol{\alpha}_4$ 下的坐标为 $(-7,11,-21,30)^{\mathrm{T}}$.

解法二　由于

$$\begin{cases}\boldsymbol{\alpha}_1 = 1\cdot \boldsymbol{E}_{11} + 1\cdot \boldsymbol{E}_{12} + 1\cdot \boldsymbol{E}_{21} + 1\cdot \boldsymbol{E}_{22},\\ \boldsymbol{\alpha}_2 = 0\cdot \boldsymbol{E}_{11} + (-1)\cdot \boldsymbol{E}_{12} + 1\cdot \boldsymbol{E}_{21} + 0\cdot \boldsymbol{E}_{22},\\ \boldsymbol{\alpha}_3 = 1\cdot \boldsymbol{E}_{11} + (-1)\cdot \boldsymbol{E}_{12} + 0\cdot \boldsymbol{E}_{21} + 0\cdot \boldsymbol{E}_{22},\\ \boldsymbol{\alpha}_4 = 1\cdot \boldsymbol{E}_{11} + 0\cdot \boldsymbol{E}_{12} + 0\cdot \boldsymbol{E}_{21} + 0\cdot \boldsymbol{E}_{22},\end{cases}$$

所以由基 $\boldsymbol{E}_{11}$，$\boldsymbol{E}_{12}$，$\boldsymbol{E}_{21}$，$\boldsymbol{E}_{22}$（见本章第一节例 7）到基 $\boldsymbol{\alpha}_1$，$\boldsymbol{\alpha}_2$，$\boldsymbol{\alpha}_3$，$\boldsymbol{\alpha}_4$ 的过渡矩阵为

$$\boldsymbol{A} = \begin{pmatrix} 1 & 0 & 1 & 1\\ 1 & -1 & -1 & 0\\ 1 & 1 & 0 & 0\\ 1 & 0 & 0 & 0\end{pmatrix}.$$

矩阵 $\boldsymbol{P}$ 在基 $\boldsymbol{E}_{11}$，$\boldsymbol{E}_{12}$，$\boldsymbol{E}_{21}$，$\boldsymbol{E}_{22}$ 下的坐标为 $\boldsymbol{X} = (2, 3, 4, -7)^{\mathrm{T}}$，因此 $\boldsymbol{P}$ 在基 $\boldsymbol{\alpha}_1$，$\boldsymbol{\alpha}_2$，$\boldsymbol{\alpha}_3$，$\boldsymbol{\alpha}_4$ 下的坐标为

$$\boldsymbol{Y} = \boldsymbol{A}^{-1}\boldsymbol{X} = \begin{pmatrix} 0 & 0 & 0 & 1\\ 0 & 0 & 1 & -1\\ 0 & -1 & -1 & 2\\ 1 & 1 & 1 & -3\end{pmatrix}\begin{pmatrix} 2\\ 3\\ 4\\ -7\end{pmatrix} = \begin{pmatrix} -7\\ 11\\ -21\\ 30\end{pmatrix}.$$ □

例 3　若 $\mathbf{R}^n$ 中的非零向量 $\boldsymbol{\beta}$ 与向量组 $\boldsymbol{\alpha}_1$，$\boldsymbol{\alpha}_2$，…，$\boldsymbol{\alpha}_n$ 中的向量都正交，证明：向量组 $\boldsymbol{\alpha}_1$，$\boldsymbol{\alpha}_2$，…，$\boldsymbol{\alpha}_n$ 必线性相关.

证明　由题意，$(\boldsymbol{\alpha}_i, \boldsymbol{\beta}) = \boldsymbol{\alpha}_i^{\mathrm{T}}\boldsymbol{\beta} = 0$，$i = 1, 2, \cdots, n$，从而

$$\begin{pmatrix} \boldsymbol{\alpha}_1^{\mathrm{T}}\\ \boldsymbol{\alpha}_2^{\mathrm{T}}\\ \vdots\\ \boldsymbol{\alpha}_n^{\mathrm{T}}\end{pmatrix}\boldsymbol{\beta} = \mathbf{0},$$

令 $\boldsymbol{A} = (\boldsymbol{\alpha}_1, \boldsymbol{\alpha}_2, \cdots, \boldsymbol{\alpha}_n)$，则有 $\boldsymbol{A}^{\mathrm{T}}\boldsymbol{\beta} = \mathbf{0}$，由于 $\boldsymbol{\beta}$ 是非零向量，得到齐次线性方程组 $\boldsymbol{A}^{\mathrm{T}}\boldsymbol{X} = \mathbf{0}$ 有非零解，所以 $R(\boldsymbol{A}^{\mathrm{T}}) = R(\boldsymbol{A}) < n$，从而 $\boldsymbol{\alpha}_1$，$\boldsymbol{\alpha}_2$，…，$\boldsymbol{\alpha}_n$ 线性相关. □

例 3 说明，在 $\mathbf{R}^n$ 中同时与一个非零向量正交的线性无关的向量最多有 $n-1$ 个.

二、有关正交矩阵的证明

例 4　设 $\boldsymbol{A}$，$\boldsymbol{B}$ 都是 n 阶正交矩阵，且 $|\boldsymbol{A}| + |\boldsymbol{B}| = 0$，证明：$|\boldsymbol{A}+\boldsymbol{B}| = 0$.

分析　为了证明 $|\boldsymbol{A}+\boldsymbol{B}| = 0$，需要利用正交矩阵的定义和已知条件推导出 $|\boldsymbol{A}+\boldsymbol{B}| = -|\boldsymbol{A}+\boldsymbol{B}|$.

证明　因为 $\boldsymbol{A}$，$\boldsymbol{B}$ 都是正交矩阵，所以

$$\boldsymbol{A}\boldsymbol{A}^{\mathrm{T}} = \boldsymbol{A}^{\mathrm{T}}\boldsymbol{A} = \boldsymbol{E},\ \boldsymbol{B}\boldsymbol{B}^{\mathrm{T}} = \boldsymbol{B}^{\mathrm{T}}\boldsymbol{B} = \boldsymbol{E}.$$

故有

$$A+B=AE+EB=AB^{\mathrm{T}}B+AA^{\mathrm{T}}B=A(B^{\mathrm{T}}+A^{\mathrm{T}})B=A(A+B)^{\mathrm{T}}B,$$

两端取行列式得到

$$|A+B|=|A(A+B)^{\mathrm{T}}B|=|A||A+B||B|.$$

由于 $|A|+|B|=0$，且 $|A|^2=|B|^2=1$，所以 $|A||B|=-1$，从而

$$|A+B|=-|A+B|,$$

即 $|A+B|=0$. □

例5 设 $A=(a_{ij})_{n\times n}$ 是正交矩阵，A_{ij} 是行列式 $|A|$ 中元素 a_{ij} 的代数余子式（$i, j=1, 2, \cdots, n$）. 证明：$A_{ij}=\pm a_{ij}$.

证明 因为 A 是正交矩阵，所以 $|A|=\pm1$，$A^{-1}=A^{\mathrm{T}}$.

又

$$A^{-1}=\frac{1}{|A|}A^*=\pm A^*,$$

所以

$$A^{\mathrm{T}}=\pm A^*,$$

比较两边矩阵的对应元素即可得到 $A_{ij}=\pm a_{ij}$. □

在例5结论的基础上，可以进一步得到，对正交矩阵 A，若 $|A|=1$，则 $A_{ij}=a_{ij}$，若 $|A|=-1$，则 $A_{ij}=-a_{ij}$.

例6 设分块矩阵 $P=\begin{pmatrix} A & B \\ O & C \end{pmatrix}$ 是正交矩阵，其中 A 是 m 阶矩阵，C 是 n 阶矩阵. 证明：A，C 都是正交矩阵且 $B=O$.

证明 由题意知，

$$PP^{\mathrm{T}}=\begin{pmatrix} A & B \\ O & C \end{pmatrix}\begin{pmatrix} A & B \\ O & C \end{pmatrix}^{\mathrm{T}}=\begin{pmatrix} E_m & O \\ O & E_n \end{pmatrix}=E,$$

即

$$\begin{pmatrix} A & B \\ O & C \end{pmatrix}\begin{pmatrix} A^{\mathrm{T}} & O^{\mathrm{T}} \\ B^{\mathrm{T}} & C^{\mathrm{T}} \end{pmatrix}=\begin{pmatrix} AA^{\mathrm{T}}+BB^{\mathrm{T}} & BC^{\mathrm{T}} \\ CB^{\mathrm{T}} & CC^{\mathrm{T}} \end{pmatrix}=\begin{pmatrix} E_m & O \\ O & E_n \end{pmatrix},$$

因此得到

$$\begin{cases} AA^{\mathrm{T}}+BB^{\mathrm{T}}=E_m, \\ BC^{\mathrm{T}}=O, \\ CB^{\mathrm{T}}=O, \\ CC^{\mathrm{T}}=E_n, \end{cases}$$

所以 A，C 都是正交矩阵且 $B=O$. □

习 题 四

A 基础练习

1. 试判断下列集合对指定的运算是否构成实数域上的线性空间.

（1）平面上的全体实向量组成的集合，对于向量的加法和如下的数量乘法：$k\boldsymbol{\alpha}=\boldsymbol{\alpha}$；

（2）n 阶实对称（实反对称）矩阵的全体组成的集合，对于矩阵的加法和数量乘法；

（3）n 阶可逆矩阵的全体组成的集合，对于矩阵的加法和数量乘法.

2. 判断下列 $\mathbf{R}^n$ 的子集是否构成 $\mathbf{R}^n$ 的子空间.

(1) $V_1=\{(x_1, x_2, \cdots, x_n)^{\mathrm{T}} \mid x_1+x_2+\cdots+x_n=0, x_i\in\mathbf{R}, i=1, 2, \cdots, n\}$；

(2) $V_2=\{(x_1, x_2, \cdots, x_n)^{\mathrm{T}} \mid x_1+x_2+\cdots+x_n=1, x_i\in\mathbf{R}, i=1, 2, \cdots, n\}$.

3. 给定 $\mathbf{R}^3$ 中的一组向量 $\boldsymbol{\alpha}_1$，$\boldsymbol{\alpha}_2$，$\boldsymbol{\alpha}_3$ 和向量 $\boldsymbol{\alpha}$，证明：$\boldsymbol{\alpha}_1$，$\boldsymbol{\alpha}_2$，$\boldsymbol{\alpha}_3$ 是 $\mathbf{R}^3$ 的一组基，并求向量 $\boldsymbol{\alpha}$ 在基 $\boldsymbol{\alpha}_1$，$\boldsymbol{\alpha}_2$，$\boldsymbol{\alpha}_3$ 下的坐标：

（1）$\boldsymbol{\alpha}_1=(1, 0, 1)^{\mathrm{T}}$，$\boldsymbol{\alpha}_2=(-1, 1, 0)^{\mathrm{T}}$，$\boldsymbol{\alpha}_3=(0, -1, 1)^{\mathrm{T}}$，$\boldsymbol{\alpha}=(1, 1, 1)^{\mathrm{T}}$；

（2）$\boldsymbol{\alpha}_1=(1, 1, 3)^{\mathrm{T}}$，$\boldsymbol{\alpha}_2=(1, 2, 5)^{\mathrm{T}}$，$\boldsymbol{\alpha}_3=(1, -1, 1)^{\mathrm{T}}$，$\boldsymbol{\alpha}=(1, 0, 3)^{\mathrm{T}}$；

（3）$\boldsymbol{\alpha}_1=(1, 2, -1)^{\mathrm{T}}$，$\boldsymbol{\alpha}_2=(-2, 1, 1)^{\mathrm{T}}$，$\boldsymbol{\alpha}_3=(1, -3, -1)^{\mathrm{T}}$，$\boldsymbol{\alpha}=(-2, 1, 0)^{\mathrm{T}}$.

4. 设 $\boldsymbol{\alpha}_1$，$\boldsymbol{\alpha}_1$，$\boldsymbol{\alpha}_3$ 是 $\mathbf{R}^3$ 的一组基，向量 $\boldsymbol{\alpha}$ 在基 $\boldsymbol{\alpha}_1$，$\boldsymbol{\alpha}_2$，$\boldsymbol{\alpha}_3$ 下的坐标为 $(a_1, a_2, a_3)^{\mathrm{T}}$，

（1）求向量 $\boldsymbol{\alpha}$ 在基 $k\boldsymbol{\alpha}_1$，$\boldsymbol{\alpha}_2$，$\boldsymbol{\alpha}_3$（$k\neq0$）下的坐标；

（2）求向量 $\boldsymbol{\alpha}$ 在基 $\boldsymbol{\alpha}_2$，$\boldsymbol{\alpha}_1$，$\boldsymbol{\alpha}_3$ 下的坐标；

（3）求向量 $\boldsymbol{\alpha}$ 在基 $\boldsymbol{\alpha}_1+\boldsymbol{\alpha}_2$，$\boldsymbol{\alpha}_2$，$\boldsymbol{\alpha}_3$ 下的坐标.

5. 给定 $\mathbf{R}^3$ 中的两组基

$$\boldsymbol{\alpha}_1=(1, 1, 0)^{\mathrm{T}}, \boldsymbol{\alpha}_2=(0, 1, 1)^{\mathrm{T}}, \boldsymbol{\alpha}_3=(1, 0, 1)^{\mathrm{T}}$$

和

$$\boldsymbol{\beta}_1=(1, 1, 2)^{\mathrm{T}}, \boldsymbol{\beta}_2=(1, 1, 1)^{\mathrm{T}}, \boldsymbol{\beta}_3=(1, 2, 1)^{\mathrm{T}}.$$

（1）求由基 $\boldsymbol{\alpha}_1$，$\boldsymbol{\alpha}_2$，$\boldsymbol{\alpha}_3$ 到基 $\boldsymbol{\beta}_1$，$\boldsymbol{\beta}_2$，$\boldsymbol{\beta}_3$ 的过渡矩阵；

（2）求向量 $\boldsymbol{\alpha}=(2, 2, 3)^{\mathrm{T}}$ 在两组基下的坐标.

6. 已知 $\mathbf{R}^3$ 中的两组基 $\boldsymbol{\alpha}_1$，$\boldsymbol{\alpha}_2$，$\boldsymbol{\alpha}_3$ 和 $\boldsymbol{\beta}_1$，$\boldsymbol{\beta}_2$，$\boldsymbol{\beta}_3$，且由基 $\boldsymbol{\alpha}_1$，$\boldsymbol{\alpha}_2$，$\boldsymbol{\alpha}_3$ 到基 $\boldsymbol{\beta}_1$，$\boldsymbol{\beta}_2$，$\boldsymbol{\beta}_3$ 的过渡矩阵为

$$\boldsymbol{A}=\begin{pmatrix}1 & -1 & 1\\ 1 & 1 & 0\\ 2 & 1 & 1\end{pmatrix}.$$

（1）若向量 $\boldsymbol{\alpha}$ 在基 $\boldsymbol{\beta}_1$，$\boldsymbol{\beta}_2$，$\boldsymbol{\beta}_3$ 下的坐标为 $(3, 5, -1)^{\mathrm{T}}$，求 $\boldsymbol{\alpha}$ 在基 $\boldsymbol{\alpha}_1$，$\boldsymbol{\alpha}_2$，$\boldsymbol{\alpha}_3$ 下的坐标；

（2）若向量 $\boldsymbol{\beta}$ 在基 $\boldsymbol{\alpha}_1$，$\boldsymbol{\alpha}_2$，$\boldsymbol{\alpha}_3$ 下的坐标为 $(1, 4, 7)^{\mathrm{T}}$，求 $\boldsymbol{\beta}$ 在基 $\boldsymbol{\beta}_1$，$\boldsymbol{\beta}_2$，$\boldsymbol{\beta}_3$ 下的坐标.

7. 设 $\boldsymbol{\alpha}_1$，$\boldsymbol{\alpha}_2$，$\cdots$，$\boldsymbol{\alpha}_n$ 是 $\mathbf{R}^n$ 的一组基，求由基 $\boldsymbol{\alpha}_n$，$\boldsymbol{\alpha}_{n-1}$，$\cdots$，$\boldsymbol{\alpha}_1$ 到基 $\boldsymbol{\alpha}_1$，$\boldsymbol{\alpha}_2$，$\cdots$，$\boldsymbol{\alpha}_n$ 的过渡矩阵.

8. 设 $\boldsymbol{\alpha}_1$，$\boldsymbol{\alpha}_2$，$\boldsymbol{\alpha}_3$ 为 $\mathbf{R}^3$ 的一组基，判断 $\boldsymbol{\alpha}_1+\boldsymbol{\alpha}_2$，$\boldsymbol{\alpha}_1+2\boldsymbol{\alpha}_2$，$\boldsymbol{\alpha}_2-\boldsymbol{\alpha}_3$ 是否为 $\mathbf{R}^3$ 的一组基. 若是，写出由基 $\boldsymbol{\alpha}_1$，$\boldsymbol{\alpha}_2$，$\boldsymbol{\alpha}_3$ 到基 $\boldsymbol{\alpha}_1+\boldsymbol{\alpha}_2$，$\boldsymbol{\alpha}_1+2\boldsymbol{\alpha}_2$，$\boldsymbol{\alpha}_2-\boldsymbol{\alpha}_3$ 的过渡矩阵.

9. 设 $\boldsymbol{\alpha}_1$，$\boldsymbol{\alpha}_2$，…，$\boldsymbol{\alpha}_n$ 是 $\mathbf{R}^n$ 的一组基，$\boldsymbol{A}$ 为 n 阶可逆矩阵，证明：$\boldsymbol{A\alpha}_1$，$\boldsymbol{A\alpha}_2$，…，$\boldsymbol{A\alpha}_n$ 也是 $\mathbf{R}^n$ 的一组基.

10. 在 $\mathbf{R}^4$ 中，求下面齐次线性方程组的解空间 S 的维数与一组基：

（1）$\begin{cases}3x_1+2x_2-5x_3+4x_4=0,\\3x_1-x_2+3x_3-3x_4=0,\\3x_1+5x_2-13x_3+11x_4=0;\end{cases}$ （2）$\begin{cases}x_1-8x_2+10x_3+2x_4=0,\\2x_1+4x_2+5x_3-x_4=0,\\3x_1+8x_2+6x_3-2x_4=0.\end{cases}$

11. 求由下列向量组生成的子空间的维数与一组基.

$\boldsymbol{\alpha}_1=(1,2,-1,1)^{\mathrm{T}}$，$\boldsymbol{\alpha}_2=(2,0,3,0)^{\mathrm{T}}$，$\boldsymbol{\alpha}_3=(0,-4,5,-2)^{\mathrm{T}}$.

12. 求下列向量的内积，并判断它们是否正交：

（1）$\boldsymbol{\alpha}=(2,-1,0,1)^{\mathrm{T}}$，$\boldsymbol{\beta}=(1,4,-3,2)^{\mathrm{T}}$；

（2）$\boldsymbol{\alpha}=(-1,-3,-5,1)^{\mathrm{T}}$，$\boldsymbol{\beta}=(2,-1,2,-3)^{\mathrm{T}}$.

13. 将下列向量单位化：

（1）$\boldsymbol{\alpha}=(1,-4,2,2)^{\mathrm{T}}$；

（2）$\boldsymbol{\beta}=(4,0,2,3)^{\mathrm{T}}$.

14. 对于 $\mathbf{R}^n$ 中的任意向量 $\boldsymbol{\alpha}$ 与 $\boldsymbol{\beta}$，证明

$$(\boldsymbol{\alpha},\boldsymbol{\beta})=\frac{1}{4}\|\boldsymbol{\alpha}+\boldsymbol{\beta}\|^2-\frac{1}{4}\|\boldsymbol{\alpha}-\boldsymbol{\beta}\|^2.$$

15. 求与向量 $\boldsymbol{\alpha}_1=(1,1,-1,1)^{\mathrm{T}}$，$\boldsymbol{\alpha}_2=(1,-1,-1,1)^{\mathrm{T}}$，$\boldsymbol{\alpha}_3=(2,1,1,3)^{\mathrm{T}}$ 都正交的单位向量.

16. 已知 $\boldsymbol{\alpha}_1=(1,1,1)^{\mathrm{T}}$，$\boldsymbol{\alpha}_2=(1,-2,1)^{\mathrm{T}}$，求非零向量 $\boldsymbol{\alpha}_3$，使得 $\boldsymbol{\alpha}_1$，$\boldsymbol{\alpha}_2$，$\boldsymbol{\alpha}_3$ 两两正交.

17. 已知 $\boldsymbol{\alpha}=(1,1,1)^{\mathrm{T}}$，求非零向量 $\boldsymbol{\alpha}_2$，$\boldsymbol{\alpha}_3$，使得 $\boldsymbol{\alpha}_1$，$\boldsymbol{\alpha}_2$，$\boldsymbol{\alpha}_3$ 两两正交.

18. 判断下列矩阵是否为正交矩阵：

（1）$\boldsymbol{A}=\begin{pmatrix}\frac{\sqrt{2}}{2}&\frac{\sqrt{2}}{2}&0\\\frac{\sqrt{2}}{2}&-\frac{\sqrt{2}}{2}&0\\0&0&1\end{pmatrix}$； （2）$\boldsymbol{A}=\begin{pmatrix}\frac{2}{7}&-\frac{6}{7}&\frac{3}{7}\\-\frac{3}{7}&\frac{2}{7}&-\frac{6}{7}\\\frac{6}{7}&\frac{3}{7}&-\frac{2}{7}\end{pmatrix}$.

19. 判断下列描述是否正确：

（1）$\|\boldsymbol{\alpha}+\boldsymbol{\beta}\|=\|\boldsymbol{\alpha}\|+\|\boldsymbol{\beta}\|$ 当且仅当 $\boldsymbol{\alpha}$ 与 $\boldsymbol{\beta}$ 线性相关；

（2）若 $\boldsymbol{\alpha}$ 与 $\boldsymbol{\beta}$ 正交，则有 $\|\boldsymbol{\alpha}+\boldsymbol{\beta}\|=\|\boldsymbol{\alpha}-\boldsymbol{\beta}\|$；

（3）若实矩阵 $\boldsymbol{A}$ 对于任意 $\boldsymbol{\alpha}$，$\boldsymbol{\beta}\in\mathbf{R}^n$，都有 $(\boldsymbol{A\alpha},\boldsymbol{A\beta})=(\boldsymbol{\alpha},\boldsymbol{\beta})$，则矩阵 $\boldsymbol{A}$ 为正交矩阵；

（4）若实矩阵 $\boldsymbol{A}$ 满足 $|\boldsymbol{A}|=1$，则矩阵 $\boldsymbol{A}$ 为正交矩阵；

(5) 实矩阵 $\boldsymbol{A}$ 为正交矩阵当且仅当 $\boldsymbol{A}^{-1}$ 为正交矩阵.

20. 设 $\boldsymbol{\alpha}$ 与 $\boldsymbol{\beta}$ 都是 n 维列向量，$\boldsymbol{A}$ 是 n 阶正交矩阵，则 $\langle \boldsymbol{A\alpha}, \boldsymbol{A\beta}\rangle = \langle \boldsymbol{\alpha}, \boldsymbol{\beta}\rangle$.

21. 设 $\boldsymbol{A}$ 是 n 阶正交矩阵，证明：$\boldsymbol{A}^*$ 也是正交矩阵.

22. 设 $\boldsymbol{A}$ 是实对称矩阵，$\boldsymbol{Q}$ 是正交矩阵，则 $\boldsymbol{Q}^{-1}\boldsymbol{AQ}$ 也是实对称矩阵.

23. 设 $\boldsymbol{\alpha}$ 是 n 维实列向量，且 $\boldsymbol{\alpha}^{\mathrm{T}}\boldsymbol{\alpha}=1$，证明：$\boldsymbol{A}=\boldsymbol{E}-2\boldsymbol{\alpha}\boldsymbol{\alpha}^{\mathrm{T}}$ 为对称正交矩阵.

24. 将下列 $\mathbf{R}^3$ 的基化为标准正交基：

(1) $\boldsymbol{\alpha}_1=(1,1,1)^{\mathrm{T}}, \boldsymbol{\alpha}_2=(0,1,1)^{\mathrm{T}}, \boldsymbol{\alpha}_3=(1,0,2)^{\mathrm{T}}$;

(2) $\boldsymbol{\alpha}_1=(0,0,1)^{\mathrm{T}}, \boldsymbol{\alpha}_2=(0,1,1)^{\mathrm{T}}, \boldsymbol{\alpha}_3=(1,1,1)^{\mathrm{T}}$;

(3) $\boldsymbol{\alpha}_1=(1,2,-1)^{\mathrm{T}}, \boldsymbol{\alpha}_2=(-1,3,1)^{\mathrm{T}}, \boldsymbol{\alpha}_3=(4,-1,0)^{\mathrm{T}}$.

25. 设 $\boldsymbol{\alpha}_1$，$\boldsymbol{\alpha}_2$，$\boldsymbol{\alpha}_3$ 是 $\mathbf{R}^3$ 的一组标准正交基，证明：

$$\boldsymbol{\beta}_1=\frac{1}{3}(-\boldsymbol{\alpha}_1+2\boldsymbol{\alpha}_2+2\boldsymbol{\alpha}_3), \boldsymbol{\beta}_2=\frac{1}{3}(2\boldsymbol{\alpha}_1+2\boldsymbol{\alpha}_2-\boldsymbol{\alpha}_3),$$

$$\boldsymbol{\beta}_3=\frac{1}{3}(-2\boldsymbol{\alpha}_1+\boldsymbol{\alpha}_2-2\boldsymbol{\alpha}_3),$$

也是 $\mathbf{R}^3$ 的一组标准正交基.

26. 设 $\boldsymbol{\alpha}_1$，$\boldsymbol{\alpha}_2$，…，$\boldsymbol{\alpha}_n$ 是 $\mathbf{R}^n$ 的一组标准正交基，$\boldsymbol{A}$ 是 n 阶正交矩阵，则 $\boldsymbol{A\alpha}_1$，$\boldsymbol{A\alpha}_2$，…，$\boldsymbol{A\alpha}_n$ 也是 $\mathbf{R}^n$ 的一组标准正交基.

B　扩展练习

1. 给定 $\mathbf{R}^3$ 中的两组基

$$\boldsymbol{\alpha}_1=(1,1,1)^{\mathrm{T}}, \boldsymbol{\alpha}_2=(1,0,-1)^{\mathrm{T}}, \boldsymbol{\alpha}_3=(1,0,1)^{\mathrm{T}}$$

和

$$\boldsymbol{\beta}_1=(1,2,1)^{\mathrm{T}}, \boldsymbol{\beta}_2=(2,3,4)^{\mathrm{T}}, \boldsymbol{\beta}_3=(3,4,3)^{\mathrm{T}}.$$

(1) 求由基 $\boldsymbol{\alpha}_1$，$\boldsymbol{\alpha}_2$，$\boldsymbol{\alpha}_3$ 到基 $\boldsymbol{\beta}_1$，$\boldsymbol{\beta}_2$，$\boldsymbol{\beta}_3$ 的过渡矩阵；

(2) 求向量 $\boldsymbol{\beta}=3\boldsymbol{\beta}_1+\boldsymbol{\beta}_2-\boldsymbol{\beta}_3$ 在基 $\boldsymbol{\alpha}_1$，$\boldsymbol{\alpha}_2$，$\boldsymbol{\alpha}_3$ 下的坐标；

(3) 求在两组基下有相同坐标的所有向量.

2. 设 $\mathbf{R}^3$ 的两组基分别为 $\boldsymbol{\alpha}_1$，$\boldsymbol{\alpha}_2$，$\boldsymbol{\alpha}_3$ 与 $\boldsymbol{\beta}_1$，$\boldsymbol{\beta}_2$，$\boldsymbol{\beta}_3$，且

$$\begin{cases}\boldsymbol{\beta}_1=\boldsymbol{\alpha}_1-\boldsymbol{\alpha}_2,\\ \boldsymbol{\beta}_2=2\boldsymbol{\alpha}_1+3\boldsymbol{\alpha}_2+2\boldsymbol{\alpha}_3,\\ \boldsymbol{\beta}_3=\boldsymbol{\alpha}_1+3\boldsymbol{\alpha}_2+2\boldsymbol{\alpha}_3.\end{cases}$$

(1) 求由基 $\boldsymbol{\alpha}_1$，$\boldsymbol{\alpha}_2$，$\boldsymbol{\alpha}_3$ 到基 $\boldsymbol{\beta}_1$，$\boldsymbol{\beta}_2$，$\boldsymbol{\beta}_3$ 的过渡矩阵；

(2) 求向量 $\boldsymbol{\eta}=2\boldsymbol{\alpha}_1-\boldsymbol{\alpha}_2+3\boldsymbol{\alpha}_3$ 在基 $\boldsymbol{\beta}_1$，$\boldsymbol{\beta}_2$，$\boldsymbol{\beta}_3$ 下的坐标.

3. 给定 $\mathbf{R}^3$ 的两组基 $\boldsymbol{\alpha}_1$，$\boldsymbol{\alpha}_2$，$\boldsymbol{\alpha}_3$ 和 $\boldsymbol{\beta}_1$，$\boldsymbol{\beta}_2$，$\boldsymbol{\beta}_3$，且由基 $\boldsymbol{\alpha}_1$，$\boldsymbol{\alpha}_2$，$\boldsymbol{\alpha}_3$ 到基 $\boldsymbol{\beta}_1$，$\boldsymbol{\beta}_2$，$\boldsymbol{\beta}_3$ 的过渡矩阵为

$$\boldsymbol{A}=\begin{pmatrix}1&2&1\\1&2&2\\-1&-1&-1\end{pmatrix}.$$

（1）若已知$\boldsymbol{\beta}_1=(2,1,1)^{\mathrm{T}}$，$\boldsymbol{\beta}_2=(4,2,1)^{\mathrm{T}}$，$\boldsymbol{\beta}_3=(3,2,0)^{\mathrm{T}}$，求基$\boldsymbol{\alpha}_1$，$\boldsymbol{\alpha}_2$，$\boldsymbol{\alpha}_3$；

（2）求$\boldsymbol{\alpha}=\boldsymbol{\alpha}_1-\boldsymbol{\alpha}_2+\boldsymbol{\alpha}_3$在基$\boldsymbol{\beta}_1$，$\boldsymbol{\beta}_2$，$\boldsymbol{\beta}_3$下的坐标.

4. 设$\mathbf{R}^3$中的向量在基$\boldsymbol{\alpha}_1$，$\boldsymbol{\alpha}_2$，$\boldsymbol{\alpha}_3$和基$\boldsymbol{\beta}_1$，$\boldsymbol{\beta}_2$，$\boldsymbol{\beta}_3$下的坐标变换公式为

$$y_1=x_1-x_2-x_3,\ y_2=-x_1+x_2,\ y_3=x_1+2x_3,$$

求由基$\boldsymbol{\alpha}_1$，$\boldsymbol{\alpha}_2$，$\boldsymbol{\alpha}_3$到基$\boldsymbol{\beta}_1$，$\boldsymbol{\beta}_2$，$\boldsymbol{\beta}_3$的过渡矩阵.

5. 已知向量组$\boldsymbol{\alpha}_1=(1,1,0,0)^{\mathrm{T}}$，$\boldsymbol{\alpha}_2=(1,0,1,0)^{\mathrm{T}}$，$\boldsymbol{\alpha}_3=(1,0,0,-1)^{\mathrm{T}}$线性无关，将其扩充为$\mathbf{R}^4$的一组基.

6. 设$\boldsymbol{\alpha}_1$，$\boldsymbol{\alpha}_2$，…，$\boldsymbol{\alpha}_n$是$\mathbf{R}^n$的一组基，若$\boldsymbol{\beta}\in\mathbf{R}^n$，有$(\boldsymbol{\beta},\boldsymbol{\alpha}_i)=0$，$i=1,2,\cdots,n$，证明：$\boldsymbol{\beta}=\mathbf{0}$.

7. 若$\boldsymbol{\alpha}_1$，$\boldsymbol{\alpha}_2$，…，$\boldsymbol{\alpha}_m$两两正交，证明：

$$\|\boldsymbol{\alpha}_1+\boldsymbol{\alpha}_2+\cdots+\boldsymbol{\alpha}_m\|^2=\|\boldsymbol{\alpha}_1\|^2+\|\boldsymbol{\alpha}_2\|^2+\cdots+\|\boldsymbol{\alpha}_m\|^2.$$

8. 设$\boldsymbol{\alpha}_1$，$\boldsymbol{\alpha}_2$，…，$\boldsymbol{\alpha}_n$是$\mathbf{R}^n$的一组基，证明：它是标准正交基的充要条件是：对$\mathbf{R}^n$中的任意向量$\boldsymbol{\alpha}$，都有$\boldsymbol{\alpha}=(\boldsymbol{\alpha},\boldsymbol{\alpha}_1)\boldsymbol{\alpha}_1+(\boldsymbol{\alpha},\boldsymbol{\alpha}_2)\boldsymbol{\alpha}_2+\cdots+(\boldsymbol{\alpha},\boldsymbol{\alpha}_n)\boldsymbol{\alpha}_n$.

9. 设$\boldsymbol{\alpha}_1$，$\boldsymbol{\alpha}_2$，…，$\boldsymbol{\alpha}_n$是$\mathbf{R}^n$的一组基，$\boldsymbol{\alpha}$与$\boldsymbol{\beta}$为$\mathbf{R}^n$中的任意向量，且

$$\boldsymbol{\alpha}=\sum_{i=1}^{n}x_i\boldsymbol{\alpha}_i,\ \boldsymbol{\beta}=\sum_{i=1}^{n}y_i\boldsymbol{\alpha}_i.$$

证明：$(\boldsymbol{\alpha},\boldsymbol{\beta})=\sum\limits_{i=1}^{n}x_iy_i$的充要条件是$\boldsymbol{\alpha}_1$，$\boldsymbol{\alpha}_2$，…，$\boldsymbol{\alpha}_n$是$\mathbf{R}^n$的一组标准正交基.

10. 设$\boldsymbol{\alpha}_1$，$\boldsymbol{\alpha}_2$，…，$\boldsymbol{\alpha}_n$是$\mathbf{R}^n$的一组标准正交基，且存在n阶实矩阵$\boldsymbol{A}$，使得

$$(\boldsymbol{\beta}_1,\boldsymbol{\beta}_2,\cdots,\boldsymbol{\beta}_n)=(\boldsymbol{\alpha}_1,\boldsymbol{\alpha}_2,\cdots,\boldsymbol{\alpha}_n)\boldsymbol{A},$$

证明：$\boldsymbol{\beta}_1$，$\boldsymbol{\beta}_2$，…，$\boldsymbol{\beta}_n$是$\mathbf{R}^n$的一组标准正交基的充分必要条件是$\boldsymbol{A}$为正交矩阵.

11. 设$\boldsymbol{A}$，B是n阶正交矩阵，且$|\boldsymbol{A}|\neq|\boldsymbol{B}|$，证明：$\boldsymbol{A}+\boldsymbol{B}$是不可逆矩阵.

12. 设$\boldsymbol{\alpha}$是n维非零列向量，$\boldsymbol{E}$为n阶单位矩阵，证明：$\boldsymbol{A}=\boldsymbol{E}-\left(\dfrac{2}{\boldsymbol{\alpha}^{\mathrm{T}}\boldsymbol{\alpha}}\right)\boldsymbol{\alpha}\boldsymbol{\alpha}^{\mathrm{T}}$为正交矩阵.

C　测试练习

1. 填空题（每小题2分，共20分）

（1）当k满足________时，$\boldsymbol{\alpha}_1=(1,1,3)^{\mathrm{T}}$，$\boldsymbol{\alpha}_2=(2,1,6)^{\mathrm{T}}$，$\boldsymbol{\alpha}_3=(3,4,k)^{\mathrm{T}}$是$\mathbf{R}^3$的一组基.

(2) $\mathbf{R}^2$ 的基 $\boldsymbol{\alpha}_1=(1,0)^{\mathrm{T}}$，$\boldsymbol{\alpha}_2=(1,-1)^{\mathrm{T}}$ 到基 $\boldsymbol{\beta}_1=(1,0)^{\mathrm{T}}$，$\boldsymbol{\beta}_2=(1,2)^{\mathrm{T}}$ 的过渡矩阵为________.

(3) 已知 $\mathbf{R}^3$ 的一组基 $\boldsymbol{\alpha}_1=(1,1,0)^{\mathrm{T}}$，$\boldsymbol{\alpha}_2=(1,0,1)^{\mathrm{T}}$，$\boldsymbol{\alpha}_3=(0,1,1)^{\mathrm{T}}$，则向量 $\boldsymbol{\beta}=(2,0,0)^{\mathrm{T}}$ 在上述基下的坐标为________.

(4) 已知 $\mathbf{R}^3$ 的三组基 Ⅰ：$\boldsymbol{\alpha}_1$，$\boldsymbol{\alpha}_2$，…，$\boldsymbol{\alpha}_n$；Ⅱ：$\boldsymbol{\beta}_1$，$\boldsymbol{\beta}_2$，…，$\boldsymbol{\beta}_n$；Ⅲ：$\boldsymbol{\gamma}_1$，$\boldsymbol{\gamma}_2$，…，$\boldsymbol{\gamma}_n$，且由基Ⅰ到基Ⅱ的过渡矩阵为 $\boldsymbol{A}$，由基Ⅱ到基Ⅲ的过渡矩阵为 $\boldsymbol{B}$. 设 $\mathbf{R}^3$ 中的向量 $\boldsymbol{\alpha}$ 在基Ⅲ下的坐标为 $\boldsymbol{X}$，则 $\boldsymbol{\alpha}$ 在基Ⅰ下的坐标为________.

(5) 解空间 $S=\{(x_1,x_2,\cdots,x_n)^{\mathrm{T}}\mid x_1+x_2+\cdots+x_n=0,\ x_i\in\mathbf{R},\ i=1,2,\cdots,n\}$ 的维数是________.

(6) 若由向量组 $\boldsymbol{\alpha}_1=(1,2,-1,0)^{\mathrm{T}}$，$\boldsymbol{\alpha}_2=(1,1,0,2)^{\mathrm{T}}$，$\boldsymbol{\alpha}_3=(2,1,1,a)^{\mathrm{T}}$ 生成的线性空间的维数是2，则 $a=$________.

(7) 设 $\boldsymbol{\alpha}$ 与 $\boldsymbol{\beta}$ 的内积 $(\boldsymbol{\alpha},\boldsymbol{\beta})=2$ 且 $\|\boldsymbol{\beta}\|=2$，则 $(2\boldsymbol{\alpha}+\boldsymbol{\beta},-\boldsymbol{\beta})=$________.

(8) 设向量 $\boldsymbol{\alpha}=(1,2,-2,3)^{\mathrm{T}}$ 与向量 $\boldsymbol{\beta}=(-6,4,a,2)^{\mathrm{T}}$ 正交，则 $a=$________.

(9) 已知矩阵 $\boldsymbol{A}=\begin{pmatrix} a & \frac{\sqrt{2}}{2} \\ \frac{\sqrt{2}}{2} & b \end{pmatrix}$ 为正交矩阵，则 a，b 的值为________.

(10) 设 $\boldsymbol{A}=(a_{ij})_{3\times3}$ 是实正交矩阵，且 $a_{33}=-1$. 令 $\boldsymbol{b}=(0,0,5)^{\mathrm{T}}$，则线性方程组 $\boldsymbol{AX}=\boldsymbol{b}$ 的解是________.

2. 选择题（每小题2分，共20分）

(1) 已知 $\boldsymbol{\alpha}_1$，$\boldsymbol{\alpha}_2$，$\boldsymbol{\alpha}_3$ 是 $\mathbf{R}^3$ 的一组基，则下列也是 $\mathbf{R}^3$ 的一组基的是（　　）.

A. $\boldsymbol{\alpha}_1-\boldsymbol{\alpha}_2$，$2\boldsymbol{\alpha}_2+3\boldsymbol{\alpha}_3$，$\boldsymbol{\alpha}_1+\boldsymbol{\alpha}_3$

B. $\boldsymbol{\alpha}_1+\boldsymbol{\alpha}_2$，$2\boldsymbol{\alpha}_1+3\boldsymbol{\alpha}_3$，$\boldsymbol{\alpha}_1-\boldsymbol{\alpha}_2+3\boldsymbol{\alpha}_3$

C. $\boldsymbol{\alpha}_1-\boldsymbol{\alpha}_2$，$\boldsymbol{\alpha}_2-\boldsymbol{\alpha}_3$，$\boldsymbol{\alpha}_3-\boldsymbol{\alpha}_1$

D. $\boldsymbol{\alpha}_1+\boldsymbol{\alpha}_2$，$2\boldsymbol{\alpha}_2+\boldsymbol{\alpha}_3$，$\boldsymbol{\alpha}_1+3\boldsymbol{\alpha}_2+\boldsymbol{\alpha}_3$

(2) 已知 $\boldsymbol{\alpha}_1=(5,3,2,1)^{\mathrm{T}}$，$\boldsymbol{\alpha}_2=(2,1,1,1)^{\mathrm{T}}$，$\boldsymbol{\alpha}_3=(3,2,1,a)^{\mathrm{T}}$，$\boldsymbol{\alpha}_4=(2,1,a,a)^{\mathrm{T}}$ 不是 $\mathbf{R}^4$ 的基且 $a\neq1$，则 a 的值为（　　）.

A. 0　　B. 1　　C. 2　　D. -2

(3) 设由基 $\boldsymbol{\alpha}_1$，$\boldsymbol{\alpha}_2$，…，$\boldsymbol{\alpha}_n$ 到基 $\boldsymbol{\beta}_1$，$\boldsymbol{\beta}_2$，…，$\boldsymbol{\beta}_n$ 的过渡矩阵为 $\boldsymbol{A}$，由基 $\boldsymbol{\beta}_1$，$\boldsymbol{\beta}_2$，…，$\boldsymbol{\beta}_n$ 到基 $\boldsymbol{\gamma}_1$，$\boldsymbol{\gamma}_2$，…，$\boldsymbol{\gamma}_n$ 的过渡矩阵为 $\boldsymbol{B}$，则由基 $\boldsymbol{\gamma}_1$，$\boldsymbol{\gamma}_2$，…，$\boldsymbol{\gamma}_n$ 到基 $\boldsymbol{\alpha}_1$，$\boldsymbol{\alpha}_2$，…，$\boldsymbol{\alpha}_n$ 的过渡矩阵为（　　）.

A. $\boldsymbol{AB}$　　B. $\boldsymbol{BA}$　　C. $\boldsymbol{A}^{-1}\boldsymbol{B}^{-1}$　　D. $\boldsymbol{B}^{-1}\boldsymbol{A}^{-1}$

(4) 以下说法不正确的是（　　）.

A. 正交向量组必定线性无关　　B. 线性无关的向量组必定正交

C. 正交向量组不含零向量　　D. 线性无关的向量组不含零向量

(5) 下列描述中错误的是（　　）.

A. 若向量 $\boldsymbol{\alpha}$ 与 $\boldsymbol{\beta}$ 正交，则对任意实数 a，b，$a\boldsymbol{\alpha}$ 与 $b\boldsymbol{\beta}$ 也正交

B. 若向量 $\boldsymbol{\beta}$ 与 $\boldsymbol{\alpha}_1$，$\boldsymbol{\alpha}_2$ 都正交，则对任意实数 k_1，k_2，$\boldsymbol{\beta}$ 与 $k_1\boldsymbol{\alpha}_1+k_2\boldsymbol{\alpha}_2$ 也正交

C. 对于 n 阶正交矩阵 $\boldsymbol{A}$ 和 n 维列向量 $\boldsymbol{\alpha}$，有 $\|\boldsymbol{A\alpha}\|=\|\boldsymbol{\alpha}\|$

D. 对 n 阶可逆矩阵 $\boldsymbol{A}$ 和 n 维列向量 $\boldsymbol{\alpha}$，$\boldsymbol{\beta}$，有 $(\boldsymbol{A\alpha},\boldsymbol{A\beta})=(\boldsymbol{\alpha},\boldsymbol{\beta})$

(6) 下列不是 n 阶矩阵 $\boldsymbol{A}$ 为正交矩阵的充要条件的是（　　）.

A. $\boldsymbol{A}$ 的行向量组构成 $\mathbf{R}^n$ 的一组标准正交基　　B. $|\boldsymbol{A}|=\pm1$

C. $\boldsymbol{A}$ 的列向量组构成 $\mathbf{R}^n$ 的一组标准正交基　　D. $\boldsymbol{AA}^{\mathrm{T}}=\boldsymbol{E}$

(7) 下列矩阵是正交矩阵的是（　　）.

A. $\begin{pmatrix}1&0&0\\0&-1&0\\0&0&-1\end{pmatrix}$　　B. $\dfrac{\sqrt{2}}{2}\begin{pmatrix}1&0&1\\1&1&0\\0&1&1\end{pmatrix}$

C. $\dfrac{1}{2}\begin{pmatrix}1&-1\\-1&1\end{pmatrix}$　　D. $\begin{pmatrix}\cos\theta&-\sin\theta\\-\sin\theta&\cos\theta\end{pmatrix}$

(8) 下列关于正交矩阵的描述中错误的是（　　）.

A. 正交矩阵的乘积矩阵仍是正交矩阵

B. 正交矩阵的逆矩阵仍是正交矩阵

C. 正交矩阵的转置矩阵仍是正交矩阵

D. 行列式等于 ±1 的矩阵是正交矩阵

(9) 设 $\boldsymbol{A}$ 为 n 阶正交矩阵，$k\neq1$ 为正整数，则下列不是正交矩阵的是（　　）.

A. $\boldsymbol{A}^{\mathrm{T}}$　　B. $k\boldsymbol{A}$　　C. $\boldsymbol{A}^k$　　D. $\boldsymbol{A}^{-1}$

(10) 若 n 阶方阵 $\boldsymbol{A}$ 是正交矩阵，则下列错误的是（　　）.

A. $\boldsymbol{A}$ 的行向量组线性无关　　B. $\boldsymbol{A}$ 的列向量组线性无关

C. $R(\boldsymbol{A})<n$　　D. $\boldsymbol{AX}=\boldsymbol{0}$ 只有零解

3. 计算题（每小题 10 分，共 50 分）

(1) 证明：$\boldsymbol{\alpha}_1=(1,\ -1,\ 0)^{\mathrm{T}}$，$\boldsymbol{\alpha}_2=(2,\ 1,\ 3)^{\mathrm{T}}$，$\boldsymbol{\alpha}_3=(3,\ 1,\ 2)^{\mathrm{T}}$ 是 $\mathbf{R}^3$ 的一组基，并求 $\boldsymbol{\beta}=(5,\ 0,\ 7)^{\mathrm{T}}$ 在这组基下的坐标.

(2) 已知 $\mathbf{R}^3$ 的两组基 $\boldsymbol{\alpha}_1$，$\boldsymbol{\alpha}_2$，$\boldsymbol{\alpha}_3$ 和 $\boldsymbol{\beta}_1$，$\boldsymbol{\beta}_2$，$\boldsymbol{\beta}_3$，且

$$\begin{cases}\boldsymbol{\beta}_1=\boldsymbol{\alpha}_1,\\\boldsymbol{\beta}_2=\boldsymbol{\alpha}_1+\boldsymbol{\alpha}_2,\\\boldsymbol{\beta}_3=\boldsymbol{\alpha}_1+\boldsymbol{\alpha}_2+\boldsymbol{\alpha}_3,\end{cases}$$

求向量 $\boldsymbol{\beta}=\boldsymbol{\beta}_1+2\boldsymbol{\beta}_2-\boldsymbol{\beta}_3$ 在基 $\boldsymbol{\alpha}_1$，$\boldsymbol{\alpha}_2$，$\boldsymbol{\alpha}_3$ 下的坐标.

(3) 求下列齐次线性方程组的解空间的维数和一组基.

$$\begin{cases}2x_1 + x_2 - x_3 = 0, \\ x_1 - x_2 + x_3 = 0, \\ 4x_1 + 5x_2 - 5x_3 = 0.\end{cases}$$

(4) 求与向量 $\boldsymbol{\alpha}_1 = (-1, 1, 0)^{\mathrm{T}}$, $\boldsymbol{\alpha}_2 = (1, 1, 1)^{\mathrm{T}}$ 都正交的非零向量.

(5) 将向量组 $\boldsymbol{\alpha}_1 = (2, 0, 0)^{\mathrm{T}}$, $\boldsymbol{\alpha}_2 = (0, 1, 1)^{\mathrm{T}}$, $\boldsymbol{\alpha}_3 = (5, 6, 0)^{\mathrm{T}}$ 正交单位化.

4. 证明题（每小题 5 分，共 10 分）

(1) 设 $\boldsymbol{A}$ 是 n 阶实对称矩阵，且 $\boldsymbol{A}^2 = \boldsymbol{E}$，证明：$\boldsymbol{A}$ 是正交矩阵.

(2) 已知 $\boldsymbol{A}$ 为 n 阶正交矩阵，且 $|\boldsymbol{A}| = -1$，证明：$|\boldsymbol{A} + \boldsymbol{E}| = 0$.

第五章　矩阵的特征值与特征向量

重点难点提示：

知识点	重点	难点	要求
矩阵的特征值与特征向量的概念	•		理解
矩阵的特征值与特征向量的性质	•		掌握
矩阵的特征值与特征向量的计算方法	•	•	掌握
相似矩阵的概念	•		理解
相似矩阵的性质	•		掌握
矩阵可对角化的充分条件和充分必要条件			掌握
矩阵对角化的方法	•	•	掌握
实对称矩阵的特征值与特征向量的性质			掌握
实对称矩阵对角化的方法	•	•	掌握

在科学研究的各个领域中都渗透着转化思想，它化繁为简、化难为易、化未知为已知，从而使问题得以顺利解决．

矩阵的特征值与特征向量理论是矩阵理论的重要组成部分，它不仅在数学的许多分支中，而且在其他许多领域中都有着重要的应用，如经济领域中的市场销售问题、工程技术领域中的振动问题和稳定性问题、生物学中的遗传问题等中都会用到该理论．曾经有人说过："有振动的地方就有特征值和特征向量"，可见矩阵的特征值与特征向量用途之广泛．

本章从矩阵的幂的求解问题出发，介绍矩阵的特征值与特征向量的概念及其计算方法，进而讨论矩阵的相似对角化问题.

第一节　矩阵的特征值与特征向量

一、引例

引例　市场上销售的两个不同品牌的同一种产品 A，B，市场调查发现：

（1）购买 A 种产品的顾客中有 70% 下月仍继续购买 A 种产品，而有 30% 转为购买 B 种产品；

（2）购买 B 种产品的顾客中有 60% 下月仍继续购买 B 种产品，而有 40% 转为购买 A 种产品．

假设两种产品在一月份的市场占有率分别为 55% 和 45%，按照上述的顾客流动规律，试预测它们在二月份的市场占有率分别是多少？四月份的呢？

解　设 x_1^k，x_2^k 分别表示两种产品在 $k(k=1, 2, \cdots, 12)$ 月份的市场占有率，则由条件可知 $x_1^1=0.55$，$x_2^1=0.45$，且

$$\begin{cases} x_1^2=0.7x_1^1+0.4x_2^1, \\ x_2^2=0.3x_1^1+0.6x_2^1, \end{cases}$$

将上式写成矩阵形式为

$$\begin{pmatrix} x_1^2 \\ x_2^2 \end{pmatrix}=\begin{pmatrix} 0.7 & 0.4 \\ 0.3 & 0.6 \end{pmatrix}\begin{pmatrix} x_1^1 \\ x_2^1 \end{pmatrix}, \tag{5-1}$$

将 $x_1^1=0.55$，$x_2^1=0.45$ 代入即可得到

$$\begin{pmatrix} x_1^2 \\ x_2^2 \end{pmatrix}=\begin{pmatrix} 0.7 & 0.4 \\ 0.3 & 0.6 \end{pmatrix}\begin{pmatrix} 0.55 \\ 0.45 \end{pmatrix}=\begin{pmatrix} 0.565 \\ 0.435 \end{pmatrix},$$

即两种产品在二月份的市场占有率分别为 56.5% 和 43.5%.

为了求两种产品在四月份的市场占有率，令

$$\boldsymbol{P}=\begin{pmatrix} 0.7 & 0.4 \\ 0.3 & 0.6 \end{pmatrix},$$

则利用式（5-1）递推可得到

$$\begin{pmatrix} x_1^4 \\ x_2^4 \end{pmatrix}=\boldsymbol{P}^3\begin{pmatrix} x_1^1 \\ x_2^1 \end{pmatrix},$$

从而求解 x_1^4，x_2^4 的关键在于 $\boldsymbol{P}^3$ 的计算. 这涉及方阵的幂的计算问题，对于元素较为简单的矩阵 $\boldsymbol{A}$，可以利用归纳法计算 $\boldsymbol{A}^n$（参见第三章第一节例 7）. 而对于其他情形，我们就要另辟蹊径了. 由第三章第二节可知，对角矩阵的幂可以很容易求出，本章将在矩阵 $\boldsymbol{A}$ 及对角矩阵之间建立一种关系，借助这种关系将 $\boldsymbol{A}^n$ 的计算转化为对角矩阵的幂的计算. 为了讨论矩阵之间的这种关系，我们首先引入矩阵的特征值与特征向量的概念.

二、特征值与特征向量的定义

定义 5.1　设 $\boldsymbol{A}$ 是数域 F 上的 n 阶矩阵，若存在数域 F 中的数 λ 和 n 维非零列向量 $\boldsymbol{X}$，使得

$$\boldsymbol{AX}=\lambda\boldsymbol{X}, \tag{5-2}$$

则称 λ 是 $\boldsymbol{A}$ 的**特征值（eigenvalue）**，称 $\boldsymbol{X}$ 是 $\boldsymbol{A}$ 的属于（或对应于）特征值 λ 的**特征向量（eigenvector）**.

关于矩阵的特征值与特征向量的概念，要注意理解以下几点：

(1) 特征值和特征向量是针对方阵而言的，这是由式（5-2）及矩阵乘法所决定的.

(2) 特征向量一定是非零列向量. 当列向量 $\boldsymbol{X}$ 取零向量时，式(5-2)总成立，所以这样的零向量没有意义，也不能反映矩阵 $\boldsymbol{A}$ 的特性.

(3) 矩阵 $\boldsymbol{A}$ 的属于某个特征值的特征向量并不是唯一的.

事实上，设 $\boldsymbol{X}$ 是 $\boldsymbol{A}$ 的属于特征值 λ 的特征向量，即 $\boldsymbol{AX}=\lambda\boldsymbol{X}$. 则对任意非零常数 k，有 $k\boldsymbol{X}\neq\boldsymbol{0}$，且

$$\boldsymbol{A}(k\boldsymbol{X})=k(\boldsymbol{AX})=k(\lambda\boldsymbol{X})=\lambda(k\boldsymbol{X}),$$

从而 $k\boldsymbol{X}$ 也是 $\boldsymbol{A}$ 的属于特征值 λ 的特征向量.

（4）矩阵的特征向量总是相对于特征值而言的，一个特征向量只能属于一个特征值.

事实上，若 $\boldsymbol{X}$ 是矩阵 $\boldsymbol{A}$ 的属于不同特征值 λ_1 和 λ_2 的特征向量，则

$$\boldsymbol{AX}=\lambda_1\boldsymbol{X},\ \boldsymbol{AX}=\lambda_2\boldsymbol{X},$$

从而 $(\lambda_1-\lambda_2)\boldsymbol{X}=\boldsymbol{0}$，又因为 $\lambda_1\neq\lambda_2$，所以 $\boldsymbol{X}=\boldsymbol{0}$，与 $\boldsymbol{X}\neq\boldsymbol{0}$ 矛盾.

三、特征值与特征向量的计算方法

设 λ_0 是矩阵 $\boldsymbol{A}$ 的一个特征值，$\boldsymbol{X}$ 是 $\boldsymbol{A}$ 的属于特征值 λ_0 的特征向量，即

$$\boldsymbol{AX}=\lambda_0\boldsymbol{X},$$

从而

$$(\lambda_0\boldsymbol{E}-\boldsymbol{A})\boldsymbol{X}=\boldsymbol{0},\ \boldsymbol{X}\neq\boldsymbol{0},$$

即特征向量 $\boldsymbol{X}$ 是齐次线性方程组

$$(\lambda_0\boldsymbol{E}-\boldsymbol{A})\boldsymbol{X}=\boldsymbol{0} \tag{5-3}$$

的非零解，而方程组（5-3）有非零解的充分必要条件是其系数行列式等于零，即

$$|\lambda_0\boldsymbol{E}-\boldsymbol{A}|=0.$$

由此可知，若 λ_0 为矩阵 $\boldsymbol{A}$ 的特征值，则 λ_0 一定是方程

$$|\lambda\boldsymbol{E}-\boldsymbol{A}|=0 \tag{5-4}$$

的根. 反之，若 λ_0 是方程（5-4）的一个根，则齐次线性方程组（5-3）必有非零解，不妨设为 $\boldsymbol{X}$，则必有 $\boldsymbol{AX}=\lambda_0\boldsymbol{X}$. 根据定义 5.1，$\lambda_0$ 是矩阵 $\boldsymbol{A}$ 的一个特征值，非零解 $\boldsymbol{X}$ 是 $\boldsymbol{A}$ 的属于特征值 λ_0 的特征向量.

由以上分析可知，方程（5-4）的全部根就是矩阵 $\boldsymbol{A}$ 的全部特征值，齐次线性方程组（5-3）的全部非零解就是矩阵 $\boldsymbol{A}$ 的属于特征值 λ_0 的全部特征向量.

注 若方程（5-4）有一个 k 重根 λ_0，则 λ_0 即为 $\boldsymbol{A}$ 的 k 重特征值. 当 $k=1$ 时，即为 $\boldsymbol{A}$ 的单特征值.

定义 5.2 设 $\boldsymbol{A}$ 为 n 阶矩阵，称 $\lambda\boldsymbol{E}-\boldsymbol{A}$ 为矩阵 $\boldsymbol{A}$ 的**特征矩阵**，称 $f(\lambda)=|\lambda\boldsymbol{E}-\boldsymbol{A}|$ 为矩阵 $\boldsymbol{A}$ 的**特征多项式**，称 $|\lambda\boldsymbol{E}-\boldsymbol{A}|=0$ 为矩阵 $\boldsymbol{A}$ 的**特征方程**.

综上，可得到矩阵 $\boldsymbol{A}$ 的特征值与特征向量的计算方法：

（1）计算矩阵 $\boldsymbol{A}$ 的特征多项式 $f(\lambda)=|\lambda\boldsymbol{E}-\boldsymbol{A}|$；

（2）求特征方程 $|\lambda\boldsymbol{E}-\boldsymbol{A}|=0$ 的全部根，即为 $\boldsymbol{A}$ 的全部特征值；

（3）对于矩阵 $\boldsymbol{A}$ 的每一个特征值 λ_i，求齐次线性方程组 $(\lambda_i\boldsymbol{E}-\boldsymbol{A})\boldsymbol{X}=\boldsymbol{0}$ 的一个基础解系 $\boldsymbol{\eta}_1,\boldsymbol{\eta}_2,\cdots,\boldsymbol{\eta}_{n-r}$（其中 $r=R(\lambda_i\boldsymbol{E}-$

$\boldsymbol{A}$)),它们就是矩阵 $\boldsymbol{A}$ 的属于特征值 λ_i 的线性无关的特征向量,而 $\boldsymbol{A}$ 的属于特征值 $\boldsymbol{\lambda}_i$ 的全部特征向量为

$$k_1\boldsymbol{\eta}_1+k_2\boldsymbol{\eta}_2+\cdots+k_{n-r}\boldsymbol{\eta}_{n-r},$$

其中 k_1,k_2,…,k_{n-r}是数域 F 中的不全为零的任意常数.

例 1 求矩阵

$$\boldsymbol{A}=\begin{pmatrix}3&2\\4&1\end{pmatrix}$$

的特征值与特征向量.

解 矩阵 $\boldsymbol{A}$ 的特征方程为

$$f(\lambda)=|\lambda\boldsymbol{E}-\boldsymbol{A}|=\begin{vmatrix}\lambda-3&-2\\-4&\lambda-1\end{vmatrix}=\lambda^2-4\lambda-5=(\lambda-5)(\lambda+1)=0,$$

所以 $\boldsymbol{A}$ 的全部特征值为 $\lambda_1=5$,$\lambda_2=-1$.

当 $\lambda_1=5$ 时,解齐次线性方程组$(5\boldsymbol{E}-\boldsymbol{A})\boldsymbol{X}=\boldsymbol{0}$,即

$$\begin{pmatrix}2&-2\\-4&4\end{pmatrix}\begin{pmatrix}x_1\\x_2\end{pmatrix}=\begin{pmatrix}0\\0\end{pmatrix},$$

得基础解系为 $\boldsymbol{X}_1=(1,1)^{\mathrm{T}}$,因此矩阵 $\boldsymbol{A}$ 的属于特征值 $\lambda_1=5$ 的全部特征向量为 $k_1\boldsymbol{X}_1(k_1\neq0)$.

当 $\lambda_2=-1$ 时,解齐次线性方程组$(-\boldsymbol{E}-\boldsymbol{A})\boldsymbol{X}=\boldsymbol{0}$,即

$$\begin{pmatrix}-4&-2\\-4&-2\end{pmatrix}\begin{pmatrix}x_1\\x_2\end{pmatrix}=\begin{pmatrix}0\\0\end{pmatrix},$$

得基础解系为 $\boldsymbol{X}_2=(-1,2)^{\mathrm{T}}$,因此矩阵 $\boldsymbol{A}$ 的属于特征值 $\lambda_2=-1$ 的全部特征向量为 $k_2\boldsymbol{X}_2(k_2\neq0)$. □

例 2 求矩阵

$$\boldsymbol{A}=\begin{pmatrix}-1&1&0\\-4&3&0\\1&0&3\end{pmatrix}$$

的特征值与特征向量.

解 矩阵 $\boldsymbol{A}$ 的特征方程为

$$f(\lambda)=|\lambda\boldsymbol{E}-\boldsymbol{A}|=\begin{vmatrix}\lambda+1&-1&0\\4&\lambda-3&0\\-1&0&\lambda-3\end{vmatrix}=(\lambda-3)\begin{vmatrix}\lambda+1&-1\\4&\lambda-3\end{vmatrix}$$
$$=(\lambda-3)(\lambda-1)^2=0,$$

所以 $\boldsymbol{A}$ 的全部特征值为 $\lambda_1=3$,$\lambda_2=\lambda_3=1$.

当 $\lambda_1=3$ 时,解齐次线性方程组$(3\boldsymbol{E}-\boldsymbol{A})\boldsymbol{X}=\boldsymbol{0}$,即

$$\begin{pmatrix}4&-1&0\\4&0&0\\-1&0&0\end{pmatrix}\begin{pmatrix}x_1\\x_2\\x_3\end{pmatrix}=\begin{pmatrix}0\\0\\0\end{pmatrix},$$

得基础解系为 $\boldsymbol{X}_1=(0,0,1)^{\mathrm{T}}$,因此矩阵 $\boldsymbol{A}$ 的属于特征值 $\lambda_1=3$ 的全部

特征向量为 $k_1\boldsymbol{X}_1(k_1\neq 0)$.

当 $\lambda_2=\lambda_3=1$ 时，解齐次线性方程组 $(\boldsymbol{E}-\boldsymbol{A})\boldsymbol{X}=\boldsymbol{0}$，即

$$\begin{pmatrix} 2 & -1 & 0 \\ 4 & -2 & 0 \\ -1 & 0 & -2 \end{pmatrix}\begin{pmatrix} x_1 \\ x_2 \\ x_3 \end{pmatrix}=\begin{pmatrix} 0 \\ 0 \\ 0 \end{pmatrix},$$

得基础解系为 $\boldsymbol{X}_2=(-2,\ -4,\ 1)^{\mathrm{T}}$，因此矩阵 $\boldsymbol{A}$ 的属于特征值 $\lambda_2=\lambda_3=1$ 的全部特征向量为 $k_2\boldsymbol{X}_2(k_2\neq 0)$. □

例 3 求矩阵

$$\boldsymbol{A}=\begin{pmatrix} 1 & 2 & 2 \\ 2 & 1 & 2 \\ 2 & 2 & 1 \end{pmatrix}$$

的特征值与特征向量.

解 矩阵 $\boldsymbol{A}$ 的特征方程为

$$f(\lambda)=|\lambda\boldsymbol{E}-\boldsymbol{A}|=\begin{vmatrix} \lambda-1 & -2 & -2 \\ -2 & \lambda-1 & -2 \\ -2 & -2 & \lambda-1 \end{vmatrix}=\begin{vmatrix} \lambda-5 & -2 & -2 \\ \lambda-5 & \lambda-1 & -2 \\ \lambda-5 & -2 & \lambda-1 \end{vmatrix}$$

$$=(\lambda-5)(\lambda+1)^2=0,$$

所以 $\boldsymbol{A}$ 的全部特征值为 $\lambda_1=5$，$\lambda_2=\lambda_3=-1$.

当 $\lambda_1=5$ 时，解齐次线性方程组 $(5\boldsymbol{E}-\boldsymbol{A})\boldsymbol{X}=\boldsymbol{0}$，即

$$\begin{pmatrix} 4 & -2 & -2 \\ -2 & 4 & -2 \\ -2 & -2 & 4 \end{pmatrix}\begin{pmatrix} x_1 \\ x_2 \\ x_3 \end{pmatrix}=\begin{pmatrix} 0 \\ 0 \\ 0 \end{pmatrix},$$

得基础解系为 $\boldsymbol{X}_1=(1,\ 1,\ 1)^{\mathrm{T}}$，因此矩阵 $\boldsymbol{A}$ 的属于特征值 $\lambda_1=5$ 的全部特征向量为 $k_1\boldsymbol{X}_1(k_1\neq 0)$.

当 $\lambda_2=\lambda_3=-1$ 时，解齐次线性方程组 $(-\boldsymbol{E}-\boldsymbol{A})\boldsymbol{X}=\boldsymbol{0}$，即

$$\begin{pmatrix} -2 & -2 & -2 \\ -2 & -2 & -2 \\ -2 & -2 & -2 \end{pmatrix}\begin{pmatrix} x_1 \\ x_2 \\ x_3 \end{pmatrix}=\begin{pmatrix} 0 \\ 0 \\ 0 \end{pmatrix},$$

得基础解系为 $\boldsymbol{X}_2=(-1,\ 1,\ 0)^{\mathrm{T}}$，$\boldsymbol{X}_3=(-1,\ 0,\ 1)^{\mathrm{T}}$，则 $\boldsymbol{X}_2$，$\boldsymbol{X}_3$ 为矩阵 $\boldsymbol{A}$ 的属于特征值 $\lambda_2=\lambda_3=-1$ 的线性无关的特征向量，而矩阵 $\boldsymbol{A}$ 的属于特征值 $\lambda_2=\lambda_3=-1$ 的全部特征向量为 $k_2\boldsymbol{X}_2+k_3\boldsymbol{X}_3$（$k_2$，$k_3$ 为不全为零的任意常数）. □

注 在例 3 中，经计算

$$f(\lambda)=|\lambda\boldsymbol{E}-\boldsymbol{A}|=\lambda^3-3\lambda^2-9\lambda-5,$$

当求 $f(\lambda)=|\lambda\boldsymbol{E}-\boldsymbol{A}|=0$ 的根即矩阵 $\boldsymbol{A}$ 的特征值时，也可以利用第零章第四节中介绍的方法，请读者自行尝试求解.

***例 4** 求矩阵

【同步训练 1】

求下列矩阵的特征值与特征向量.

(1) $\boldsymbol{A}=\begin{pmatrix} -2 & 1 & 1 \\ 0 & 2 & 0 \\ -4 & 1 & 3 \end{pmatrix}$;

(2) $\boldsymbol{A}=\begin{pmatrix} 2 & -1 & 1 \\ 0 & 3 & -1 \\ 2 & 1 & 3 \end{pmatrix}$.

$$A=\begin{pmatrix}0 & -1\\ 1 & 0\end{pmatrix}$$

的特征值与特征向量.

解　矩阵 A 的特征方程为

$$f(\lambda)=|\lambda E-A|=\begin{vmatrix}\lambda & 1\\ -1 & \lambda\end{vmatrix}=\lambda^2+1=0.$$

显然，在实数域上矩阵 A 没有特征值（此时 A 也没有特征向量），在复数域上矩阵 A 的特征值为 $\lambda_1=\mathrm{i}$，$\lambda_2=-\mathrm{i}$.

当 $\lambda_1=\mathrm{i}$ 时，解齐次线性方程组 $(\mathrm{i}E-A)X=\mathbf{0}$，即

$$\begin{pmatrix}\mathrm{i} & 1\\ -1 & \mathrm{i}\end{pmatrix}\begin{pmatrix}x_1\\ x_2\end{pmatrix}=\begin{pmatrix}0\\ 0\end{pmatrix},$$

得基础解系为 $X_1=(\mathrm{i},1)^{\mathrm{T}}$，因此矩阵 A 的属于特征值 $\lambda_1=\mathrm{i}$ 的全部特征向量为 $k_1X_1(k_1\neq 0)$.

当 $\lambda_2=-\mathrm{i}$ 时，解齐次线性方程组 $(-\mathrm{i}E-A)X=\mathbf{0}$，即

$$\begin{pmatrix}-\mathrm{i} & 1\\ -1 & -\mathrm{i}\end{pmatrix}\begin{pmatrix}x_1\\ x_2\end{pmatrix}=\begin{pmatrix}0\\ 0\end{pmatrix},$$

得基础解系 $X_2=(-\mathrm{i},1)^{\mathrm{T}}$，因此矩阵 A 的属于特征值 $\lambda_2=-\mathrm{i}$ 的全部特征向量为 $k_2X_2(k_2\neq 0)$.　□

注　(1) 由例 4 可以看出，即使 A 是实矩阵，其特征值仍可能是复数. 一般地，在复数域上，n 次方程 $|\lambda E-A|=0$ 必有 n 个根（重根按重数计算），即 n 阶矩阵 A 必有 n 个特征值，但在实数域上，n 阶矩阵 A 可能没有实特征值或者实特征值的个数小于 n.

(2) 例 4 中的向量 X_1，X_2 都是复向量，即形如 $\boldsymbol{\alpha}+\boldsymbol{\beta}\mathrm{i}$ 的向量，其中 $\boldsymbol{\alpha}$，$\boldsymbol{\beta}$ 都是实向量. 例如，$X_1=\begin{pmatrix}\mathrm{i}\\ 1\end{pmatrix}=\begin{pmatrix}0\\ 1\end{pmatrix}+\begin{pmatrix}1\\ 0\end{pmatrix}\mathrm{i}$.

例 5　求对角矩阵 $\Lambda=\mathrm{diag}(\lambda_1,\lambda_2,\cdots,\lambda_n)$ 的特征值.

解　矩阵 Λ 的特征方程为

$$f(\lambda)=|\lambda E-\Lambda|=\begin{vmatrix}\lambda-\lambda_1 & 0 & \cdots & 0\\ 0 & \lambda-\lambda_2 & \cdots & 0\\ \vdots & \vdots & & \vdots\\ 0 & 0 & \cdots & \lambda-\lambda_n\end{vmatrix}$$

$$=(\lambda-\lambda_1)(\lambda-\lambda_2)\cdots(\lambda-\lambda_n)=0,$$

所以 Λ 的全部特征值为 $\lambda_1,\lambda_2,\cdots,\lambda_n$，即对角矩阵的主对角线元素就是其全部特征值.　□

例 6　设 n 阶矩阵 A 满足 $|A^2-A|=0$，证明：0 或 1 至少有一个是 A 的特征值.

分析　要想证明 λ 是矩阵 A 的特征值，只需要证明 $|\lambda E-A|=0$ 即可.

证明 由于

$$|A^2-A|=|A(A-E)|=|A||A-E|=0,$$

因此 $|A|=0$ 或 $|A-E|=0$ 至少有一个成立.

若 $|A|=0$，则

$$|A|=|-(-A)|=|-(0E-A)|=(-1)^n|0E-A|=0,$$

从而 $|0E-A|=0$，即 0 是 A 的特征值.

若 $|A-E|=0$，则

$$|A-E|=|-(E-A)|=(-1)^n|E-A|=0,$$

从而 $|E-A|=0$，即 1 是 A 的特征值.

所以 0 或 1 至少有一个是 A 的特征值. □

四、特征值与特征向量的性质

设 A 为 n 阶矩阵，我们从 A 的特征多项式入手讨论特征值的一些性质. 在

$$f(\lambda)=|\lambda E-A|=\begin{vmatrix}\lambda-a_{11} & -a_{12} & \cdots & -a_{1n}\\ -a_{21} & \lambda-a_{22} & \cdots & -a_{2n}\\ \vdots & \vdots & & \vdots\\ -a_{n1} & -a_{n2} & \cdots & \lambda-a_{nn}\end{vmatrix}$$

的展开式中共有 $n!$ 项，其中有一项是主对角线上元素的连乘积

$$(\lambda-a_{11})(\lambda-a_{22})\cdots(\lambda-a_{nn}),$$

而在其余 $n!-1$ 项中，因为至少包含一个非主对角线元素，所以至多包含 $n-2$ 个主对角线元素，因此 λ^n 和 λ^{n-1} 只可能出现在上述的连乘积中，且 λ^n 的系数为 1，λ^{n-1} 的系数为 $-(a_{11}+a_{22}+\cdots+a_{nn})$，又当 $\lambda=0$ 时，常数项为

$$f(0)=|0E-A|=(-1)^n|A|,$$

所以

$$f(\lambda)=|\lambda E-A|=\lambda^n-(a_{11}+a_{22}+\cdots+a_{nn})\lambda^{n-1}+\cdots+(-1)^n|A|. \tag{5-5}$$

设 λ_1，λ_2，…，λ_n 是矩阵 A 的 n 个特征值，即为方程 $f(\lambda)=|\lambda E-A|=0$ 的 n 个根，从而

$$\begin{aligned}f(\lambda)=|\lambda E-A|&=(\lambda-\lambda_1)(\lambda-\lambda_2)\cdots(\lambda-\lambda_n)\\&=\lambda^n-(\lambda_1+\lambda_2+\cdots+\lambda_n)\lambda^{n-1}+\cdots+(-1)^n\lambda_1\lambda_2\cdots\lambda_n.\end{aligned} \tag{5-6}$$

比较式(5-5)与式(5-6)，可得到特征值的如下性质.

性质 1 设 n 阶矩阵 A 的 n 个特征值为 $\lambda_1,\lambda_2,\cdots,\lambda_n$，则

(1) $\lambda_1+\lambda_2+\cdots+\lambda_n=a_{11}+a_{22}+\cdots+a_{nn}$；

(2) $\lambda_1\lambda_2\cdots\lambda_n=|A|$.

通常称 n 阶矩阵 A 的主对角线元素的和 $a_{11}+a_{22}+\cdots+a_{nn}$ 为 A 的**迹**，记作 $\mathrm{tr}(A)$. 由性质 1 可知

$$\mathrm{tr}(\boldsymbol{A}) = a_{11} + a_{22} + \cdots + a_{nn} = \lambda_1 + \lambda_2 + \cdots + \lambda_n.$$

推论　n 阶矩阵 $\boldsymbol{A}$ 可逆的充分必要条件是 $\boldsymbol{A}$ 的所有特征值均不为零.

证明　由性质 1 可立即得到. ■

例 7　设三阶矩阵 $\boldsymbol{A}$ 的特征多项式为 $f(\lambda) = (\lambda+1)^2(\lambda-3)$，求 $\boldsymbol{A}$ 的特征值及行列式 $|\boldsymbol{A}|$.

解　令 $f(\lambda) = (\lambda+1)^2(\lambda-3) = 0$，得到 $\boldsymbol{A}$ 的特征值为 $\lambda_1 = \lambda_2 = -1$，$\lambda_3 = 3$，从而

$$|\boldsymbol{A}| = (-1) \times (-1) \times 3 = 3.$$ □

性质 2　设 $\boldsymbol{A}$ 是 n 阶矩阵，则 $\boldsymbol{A}$ 和 $\boldsymbol{A}^{\mathrm{T}}$ 具有相同的特征值.

证明　因为

$$|\lambda\boldsymbol{E} - \boldsymbol{A}^{\mathrm{T}}| = |(\lambda\boldsymbol{E})^{\mathrm{T}} - \boldsymbol{A}^{\mathrm{T}}| = |(\lambda\boldsymbol{E} - \boldsymbol{A})^{T}| = |\lambda\boldsymbol{E} - \boldsymbol{A}|,$$

即 $\boldsymbol{A}$ 和 $\boldsymbol{A}^{\mathrm{T}}$ 有相同的特征多项式，从而它们具有相同的特征值. ■

注　虽然 $\boldsymbol{A}$ 和 $\boldsymbol{A}^{\mathrm{T}}$ 有相同的特征值，但是它们属于相同特征值的特征向量是不一定相同的（参见习题五 - A 第 3 题）.

性质 3　设 λ 是 n 阶矩阵 $\boldsymbol{A}$ 的特征值，$\boldsymbol{X}$ 是 $\boldsymbol{A}$ 的属于 λ 的特征向量，则

（1）$k\lambda$ 是矩阵 $k\boldsymbol{A}$ 的特征值（其中 k 是任意常数）；

（2）λ^m 是矩阵 $\boldsymbol{A}^m$ 的特征值（其中 m 是正整数）；

（3）若 $\boldsymbol{A}$ 为可逆矩阵，则 $\dfrac{1}{\lambda}$ 是 $\boldsymbol{A}^{-1}$ 的特征值，$\dfrac{|\boldsymbol{A}|}{\lambda}$ 是 $\boldsymbol{A}^*$ 的特征值，

且 $\boldsymbol{X}$ 仍是矩阵 $k\boldsymbol{A}$、$\boldsymbol{A}^m$、$\boldsymbol{A}^{-1}$、$\boldsymbol{A}^*$ 的分别属于特征值 $k\lambda$、λ^m、$\dfrac{1}{\lambda}$、$\dfrac{|\boldsymbol{A}|}{\lambda}$ 的特征向量.

证明　已知 $\boldsymbol{AX} = \lambda\boldsymbol{X}$，因此

$$(k\boldsymbol{A})\boldsymbol{X} = (k\lambda)\boldsymbol{X},\ \boldsymbol{A}^m\boldsymbol{X} = \lambda^m\boldsymbol{X},$$

由此得到（1）和（2）成立.

下面证明（3）. 当 $\boldsymbol{A}$ 可逆时，$\boldsymbol{A}$ 的特征值 $\lambda \neq 0$. 由 $\boldsymbol{AX} = \lambda\boldsymbol{X}$ 得到

$$\boldsymbol{A}^{-1}(\boldsymbol{AX}) = \boldsymbol{A}^{-1}(\lambda\boldsymbol{X}),$$

即

$$\lambda\boldsymbol{A}^{-1}\boldsymbol{X} = \boldsymbol{X},$$

从而

$$\boldsymbol{A}^{-1}\boldsymbol{X} = \frac{1}{\lambda}\boldsymbol{X},$$

所以 $\dfrac{1}{\lambda}$ 是 $\boldsymbol{A}^{-1}$ 的特征值，$\boldsymbol{X}$ 仍是矩阵 $\boldsymbol{A}^{-1}$ 的属于特征值 $\dfrac{1}{\lambda}$ 的特征向量.

因为 $\boldsymbol{A}^* = |\boldsymbol{A}|\boldsymbol{A}^{-1}$，所以

$$\boldsymbol{A}^*\boldsymbol{X} = (|\boldsymbol{A}|\boldsymbol{A}^{-1})\boldsymbol{X} = \frac{|\boldsymbol{A}|}{\lambda}\boldsymbol{X},$$

从而$\frac{|A|}{\lambda}$是A^*的特征值，X仍是A^*的属于特征值$\frac{|A|}{\lambda}$的特征向量. ■

需要注意的是，若λ是矩阵A的特征值，μ是矩阵B的特征值，则$\lambda+\mu$一般不是$A+B$的特征值. 例如，矩阵$A=\begin{pmatrix}1&0\\0&2\end{pmatrix}$的特征值为1和2，矩阵$B=\begin{pmatrix}0&1\\1&0\end{pmatrix}$的特征值为1和$-1$，而$A+B=\begin{pmatrix}1&1\\1&2\end{pmatrix}$的特征值为$\frac{3}{2}+\frac{\sqrt{5}}{2}$和$\frac{3}{2}-\frac{\sqrt{5}}{2}$.

推论 设$f(\lambda)$是一个关于λ的多项式，若λ是矩阵A的特征值，X是A的属于特征值λ的特征向量，则$f(\lambda)$是矩阵多项式$f(A)$的特征值，X是$f(A)$的属于特征值$f(\lambda)$的特征向量.

例8 设三阶矩阵A的特征值为0，-1，2，求$B=A^3-2A^2+E$的特征值和行列式，并判断矩阵B是否可逆.

解 设λ是矩阵A的特征值. 记

$$f(A)=B=A^3-2A^2+E,$$

则

$$f(\lambda)=\lambda^3-2\lambda^2+1$$

是$f(A)$的特征值，故$B=f(A)$的特征值分别为

$$f(0)=1, f(-1)=-2, f(2)=1,$$

从而$|B|=1\times(-2)\times1=-2$.

因为B的所有特征值都不为零，所以B是可逆矩阵. □

【同步训练2】

设三阶矩阵A的特征值为-1，1，2，求$2A^2+A-E$的特征值和行列式.

下面我们来讨论特征向量的性质.

性质4 若X_1和X_2都是矩阵A的属于特征值λ_0的特征向量，则$k_1X_1+k_2X_2$也是A的属于λ_0的特征向量（其中k_1，k_2是任意常数，且$k_1X_1+k_2X_2\neq 0$）.

证明 只需要说明$A(k_1X_1+k_2X_2)=\lambda_0(k_1X_1+k_2X_2)$即可.

由题意可知，$AX_1=\lambda_0X_1$，$AX_2=\lambda_0X_2$，于是

$$A(k_1X_1+k_2X_2)=k_1AX_1+k_2AX_2=k_1\lambda_0X_1+k_2\lambda_0X_2=\lambda_0(k_1X_1+k_2X_2),$$

即$k_1X_1+k_2X_2$也是A的属于λ_0的特征向量. ■

性质4说明，矩阵A的属于某个特征值的特征向量的任意非零线性组合仍是属于这个特征值的特征向量.

从例1、例2和例3我们发现，对不同特征值λ_1和λ_2，矩阵A的分别属于λ_1和λ_2的特征向量X_1，X_2是线性无关的. 这并不是偶然的，一般地，我们有下列结论.

性质5 设λ_1，λ_2，…，λ_m是矩阵A的m个互不相同的特征值，X_1，X_2，…，X_m是矩阵A的分别属于λ_1，λ_2，…，λ_m的特征向量，则X_1，X_2，…，X_m线性无关.

证明 对特征值的个数m利用数学归纳法证明.

当 $m=1$ 时，特征向量 $\boldsymbol{X}_1\neq\boldsymbol{0}$，所以 $\boldsymbol{X}_1$ 线性无关.

假设 $m=s-1$ 时结论成立，即 $\boldsymbol{X}_1$，$\boldsymbol{X}_2$，…，$\boldsymbol{X}_{s-1}$线性无关.

当 $m=s$ 时，下面证明 $\boldsymbol{X}_1$，$\boldsymbol{X}_2$，…，$\boldsymbol{X}_s$ 线性无关.

设存在数 k_1，k_2，…，k_s，使得

$$k_1\boldsymbol{X}_1+k_2\boldsymbol{X}_2+\cdots+k_s\boldsymbol{X}_s=\boldsymbol{0}. \tag{5-7}$$

在式（5-7）的两边同时左边乘以矩阵 $\boldsymbol{A}$，并注意到 $\boldsymbol{AX}_i=\lambda_i\boldsymbol{X}_i(i=1,2,\cdots,s)$，得到

$$k_1\lambda_1\boldsymbol{X}_1+k_2\lambda_2\boldsymbol{X}_2+\cdots+k_{s-1}\lambda_{s-1}\boldsymbol{X}_{s-1}+k_s\lambda_s\boldsymbol{X}_s=\boldsymbol{0}. \tag{5-8}$$

在式（5-7）的两边同时乘以 λ_s，得到

$$k_1\lambda_s\boldsymbol{X}_1+k_2\lambda_s\boldsymbol{X}_2+\cdots+k_{s-1}\lambda_s\boldsymbol{X}_{s-1}+k_s\lambda_s\boldsymbol{X}_s=\boldsymbol{0}. \tag{5-9}$$

式（5-8）减去式（5-9），得到

$$k_1(\lambda_1-\lambda_s)\boldsymbol{X}_1+k_2(\lambda_2-\lambda_s)\boldsymbol{X}_2+\cdots+k_{s-1}(\lambda_{s-1}-\lambda_s)\boldsymbol{X}_{s-1}=\boldsymbol{0}.$$

由 $\boldsymbol{X}_1$，$\boldsymbol{X}_2$，…，$\boldsymbol{X}_{s-1}$线性无关得到

$$k_1(\lambda_1-\lambda_s)=k_2(\lambda_2-\lambda_s)=\cdots=k_{s-1}(\lambda_{s-1}-\lambda_s)=0,$$

由于 λ_1，λ_2，…，λ_s 互不相同，所以

$$k_1=k_2=\cdots=k_{s-1}=0.$$

代入式（5-7），得到

$$k_s\boldsymbol{X}_s=\boldsymbol{0},$$

由于 $\boldsymbol{X}_s\neq\boldsymbol{0}$，所以 $k_s=0$. 从而 $\boldsymbol{X}_1$，$\boldsymbol{X}_2$，…，$\boldsymbol{X}_s$ 线性无关.

由数学归纳法可知，对任意正整数 m，结论成立. ■

性质5　可以用图 5-1 表示.

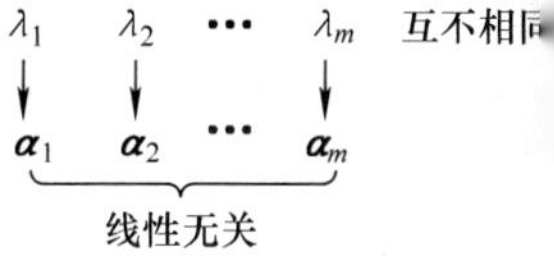

图　5-1

在性质 5 中，矩阵的每个特征值只选取了一个特征向量. 下面的性质 6 更具有普遍性.

性质6　设 λ_1，λ_2，…，λ_m 是 n 阶矩阵 $\boldsymbol{A}$ 的 m 个互不相同的特征值，$\boldsymbol{A}$ 的属于特征值 λ_i 的线性无关的特征向量为 $\boldsymbol{X}_{i1}$，$\boldsymbol{X}_{i2}$，…，$\boldsymbol{X}_{is_i}$（$i=1$，2，…，m），则向量组

$$\boldsymbol{X}_{11},\ \boldsymbol{X}_{12},\ \cdots,\ \boldsymbol{X}_{1s_1},\ \boldsymbol{X}_{21},\ \boldsymbol{X}_{22},\ \cdots,\ \boldsymbol{X}_{2s_2},\ \cdots,\ \boldsymbol{X}_{m1},\ \boldsymbol{X}_{m2},\ \cdots,\ \boldsymbol{X}_{ms_m} \tag{5-10}$$

线性无关.

*证明　设存在数 k_{11}，k_{12}，…，k_{1s_1}，k_{21}，k_{22}，…，k_{2s_2}，…，k_{m1}，k_{m2}，…，k_{ms_m}，使得

$$\sum_{i=1}^{m}\sum_{j=1}^{s_i}k_{ij}\boldsymbol{X}_{ij}=\boldsymbol{0}.$$

令

$$\boldsymbol{\beta}_i=\sum_{j=1}^{s_i}k_{ij}\boldsymbol{X}_{ij},\ i=1,2,\cdots,m,$$

则

$$\sum_{i=1}^{m}\boldsymbol{\beta}_i=\boldsymbol{\beta}_1+\boldsymbol{\beta}_2+\cdots+\boldsymbol{\beta}_m=\boldsymbol{0}, \tag{5-11}$$

其中 $\boldsymbol{\beta}_i$ 是矩阵 $\boldsymbol{A}$ 的属于 λ_i 的线性无关的特征向量 $\boldsymbol{X}_{i1}$，$\boldsymbol{X}_{i2}$，$\cdots$，$\boldsymbol{X}_{is_i}$ 的线性组合，因此 $\boldsymbol{\beta}_i$ 或者是零向量，或者是属于 λ_i 的特征向量．若 $\boldsymbol{\beta}_1$，$\boldsymbol{\beta}_2$，$\cdots$，$\boldsymbol{\beta}_m$ 中至少有一个是特征向量，则由式（5-11），$\boldsymbol{\beta}_1$，$\boldsymbol{\beta}_2$，$\cdots$，$\boldsymbol{\beta}_m$ 线性相关，这与性质 5 矛盾，所以
$$\boldsymbol{\beta}_i = \boldsymbol{0}, \quad i = 1, 2, \cdots, m,$$
即
$$k_{i1}\boldsymbol{X}_{i1} + k_{i2}\boldsymbol{X}_{i2} + \cdots + k_{is_i}\boldsymbol{X}_{is_i} = \boldsymbol{0},$$
又由于 $\boldsymbol{X}_{i1}$，$\boldsymbol{X}_{i2}$，$\cdots$，$\boldsymbol{X}_{is_i}$ 线性无关，因此
$$k_{i1} = k_{i2} = \cdots = k_{is_i} = 0, \quad i = 1, 2, \cdots, m,$$
即向量组（5-10）线性无关．

性质 6 可以用图 5-2 表示．

$$\underbrace{\overbrace{\boldsymbol{X}_{11}, \boldsymbol{X}_{12}, \cdots, \boldsymbol{X}_{1s_1}}^{\lambda_1} \quad \overbrace{\boldsymbol{X}_{21}, \boldsymbol{X}_{22}, \cdots, \boldsymbol{X}_{2s_2}}^{\lambda_2} \quad \cdots \quad \overbrace{\boldsymbol{X}_{m1}, \boldsymbol{X}_{m2}, \cdots, \boldsymbol{X}_{ms_m}}^{\lambda_m}}_{\text{线性无关}} \quad \text{互不相同}$$

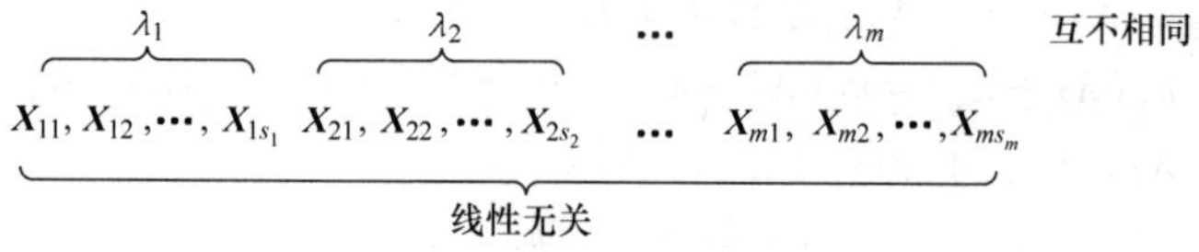

图 5-2

由性质 6，例 3 中的特征向量组 $\boldsymbol{X}_1$，$\boldsymbol{X}_2$，$\boldsymbol{X}_3$ 线性无关，感兴趣的读者可自行验证．

例 9 设 λ_1 和 λ_2 是矩阵 $\boldsymbol{A}$ 的两个互不相同的特征值，$\boldsymbol{A}$ 的分别属于 λ_1 和 λ_2 的特征向量为 $\boldsymbol{X}_1$ 和 $\boldsymbol{X}_2$，证明：$\boldsymbol{X}_1 + \boldsymbol{X}_2$ 不是 $\boldsymbol{A}$ 的特征向量．

证明 用反证法证明．

假设 $\boldsymbol{X}_1 + \boldsymbol{X}_2$ 是 $\boldsymbol{A}$ 的属于特征值 λ 的特征向量，则
$$\boldsymbol{A}(\boldsymbol{X}_1 + \boldsymbol{X}_2) = \lambda(\boldsymbol{X}_1 + \boldsymbol{X}_2),$$
即
$$\boldsymbol{A}\boldsymbol{X}_1 + \boldsymbol{A}\boldsymbol{X}_2 = \lambda\boldsymbol{X}_1 + \lambda\boldsymbol{X}_2.$$
根据已知条件有 $\boldsymbol{A}\boldsymbol{X}_1 = \lambda_1\boldsymbol{X}_1$，$\boldsymbol{A}\boldsymbol{X}_2 = \lambda_2\boldsymbol{X}_2$，则
$$\lambda_1\boldsymbol{X}_1 + \lambda_2\boldsymbol{X}_2 = \lambda\boldsymbol{X}_1 + \lambda\boldsymbol{X}_2,$$
即
$$(\lambda_1 - \lambda)\boldsymbol{X}_1 + (\lambda_2 - \lambda)\boldsymbol{X}_2 = \boldsymbol{0},$$
由性质 5 可知，$\boldsymbol{X}_1$，$\boldsymbol{X}_2$ 线性无关，故 $\lambda_1 - \lambda = \lambda_2 - \lambda = 0$，得到 $\lambda_1 = \lambda_2$，与题设矛盾．因此 $\boldsymbol{X}_1 + \boldsymbol{X}_2$ 不是 $\boldsymbol{A}$ 的特征向量．

第二节　相似矩阵与矩阵可对角化的条件

本节将给出矩阵之间的一种关系——相似，并进一步讨论矩阵的相似对角化问题．

一、相似矩阵

定义 5.3　设 $\boldsymbol{A}$ 和 $\boldsymbol{B}$ 都是 n 阶矩阵，若存在 n 阶可逆矩阵 $\boldsymbol{P}$，使得

$$\boldsymbol{P}^{-1}\boldsymbol{AP}=\boldsymbol{B},$$

则称 $\boldsymbol{A}$ 与 $\boldsymbol{B}$ 相似（similar），记作 $\boldsymbol{A}\sim\boldsymbol{B}$.

例 1　设 $\boldsymbol{A}=\begin{pmatrix}2&-4\\-3&3\end{pmatrix}$，$\boldsymbol{B}=\begin{pmatrix}-1&0\\0&6\end{pmatrix}$，$\boldsymbol{P}=\begin{pmatrix}4&-1\\3&1\end{pmatrix}$，

由于

$$\boldsymbol{P}^{-1}\boldsymbol{AP}=\begin{pmatrix}4&-1\\3&1\end{pmatrix}^{-1}\begin{pmatrix}2&-4\\-3&3\end{pmatrix}\begin{pmatrix}4&-1\\3&1\end{pmatrix}=\begin{pmatrix}-1&0\\0&6\end{pmatrix}=\boldsymbol{B},$$

所以 $\boldsymbol{A}\sim\boldsymbol{B}$.　□

例 2　由定义，若 $\boldsymbol{A}\sim k\boldsymbol{E}$，则存在可逆矩阵 $\boldsymbol{P}$，使得 $\boldsymbol{P}^{-1}\boldsymbol{AP}=k\boldsymbol{E}$，从而

$$\boldsymbol{A}=\boldsymbol{P}k\boldsymbol{E}\boldsymbol{P}^{-1}=k\boldsymbol{E},$$

这说明与数量矩阵相似的矩阵只有它本身．特别地，与单位矩阵相似的矩阵只有它本身.　□

相似是矩阵之间的一种重要关系，满足以下性质：

（1）反身性：对任意 n 阶矩阵 $\boldsymbol{A}$，有 $\boldsymbol{A}\sim\boldsymbol{A}$. 因为 $\boldsymbol{E}^{-1}\boldsymbol{AE}=\boldsymbol{A}$.

（2）对称性：对任意 n 阶矩阵 $\boldsymbol{A}$ 和 $\boldsymbol{B}$，若 $\boldsymbol{A}\sim\boldsymbol{B}$，则 $\boldsymbol{B}\sim\boldsymbol{A}$.

证明　设存在可逆矩阵 $\boldsymbol{P}$，使得 $\boldsymbol{P}^{-1}\boldsymbol{AP}=\boldsymbol{B}$，显然 $(\boldsymbol{P}^{-1})^{-1}\boldsymbol{BP}^{-1}=\boldsymbol{PBP}^{-1}=\boldsymbol{A}$，所以 $\boldsymbol{B}\sim\boldsymbol{A}$.　■

（3）传递性：对任意 n 阶矩阵 $\boldsymbol{A}$、$\boldsymbol{B}$ 和 $\boldsymbol{C}$，若 $\boldsymbol{A}\sim\boldsymbol{B}$ 且 $\boldsymbol{B}\sim\boldsymbol{C}$，则 $\boldsymbol{A}\sim\boldsymbol{C}$.

证明　设存在可逆矩阵 $\boldsymbol{P}_1$ 和 $\boldsymbol{P}_2$，使得 $\boldsymbol{P}_1^{-1}\boldsymbol{AP}_1=\boldsymbol{B}$，$\boldsymbol{P}_2^{-1}\boldsymbol{BP}_2=\boldsymbol{C}$，从而

$$\boldsymbol{P}_2^{-1}(\boldsymbol{P}_1^{-1}\boldsymbol{AP}_1)\boldsymbol{P}_2=\boldsymbol{C},$$

即

$$(\boldsymbol{P}_1\boldsymbol{P}_2)^{-1}\boldsymbol{A}(\boldsymbol{P}_1\boldsymbol{P}_2)=\boldsymbol{C},$$

显然矩阵 $\boldsymbol{P}_1\boldsymbol{P}_2$ 可逆，所以 $\boldsymbol{A}\sim\boldsymbol{C}$.　■

相似矩阵还具有下列性质：

性质 1　若 $\boldsymbol{A}\sim\boldsymbol{B}$，则 $k\boldsymbol{A}\sim k\boldsymbol{B}$，$\boldsymbol{A}^m\sim\boldsymbol{B}^m$，其中 k 为任意常数，m 为正整数.

证明　若 $\boldsymbol{A}\sim\boldsymbol{B}$，则存在可逆矩阵 $\boldsymbol{P}$，使得 $\boldsymbol{P}^{-1}\boldsymbol{AP}=\boldsymbol{B}$，从而

$$\begin{aligned}k\boldsymbol{B}&=k(\boldsymbol{P}^{-1}\boldsymbol{AP})=\boldsymbol{P}^{-1}(k\boldsymbol{A})\boldsymbol{P},\\ \boldsymbol{B}^m&=(\boldsymbol{P}^{-1}\boldsymbol{AP})^m\\ &=\boldsymbol{P}^{-1}\boldsymbol{APP}^{-1}\boldsymbol{APP}^{-1}\boldsymbol{AP}\cdots\boldsymbol{P}^{-1}\boldsymbol{AP}\\ &=\boldsymbol{P}^{-1}\boldsymbol{A}(\boldsymbol{PP}^{-1})\boldsymbol{A}(\boldsymbol{PP}^{-1})\boldsymbol{A}\cdots(\boldsymbol{PP}^{-1})\boldsymbol{AP}\\ &=\boldsymbol{P}^{-1}\boldsymbol{A}^m\boldsymbol{P}.\end{aligned}$$

■

推论　设 $f(\lambda)=a_n\lambda^n+a_{n-1}\lambda^{n-1}+\cdots+a_1\lambda+a_0$，若 $\boldsymbol{A}\sim\boldsymbol{B}$，则 $f(\boldsymbol{A})\sim f(\boldsymbol{B})$.

性质 2 若 $A \sim B$，则 $|A| = |B|$.

证明 若 $A \sim B$，则存在可逆矩阵 P，使得 $P^{-1}AP = B$，从而

$$|B| = |P^{-1}AP| = |P^{-1}||A||P| = |P^{-1}||P||A| = |P^{-1}P||A| = |A|.$$

■

性质 3 若 $A \sim B$，则 $|\lambda E - A| = |\lambda E - B|$，从而 A 与 B 具有相同的特征值.

证明 若 $A \sim B$，由性质 1 推论可知，$\lambda E - A \sim \lambda E - B$，再由性质 2 即可得到 $|\lambda E - A| = |\lambda E - B|$，从而 A 与 B 具有相同的特征值. ■

推论 若 n 阶矩阵 A 与对角矩阵 $\Lambda = \mathrm{diag}(\lambda_1, \lambda_2, \cdots, \lambda_n)$ 相似，则 λ_1，λ_2，$\cdots$，λ_n 为 A 的特征值.

证明 由性质 3 和本章第一节中的例 5 即可得到. ■

对性质 3，需要注意以下两点：

（1）性质 3 的逆命题不一定成立，即特征值相同的两个矩阵不一定是相似的. 例如，$E = \begin{pmatrix} 1 & 0 \\ 0 & 1 \end{pmatrix}$ 和 $A = \begin{pmatrix} 1 & 1 \\ 0 & 1 \end{pmatrix}$ 都以 1 为二重特征值，而 A 与 E 并不相似.

（2）虽然相似矩阵具有相同的特征值，但是它们属于同一个特征值的特征向量一般是不同的.

性质 4 若 $A \sim B$，则 $A^{\mathrm{T}} \sim B^{\mathrm{T}}$.

性质 5 若 $A \sim B$，则 A 与 B 同时可逆或同时不可逆. 当 A 与 B 同时可逆时，$A^{-1} \sim B^{-1}$.

性质 6 若 $A \sim B$，则 $\mathrm{tr}(A) = \mathrm{tr}(B)$.

性质 7 若 $A \sim B$，则 $R(A) = R(B)$.

请读者自行证明性质 4 ~ 7.

例 3 已知 $A \sim B$，$B = \begin{pmatrix} 1 & 3 \\ 2 & 2 \end{pmatrix}$，求 $|A + 2E|$.

解法一 因为 $A \sim B$，则 $A + 2E \sim B + 2E$，所以

$$|A + 2E| = |B + 2E| = \begin{vmatrix} 3 & 3 \\ 2 & 4 \end{vmatrix} = 6.$$

解法二 矩阵 B 的特征方程为

$$f(\lambda) = |\lambda E - B| = \begin{vmatrix} \lambda - 1 & -3 \\ -2 & \lambda - 2 \end{vmatrix} = (\lambda - 4)(\lambda + 1) = 0,$$

所以 B 的特征值为 $\lambda_1 = 4$，$\lambda_2 = -1$.

因为 $A \sim B$，则由性质 3，A 的特征值也为 $\lambda_1 = 4$，$\lambda_2 = -1$，再由特征值的性质，$A + 2E$ 的特征值为

$$\lambda'_1 = 4 + 2 = 6,\ \lambda'_2 = (-1) + 2 = 1,$$

故 $|A + 2E| = 6 \times 1 = 6$. □

例 4 已知矩阵 $A = \begin{pmatrix} 2 & 0 & 0 \\ 0 & 0 & 1 \\ 0 & 1 & a \end{pmatrix}$ 与 $B = \begin{pmatrix} 2 & 0 & 0 \\ 0 & b & 0 \\ 0 & 0 & -1 \end{pmatrix}$ 相似，求 a，b 的

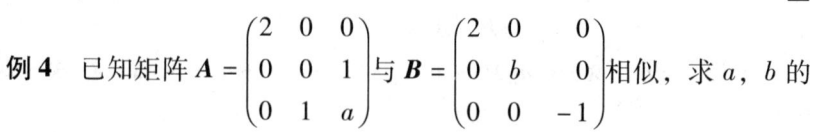

值.

解法一　利用相似矩阵具有相同的特征多项式来求.

由于 $\boldsymbol{A}\sim\boldsymbol{B}$，所以 $|\lambda\boldsymbol{E}-\boldsymbol{A}|=|\lambda\boldsymbol{E}-\boldsymbol{B}|$，即

$$(\lambda-2)(\lambda^2-a\lambda-1)=(\lambda-2)(\lambda-b)(\lambda+1),$$

令 $\lambda=-1$，得 $-3a=0$，所以 $a=0$. 令 $\lambda=0$，得 $2=2b$，所以 $b=1$.

解法二　因为 $\boldsymbol{B}$ 为对角矩阵，所以 $\boldsymbol{B}$ 的特征值为 2，b，-1，从而 $\boldsymbol{A}$ 的特征值也为 2，b，-1，而 $\boldsymbol{A}$ 的特征方程为

$$f(\lambda)=|\lambda\boldsymbol{E}-\boldsymbol{A}|=(\lambda-2)(\lambda^2-a\lambda-1)=0,$$

将 $\lambda=-1$ 代入得到 $a=0$. 由 $a=0$ 得到 $\boldsymbol{A}$ 的特征方程为

$$f(\lambda)=|\lambda\boldsymbol{E}-\boldsymbol{A}|=(\lambda-2)(\lambda^2-1)=(\lambda-2)(\lambda-1)(\lambda+1)=0,$$

所以 $\boldsymbol{A}$ 的特征值为 2，1，-1，比较 $\boldsymbol{A}$ 与 $\boldsymbol{B}$ 的特征值，得到 $b=1$.　□

【同步训练 1】

已知矩阵

$$\boldsymbol{A}=\begin{pmatrix}-2&0&0\\2&x&2\\3&1&1\end{pmatrix}$$

$$\boldsymbol{B}=\begin{pmatrix}-1&0&0\\0&2&0\\0&0&y\end{pmatrix}$$

相似，求 x 和 y 的值.

二、矩阵可对角化的条件

由以上讨论可知，对 n 阶矩阵 $\boldsymbol{A}$，任给一个 n 阶可逆矩阵 $\boldsymbol{P}$，都有 $\boldsymbol{P}^{-1}\boldsymbol{AP}$ 与 $\boldsymbol{A}$ 相似，所以与 $\boldsymbol{A}$ 相似的矩阵有很多，而且相似的矩阵有很多共同的性质. 如果能从众多与 $\boldsymbol{A}$ 相似的矩阵中找到一个形式最简单的矩阵，那么就可以通过对这个简单矩阵的性质的研究来了解矩阵 $\boldsymbol{A}$ 的性质了. 那么与 $\boldsymbol{A}$ 相似的最简单的矩阵是什么矩阵呢？由例 2 可知，与 $\boldsymbol{E}$，$k\boldsymbol{E}$ 相似的矩阵只有它们本身，接下来就是对角矩阵了. 如果 n 阶矩阵 $\boldsymbol{A}$ 与对角矩阵 $\boldsymbol{\Lambda}$ 相似，则称 $\boldsymbol{A}$ **可对角化**. 那么矩阵可对角化的条件是什么呢？

假设 n 阶矩阵 $\boldsymbol{A}$ 可对角化，即存在可逆矩阵 $\boldsymbol{P}$，使得

$$\boldsymbol{P}^{-1}\boldsymbol{AP}=\boldsymbol{\Lambda}=\mathrm{diag}(\lambda_1,\lambda_2,\cdots,\lambda_n),$$

或者

$$\boldsymbol{AP}=\boldsymbol{P\Lambda}.$$

将 $\boldsymbol{P}$ 按列分块为 $\boldsymbol{P}=(\boldsymbol{X}_1,\boldsymbol{X}_2,\cdots,\boldsymbol{X}_n)$，代入上式，则有

$$\boldsymbol{A}(\boldsymbol{X}_1,\boldsymbol{X}_2,\cdots,\boldsymbol{X}_n)=(\boldsymbol{X}_1,\boldsymbol{X}_2,\cdots,\boldsymbol{X}_n)\begin{pmatrix}\lambda_1&0&\cdots&0\\0&\lambda_2&\cdots&0\\\vdots&\vdots&&\vdots\\0&0&\cdots&\lambda_n\end{pmatrix},$$

即

$$(\boldsymbol{AX}_1,\boldsymbol{AX}_2,\cdots,\boldsymbol{AX}_n)=(\lambda_1\boldsymbol{X}_1,\lambda_2\boldsymbol{X}_2,\cdots,\lambda_n\boldsymbol{X}_n),$$

于是有

$$\boldsymbol{AX}_i=\lambda_i\boldsymbol{X}_i,\ i=1,2,\cdots,n. \tag{5-12}$$

由于矩阵 $\boldsymbol{P}$ 可逆，所以其列向量 $\boldsymbol{X}_i\neq\boldsymbol{0}$（$i=1,2,\cdots,n$），且 $\boldsymbol{X}_1$，$\boldsymbol{X}_2$，$\cdots$，$\boldsymbol{X}_n$ 线性无关. 结合式（5-12），如果 n 阶矩阵 $\boldsymbol{A}$ 与对角矩阵 $\boldsymbol{\Lambda}$ 相似，那么对角矩阵 $\boldsymbol{\Lambda}$ 的主对角线元素 λ_1，λ_2，$\cdots$，λ_n 就是 $\boldsymbol{A}$ 的 n 个特征值，而 $\boldsymbol{X}_1$，$\boldsymbol{X}_2$，$\cdots$，$\boldsymbol{X}_n$ 就是矩阵 $\boldsymbol{A}$ 的分别属于特征值 λ_1，

λ_2，…，λ_n 的特征向量，即 n 阶矩阵 $\boldsymbol{A}$ 有 n 个线性无关的特征向量.

反之，如果 n 阶矩阵 $\boldsymbol{A}$ 有 n 个线性无关的特征向量 $\boldsymbol{X}_1$，$\boldsymbol{X}_2$，…，$\boldsymbol{X}_n$，对应的特征值分别为 λ_1，λ_2，…，λ_n，则有

$$\boldsymbol{A}\boldsymbol{X}_i=\lambda_i\boldsymbol{X}_i,\ i=1,\ 2,\ \cdots,\ n.$$

令 $\boldsymbol{P}=(\boldsymbol{X}_1,\boldsymbol{X}_2,\cdots,\boldsymbol{X}_n)$，由于 $\boldsymbol{X}_1$，$\boldsymbol{X}_2$，…，$\boldsymbol{X}_n$ 线性无关，所以 $\boldsymbol{P}$ 可逆，且有

$$\begin{aligned}\boldsymbol{AP}&=\boldsymbol{A}(\boldsymbol{X}_1,\boldsymbol{X}_2,\cdots,\boldsymbol{X}_n)\\&=(\boldsymbol{AX}_1,\boldsymbol{AX}_2,\cdots,\boldsymbol{AX}_n)\\&=(\lambda_1\boldsymbol{X}_1,\lambda_2\boldsymbol{X}_2,\cdots,\lambda_n\boldsymbol{X}_n)\\&=(\boldsymbol{X}_1,\boldsymbol{X}_2,\cdots,\boldsymbol{X}_n)\begin{pmatrix}\lambda_1&0&\cdots&0\\0&\lambda_2&\cdots&0\\\vdots&\vdots&&\vdots\\0&0&\cdots&\lambda_n\end{pmatrix}\\&=\boldsymbol{P\Lambda},\end{aligned}$$

从而 $\boldsymbol{P}^{-1}\boldsymbol{AP}=\boldsymbol{\Lambda}$，即 $\boldsymbol{A}$ 与对角矩阵 $\boldsymbol{\Lambda}$ 相似. 由此得到如下定理.

定理 5.1　n 阶矩阵 $\boldsymbol{A}$ 可对角化的充分必要条件是 $\boldsymbol{A}$ 有 n 个线性无关的特征向量.

值得注意的是，定理 5.1 不仅给出了矩阵可对角化的充要条件，而且也提供了一种求与 $\boldsymbol{A}$ 相似的对角矩阵及相应的可逆矩阵的方法：与 $\boldsymbol{A}$ 相似的对角矩阵的主对角线元素就是 $\boldsymbol{A}$ 的全部特征值，而以这些特征值对应的 n 个线性无关的特征向量为列向量构造的矩阵就是可逆矩阵.

根据定理 5.1，n 阶矩阵 $\boldsymbol{A}$ 能否对角化的关键在于 $\boldsymbol{A}$ 是否有 n 个线性无关的特征向量. 那么，一个 n 阶矩阵 $\boldsymbol{A}$ 满足什么条件时才有 n 个线性无关的特征向量呢？下面就矩阵的特征值的重数分两种情形进行讨论.

情形一　矩阵 $\boldsymbol{A}$ 只有单特征值

推论　若 n 阶矩阵 $\boldsymbol{A}$ 有 n 个互不相同的特征值，则矩阵 $\boldsymbol{A}$ 可对角化.

证明　由定理 5.1 和第一节中的性质 5 即可得到. ■

例 5　设矩阵

$$\boldsymbol{A}=\begin{pmatrix}-1&2&2\\2&2&2\\-3&-6&-6\end{pmatrix},$$

判断 $\boldsymbol{A}$ 能否对角化.

解　矩阵 $\boldsymbol{A}$ 的特征方程为

$$f(\lambda)=|\lambda\boldsymbol{E}-\boldsymbol{A}|=\begin{vmatrix}\lambda+1&-2&-2\\-2&\lambda-2&-2\\3&6&\lambda+6\end{vmatrix}=\begin{vmatrix}\lambda+1&-2&0\\-2&\lambda-2&-\lambda\\3&6&\lambda\end{vmatrix}$$

$$=\lambda(\lambda+2)(\lambda+3)=0,$$

所以 $\boldsymbol{A}$ 的全部特征值为 $\lambda_1=0$，$\lambda_2=-2$，$\lambda_3=-3$.

因为 $\boldsymbol{A}$ 有三个互不相同的特征值，所以 $\boldsymbol{A}$ 可对角化. □

情形二　矩阵 $\boldsymbol{A}$ 有重特征值

此时，设 n 阶矩阵 $\boldsymbol{A}$ 的所有互不相同的特征值为 λ_1，λ_2，…，λ_m，其中 λ_i 为 $\boldsymbol{A}$ 的 k_i 重特征值（$i=1$，2，…，m）. 由多项式理论可知，$k_1+k_2+\cdots+k_m=n$.

定理 5.2　设 λ_0 是 n 阶矩阵 $\boldsymbol{A}$ 的一个 k 重特征值，则 $\boldsymbol{A}$ 的属于 λ_0 的线性无关的特征向量最多有 k 个.

证明　用反证法证明.

设 $\boldsymbol{A}$ 的属于 λ_0 的线性无关的特征向量的个数为 l 且 $k<l$，进一步可设齐次线性方程组 $(\lambda_0\boldsymbol{E}-\boldsymbol{A})\boldsymbol{X}=\boldsymbol{0}$ 的一个基础解系为 $\boldsymbol{X}_1$，$\boldsymbol{X}_2$，…，$\boldsymbol{X}_l$，并将其扩充成一个线性无关的向量组 $\boldsymbol{X}_1$，$\boldsymbol{X}_2$，…，$\boldsymbol{X}_l$，$\boldsymbol{X}_{l+1}$，…，$\boldsymbol{X}_n$. 易知当 $i=1$，2，…，l 时，$\boldsymbol{AX}_i=\lambda_0\boldsymbol{X}_i$. 当 $i=l+1$，$l+2$，…，n 时，向量 $\boldsymbol{AX}_i$ 必可由向量组 $\boldsymbol{X}_1$，$\boldsymbol{X}_2$，…，$\boldsymbol{X}_l$，$\boldsymbol{X}_{l+1}$，…，$\boldsymbol{X}_n$ 线性表示，不妨设

$$\boldsymbol{AX}_i=b_{1i}\boldsymbol{X}_1+b_{2i}\boldsymbol{X}_2+\cdots+b_{ni}\boldsymbol{X}_n.$$

令 $\boldsymbol{P}=(\boldsymbol{X}_1,\boldsymbol{X}_2,\cdots,\boldsymbol{X}_n)$，显然 $\boldsymbol{P}$ 可逆，且

$$\boldsymbol{AP}=\boldsymbol{P}\begin{pmatrix}\lambda_0 & 0 & \cdots & 0 & b_{1,l+1} & b_{1,l+2} & \cdots & b_{1n}\\ 0 & \lambda_0 & \cdots & 0 & b_{2,l+1} & b_{2,l+2} & \cdots & b_{2n}\\ \vdots & \vdots & & \vdots & \vdots & \vdots & & \vdots\\ 0 & 0 & \cdots & \lambda_0 & b_{l,l+1} & b_{l,l+2} & \cdots & b_{ln}\\ 0 & 0 & \cdots & 0 & b_{l+1,l+1} & b_{l+1,l+2} & \cdots & b_{l+1,n}\\ 0 & 0 & \cdots & 0 & b_{l+2,l+1} & b_{l+2,l+2} & \cdots & b_{l+2,n}\\ \vdots & \vdots & & \vdots & \vdots & \vdots & & \vdots\\ 0 & 0 & \cdots & 0 & b_{n,l+1} & b_{n,l+2} & \cdots & b_{nn}\end{pmatrix},$$

若分别记

$$\boldsymbol{B}=\begin{pmatrix}b_{1,l+1} & b_{1,l+2} & \cdots & b_{1n}\\ b_{2,l+1} & b_{2,l+2} & \cdots & b_{2n}\\ \vdots & \vdots & & \vdots\\ b_{l,l+1} & b_{l,l+2} & \cdots & b_{ln}\end{pmatrix},\ \boldsymbol{C}=\begin{pmatrix}b_{l+1,l+1} & b_{l+1,l+2} & \cdots & b_{l+1,n}\\ b_{l+2,l+1} & b_{l+2,l+2} & \cdots & b_{l+2,n}\\ \vdots & \vdots & & \vdots\\ b_{n,l+1} & b_{n,l+2} & \cdots & b_{nn}\end{pmatrix},$$

则有

$$\boldsymbol{AP}=\boldsymbol{P}\begin{pmatrix}\lambda_0\boldsymbol{E}_l & \boldsymbol{B}\\ \boldsymbol{O} & \boldsymbol{C}\end{pmatrix},$$

即

$$\boldsymbol{P}^{-1}\boldsymbol{AP}=\begin{pmatrix}\lambda_0\boldsymbol{E}_l & \boldsymbol{B}\\ \boldsymbol{O} & \boldsymbol{C}\end{pmatrix},$$

根据相似的性质 3 得到，矩阵 $\boldsymbol{A}$ 的特征方程为

$$|\lambda \boldsymbol{E}-\lambda_0 \boldsymbol{E}_l||\lambda \boldsymbol{E}-\boldsymbol{C}|=0,$$

从而矩阵 $\boldsymbol{A}$ 的特征值中至少有 l 个 λ_0，与题设矛盾，结论得证. ■

由以上分析及定理 5.2，立即得到

定理 5.3 n 阶矩阵 $\boldsymbol{A}$ 可对角化的充分必要条件是 $\boldsymbol{A}$ 的每个 k 重特征值 λ 恰好有 k 个线性无关的特征向量，即齐次线性方程组 $(\lambda \boldsymbol{E}-\boldsymbol{A})\boldsymbol{X}=\boldsymbol{0}$ 的基础解系应包含 k 个解向量.

例 6 对本章第一节例 3 中的三阶矩阵

$$\boldsymbol{A}=\begin{pmatrix}1&2&2\\2&1&2\\2&2&1\end{pmatrix},$$

$\boldsymbol{A}$ 的属于特征值 $\lambda_1=5$ 的全部线性无关的特征向量为 $\boldsymbol{X}_1=(1,1,1)^{\mathrm{T}}$，$\boldsymbol{A}$ 的属于特征值 $\lambda_2=\lambda_3=-1$ 的全部线性无关的特征向量为 $\boldsymbol{X}_2=(-1,1,0)^{\mathrm{T}}$，$\boldsymbol{X}_3=(-1,0,1)^{\mathrm{T}}$，从而 $\boldsymbol{A}$ 有三个线性无关的特征向量. 根据定理 5.3，$\boldsymbol{A}$ 可对角化.

令

$$\boldsymbol{P}=(\boldsymbol{X}_1,\boldsymbol{X}_2,\boldsymbol{X}_3)=\begin{pmatrix}1&-1&-1\\1&1&0\\1&0&1\end{pmatrix},$$

则

$$\boldsymbol{P}^{-1}\boldsymbol{A}\boldsymbol{P}=\boldsymbol{\Lambda}=\operatorname{diag}(5,-1,-1).$$ □

注 虽然例 6 中的三阶矩阵 $\boldsymbol{A}$ 可对角化，但是它只有两个互不相同的特征值，这说明定理 5.1 的推论是矩阵 $\boldsymbol{A}$ 可对角化的充分非必要条件.

例 7 对本章第一节例 2 中的三阶矩阵

$$\boldsymbol{A}=\begin{pmatrix}-1&1&0\\-4&3&0\\1&0&3\end{pmatrix},$$

已经求得，$\boldsymbol{A}$ 的属于特征值 $\lambda_1=3$ 的全部线性无关的特征向量为 $\boldsymbol{X}_1=(0,0,1)^{\mathrm{T}}$，$\boldsymbol{A}$ 的属于特征值 $\lambda_2=\lambda_3=1$ 的全部线性无关的特征向量为 $\boldsymbol{X}_2=(-2,-4,1)^{\mathrm{T}}$，所以 $\boldsymbol{A}$ 只有两个线性无关的特征向量. 根据定理 5.3，$\boldsymbol{A}$ 不能对角化. □

例 8 设矩阵

$$\boldsymbol{A}=\begin{pmatrix}1&-1&1\\2&4&-2\\-3&-3&5\end{pmatrix},$$

判断矩阵 $\boldsymbol{A}$ 可否对角化. 若可对角化，求可逆矩阵 $\boldsymbol{P}$，使得 $\boldsymbol{P}^{-1}\boldsymbol{A}\boldsymbol{P}$ 为对角矩阵.

解 矩阵 $\boldsymbol{A}$ 的特征方程为

$$f(\lambda)=|\lambda\boldsymbol{E}-\boldsymbol{A}|=\begin{vmatrix}\lambda-1 & 1 & -1\\ -2 & \lambda-4 & 2\\ 3 & 3 & \lambda-5\end{vmatrix}=\begin{vmatrix}\lambda-1 & 2-\lambda & -1\\ -2 & \lambda-2 & 2\\ 3 & 0 & \lambda-5\end{vmatrix}$$

$$=(\lambda-2)^2(\lambda-6)=0,$$

所以 $\boldsymbol{A}$ 的全部特征值为 $\lambda_1=\lambda_2=2$，$\lambda_3=6$.

当 $\lambda_1=\lambda_2=2$ 时，解齐次线性方程组 $(2\boldsymbol{E}-\boldsymbol{A})\boldsymbol{X}=\boldsymbol{0}$，即

$$\begin{pmatrix}1 & 1 & -1\\ -2 & -2 & 2\\ 3 & 3 & -3\end{pmatrix}\begin{pmatrix}x_1\\ x_2\\ x_3\end{pmatrix}=\begin{pmatrix}0\\ 0\\ 0\end{pmatrix},$$

得基础解系为 $\boldsymbol{X}_1=(-1,1,0)^{\mathrm{T}}$，$\boldsymbol{X}_2=(1,0,1)^{\mathrm{T}}$.

当 $\lambda_3=6$ 时，解齐次线性方程组 $(6\boldsymbol{E}-\boldsymbol{A})\boldsymbol{X}=\boldsymbol{0}$，即

$$\begin{pmatrix}5 & 1 & -1\\ -2 & 2 & 2\\ 3 & 3 & 1\end{pmatrix}\begin{pmatrix}x_1\\ x_2\\ x_3\end{pmatrix}=\begin{pmatrix}0\\ 0\\ 0\end{pmatrix},$$

得基础解系为 $\boldsymbol{X}_3=(1,-2,3)^{\mathrm{T}}$.

于是三阶矩阵 $\boldsymbol{A}$ 有三个线性无关的特征向量，所以 $\boldsymbol{A}$ 可对角化.

令

$$\boldsymbol{P}=(\boldsymbol{X}_1,\boldsymbol{X}_2,\boldsymbol{X}_3)=\begin{pmatrix}-1 & 1 & 1\\ 1 & 0 & -2\\ 0 & 1 & 3\end{pmatrix},$$

则

$$\boldsymbol{P}^{-1}\boldsymbol{A}\boldsymbol{P}=\boldsymbol{\Lambda}=\mathrm{diag}(2,2,6).$$ □

注　在例 8 中，若令 $\boldsymbol{P}_1=(\boldsymbol{X}_2,\boldsymbol{X}_1,\boldsymbol{X}_3)$，则 $\boldsymbol{P}_1$ 也可逆，且

$$\begin{aligned}\boldsymbol{A}\boldsymbol{P}_1&=\boldsymbol{A}(\boldsymbol{X}_2,\boldsymbol{X}_1,\boldsymbol{X}_3)\\&=(\boldsymbol{A}\boldsymbol{X}_2,\boldsymbol{A}\boldsymbol{X}_1,\boldsymbol{A}\boldsymbol{X}_3)\\&=(2\boldsymbol{X}_2,2\boldsymbol{X}_1,6\boldsymbol{X}_3)\\&=(\boldsymbol{X}_2,\boldsymbol{X}_1,\boldsymbol{X}_3)\begin{pmatrix}2 & 0 & 0\\ 0 & 2 & 0\\ 0 & 0 & 6\end{pmatrix}\\&=\boldsymbol{P}_1\boldsymbol{\Lambda},\end{aligned}$$

从而 $\boldsymbol{P}_1^{-1}\boldsymbol{A}\boldsymbol{P}_1=\boldsymbol{\Lambda}$. 若令 $\boldsymbol{P}_2=(\boldsymbol{X}_3,\boldsymbol{X}_2,\boldsymbol{X}_1)$，则

$$\boldsymbol{P}_2^{-1}\boldsymbol{A}\boldsymbol{P}_2=\boldsymbol{\Lambda}'=\begin{pmatrix}6 & 0 & 0\\ 0 & 2 & 0\\ 0 & 0 & 2\end{pmatrix}.$$

由此可见，可逆矩阵 $\boldsymbol{P}$ 是不唯一的．同时要注意特征向量 $\boldsymbol{X}_1$，$\boldsymbol{X}_2$，$\boldsymbol{X}_3$ 的顺序要随特征值 λ_1，λ_2，λ_3 顺序的改变而改变，反之亦然.

思考与研讨　在例 8 中，若分别令

(1) $\boldsymbol{Q}=(\boldsymbol{X}_1,3\boldsymbol{X}_2,2\boldsymbol{X}_3)$；

（2）$Q=(X_1+X_2, X_2, X_3)$；

（3）$Q=(2X_1+5X_2, 3X_3, 4X_2)$，

则 $Q^{-1}AQ$ 是不是对角矩阵？如果是，对角矩阵分别是什么？你能从中得到什么结论？

研讨结论____

【同步训练2】

已知矩阵

$$A=\begin{pmatrix}1&-1&1\\2&-2&2\\-1&1&-1\end{pmatrix},$$

求可逆矩阵 P 及对角矩阵 Λ，使得 $P^{-1}AP=\Lambda$.

例9 对本章第一节引例中的矩阵 $P=\begin{pmatrix}0.7&0.4\\0.3&0.6\end{pmatrix}$，求 P^n.

解 矩阵 P 的特征方程为

$$f(\lambda)=|\lambda E-P|=\begin{vmatrix}\lambda-0.7&-0.4\\-0.3&\lambda-0.6\end{vmatrix}=\lambda^2-1.3\lambda+0.3=0,$$

所以 P 的全部特征值为 $\lambda_1=1$，$\lambda_2=0.3$.

将 $\lambda_1=1$，$\lambda_2=0.3$ 分别代入齐次线性方程组 $(\lambda E-P)X=\mathbf{0}$，得到 P 的两个线性无关的特征向量为 $X_1=(4, 3)^{\mathrm T}$，$X_2=(1, -1)^{\mathrm T}$.

令 $Q=(X_1, X_2)$，则

$$Q^{-1}PQ=\Lambda=\begin{pmatrix}1&0\\0&0.3\end{pmatrix},$$

从而 $P=Q\Lambda Q^{-1}$，得到

$$\begin{aligned}P^n&=Q\Lambda^nQ^{-1}\\&=\begin{pmatrix}4&1\\3&-1\end{pmatrix}\begin{pmatrix}1&0\\0&0.3^n\end{pmatrix}\frac{1}{7}\begin{pmatrix}1&1\\3&-4\end{pmatrix}\\&=\frac{1}{7}\begin{pmatrix}4+3\times0.3^n&4-4\times0.3^n\\3-3\times0.3^n&3+4\times0.3^n\end{pmatrix}.\end{aligned}$$

□

注 结合例9和本章第一节的引例，得到

$$\begin{pmatrix}x_1^4\\x_2^4\end{pmatrix}=P^3\begin{pmatrix}x_1^1\\x_2^1\end{pmatrix}=\frac{1}{7}\begin{pmatrix}4.081&3.892\\2.919&3.108\end{pmatrix}\begin{pmatrix}0.55\\0.45\end{pmatrix}\approx\begin{pmatrix}0.57\\0.43\end{pmatrix},$$

即两种产品在四月份的市场占有率分别为57%和43%，说明购买 A 产品的顾客在稳步增加，而购买 B 产品的顾客则有减少的趋势.

最后，我们总结一下矩阵对角化的一般步骤：

（1）求 n 阶矩阵 A 的全部互不相同的特征值 $\lambda_1, \lambda_2, \cdots, \lambda_m$，其中 λ_i 为 A 的 k_i 重特征值（$i=1, 2, \cdots, m$）；

（2）对于每一个特征值 $\lambda_i(i=1,2,\cdots,m)$，求特征矩阵 λ_iE-A 的秩. 若对所有的 i，都有 $R(\lambda_iE-A)=n-k_i$，则矩阵 A 可对角化，否则 A 不能对角化；

（3）当 A 可对角化时，对于每个互不相同的特征值 λ_i，求齐次线性方程组 $(\lambda_iE-A)X=\mathbf{0}$ 的一个基础解系 $\boldsymbol{\eta}_{i1}, \boldsymbol{\eta}_{i2}, \cdots, \boldsymbol{\eta}_{ik_i}(i=1, 2, \cdots, m)$；

（4）令 $P=(\boldsymbol{\eta}_{11}, \boldsymbol{\eta}_{12}, \cdots, \boldsymbol{\eta}_{1k_1}, \boldsymbol{\eta}_{21}, \boldsymbol{\eta}_{22}, \cdots, \boldsymbol{\eta}_{2k_2}, \cdots, \boldsymbol{\eta}_{m1},$

$\boldsymbol{\eta}_{m2}$，…，$\boldsymbol{\eta}_{mk_m}$)，则

$$\boldsymbol{P}^{-1}\boldsymbol{A}\boldsymbol{P}=\boldsymbol{\Lambda}=\mathrm{diag}(\overbrace{\lambda_1,\lambda_1,\cdots,\lambda_1}^{k_1\text{个}},\overbrace{\lambda_2,\lambda_2,\cdots,\lambda_2}^{k_2\text{个}},\cdots,\overbrace{\lambda_m,\lambda_m,\cdots,\lambda_m}^{k_m\text{个}}).$$

三、若尔当形矩阵

在本节的最后，我们指出，虽然有些矩阵是不能对角化的，但是可以找到一个准对角矩阵与之相似．首先引入如下定义．

定义 5.4 形如

$$\begin{pmatrix} \lambda & 1 & & \\ & \lambda & \ddots & \\ & & \ddots & 1 \\ & & & \lambda \end{pmatrix}$$

的 n 阶矩阵，称为一个 n 阶**若尔当块**．如下的准对角矩阵

$$\begin{pmatrix} J_1 & & & \\ & J_2 & & \\ & & \ddots & \\ & & & J_r \end{pmatrix},$$

称为一个**若尔当形矩阵**，其中 $\boldsymbol{J}_1$，$\boldsymbol{J}_2$，…，$\boldsymbol{J}_r$ 都是若尔当块．显然，对角矩阵是若尔当形矩阵的特殊情况．

虽然有些矩阵是不能对角化的，但是可以找到一个若尔当形矩阵与之相似．例如，对本章第一节例 2 中的矩阵 $\boldsymbol{A}=\begin{pmatrix} -1 & 1 & 0 \\ -4 & 3 & 0 \\ 1 & 0 & 3 \end{pmatrix}$，由本节例 7 可知，$\boldsymbol{A}$ 不能对角化．但是它与若尔当形矩阵$\begin{pmatrix} 3 & 0 & 0 \\ 0 & 1 & 1 \\ 0 & 0 & 1 \end{pmatrix}$是相似的，此时可逆矩阵为 $\boldsymbol{P}=\begin{pmatrix} 0 & -2 & 1 \\ 0 & -4 & 0 \\ 1 & 1 & 0 \end{pmatrix}$，即

$$\boldsymbol{P}^{-1}\boldsymbol{A}\boldsymbol{P}=\begin{pmatrix} 3 & 0 & 0 \\ 0 & 1 & 1 \\ 0 & 0 & 1 \end{pmatrix}.$$

至于如何求出可逆矩阵 $\boldsymbol{P}$，在这里我们不做深入讨论．

第三节 实对称矩阵的对角化

由上节可知，并不是所有的矩阵都可以对角化，但本节我们将得出结论，实数域上的对称矩阵即实对称矩阵一定可以对角化，并且可以找到正交矩阵使其与对角矩阵相似．

一、实对称矩阵的特征值与特征向量的性质

由本章第一节可知，对实矩阵来说，其特征值可能是实数，也可能是复数，其特征向量可能是实向量，也可能是复向量．那么实对称矩阵的情况又是怎样的呢？

性质 1　实对称矩阵的特征值都是实数.

***证明**　设 $\boldsymbol{A}$ 是实对称矩阵，$\lambda=a+b\mathrm{i}$ 是 $\boldsymbol{A}$ 的特征值，$\boldsymbol{A}$ 的属于 $\lambda=a+b\mathrm{i}$的特征向量为 $\boldsymbol{\alpha}+\boldsymbol{\beta}\mathrm{i}$，则

$$\boldsymbol{A}(\boldsymbol{\alpha}+\boldsymbol{\beta}\mathrm{i})=(a+b\mathrm{i})(\boldsymbol{\alpha}+\boldsymbol{\beta}\mathrm{i}),$$

将两端展开并比较实部与虚部得到

$$\begin{cases}\boldsymbol{A\alpha}=a\boldsymbol{\alpha}-b\boldsymbol{\beta},\\ \boldsymbol{A\beta}=b\boldsymbol{\alpha}+a\boldsymbol{\beta}.\end{cases}$$

在第一个式子的左边乘以 $\boldsymbol{\beta}^{\mathrm{T}}$，在第二个式子的左边乘以 $\boldsymbol{\alpha}^{\mathrm{T}}$，得到

$$\begin{cases}\boldsymbol{\beta}^{\mathrm{T}}\boldsymbol{A\alpha}=a\boldsymbol{\beta}^{\mathrm{T}}\boldsymbol{\alpha}-b\boldsymbol{\beta}^{\mathrm{T}}\boldsymbol{\beta}, & (1)\\ \boldsymbol{\alpha}^{\mathrm{T}}\boldsymbol{A\beta}=b\boldsymbol{\alpha}^{\mathrm{T}}\boldsymbol{\alpha}+a\boldsymbol{\alpha}^{\mathrm{T}}\boldsymbol{\beta}. & (2)\end{cases}$$

因为 $\boldsymbol{\beta}^{\mathrm{T}}\boldsymbol{A\alpha}$ 是一个实数，且矩阵 $\boldsymbol{A}$ 是实对称矩阵，所以

$$(\boldsymbol{\beta}^{\mathrm{T}}\boldsymbol{A\alpha})^{\mathrm{T}}=\boldsymbol{\alpha}^{\mathrm{T}}\boldsymbol{A}^{\mathrm{T}}\boldsymbol{\beta}=\boldsymbol{\alpha}^{\mathrm{T}}\boldsymbol{A\beta},$$

注意到 $\boldsymbol{\beta}^{\mathrm{T}}\boldsymbol{\alpha}=(\boldsymbol{\alpha},\boldsymbol{\beta})=\boldsymbol{\alpha}^{\mathrm{T}}\boldsymbol{\beta}$，并用式(2) − 式(1)得到

$$b(\boldsymbol{\alpha}^{\mathrm{T}}\boldsymbol{\alpha}+\boldsymbol{\beta}^{\mathrm{T}}\boldsymbol{\beta})=0,$$

又因为

$$\boldsymbol{\alpha}^{\mathrm{T}}\boldsymbol{\alpha}+\boldsymbol{\beta}^{\mathrm{T}}\boldsymbol{\beta}\neq 0,$$

因此 $b=0$，即 $\boldsymbol{A}$ 的特征值都是实数. ■

由性质 1 可知，对实对称矩阵 $\boldsymbol{A}$，因其特征值 λ 都是实数，因此齐次线性方程组

$$(\lambda\boldsymbol{E}-\boldsymbol{A})\boldsymbol{X}=\boldsymbol{0},$$

是实系数方程组，所以矩阵 $\boldsymbol{A}$ 可以取到实特征向量.

实对称矩阵的特征向量除了满足本章第一节性质 4 ~ 6 以外，还具有下列性质．

性质 2　实对称矩阵的属于不同特征值的特征向量是正交的.

证明　设 λ_1,λ_2 是实对称矩阵 $\boldsymbol{A}$ 的任意两个不同的特征值，$\boldsymbol{X}_1$，$\boldsymbol{X}_2$ 是 $\boldsymbol{A}$ 的分别属于 λ_1，λ_2 的特征向量，即有

$$\boldsymbol{AX}_1=\lambda_1\boldsymbol{X}_1, \tag{5-13}$$

$$\boldsymbol{AX}_2=\lambda_2\boldsymbol{X}_2, \tag{5-14}$$

在式（5-13）的左边乘以 $\boldsymbol{X}_2^{\mathrm{T}}$，得到

$$\boldsymbol{X}_2^{\mathrm{T}}\boldsymbol{AX}_1=\lambda_1\boldsymbol{X}_2^{\mathrm{T}}\boldsymbol{X}_1. \tag{5-15}$$

由于 $\boldsymbol{A}$ 是对称矩阵，结合式（5-14）和式（5-15），得到

$$X_2^{\mathrm{T}}AX_1 = X_2^{\mathrm{T}}A^{\mathrm{T}}X_1 = (AX_2)^{\mathrm{T}}X_1 = \lambda_2 X_2^{\mathrm{T}}X_1 = \lambda_1 X_2^{\mathrm{T}}X_1,$$

即

$$(\lambda_1 - \lambda_2)X_2^{\mathrm{T}}X_1 = (\lambda_1 - \lambda_2)(X_1, X_2) = 0,$$

由于 $\lambda_1 \neq \lambda_2$，所以 $(X_1, X_2) = 0$，即 X_1 与 X_2 正交. ■

例如，本章第一节例 3 中的实对称矩阵

$$A = \begin{pmatrix} 1 & 2 & 2 \\ 2 & 1 & 2 \\ 2 & 2 & 1 \end{pmatrix},$$

$X_1 = (1, 1, 1)^{\mathrm{T}}$ 是属于 $\lambda_1 = 5$ 的特征向量，$X_2 = (-1, 1, 0)^{\mathrm{T}}$ 是属于 $\lambda_2 = \lambda_3 = -1$ 的特征向量. 显然，$(X_1, X_2) = 0$，即 X_1 与 X_2 正交.

二、实对称矩阵的对角化

下面我们来讨论实对称矩阵的对角化问题. 由定理 5.3 可知，一个 n 阶矩阵 A 可对角化的充要条件是属于 A 的每一个不同特征值的线性无关的特征向量的个数恰好等于其重数. 那么实对称矩阵是否满足上述条件呢？为此，我们首先来看以下结论.

引理 5.1　设 λ_0 是实对称矩阵 A 的一个特征值，$X_1, X_2, \cdots, X_t$ 是 A 的属于 λ_0 的线性无关的实特征向量，用施密特正交化方法将向量组 $X_1, X_2, \cdots, X_t$ 正交化得到 $\alpha_1, \alpha_2, \cdots, \alpha_t$，则 $\alpha_1, \alpha_2, \cdots, \alpha_t$ 仍为 A 的属于 λ_0 的特征向量，此时 $\alpha_1, \alpha_2, \cdots, \alpha_t$ 即为 A 的属于 λ_0 的正交特征向量组.

证明　由施密特正交化方法及本章第一节中的性质 4 可直接得到. ■

定理 5.4　设 λ_0 是实对称矩阵 A 的一个 k 重特征值，则 A 的属于 λ_0 的线性无关的特征向量恰好有 k 个.

* **证明**　用反证法证明.

假设矩阵 A 的属于 λ_0 的线性无关的特征向量的个数为 l，且 $l < k$. 由引理 5.1，可取 $\alpha_1, \alpha_2, \cdots, \alpha_l$ 是矩阵 A 的属于 λ_0 的正交特征向量组，将其单位化得到矩阵 A 的属于 λ_0 的标准正交特征向量组 $\beta_1, \beta_2, \cdots, \beta_l$，并将其扩充成 $\mathbf{R}^n$ 的一组标准正交基 $\beta_1, \beta_2, \cdots, \beta_l, \beta_{l+1}, \cdots, \beta_n$. 易知当 $i = 1, 2, \cdots, l$ 时，$A\beta_i = \lambda_0\beta_i$. 当 $i = l+1, l+2, \cdots, n$ 时，向量 $A\beta_i$ 必可由标准正交基 $\beta_1, \beta_2, \cdots, \beta_l, \beta_{l+1}, \cdots, \beta_n$ 线性表示，不妨设

$$A\beta_i = b_{1i}\beta_1 + b_{2i}\beta_2 + \cdots + b_{ni}\beta_n.$$

令 $P = (\beta_1, \beta_2, \cdots, \beta_l, \beta_{l+1}, \cdots, \beta_n)$，显然 P 为正交矩阵，且

$$AP=P\begin{pmatrix}\lambda_0 & 0 & \cdots & 0 & b_{1,l+1} & b_{1,l+2} & \cdots & b_{1n}\\ 0 & \lambda_0 & \cdots & 0 & b_{2,l+1} & b_{2,l+2} & \cdots & b_{2n}\\ \vdots & \vdots & & \vdots & \vdots & \vdots & & \vdots\\ 0 & 0 & \cdots & \lambda_0 & b_{l,l+1} & b_{l,l+2} & \cdots & b_{ln}\\ 0 & 0 & \cdots & 0 & b_{l+1,l+1} & b_{l+1,l+2} & \cdots & b_{l+1,n}\\ 0 & 0 & \cdots & 0 & b_{l+2,l+1} & b_{l+2,l+2} & \cdots & b_{l+2,n}\\ \vdots & \vdots & & \vdots & \vdots & \vdots & & \vdots\\ 0 & 0 & \cdots & 0 & b_{n,l+1} & b_{n,l+2} & \cdots & b_{nn}\end{pmatrix},$$

若分别记

$$\boldsymbol{B}_1=\begin{pmatrix}b_{1,l+1} & b_{1,l+2} & \cdots & b_{1n}\\ b_{2,l+1} & b_{2,l+2} & \cdots & b_{2n}\\ \vdots & \vdots & & \vdots\\ b_{l,l+1} & b_{l,l+2} & \cdots & b_{ln}\end{pmatrix},\ \boldsymbol{A}_1=\begin{pmatrix}b_{l+1,l+1} & b_{l+1,l+2} & \cdots & b_{l+1,n}\\ b_{l+2,l+1} & b_{l+2,l+2} & \cdots & b_{l+2,n}\\ \vdots & \vdots & & \vdots\\ b_{n,l+1} & b_{n,l+2} & \cdots & b_{nn}\end{pmatrix},$$

则有

$$\boldsymbol{AP}=\boldsymbol{P}\begin{pmatrix}\lambda_0\boldsymbol{E} & \boldsymbol{B}_1\\ \boldsymbol{O} & \boldsymbol{A}_1\end{pmatrix},$$

即

$$\boldsymbol{P}^{-1}\boldsymbol{AP}=\begin{pmatrix}\lambda_0\boldsymbol{E} & \boldsymbol{B}_1\\ \boldsymbol{O} & \boldsymbol{A}_1\end{pmatrix}.$$

由于 $\boldsymbol{A}$ 是实对称矩阵，所以

$$(\boldsymbol{P}^{-1}\boldsymbol{AP})^{\mathrm{T}}=\boldsymbol{P}^{\mathrm{T}}\boldsymbol{A}^{\mathrm{T}}(\boldsymbol{P}^{-1})^{\mathrm{T}}=\boldsymbol{P}^{-1}\boldsymbol{AP},$$

即 $\boldsymbol{P}^{-1}\boldsymbol{AP}$ 为对称矩阵，所以 $\boldsymbol{B}_1=\boldsymbol{O}$，从而

$$\boldsymbol{P}^{-1}\boldsymbol{AP}=\begin{pmatrix}\lambda_0\boldsymbol{E}_l & \boldsymbol{O}\\ \boldsymbol{O} & \boldsymbol{A}_1\end{pmatrix}=\boldsymbol{B}.$$

由假设知 $R(\lambda_0\boldsymbol{E}-\boldsymbol{A})=n-l$，又 $\lambda_0\boldsymbol{E}-\boldsymbol{A}$ 与 $\lambda_0\boldsymbol{E}-\boldsymbol{B}$ 相似，于是

$$R(\lambda_0\boldsymbol{E}-\boldsymbol{A})=R(\lambda_0\boldsymbol{E}-\boldsymbol{B})=R(\lambda_0\boldsymbol{E}_{n-l}-\boldsymbol{A}_1)=n-l,$$

而 $\lambda_0\boldsymbol{E}_{n-l}-\boldsymbol{A}_1$ 是 $n-l$ 阶矩阵，因此

$$|\lambda_0\boldsymbol{E}_{n-l}-\boldsymbol{A}_1|\neq 0,$$

可见 λ_0 不是 $\boldsymbol{A}_1$ 的特征值，故 λ_0 是 $\boldsymbol{B}$ 的 l 重特征值，从而 λ_0 是 $\boldsymbol{A}$ 的 l 重特征值，与题设矛盾. 所以实对称矩阵 $\boldsymbol{A}$ 的属于 λ_0 的线性无关的特征向量恰好有 k 个. ■

由性质 1 和定理 5.4 可知，实对称矩阵一定可以对角化. 更进一步，我们有以下定理.

定理 5.5 对任一 n 阶实对称矩阵 $\boldsymbol{A}$，一定存在一个正交矩阵 $\boldsymbol{Q}$，使

得

$$Q^{-1}AQ=\boldsymbol{\Lambda}=\mathrm{diag}(\lambda_1,\ \lambda_2,\ \cdots,\ \lambda_n),$$

且 $\boldsymbol{\Lambda}$ 的主对角元素 λ_1，λ_2，…，λ_n 是 $\boldsymbol{A}$ 的 n 个特征值.

证明　设 n 阶实对称矩阵 $\boldsymbol{A}$ 的全部互不相同的特征值为 λ_1，λ_2，…，λ_m，其中 λ_i 为 $\boldsymbol{A}$ 的 k_i 重特征值（$i=1,\ 2,\ \cdots,\ m$），则 $k_1+k_2+\cdots+k_m=n$. 由定理 5.4 知，特征值 λ_i 恰好有 k_i 个线性无关的特征向量，不妨设为 $\boldsymbol{\eta}_{i1}$，$\boldsymbol{\eta}_{i2}$，…，$\boldsymbol{\eta}_{ik_i}$，将其正交化、单位化得到 $\boldsymbol{\beta}_{i1}$，$\boldsymbol{\beta}_{i2}$，…，$\boldsymbol{\beta}_{ik_i}$. 由引理 5.1 可知，$\boldsymbol{\beta}_{i1}$，$\boldsymbol{\beta}_{i2}$，…，$\boldsymbol{\beta}_{ik_i}$是矩阵 $\boldsymbol{A}$ 的属于 λ_i 的标准正交特征向量组，从而向量组

$$\boldsymbol{\beta}_{11},\ \boldsymbol{\beta}_{12},\ \cdots,\ \boldsymbol{\beta}_{1k_1},\ \boldsymbol{\beta}_{21},\ \boldsymbol{\beta}_{22},\ \cdots,\ \boldsymbol{\beta}_{2k_2},\ \cdots,\ \boldsymbol{\beta}_{m1},\ \boldsymbol{\beta}_{m2},\ \cdots,\ \boldsymbol{\beta}_{mk_m},$$

构成 $\mathbf{R}^n$ 的一组标准正交基. 令

$$\boldsymbol{Q}=(\boldsymbol{\beta}_{11},\boldsymbol{\beta}_{12},\cdots,\boldsymbol{\beta}_{1k_1},\boldsymbol{\beta}_{21},\boldsymbol{\beta}_{22},\cdots,\boldsymbol{\beta}_{2k_2},\cdots,\boldsymbol{\beta}_{m1},\boldsymbol{\beta}_{m2},\cdots,\boldsymbol{\beta}_{mk_m}),$$

则

$$\boldsymbol{Q}^{-1}\boldsymbol{A}\boldsymbol{Q}=\boldsymbol{\Lambda}=\mathrm{diag}(\overbrace{\lambda_1,\ \lambda_1,\ \cdots,\lambda_1}^{k_1\text{个}},\overbrace{\lambda_2,\ \lambda_2,\ \cdots,\lambda_2}^{k_2\text{个}},\cdots,\overbrace{\lambda_m,\ \lambda_m,\ \cdots,\lambda_m}^{k_m\text{个}}).$$

■

定理 5.5 的证明过程也给出了 n 阶实对称矩阵 $\boldsymbol{A}$ 对角化的步骤：

（1）求出 $\boldsymbol{A}$ 的全部互不相同的特征值 λ_1，λ_2，…，λ_m，其中 λ_i 为 $\boldsymbol{A}$ 的 k_i 重特征值（$i=1,\ 2,\ \cdots,\ m$），且 $k_1+k_2+\cdots+k_m=n$；

（2）对每个特征值 λ_i，求出属于它的标准正交特征向量组，即先求解齐次线性方程组$(\lambda_i\boldsymbol{E}-\boldsymbol{A})\boldsymbol{X}=\boldsymbol{0}$ 的一个基础解系 $\boldsymbol{\eta}_{i1}$，$\boldsymbol{\eta}_{i2}$，…，$\boldsymbol{\eta}_{ik_i}$，然后利用施密特正交化方法将其正交化得到正交特征向量组 $\boldsymbol{\alpha}_{i1}$，$\boldsymbol{\alpha}_{i2}$，…，$\boldsymbol{\alpha}_{ik_i}$，再单位化得到标准正交特征向量组$\boldsymbol{\beta}_{i1}$，$\boldsymbol{\beta}_{i2}$，…，$\boldsymbol{\beta}_{ik_i}$；

（3）令 $\boldsymbol{Q}=(\boldsymbol{\beta}_{11},\ \boldsymbol{\beta}_{12},\ \cdots,\ \boldsymbol{\beta}_{1k_1},\ \boldsymbol{\beta}_{21},\ \boldsymbol{\beta}_{22},\ \cdots,\ \boldsymbol{\beta}_{2k_2},\ \cdots,\ \boldsymbol{\beta}_{m1},\ \boldsymbol{\beta}_{m2},\ \cdots,\ \boldsymbol{\beta}_{mk_m})$，则 $\boldsymbol{Q}$ 为正交矩阵，且

$$\boldsymbol{Q}^{-1}\boldsymbol{A}\boldsymbol{Q}=\boldsymbol{\Lambda}=\mathrm{diag}(\overbrace{\lambda_1,\lambda_1,\cdots,\lambda_1}^{k_1\text{个}},\overbrace{\lambda_2,\lambda_2,\cdots,\lambda_2}^{k_2\text{个}},\cdots,\overbrace{\lambda_m,\lambda_m,\cdots,\lambda_m}^{k_m\text{个}}).$$

注　（1）对实对称矩阵 $\boldsymbol{A}$ 的单特征值，无需正交化，只进行单位化即可.

（2）在第二步中，如果不进行正交化，直接令

$$\boldsymbol{P}=(\boldsymbol{\eta}_{11},\ \boldsymbol{\eta}_{12},\ \cdots,\ \boldsymbol{\eta}_{1k_1},\ \boldsymbol{\eta}_{21},\ \boldsymbol{\eta}_{22},\ \cdots,\ \boldsymbol{\eta}_{2k_2},\ \cdots,\ \boldsymbol{\eta}_{m1},\ \boldsymbol{\eta}_{m2},\ \cdots,\ \boldsymbol{\eta}_{mk_m}),$$

则

$$\boldsymbol{P}^{-1}\boldsymbol{A}\boldsymbol{P}=\boldsymbol{\Lambda}=\mathrm{diag}(\overbrace{\lambda_1,\lambda_1,\cdots,\lambda_1}^{k_1\text{个}},\overbrace{\lambda_2,\lambda_2,\cdots,\lambda_2}^{k_2\text{个}},\cdots,\overbrace{\lambda_m,\lambda_m,\cdots,\lambda_m}^{k_m\text{个}}),$$

这里 $\boldsymbol{P}$ 是可逆矩阵，但不一定是正交矩阵.

例 1　设矩阵

$$A=\begin{pmatrix}2&2&-2\\2&5&-4\\-2&-4&5\end{pmatrix},$$

求正交矩阵 $\boldsymbol{Q}$，使得 $\boldsymbol{Q}^{-1}\boldsymbol{AQ}$ 为对角矩阵.

解 矩阵 $\boldsymbol{A}$ 的特征方程为

$$f(\lambda)=|\lambda\boldsymbol{E}-\boldsymbol{A}|=\begin{vmatrix}\lambda-2&-2&2\\-2&\lambda-5&4\\2&4&\lambda-5\end{vmatrix}=\begin{vmatrix}\lambda-2&-2&2\\0&\lambda-1&\lambda-1\\2&4&\lambda-5\end{vmatrix}$$

$$=(\lambda-1)^2(\lambda-10)=0,$$

所以 $\boldsymbol{A}$ 的全部特征值为 $\lambda_1=\lambda_2=1$，$\lambda_3=10$.

对于 $\lambda_1=\lambda_2=1$，解齐次线性方程组 $(\boldsymbol{E}-\boldsymbol{A})\boldsymbol{X}=\boldsymbol{0}$，即

$$\begin{pmatrix}-1&-2&2\\-2&-4&4\\2&4&-4\end{pmatrix}\begin{pmatrix}x_1\\x_2\\x_3\end{pmatrix}=\begin{pmatrix}0\\0\\0\end{pmatrix},$$

得基础解系为 $\boldsymbol{\eta}_1=(-2,1,0)^{\mathrm{T}}$，$\boldsymbol{\eta}_2=(2,0,1)^{\mathrm{T}}$.

将 $\boldsymbol{\eta}_1$，$\boldsymbol{\eta}_2$ 正交化得

$$\boldsymbol{\alpha}_1=\boldsymbol{\eta}_1=(-2,\ 1,\ 0)^{\mathrm{T}},$$

$$\boldsymbol{\alpha}_2=\boldsymbol{\eta}_2-\frac{(\boldsymbol{\eta}_2,\boldsymbol{\alpha}_1)}{(\boldsymbol{\alpha}_1,\boldsymbol{\alpha}_1)}\boldsymbol{\alpha}_1=(2,\ 0,\ 1)^{\mathrm{T}}-\frac{-4}{5}(-2,\ 1,\ 0)^{\mathrm{T}}$$

$$=\left(\frac{2}{5},\ \frac{4}{5},\ 1\right)^{\mathrm{T}},$$

再将 $\boldsymbol{\alpha}_1$，$\boldsymbol{\alpha}_2$ 单位化得

$$\boldsymbol{\beta}_1=\frac{1}{\|\boldsymbol{\alpha}_1\|}\boldsymbol{\alpha}_1=\left(-\frac{2\sqrt{5}}{5},\ \frac{\sqrt{5}}{5},\ 0\right)^{\mathrm{T}},\ \boldsymbol{\beta}_2=\frac{1}{\|\boldsymbol{\alpha}_2\|}\boldsymbol{\alpha}_2=\left(\frac{2\sqrt{5}}{15},\ \frac{4\sqrt{5}}{15},\ \frac{\sqrt{5}}{3}\right)^{\mathrm{T}}.$$

对于 $\lambda_3=10$，解齐次线性方程组 $(10\boldsymbol{E}-\boldsymbol{A})\boldsymbol{X}=\boldsymbol{0}$，即

$$\begin{pmatrix}8&-2&2\\-2&5&4\\2&4&5\end{pmatrix}\begin{pmatrix}x_1\\x_2\\x_3\end{pmatrix}=\begin{pmatrix}0\\0\\0\end{pmatrix},$$

得基础解系为 $\boldsymbol{\eta}_3=(1,\ 2,\ -2)^{\mathrm{T}}$，将 $\boldsymbol{\eta}_3$ 单位化得

$$\boldsymbol{\beta}_3=\frac{1}{\|\boldsymbol{\eta}_3\|}\boldsymbol{\eta}_3=\left(\frac{1}{3},\ \frac{2}{3},\ -\frac{2}{3}\right)^{\mathrm{T}}.$$

令

$$Q=(\boldsymbol{\beta}_1,\boldsymbol{\beta}_2,\boldsymbol{\beta}_3)=\begin{pmatrix}-\frac{2\sqrt{5}}{5} & \frac{2\sqrt{5}}{15} & \frac{1}{3}\\ \frac{\sqrt{5}}{5} & \frac{4\sqrt{5}}{15} & \frac{2}{3}\\ 0 & \frac{\sqrt{5}}{3} & -\frac{2}{3}\end{pmatrix},$$

则 $\boldsymbol{Q}$ 为所求正交矩阵，且

$$\boldsymbol{Q}^{-1}\boldsymbol{A}\boldsymbol{Q}=\boldsymbol{\Lambda}=\begin{pmatrix}1&0&0\\0&1&0\\0&0&10\end{pmatrix}.$$ □

例 2　设三阶实对称矩阵 $\boldsymbol{A}$ 的特征值为 $\lambda_1=\lambda_2=3$，$\lambda_3=6$，且 $\boldsymbol{A}$ 的属于 $\lambda_1=\lambda_2=3$ 的特征向量为 $\boldsymbol{\alpha}_1=(-1,0,1)^{\mathrm{T}}$，$\boldsymbol{\alpha}_2=(1,-2,1)^{\mathrm{T}}$，求 $\boldsymbol{A}$ 的属于 $\lambda_3=6$ 的全部特征向量及矩阵 $\boldsymbol{A}$.

解　因为 $\boldsymbol{A}$ 是实对称矩阵，所以 $\boldsymbol{A}$ 的属于特征值 $\lambda_3=6$ 的线性无关的特征向量恰好有一个，设为 $\boldsymbol{\alpha}_3=(x_1,x_2,x_3)^{\mathrm{T}}$，由性质 2，有

$$\begin{cases}(\boldsymbol{\alpha}_1,\boldsymbol{\alpha}_3)=-x_1+x_3=0,\\(\boldsymbol{\alpha}_2,\boldsymbol{\alpha}_3)=x_1-2x_2+x_3=0,\end{cases}$$

解上述齐次线性方程组得一个基础解系为 $\boldsymbol{\eta}=(1,1,1)^{\mathrm{T}}$，则 $\boldsymbol{\alpha}_3=\boldsymbol{\eta}=(1,1,1)^{\mathrm{T}}$ 即为 $\boldsymbol{A}$ 的属于特征值 $\lambda_3=6$ 的线性无关的特征向量，而 $\boldsymbol{A}$ 的属于 $\lambda_3=6$ 的全部特征向量为 $k\boldsymbol{\alpha}_3(k\neq0)$.

求 $\boldsymbol{A}$ 有两种方法.

方法一　由于 $(\boldsymbol{\alpha}_1,\boldsymbol{\alpha}_2)=0$，所以只需将 $\boldsymbol{\alpha}_1$，$\boldsymbol{\alpha}_2$，$\boldsymbol{\alpha}_3$ 单位化即可：

$$\boldsymbol{\beta}_1=\frac{1}{\|\boldsymbol{\alpha}_1\|}\boldsymbol{\alpha}_1=\left(-\frac{\sqrt{2}}{2},0,\frac{\sqrt{2}}{2}\right)^{\mathrm{T}},$$

$$\boldsymbol{\beta}_2=\frac{1}{\|\boldsymbol{\alpha}_2\|}\boldsymbol{\alpha}_2=\left(\frac{\sqrt{6}}{6},-\frac{\sqrt{6}}{3},\frac{\sqrt{6}}{6}\right)^{\mathrm{T}},$$

$$\boldsymbol{\beta}_3=\frac{1}{\|\boldsymbol{\alpha}_3\|}\boldsymbol{\alpha}_3=\left(\frac{\sqrt{3}}{3},\frac{\sqrt{3}}{3},\frac{\sqrt{3}}{3}\right)^{\mathrm{T}}.$$

令

$$\boldsymbol{Q}=(\boldsymbol{\beta}_1,\boldsymbol{\beta}_2,\boldsymbol{\beta}_3)=\begin{pmatrix}-\frac{\sqrt{2}}{2} & \frac{\sqrt{6}}{6} & \frac{\sqrt{3}}{3}\\ 0 & -\frac{\sqrt{6}}{3} & \frac{\sqrt{3}}{3}\\ \frac{\sqrt{2}}{2} & \frac{\sqrt{6}}{6} & \frac{\sqrt{3}}{3}\end{pmatrix},$$

则 $\boldsymbol{Q}$ 为正交矩阵且 $\boldsymbol{Q}^{-1}\boldsymbol{A}\boldsymbol{Q}=\boldsymbol{\Lambda}=\mathrm{diag}(3,3,6)$.

由 $\boldsymbol{Q}^{-1}\boldsymbol{A}\boldsymbol{Q}=\boldsymbol{\Lambda}$，得到

【同步训练】

设 $\boldsymbol{A}=\begin{pmatrix}1&2&3\\2&1&3\\3&3&6\end{pmatrix}$，求正交矩阵 $\boldsymbol{Q}$，使得 $\boldsymbol{Q}^{-1}\boldsymbol{A}\boldsymbol{Q}$ 为对角矩阵.

$$A=Q\Lambda Q^{-1}=Q\Lambda Q^{\mathrm{T}}=\begin{pmatrix}4&1&1\\1&4&1\\1&1&4\end{pmatrix}.$$

方法二　设

$$P=(\alpha_1,\alpha_2,\alpha_3)=\begin{pmatrix}-1&1&1\\0&-2&1\\1&1&1\end{pmatrix},$$

则 P 为可逆矩阵，且 $P^{-1}AP=\Lambda=\mathrm{diag}(3,3,6)$.

由 $P^{-1}AP=\Lambda$，得

$$A=P\Lambda P^{-1}=\begin{pmatrix}4&1&1\\1&4&1\\1&1&4\end{pmatrix}.$$ □

从例 2 我们得到以下几点：

(1) 例 2 再一次说明了，在矩阵可对角化时，可逆矩阵 P 一般不唯一.

(2) 比较两种方法发现，第一种方法虽然有正交单位化的过程，但是逆矩阵可以直接得到，因为 Q 是正交矩阵，所以 $Q^{-1}=Q^{\mathrm{T}}$；第二种方法没有正交单位化的过程，需要计算逆矩阵 P^{-1}.

(3) 第一种方法中出现了 $Q^{\mathrm{T}}AQ=\Lambda$（其中 Q 是可逆矩阵），这代表了一种新的矩阵关系，详细内容将在第六章中介绍.

例 3　设 A，B 为 n 阶实对称矩阵，且 $A\sim B$，证明：存在正交矩阵 Q，使得 $Q^{-1}AQ=B$.

证明　由 $A\sim B$ 可知，A 和 B 具有相同的特征值，不妨设为 λ_1，λ_2，…，λ_n.

由于 A，B 都是实对称矩阵，所以存在正交矩阵 Q_1 和 Q_2，使得

$$Q_1^{-1}AQ_1=Q_2^{-1}BQ_2=\Lambda=\mathrm{diag}(\lambda_1,\lambda_2,\cdots,\lambda_n),$$

从而有

$$(Q_2^{-1})^{-1}Q_1^{-1}AQ_1Q_2^{-1}=B,$$

即

$$Q_2Q_1^{-1}AQ_1Q_2^{-1}=B.$$

令 $Q=Q_1Q_2^{-1}$，则 Q 是正交矩阵，且 $Q^{-1}AQ=B$. □

*第四节　综合与提高

例 1　设三阶矩阵 A 的特征值为 1，-1，2，求 $A^*+3A-2E$ 的特征值和行列式.

解　设 λ 是矩阵 A 的特征值，X 是 A 的属于 λ 的特征向量，即 $AX=\lambda X$. 因为 A 的特征值全不为零，所以 A 可逆，且 $|A|=1\times(-1)\times 2=-2$，从而

$$A^* = |A|A^{-1} = -2A^{-1},$$

故

$$A^* + 3A - 2E = -2A^{-1} + 3A - 2E.$$

把上式记为 $\varphi(A)$，则

$$\varphi(A)(X) = (-2A^{-1} + 3A - 2E)X = -2A^{-1}X + 3AX - 2X = \left(-\frac{2}{\lambda} + 3\lambda - 2\right)X,$$

所以 $\varphi(\lambda) = -\dfrac{2}{\lambda} + 3\lambda - 2$ 为 $\varphi(A)$ 的特征值，将 1，－1，2 分别代入得到 $\varphi(A)$ 的特征值为

$$\varphi(1) = -1,\ \varphi(-1) = -3,\ \varphi(2) = 3,$$

即 $A^* + 3A - 2E$ 的特征值分别为 －1，－3，3，从而

$$|A^* + 3A - 2E| = (-1) \times (-3) \times 3 = 9.$$ □

需要注意的是，$A^* + 3A - 2E$ 并不是矩阵 A 的多项式．通过本例，我们看到求 $A^* + 3A - 2E$ 的特征值的方法与求矩阵 A 的多项式的特征值的方法是类似的．

例 2　设 A 为三阶矩阵，α_1，α_2，α_3 是线性无关的三维列向量，且

$$A\alpha_1 = \alpha_1 + \alpha_2 + \alpha_3,\ A\alpha_2 = 2\alpha_2 + \alpha_3,\ A\alpha_3 = 2\alpha_2 + 3\alpha_3,$$

(1) 求矩阵 B，使得 $A(\alpha_1, \alpha_2, \alpha_3) = (\alpha_1, \alpha_2, \alpha_3)B$；

(2) 求矩阵 A 的特征值；

(3) 求可逆矩阵 P，使得 $P^{-1}AP$ 为对角矩阵．

分析　利用分块矩阵的运算改写形式是求解 (1) 的关键，并且由 (1) 可得到 $A \sim B$. 由于矩阵 A 是抽象的，而 B 是具体的，所以可以先求出 B 的特征值及可逆矩阵，再利用相似的性质求解 (2) 和 (3)．

解　(1) 由题意可知

$$A(\alpha_1, \alpha_2, \alpha_3) = (\alpha_1 + \alpha_2 + \alpha_3, 2\alpha_2 + \alpha_3, 2\alpha_2 + 3\alpha_3)$$

$$= (\alpha_1, \alpha_2, \alpha_3)\begin{pmatrix} 1 & 0 & 0 \\ 1 & 2 & 2 \\ 1 & 1 & 3 \end{pmatrix},$$

所以 $B = \begin{pmatrix} 1 & 0 & 0 \\ 1 & 2 & 2 \\ 1 & 1 & 3 \end{pmatrix}$.

(2) 因为 α_1，α_2，α_3 线性无关，所以 $Q_1 = (\alpha_1, \alpha_2, \alpha_3)$ 可逆，由 (1) 可知，

$$Q_1^{-1}AQ_1 = B,$$

即 $A \sim B$，所以只需要求 B 的特征值．

矩阵 B 的特征多项式为

$$|\lambda E - B| = \begin{vmatrix} \lambda - 1 & 0 & 0 \\ -1 & \lambda - 2 & -2 \\ -1 & -1 & \lambda - 3 \end{vmatrix} = (\lambda - 1)^2(\lambda - 4),$$

所以 $\boldsymbol{B}$ 的特征值为 $\lambda_1=\lambda_2=1$，$\lambda_3=4$，从而 $\boldsymbol{A}$ 的特征值为 $\lambda_1=\lambda_2=1$，$\lambda_3=4$.

（3）由（2）可知，$\boldsymbol{B}$ 的特征值为 $\lambda_1=\lambda_2=1$，$\lambda_3=4$.

当 $\lambda_1=\lambda_2=1$ 时，求解齐次线性方程组 $(\boldsymbol{E}-\boldsymbol{B})\boldsymbol{X}=\boldsymbol{0}$，得基础解系为 $\boldsymbol{\eta}_1=(-2,0,1)^{\mathrm{T}}$，$\boldsymbol{\eta}_2=(-1,1,0)^{\mathrm{T}}$.

当 $\lambda_3=4$ 时，求解齐次线性方程组 $(4\boldsymbol{E}-\boldsymbol{B})\boldsymbol{X}=\boldsymbol{0}$，得基础解系为 $\boldsymbol{\eta}_3=(0,1,1)^{\mathrm{T}}$.

因此 $\boldsymbol{B}$ 有三个线性无关的特征向量，所以 $\boldsymbol{B}$ 可对角化.

令

$$\boldsymbol{Q}_2=(\boldsymbol{\eta}_1,\boldsymbol{\eta}_2,\boldsymbol{\eta}_3)=\begin{pmatrix}-2&-1&0\\0&1&1\\1&0&1\end{pmatrix},$$

则

$$\boldsymbol{Q}_2^{-1}\boldsymbol{B}\boldsymbol{Q}_2=\boldsymbol{\Lambda}=\begin{pmatrix}1&0&0\\0&1&0\\0&0&4\end{pmatrix}.$$

由（2）知，$\boldsymbol{Q}_1^{-1}\boldsymbol{A}\boldsymbol{Q}_1=\boldsymbol{B}$，所以

$$\boldsymbol{Q}_2^{-1}\boldsymbol{Q}_1^{-1}\boldsymbol{A}\boldsymbol{Q}_1\boldsymbol{Q}_2=(\boldsymbol{Q}_1\boldsymbol{Q}_2)^{-1}\boldsymbol{A}(\boldsymbol{Q}_1\boldsymbol{Q}_2)=\boldsymbol{\Lambda},$$

则 $\boldsymbol{P}=\boldsymbol{Q}_1\boldsymbol{Q}_2$ 即为所求可逆矩阵. □

例 3　已知四阶矩阵 $\boldsymbol{A}$，$\boldsymbol{B}$ 满足 $\boldsymbol{AB}+2\boldsymbol{B}=\boldsymbol{O}$，$R(\boldsymbol{B})=2$，$|\boldsymbol{A}+\boldsymbol{E}|=0$，$|\boldsymbol{A}-2\boldsymbol{E}|=0$，

（1）求矩阵 $\boldsymbol{A}$ 的特征值；

（2）证明 $\boldsymbol{A}$ 可对角化；

（3）计算行列式 $|\boldsymbol{A}+3\boldsymbol{E}|$.

解　（1）设 $\boldsymbol{B}=(\boldsymbol{\beta}_1,\boldsymbol{\beta}_2,\boldsymbol{\beta}_3,\boldsymbol{\beta}_4)$，由于 $R(\boldsymbol{B})=2$，不妨设 $\boldsymbol{\beta}_1$，$\boldsymbol{\beta}_2$ 为 $\boldsymbol{\beta}_1$，$\boldsymbol{\beta}_2$，$\boldsymbol{\beta}_3$，$\boldsymbol{\beta}_4$ 的一个极大无关组，由 $\boldsymbol{AB}+2\boldsymbol{B}=\boldsymbol{O}$ 得到

$$\boldsymbol{A}(\boldsymbol{\beta}_1,\boldsymbol{\beta}_2,\boldsymbol{\beta}_3,\boldsymbol{\beta}_4)=(-2\boldsymbol{\beta}_1,-2\boldsymbol{\beta}_2,-2\boldsymbol{\beta}_3,-2\boldsymbol{\beta}_4),$$

于是

$$\boldsymbol{A\beta}_1=-2\boldsymbol{\beta}_1,\ \boldsymbol{A\beta}_2=-2\boldsymbol{\beta}_2,$$

说明 -2 是 $\boldsymbol{A}$ 的一个特征值，$\boldsymbol{\beta}_1$，$\boldsymbol{\beta}_2$ 是 $\boldsymbol{A}$ 的属于 -2 的线性无关特征向量，从而 -2 至少是 $\boldsymbol{A}$ 的二重特征值. 由 $|\boldsymbol{A}+\boldsymbol{E}|=0$，$|\boldsymbol{A}-2\boldsymbol{E}|=0$ 可知 -1，2 都是 $\boldsymbol{A}$ 的特征值. 又 $\boldsymbol{A}$ 是四阶矩阵，所以 -2 恰好是 $\boldsymbol{A}$ 的二重特征值，即 $\boldsymbol{A}$ 的特征值为 -2，-2，-1，2.

（2）由（1）可知 $\boldsymbol{A}$ 的二重特征值 -2 恰好有 2 个线性无关的特征向量 $\boldsymbol{\beta}_1$，$\boldsymbol{\beta}_2$，-1，2 都是 $\boldsymbol{A}$ 的单特征值，所以 $\boldsymbol{A}$ 可对角化.

（3）因为 $\boldsymbol{A}+3\boldsymbol{E}$ 的特征值为 1，1，2，5，所以

$$|\boldsymbol{A}+3\boldsymbol{E}|=1\times1\times2\times5=10.$$ □

例 4　设 $\boldsymbol{A}$ 是三阶实对称矩阵，$R(\boldsymbol{A})=2$，且 $\boldsymbol{A}\begin{pmatrix}1&1\\0&0\\-1&1\end{pmatrix}=$

$\begin{pmatrix} -1 & 1 \\ 0 & 0 \\ 1 & 1 \end{pmatrix}$.

（1）求矩阵 $\boldsymbol{A}$ 的特征值与特征向量；

（2）求矩阵 $\boldsymbol{A}$.

分析　利用特征值与特征向量的定义，结合实对称矩阵的秩等于其不等于零的特征值的个数这个结论求 $\boldsymbol{A}$ 的特征值，然后采用本章第三节例 2 的方法求 $\boldsymbol{A}$ 的特征向量及矩阵 $\boldsymbol{A}$.

解　（1）由于 $\boldsymbol{A}$ 是三阶实对称矩阵且 $R(\boldsymbol{A})=2$，所以 $\boldsymbol{A}$ 有特征值 $\lambda_1=0$. 由

$$\boldsymbol{A}\begin{pmatrix} 1 & 1 \\ 0 & 0 \\ -1 & 1 \end{pmatrix}=\begin{pmatrix} -1 & 1 \\ 0 & 0 \\ 1 & 1 \end{pmatrix},$$

得到

$$\boldsymbol{A}\begin{pmatrix} 1 \\ 0 \\ -1 \end{pmatrix}=\begin{pmatrix} -1 \\ 0 \\ 1 \end{pmatrix}=(-1)\begin{pmatrix} 1 \\ 0 \\ -1 \end{pmatrix},\ \boldsymbol{A}\begin{pmatrix} 1 \\ 0 \\ 1 \end{pmatrix}=\begin{pmatrix} 1 \\ 0 \\ 1 \end{pmatrix}=1\cdot\begin{pmatrix} 1 \\ 0 \\ 1 \end{pmatrix},$$

所以 $\lambda_2=-1$，$\lambda_3=1$ 是 $\boldsymbol{A}$ 的特征值，对应的特征向量分别为 $\boldsymbol{\alpha}_2=(1,\ 0,\ -1)^{\mathrm{T}}$，$\boldsymbol{\alpha}_3=(1,\ 0,\ 1)^{\mathrm{T}}$，所以 $\boldsymbol{A}$ 的属于特征值 $\lambda_2=-1$，$\lambda_3=1$ 的全部特征向量分别为 $k_2\boldsymbol{\alpha}_2, k_3\boldsymbol{\alpha}_3(k_2\neq 0,\ k_3\neq 0)$.

设 $\boldsymbol{A}$ 的属于特征值 $\lambda_1=0$ 的特征向量为 $\boldsymbol{\alpha}_1=(x_1,\ x_2,\ x_3)^{\mathrm{T}}$，则由

$$\begin{cases}(\boldsymbol{\alpha}_1,\ \boldsymbol{\alpha}_2)=x_1-x_3=0,\\(\boldsymbol{\alpha}_1,\ \boldsymbol{\alpha}_3)=x_1+x_3=0,\end{cases}$$

得到 $\boldsymbol{\alpha}_1=(0,\ 1,\ 0)^{\mathrm{T}}$，所以 $\boldsymbol{A}$ 的属于特征值 $\lambda_1=0$ 的全部特征向量为 $k_1\boldsymbol{\alpha}_1(k_1\neq 0)$.

（2）令 $\boldsymbol{P}=(\boldsymbol{\alpha}_1,\boldsymbol{\alpha}_2,\boldsymbol{\alpha}_3)=\begin{pmatrix} 0 & 1 & 1 \\ 1 & 0 & 0 \\ 0 & -1 & 1 \end{pmatrix}$,

则

$$\boldsymbol{P}^{-1}\boldsymbol{A}\boldsymbol{P}=\begin{pmatrix} 0 & 0 & 0 \\ 0 & -1 & 0 \\ 0 & 0 & 1 \end{pmatrix},$$

得到

$$\boldsymbol{A}=\boldsymbol{P}\begin{pmatrix} 0 & 0 & 0 \\ 0 & -1 & 0 \\ 0 & 0 & 1 \end{pmatrix}\boldsymbol{P}^{-1}=\begin{pmatrix} 0 & 0 & 1 \\ 0 & 0 & 0 \\ 1 & 0 & 0 \end{pmatrix}.$$

□

例 5　设三阶实对称矩阵 $\boldsymbol{A}$ 的各行元素之和都是 3，向量 $\boldsymbol{\alpha}_1=(-1,\ 2,\ -1)^{\mathrm{T}}$，$\boldsymbol{\alpha}_2=(0,\ -1,\ 1)^{\mathrm{T}}$ 是齐次线性方程组 $\boldsymbol{AX}=\boldsymbol{0}$ 的两个解.

（1）求矩阵 $\boldsymbol{A}$ 的特征值；

（2）求正交矩阵 $\boldsymbol{Q}$，使得 $\boldsymbol{Q}^{-1}\boldsymbol{AQ}$ 为对角矩阵；

(3) 求 $\boldsymbol{B}=\boldsymbol{A}^3-5\boldsymbol{A}^2$ 的相似对角矩阵.

分析 本例的关键是求出 $\boldsymbol{A}$ 的特征值和特征向量：由 $\boldsymbol{A}$ 的各行元素之和都是 3 可以得到 $\boldsymbol{A}$ 的一个特征值和对应的特征向量，由方程组 $\boldsymbol{AX}=\boldsymbol{0}$ 有两个非零解可以得到 0 是 $\boldsymbol{A}$ 的一个二重特征值，而 $\boldsymbol{\alpha}_1$，$\boldsymbol{\alpha}_2$ 是 $\boldsymbol{A}$ 的属于 $\lambda=0$ 的线性无关的特征向量.

解 (1) 因为 $\boldsymbol{A}$ 的各行元素之和都是3，所以

$$\boldsymbol{A}\begin{pmatrix}1\\1\\1\end{pmatrix}=\begin{pmatrix}3\\3\\3\end{pmatrix}=3\begin{pmatrix}1\\1\\1\end{pmatrix},$$

故 $\lambda_1=3$ 是 $\boldsymbol{A}$ 的一个特征值，$\boldsymbol{\alpha}=(1,1,1)^{\mathrm{T}}$ 是 $\boldsymbol{A}$ 的属于 $\lambda_1=3$ 的特征向量.

因为向量 $\boldsymbol{\alpha}_1$，$\boldsymbol{\alpha}_2$ 是齐次线性方程组 $\boldsymbol{AX}=\boldsymbol{0}$ 的两个解，所以

$$\boldsymbol{A\alpha}_1=\boldsymbol{0},\ \boldsymbol{A\alpha}_2=\boldsymbol{0},$$

即

$$\boldsymbol{A\alpha}_1=0\cdot\boldsymbol{\alpha}_1,\ \boldsymbol{A\alpha}_2=0\cdot\boldsymbol{\alpha}_2,$$

又 $\boldsymbol{\alpha}_1$，$\boldsymbol{\alpha}_2$ 线性无关，所以 $\lambda_2=\lambda_3=0$ 是 $\boldsymbol{A}$ 的一个二重特征值，$\boldsymbol{\alpha}_1$，$\boldsymbol{\alpha}_2$ 是 $\boldsymbol{A}$ 的属于 $\lambda_2=\lambda_3=0$ 的线性无关的特征向量.

(2) 将 $\boldsymbol{\alpha}_1$，$\boldsymbol{\alpha}_2$ 正交化得到：

$\boldsymbol{\beta}_1=\boldsymbol{\alpha}_1=(-1,2,-1)^{\mathrm{T}}$,

$\boldsymbol{\beta}_2=\boldsymbol{\alpha}_2-\dfrac{(\boldsymbol{\alpha}_2,\boldsymbol{\beta}_1)}{(\boldsymbol{\beta}_1,\boldsymbol{\beta}_1)}\boldsymbol{\beta}_1=(0,-1,1)^{\mathrm{T}}-\dfrac{-3}{6}(-1,2,-1)^{\mathrm{T}}=\left(-\dfrac{1}{2},0,\dfrac{1}{2}\right)^{\mathrm{T}}$.

再将 $\boldsymbol{\alpha}$，$\boldsymbol{\beta}_1$，$\boldsymbol{\beta}_2$ 单位化得到：

$$\boldsymbol{\gamma}_1=\frac{1}{\|\boldsymbol{\alpha}\|}\boldsymbol{\alpha}=\left(\frac{\sqrt{3}}{3},\frac{\sqrt{3}}{3},\frac{\sqrt{3}}{3}\right)^{\mathrm{T}},$$

$$\boldsymbol{\gamma}_2=\frac{1}{\|\boldsymbol{\beta}_1\|}\boldsymbol{\beta}_1=\left(-\frac{\sqrt{6}}{6},\frac{\sqrt{6}}{3},-\frac{\sqrt{6}}{6}\right)^{\mathrm{T}},$$

$$\boldsymbol{\gamma}_3=\frac{1}{\|\boldsymbol{\beta}_2\|}\boldsymbol{\beta}_2=\left(-\frac{\sqrt{2}}{2},0,\frac{\sqrt{2}}{2}\right)^{\mathrm{T}}.$$

令 $\boldsymbol{Q}=(\boldsymbol{\gamma}_1,\boldsymbol{\gamma}_2,\boldsymbol{\gamma}_3)$，则 $\boldsymbol{Q}$ 即为正交矩阵，且

$$\boldsymbol{Q}^{-1}\boldsymbol{AQ}=\boldsymbol{\Lambda}=\begin{pmatrix}3&0&0\\0&0&0\\0&0&0\end{pmatrix}.$$

(3) 因为 $\boldsymbol{Q}^{-1}\boldsymbol{AQ}=\boldsymbol{\Lambda}$，所以 $\boldsymbol{Q}^{-1}\boldsymbol{A}^3\boldsymbol{Q}=\boldsymbol{\Lambda}^3$，$\boldsymbol{Q}^{-1}\boldsymbol{A}^2\boldsymbol{Q}=\boldsymbol{\Lambda}^2$，从而

$$\boldsymbol{Q}^{-1}\boldsymbol{BQ}=\boldsymbol{Q}^{-1}(\boldsymbol{A}^3-5\boldsymbol{A}^2)\boldsymbol{Q}=\boldsymbol{Q}^{-1}\boldsymbol{A}^3\boldsymbol{Q}-5\boldsymbol{Q}^{-1}\boldsymbol{A}^2\boldsymbol{Q}=\boldsymbol{\Lambda}^3-5\boldsymbol{\Lambda}^2$$

$$=\begin{pmatrix}3&0&0\\0&0&0\\0&0&0\end{pmatrix}^3-5\begin{pmatrix}3&0&0\\0&0&0\\0&0&0\end{pmatrix}^2=\begin{pmatrix}-18&0&0\\0&0&0\\0&0&0\end{pmatrix},$$

所以 $\boldsymbol{B}$ 的相似对角矩阵为 $\begin{pmatrix}-18&0&0\\0&0&0\\0&0&0\end{pmatrix}$. □

例 6　设 n 阶实对称矩阵 $\boldsymbol{A}$ 为幂等矩阵即 $\boldsymbol{A}^2=\boldsymbol{A}$.

（1）证明：$\boldsymbol{A}$ 的特征值只能是 0 或者 1；

（2）证明：存在正交矩阵 $\boldsymbol{Q}$，使得 $\boldsymbol{Q}^{-1}\boldsymbol{A}\boldsymbol{Q}=\begin{pmatrix}\boldsymbol{E}_r & O\\ O & O\end{pmatrix}$，其中 $r=R(\boldsymbol{A})$；

（3）求 $|\boldsymbol{A}-2\boldsymbol{E}|$.

解　（1）设 λ 是矩阵 $\boldsymbol{A}$ 的特征值，$\boldsymbol{X}$ 是 $\boldsymbol{A}$ 的属于 λ 的特征向量，则

$$\boldsymbol{AX}=\lambda\boldsymbol{X}.$$

而

$$\boldsymbol{A}^2\boldsymbol{X}=\boldsymbol{A}(\boldsymbol{AX})=\boldsymbol{A}(\lambda\boldsymbol{X})=\lambda\boldsymbol{AX}=\lambda^2\boldsymbol{X},$$

由于 $\boldsymbol{A}^2=\boldsymbol{A}$，所以 $\lambda\boldsymbol{X}=\lambda^2\boldsymbol{X}$，即

$$(\lambda-\lambda^2)\boldsymbol{X}=\boldsymbol{0},$$

因为 $\boldsymbol{X}\neq\boldsymbol{0}$，所以 $\lambda-\lambda^2=0$，得到 $\lambda=0$ 或 $\lambda=1$，即 $\boldsymbol{A}$ 的特征值只能是 0 或者 1.

（2）因为 $\boldsymbol{A}$ 是实对称矩阵，所以一定存在正交矩阵 $\boldsymbol{Q}$，使得

$$\boldsymbol{Q}^{-1}\boldsymbol{AQ}=\boldsymbol{\Lambda}=\begin{pmatrix}\boldsymbol{E}_r & \boldsymbol{O}\\ \boldsymbol{O} & \boldsymbol{O}\end{pmatrix},$$

其中对角矩阵 $\boldsymbol{\Lambda}$ 的主对角线元素为 $\boldsymbol{A}$ 的全部特征值.

由（1）和相似矩阵的性质得到 $r=R(\boldsymbol{\Lambda})=R(\boldsymbol{A})$.

（3）由（2）可知，1 是 $\boldsymbol{A}$ 的 r 重特征值，0 是 $\boldsymbol{A}$ 的 $n-r$ 重特征值，所以 $\boldsymbol{A}-2\boldsymbol{E}$ 有 r 个特征值为 $1-2=-1$，$n-r$ 个特征值为 $0-2=-2$，从而

$$|\boldsymbol{A}-2\boldsymbol{E}|=(-1)^r(-2)^{n-r}=(-1)^n2^{n-r}.$$ □

习　题　五

A　基础练习

1. 求下列矩阵的特征值与特征向量：

（1）$\begin{pmatrix}2 & -4\\ -3 & 3\end{pmatrix}$；　　（2）$\begin{pmatrix}0 & 0 & 1\\ 0 & 1 & 0\\ 1 & 0 & 0\end{pmatrix}$；

（3）$\begin{pmatrix}3 & -2 & -4\\ -2 & 6 & -2\\ -4 & -2 & 3\end{pmatrix}$；　　（4）$\begin{pmatrix}2 & -1 & 2\\ 5 & -3 & 3\\ -1 & 0 & -2\end{pmatrix}$.

2. 设矩阵 $\boldsymbol{A}=\begin{pmatrix}7 & 4 & -1\\ 4 & 7 & -1\\ -4 & a & 4\end{pmatrix}$，$\lambda=12$ 为其一个特征值，求 a.

3. 已知矩阵 $\boldsymbol{A}=\begin{pmatrix}1 & 1\\ 0 & 0\end{pmatrix}$，求 $\boldsymbol{A}$ 与 $\boldsymbol{A}^{\mathrm{T}}$ 的特征值与特征向量.

4. 设三阶矩阵 $\boldsymbol{A}$ 的特征值为 -1，1，2，求 $\boldsymbol{A}^3+\boldsymbol{A}+E$ 的特征值及其行列式.

5. 设三阶矩阵 $\boldsymbol{A}$ 的特征值为 2，3，4，证明：$a\boldsymbol{E}-\boldsymbol{A}$ 为可逆矩阵的充分必要条件为 $a\neq 2$，3，4.

6. 已知 n 阶矩阵 $\boldsymbol{A}$ 满足 $|2\boldsymbol{E}+\boldsymbol{A}|=0$，证明：$\lambda=-2$ 是矩阵 $\boldsymbol{A}$ 的一个特征值.

7. 若 n 阶正交矩阵 $\boldsymbol{A}$ 满足 $|\boldsymbol{A}|=-1$，证明：$\lambda=-1$ 是 $\boldsymbol{A}$ 的一个特征值.

8. 若 λ 是 n 阶正交矩阵 $\boldsymbol{A}$ 的一个特征值，证明：λ^{-1} 也是 $\boldsymbol{A}$ 的特征值.

9. 若 $\boldsymbol{\alpha}=(1,\ 1,\ 1)^{\mathrm{T}}$ 是矩阵 $\boldsymbol{A}=\begin{pmatrix} a & 1 & 1 \\ 2 & 0 & 1 \\ -1 & 2 & 2 \end{pmatrix}$ 的属于特征值 λ 的特征向量，求 a 及 λ.

10. 设 $\boldsymbol{\alpha}_1$ 和 $\boldsymbol{\alpha}_2$ 是矩阵 $\boldsymbol{A}$ 的分别属于不同特征值 λ_1 和 λ_2 的特征向量，证明：$k_1\boldsymbol{\alpha}_1+k_2\boldsymbol{\alpha}_2$（$k_1k_2\neq 0$）不是 $\boldsymbol{A}$ 的特征向量.

11. 判断下列命题是否正确：

（1）设 $\boldsymbol{A}$，$\boldsymbol{B}$ 都是 n 阶矩阵，且 $\boldsymbol{A}\sim\boldsymbol{B}$，则 $\boldsymbol{A}$ 与 $\boldsymbol{B}$ 具有相同的特征矩阵；

（2）设 $\boldsymbol{A}$，$\boldsymbol{B}$ 都是 n 阶矩阵，且 $\boldsymbol{A}\sim\boldsymbol{B}$，则 $\boldsymbol{A}$ 与 $\boldsymbol{B}$ 具有相同的特征方程；

（3）设 $\boldsymbol{A}$，$\boldsymbol{B}$ 都是 n 阶矩阵，则当 $|\boldsymbol{A}|>|\boldsymbol{B}|$ 时，$\boldsymbol{A}$ 与 $\boldsymbol{B}$ 一定不相似；

（4）设 $\boldsymbol{A}$，$\boldsymbol{B}$ 都是 n 阶可逆矩阵，且 $\boldsymbol{A}^{-1}\sim\boldsymbol{B}^{-1}$，则 $\boldsymbol{A}\sim\boldsymbol{B}$；

（5）设 $\boldsymbol{A}$，$\boldsymbol{B}$ 都是 n 阶矩阵，且 $|\boldsymbol{A}|\neq 0$，则 $\boldsymbol{AB}\sim\boldsymbol{BA}$；

（6）若二阶矩阵 $\boldsymbol{A}$ 的行列式小于零，则矩阵 $\boldsymbol{A}$ 可对角化；

（7）若 $bc>0$，则实矩阵 $\boldsymbol{A}=\begin{pmatrix} a & b \\ c & d \end{pmatrix}$ 可对角化.

12. 证明第二节中相似的性质 4～7.

13. 已知 $\boldsymbol{A}=\begin{pmatrix} 1 & -1 & 1 \\ 2 & 4 & -2 \\ -3 & -3 & a \end{pmatrix}$ 与 $\boldsymbol{B}=\begin{pmatrix} 2 & 0 & 0 \\ 0 & 2 & 0 \\ 0 & 0 & b \end{pmatrix}$ 相似，

（1）求 a，b 的值；　　（2）求可逆矩阵 $\boldsymbol{P}$，使得 $\boldsymbol{P}^{-1}\boldsymbol{AP}=\boldsymbol{B}$.

14. 判断下列矩阵能否可对角化，并对可对角化的矩阵求可逆矩阵 $\boldsymbol{P}$，使得 $\boldsymbol{P}^{-1}\boldsymbol{AP}$ 为对角矩阵：

(1) $\begin{pmatrix} 4 & 5 & -2 \\ 0 & 4 & 1 \\ 0 & 0 & 4 \end{pmatrix}$；(2) $\begin{pmatrix} 1 & -1 & 1 \\ 2 & -2 & 2 \\ -1 & 1 & -1 \end{pmatrix}$；(3) $\begin{pmatrix} 3 & 1 & 1 \\ 1 & 2 & 0 \\ 1 & 0 & 2 \end{pmatrix}$；(4) $\begin{pmatrix} 3 & -2 & 0 \\ -1 & 3 & -1 \\ -5 & 7 & -1 \end{pmatrix}$.

15. 设 $\boldsymbol{A}$ 是主对角线上的元素互不相同的上三角矩阵，证明：$\boldsymbol{A}$ 可对角化.

16. 若 n 阶矩阵 $\boldsymbol{A}=\begin{pmatrix} a & a_{12} & a_{13} & \cdots & a_{1n} \\ 0 & a & a_{23} & \cdots & a_{2n} \\ 0 & 0 & a & \cdots & a_{3n} \\ \vdots & \vdots & \vdots & & \vdots \\ 0 & 0 & 0 & \cdots & a \end{pmatrix}$中至少有一个元素 $a_{ij}\neq 0$（$i<j$），证明：$\boldsymbol{A}$ 不可对角化.

17. 已知下列矩阵可对角化，求 x 的值：

（1）$\begin{pmatrix} 2 & 0 & 1 \\ 3 & 1 & x \\ 4 & 0 & 5 \end{pmatrix}$；　　（2）$\begin{pmatrix} 0 & 0 & 1 \\ 1 & 1 & x \\ 1 & 0 & 0 \end{pmatrix}$.

18. 设 $\boldsymbol{A}=\begin{pmatrix} 1 & 1 \\ 1 & 1 \end{pmatrix}$，求 $\boldsymbol{A}^n$.

19. 已知 $\boldsymbol{A}=\begin{pmatrix} 1 & 4 & 2 \\ 0 & -3 & 4 \\ 0 & 4 & 3 \end{pmatrix}$，求 $\boldsymbol{A}^{100}$.

20. 设三阶矩阵 $\boldsymbol{A}$ 的特征值为 $\lambda_1=2$，$\lambda_2=-2$，$\lambda_3=1$，$\boldsymbol{A}$ 的属于它们的特征向量分别为 $\boldsymbol{X}_1=(0,1,1)^{\mathrm{T}}$，$\boldsymbol{X}_2=(1,1,1)^{\mathrm{T}}$，$\boldsymbol{X}_3=(1,1,0)^{\mathrm{T}}$，求矩阵 $\boldsymbol{A}$.

21. 设三阶矩阵 $\boldsymbol{A}$ 的特征值为 $\lambda_1=\lambda_2=1$，$\lambda_3=-2$，$\boldsymbol{X}_1=(1,2,1)^{\mathrm{T}}$，$\boldsymbol{X}_2=(1,0,1)^{\mathrm{T}}$ 是 $\boldsymbol{A}$ 的属于 $\lambda_1=\lambda_2=1$ 的特征向量，$\boldsymbol{X}_3=(1,1,0)^{\mathrm{T}}$ 是 $\boldsymbol{A}$ 的属于 $\lambda_3=-2$ 的特征向量，求矩阵 $\boldsymbol{A}$.

22. 设 $\boldsymbol{A}$ 是 n 阶方阵，$\boldsymbol{A}$ 有 n 个线性无关的特征向量 $\boldsymbol{\eta}_1$，$\boldsymbol{\eta}_2$，…，$\boldsymbol{\eta}_n$，其对应的特征值均为 1. 证明：$\boldsymbol{A}$ 是单位矩阵.

23. 判断下列命题是否正确：

（1）设 $\boldsymbol{A}$ 与 $\boldsymbol{B}$ 均是 n 阶实对称矩阵，且 $\boldsymbol{A}$ 与 $\boldsymbol{B}$ 具有相同的特征多项式，则 $\boldsymbol{A}$ 与 $\boldsymbol{B}$ 相似；

（2）设 $\boldsymbol{A}$ 与 $\boldsymbol{B}$ 均是 n 阶实对称矩阵，且 $\boldsymbol{A}\sim\boldsymbol{B}$，则 $\boldsymbol{A}$ 与 $\boldsymbol{B}$ 相似于同一个对角矩阵；

（3）实对称矩阵 $\boldsymbol{A}$ 的非零特征值的个数等于它的秩.

24. 求正交矩阵使得下列实对称矩阵相似于对角矩阵：

（1）$\begin{pmatrix} 1 & 1 & 1 \\ 1 & 1 & 1 \\ 1 & 1 & 1 \end{pmatrix}$；（2）$\begin{pmatrix} 1 & -2 & 0 \\ -2 & 2 & -2 \\ 0 & -2 & 3 \end{pmatrix}$；（3）$\begin{pmatrix} 1 & 0 & -1 \\ 0 & -3 & 0 \\ -1 & 0 & 1 \end{pmatrix}$.

25. 已知矩阵 $\boldsymbol{A}=\begin{pmatrix} 1 & -2 & -4 \\ -2 & x & -2 \\ -4 & -2 & 1 \end{pmatrix}$与 $\boldsymbol{\Lambda}=\begin{pmatrix} 5 & 0 & 0 \\ 0 & -4 & 0 \\ 0 & 0 & y \end{pmatrix}$相似，求 x，y 的值，并求一个正交矩阵 $\boldsymbol{P}$，使得 $\boldsymbol{P}^{-1}\boldsymbol{A}\boldsymbol{P}=\boldsymbol{\Lambda}$.

26. 设三阶实对称矩阵 $\boldsymbol{A}$ 的特征值为 $\lambda_1=1$，$\lambda_2=-1$，$\lambda_3=0$，$\boldsymbol{A}$ 的属于特征值 $\lambda_1=1$，$\lambda_2=-1$ 的特征向量分别为 $\boldsymbol{X}_1=(1,\ 2,\ 2)^{\mathrm{T}}$，$\boldsymbol{X}_2=(2,\ 1,\ -2)^{\mathrm{T}}$，求 $\boldsymbol{A}$ 的属于 $\lambda_3=0$ 的全部特征向量.

27. 设三阶实对称矩阵 $\boldsymbol{A}$ 的特征值为 $\lambda_1=6$，$\lambda_2=\lambda_3=3$，$\boldsymbol{A}$ 的属于 $\lambda_1=6$ 的特征向量为 $\boldsymbol{X}_1=(1,\ 1,\ 1)^{\mathrm{T}}$，求 $\boldsymbol{A}$.

28. 设 $\boldsymbol{A}$ 为 n 阶实对称矩阵，且满足 $\boldsymbol{A}^3+2\boldsymbol{A}^2+2\boldsymbol{A}+\boldsymbol{E}=\boldsymbol{O}$，证明：$\boldsymbol{A}=-\boldsymbol{E}$.

B　扩展练习

1. 设 $\boldsymbol{A}$ 是奇数阶正交矩阵，且 $|\boldsymbol{A}|=1$，证明：$\lambda=1$ 是 $\boldsymbol{A}$ 的一个特征值.

2. 证明：正交矩阵的实特征值的绝对值为 1.

3. n 阶矩阵 $\boldsymbol{A}$ 满足：$R(\boldsymbol{A}+\boldsymbol{E})+R(\boldsymbol{A}-\boldsymbol{E})=n$，且 $\boldsymbol{A}\neq\boldsymbol{E}$，证明：$\lambda=-1$ 是 $\boldsymbol{A}$ 的特征值.

4. 设 $\boldsymbol{A}$ 与 $\boldsymbol{B}$ 都是 n 阶矩阵，且 $\boldsymbol{A}$ 可逆，证明：$\boldsymbol{AB}$ 与 $\boldsymbol{BA}$ 有相同的特征值.

5. 证明：实反对称矩阵的特征值是零或纯虚数.

6. 若 $\boldsymbol{X}$ 是实对称矩阵 $\boldsymbol{A}$ 的属于特征值 λ_0 的特征向量，$\boldsymbol{P}$ 为可逆矩阵且 $\boldsymbol{B}=(\boldsymbol{P}^{-1}\boldsymbol{AP})^{\mathrm{T}}$，证明：$\boldsymbol{P}^{\mathrm{T}}\boldsymbol{X}$ 是 $\boldsymbol{B}$ 的属于特征值 λ_0 的一个特征向量.

7. 设 $\boldsymbol{\alpha}=(1,\ k,\ 1)^{\mathrm{T}}$ 是矩阵 $\boldsymbol{A}=\begin{pmatrix}2&1&1\\1&2&1\\1&1&2\end{pmatrix}$ 的逆矩阵 $\boldsymbol{A}^{-1}$ 的特征向量，求 k.

8. 证明：$\boldsymbol{A}=\begin{pmatrix}2&0&0\\0&0&1\\0&1&0\end{pmatrix}$ 与 $\boldsymbol{B}=\begin{pmatrix}1&0&0\\0&-1&0\\0&-6&2\end{pmatrix}$ 相似.

9. 如果 $\boldsymbol{A}$ 与 $\boldsymbol{B}$ 相似，$\boldsymbol{C}$ 与 $\boldsymbol{D}$ 相似. 证明：$\begin{pmatrix}\boldsymbol{A}&\boldsymbol{O}\\\boldsymbol{O}&\boldsymbol{C}\end{pmatrix}$ 与 $\begin{pmatrix}\boldsymbol{B}&\boldsymbol{O}\\\boldsymbol{O}&\boldsymbol{D}\end{pmatrix}$ 相似.

10. 已知 $\boldsymbol{\alpha}=(1,\ 1,\ -1)^{\mathrm{T}}$ 是矩阵 $\boldsymbol{A}=\begin{pmatrix}2&-1&2\\5&a&3\\-1&b&-2\end{pmatrix}$ 的一个特征向量，

（1）试确定参数 a，b 及特征向量 $\boldsymbol{\alpha}$ 所对应的特征值；

（2）判断矩阵 $\boldsymbol{A}$ 能否相似于对角矩阵.

11. 证明矩阵 $\begin{pmatrix}1&1&\cdots&1\\1&1&\cdots&1\\\vdots&\vdots&&\vdots\\1&1&\cdots&1\end{pmatrix}$ 可对角化，并求矩阵的特征值与特

征向量.

12. 非零 n（$n>1$）阶实矩阵 $\boldsymbol{A}$ 满足 $\boldsymbol{A}^m=\boldsymbol{O}$（其中 m 为正整数，称 $\boldsymbol{A}$ 为**幂零矩阵**），证明矩阵 $\boldsymbol{A}$ 不可对角化.

13. 设矩阵 $\boldsymbol{A}=\begin{pmatrix}3 & 2 & -2\\ -k & -1 & k\\ 4 & 2 & -3\end{pmatrix}$，则当 k 取何值时，存在可逆矩阵 $\boldsymbol{P}$，使得 $\boldsymbol{P}^{-1}\boldsymbol{AP}$ 为对角矩阵？并求出 $\boldsymbol{P}$ 和相应的对角矩阵.

14. 已知 $\boldsymbol{A}=\begin{pmatrix}2 & a & 2\\ 5 & b & 3\\ -1 & 1 & -1\end{pmatrix}$有特征值 $\lambda_1=1$ 和 $\lambda_2=-1$，问 $\boldsymbol{A}$ 可否对角化？

15. 设矩阵 $\boldsymbol{A}=\begin{pmatrix}1 & -1 & 1\\ x & 4 & y\\ -3 & -3 & 5\end{pmatrix}$有三个线性无关的特征向量，$\lambda=2$ 是 $\boldsymbol{A}$ 的二重特征值，求 x，y 的值.

16. 已知 $\boldsymbol{A}=\begin{pmatrix}0 & 0 & 1\\ x & 1 & 0\\ 1 & 0 & 0\end{pmatrix}$有三个线性无关的特征向量，求 x 的值.

17. 设矩阵 $\boldsymbol{A}=\begin{pmatrix}3 & 1\\ 1 & 3\end{pmatrix}$，求 $\boldsymbol{A}^n$.

18. 已知 $\boldsymbol{A}$ 为三阶实对称矩阵，$R(\boldsymbol{A})=2$，$\boldsymbol{X}_1=(1,\ 1,\ 0)^{\mathrm{T}}$，$\boldsymbol{X}_2=(2,\ 1,\ 1)^{\mathrm{T}}$ 是 $\boldsymbol{A}$ 的属于特征值 $\lambda_1=\lambda_2=6$ 的特征向量，试求：

（1）$\boldsymbol{A}$ 的另一个特征值 λ_3 及其对应的特征向量；（2）矩阵 $\boldsymbol{A}$.

19. 设三阶矩阵 $\boldsymbol{A}$ 的特征值为 $\lambda_1=1$，$\lambda_2=2$，$\lambda_3=3$，对应的特征向量分别为 $\boldsymbol{X}_1=(1,\ 1,\ 1)^{\mathrm{T}}$，$\boldsymbol{X}_2=(1,\ 2,\ 4)^{\mathrm{T}}$，$\boldsymbol{X}_3=(1,\ 3,\ 9)^{\mathrm{T}}$. 若 $\boldsymbol{\alpha}=(1,\ 1,\ 3)^{\mathrm{T}}$，求 $\boldsymbol{A}^n\boldsymbol{\alpha}$.

20. 设矩阵 $\boldsymbol{A}=\begin{pmatrix}0 & -1 & 4\\ -1 & 3 & x\\ 4 & a & 0\end{pmatrix}$，若正交矩阵 $\boldsymbol{Q}$ 使得 $\boldsymbol{Q}^{-1}\boldsymbol{AQ}$ 为对角矩阵且 $\boldsymbol{Q}$ 的第一列为 $\boldsymbol{\alpha}=\dfrac{\sqrt{6}}{6}(1,\ 2,\ 1)^{\mathrm{T}}$，求 x 及 $\boldsymbol{\alpha}$ 对应的特征值.

21. 设矩阵 $\boldsymbol{A}=\begin{pmatrix}1 & 1 & a\\ 1 & a & 1\\ a & 1 & 1\end{pmatrix}$，$\boldsymbol{B}=\begin{pmatrix}1\\ 1\\ -2\end{pmatrix}$，已知线性方程组 $\boldsymbol{AX}=\boldsymbol{B}$ 有解但不唯一.

（1）求 a 的值；

（2）求正交矩阵 $\boldsymbol{Q}$，使得 $\boldsymbol{Q}^{-1}\boldsymbol{AQ}$ 为对角矩阵.

22. 设 $\boldsymbol{A}$ 与 $\boldsymbol{B}$ 是两个实对称矩阵，试证：$\boldsymbol{A}$ 与 $\boldsymbol{B}$ 相似的充分必要条件是 $\boldsymbol{A}$ 与 $\boldsymbol{B}$ 有相同的特征值.

C 测试练习

1. 填空题（每小题 2 分，共 20 分）

（1）设 0 是矩阵 $\boldsymbol{A}=\begin{pmatrix}1&0&1\\0&2&0\\1&0&a\end{pmatrix}$ 的特征值，则 $a=$________.

（2）设 n 阶矩阵 $\boldsymbol{A}$ 的各行元素之和都是数 a，则 $\boldsymbol{A}$ 必有一个特征值为________.

（3）设 n 阶矩阵 $\boldsymbol{A}$ 的元素全为 1，则 $\boldsymbol{A}$ 的 n 个特征值为________.

（4）设三阶矩阵 $\boldsymbol{A}$ 的特征值互不相同，若 $|\boldsymbol{A}|=0$，则 $\boldsymbol{A}$ 的秩为________.

（5）设矩阵 $\boldsymbol{A}=\begin{pmatrix}1&2&-2\\2&1&2\\3&0&4\end{pmatrix}$，$\boldsymbol{\alpha}=\begin{pmatrix}a\\1\\1\end{pmatrix}$，若 $\boldsymbol{A\alpha}$ 与 $\boldsymbol{\alpha}$ 线性相关，则 $a=$________.

（6）设向量 $\boldsymbol{\alpha}_1=(1,1,0)^{\mathrm{T}}$ 和 $\boldsymbol{\alpha}_2=(1,0,1)^{\mathrm{T}}$ 都是矩阵 $\boldsymbol{A}$ 的属于特征值 $\lambda=2$ 的特征向量，且向量 $\boldsymbol{\beta}=\boldsymbol{\alpha}_1-2\boldsymbol{\alpha}_2$，则向量 $\boldsymbol{A\beta}=$________.

（7）若四阶矩阵 $\boldsymbol{A}$ 与 $\boldsymbol{B}$ 相似，矩阵 $\boldsymbol{A}$ 的特征值为 $\frac{1}{2}$，$\frac{1}{3}$，$\frac{1}{4}$，$\frac{1}{5}$，则 $|\boldsymbol{B}^{-1}-\boldsymbol{E}|=$________.

（8）若 n 阶矩阵 $\boldsymbol{A}$ 与 $\boldsymbol{B}$ 相似，且 $\boldsymbol{A}^2=\boldsymbol{A}$，则 $\boldsymbol{B}^2=$________.

（9）设三维列向量 $\boldsymbol{\alpha}$，$\boldsymbol{\beta}$，若矩阵 $\boldsymbol{\alpha\beta}^{\mathrm{T}}$ 与 $\begin{pmatrix}2&0&0\\0&0&0\\0&0&0\end{pmatrix}$ 相似，则 $\boldsymbol{\beta}^{\mathrm{T}}\boldsymbol{\alpha}=$________.

（10）设三阶矩阵 $\boldsymbol{A}$ 的特征值分别是 1，0，-2，相应的特征向量分别为 $\boldsymbol{\alpha}_1=(1,1,1)^{\mathrm{T}}$，$\boldsymbol{\alpha}_2=(1,0,1)^{\mathrm{T}}$，$\boldsymbol{\alpha}_3=(1,1,0)^{\mathrm{T}}$，令 $\boldsymbol{P}=(\boldsymbol{\alpha}_3,\boldsymbol{\alpha}_2,\boldsymbol{\alpha}_1)$，则 $\boldsymbol{P}^{-1}\boldsymbol{AP}=$________.

2. 选择题（每小题 2 分，共 20 分）

（1）设三阶矩阵 $\boldsymbol{A}$ 的特征值为 -1，2，3，则下列矩阵中为可逆矩阵的是（　　）.

A. $\boldsymbol{A}+\boldsymbol{E}$　　B. $\boldsymbol{E}-\boldsymbol{A}$　　C. $\boldsymbol{A}-2\boldsymbol{E}$　　D. $3\boldsymbol{E}-\boldsymbol{A}$

（2）设 $\boldsymbol{A}$，$\boldsymbol{P}$ 为 n 阶可逆矩阵，下列矩阵中与 $\boldsymbol{A}$ 具有相同的特征值的是（　　）.

A. $\boldsymbol{A}+\boldsymbol{E}$　　B. $\boldsymbol{A}-\boldsymbol{E}$　　C. $\boldsymbol{P}^{\mathrm{T}}\boldsymbol{AP}$　　D. $\boldsymbol{P}^{-1}\boldsymbol{AP}$

（3）设 $\boldsymbol{A}$ 是 n 阶矩阵，λ_1，λ_2 是 $\boldsymbol{A}$ 的特征值，$\boldsymbol{\alpha}_1$，$\boldsymbol{\alpha}_2$ 是 $\boldsymbol{A}$ 的分别属于 λ_1，λ_2 的特征向量，则（　　）.

A. $\lambda_1=\lambda_2$ 时，$\boldsymbol{\alpha}_1$，$\boldsymbol{\alpha}_2$ 一定成比例

B. $\lambda_1=\lambda_2$ 时，$\boldsymbol{\alpha}_1$，$\boldsymbol{\alpha}_2$ 一定不成比例

C. $\lambda_1 \neq \lambda_2$ 时，$\boldsymbol{\alpha}_1$，$\boldsymbol{\alpha}_2$ 一定成比例

D. $\lambda_1 \neq \lambda_2$ 时，$\boldsymbol{\alpha}_1$，$\boldsymbol{\alpha}_2$ 一定不成比例

（4）已知 λ_1，λ_2 是矩阵 $\boldsymbol{A}$ 的两个互不相同的特征值，$\boldsymbol{A}$ 的属于 λ_1，λ_2 的特征向量分别为 $\boldsymbol{\alpha}_1$，$\boldsymbol{\alpha}_2$，则 $\boldsymbol{\alpha}_1$，$\boldsymbol{A}(\boldsymbol{\alpha}_1+\boldsymbol{\alpha}_2)$ 线性无关的充分必要条件是（　　）.

A. $\lambda_1 \neq 0$　　B. $\lambda_2 \neq 0$　　C. $\lambda_1 = 0$　　D. $\lambda_2 = 0$

（5）已知 n 维列向量 $\boldsymbol{\alpha}$ 是 n 阶矩阵 $\boldsymbol{A}$ 的属于特征值 λ 的特征向量，$\boldsymbol{P}$ 是 n 阶可逆矩阵，则矩阵 $\boldsymbol{P}^{-1}\boldsymbol{A}\boldsymbol{P}$ 的属于特征值 λ 的特征向量为（　　）.

A. $\boldsymbol{P}^{\mathrm{T}}\boldsymbol{\alpha}$　　B. $\boldsymbol{P}^{-1}\boldsymbol{\alpha}$　　C. $\boldsymbol{P}\boldsymbol{\alpha}$　　D. $(\boldsymbol{P}^{-1})^{\mathrm{T}}\boldsymbol{\alpha}$

（6）设 $\boldsymbol{A}=\begin{pmatrix}1&1&1\\1&1&1\\1&1&1\end{pmatrix}$，$\boldsymbol{B}=\begin{pmatrix}1&0&0\\0&0&0\\0&0&0\end{pmatrix}$，则（　　）.

A. $\boldsymbol{A}$ 与 $\boldsymbol{B}$ 等价，且 $\boldsymbol{A}$ 与 $\boldsymbol{B}$ 相似

B. $\boldsymbol{A}$ 与 $\boldsymbol{B}$ 等价，但 $\boldsymbol{A}$ 与 $\boldsymbol{B}$ 不相似

C. $\boldsymbol{A}$ 与 $\boldsymbol{B}$ 不等价，但 $\boldsymbol{A}$ 与 $\boldsymbol{B}$ 相似

D. $\boldsymbol{A}$ 与 $\boldsymbol{B}$ 既不等价也不相似

（7）设 $\boldsymbol{A}$，$\boldsymbol{B}$ 为 n 阶矩阵，且 $\boldsymbol{A}\sim\boldsymbol{B}$，则下列说法正确的是(　　).

A. $\boldsymbol{A}$ 与 $\boldsymbol{B}$ 相似于同一个对角矩阵

B. $\boldsymbol{A}$ 与 $\boldsymbol{B}$ 具有相同的特征值和特征向量

C. $\boldsymbol{A}$ 与 $\boldsymbol{B}$ 具有相同的特征矩阵

D. 对任意常数 t，$t\boldsymbol{E}-\boldsymbol{A}$ 与 $t\boldsymbol{E}-\boldsymbol{B}$ 相似

（8）设矩阵 $\boldsymbol{A}=\begin{pmatrix}0&0&1\\0&1&0\\1&0&0\end{pmatrix}$，且 $\boldsymbol{A}\sim\boldsymbol{B}$，则 $R(2\boldsymbol{E}-\boldsymbol{B})+R(\boldsymbol{E}-\boldsymbol{B})=$（　　）.

A. 2　　B. 3　　C. 4　　D. 5

（9）已知三阶矩阵 $\boldsymbol{A}$ 与矩阵 $\boldsymbol{B}=\begin{pmatrix}-2&0&0\\0&-2&0\\0&0&-2\end{pmatrix}$ 相似，则 $\boldsymbol{A}^2=$（　　）.

A. $4\boldsymbol{E}$　　B. $-\boldsymbol{E}$　　C. $-64\boldsymbol{E}$　　D. $64\boldsymbol{E}$

（10）已知 $\boldsymbol{P}^{-1}\boldsymbol{A}\boldsymbol{P}=\begin{pmatrix}2&0&0\\0&2&0\\0&0&6\end{pmatrix}$，$\boldsymbol{\alpha}_1$，$\boldsymbol{\alpha}_2$ 是矩阵 $\boldsymbol{A}$ 属于特征值 $\lambda=2$ 的线性无关的特征向量，$\boldsymbol{\alpha}_3$ 是矩阵 $\boldsymbol{A}$ 属于特征值 $\lambda=6$ 的特征向量，则矩阵 $\boldsymbol{P}$ 不能是（　　）.

A. $(\boldsymbol{\alpha}_2, \boldsymbol{\alpha}_1, \boldsymbol{\alpha}_3)$　　B. $(\boldsymbol{\alpha}_1+\boldsymbol{\alpha}_2, \boldsymbol{\alpha}_2, \boldsymbol{\alpha}_3)$

C. $(\boldsymbol{\alpha}_3, \boldsymbol{\alpha}_2, \boldsymbol{\alpha}_1)$　　D. $(2\boldsymbol{\alpha}_1, \boldsymbol{\alpha}_2, \boldsymbol{\alpha}_3)$

3. 计算题（每小题 10 分，共 50 分）

（1）计算矩阵 $\boldsymbol{A}=\begin{pmatrix}2&0&0\\1&2&-1\\2&0&1\end{pmatrix}$ 的特征值和特征向量.

（2）已知 $\boldsymbol{A}=\begin{pmatrix}2&0&4\\0&a&0\\4&0&2\end{pmatrix}$ 与 $\boldsymbol{B}=\begin{pmatrix}2&0&0\\0&6&0\\0&0&b\end{pmatrix}$ 相似，

（i）求 a，b；（ii）求可逆矩阵 $\boldsymbol{P}$，使得 $\boldsymbol{P}^{-1}\boldsymbol{AP}=\boldsymbol{B}$.

（3）设矩阵 $\boldsymbol{A}=\begin{pmatrix}0&0&1\\x&1&y\\1&0&0\end{pmatrix}$ 有三个线性无关的特征向量，求 x，y 满足的条件.

（4）已知实对称矩阵 $\boldsymbol{A}=\begin{pmatrix}3&2&4\\2&0&2\\4&2&3\end{pmatrix}$，求正交矩阵 $\boldsymbol{Q}$，使得 $\boldsymbol{Q}^{-1}\boldsymbol{AQ}$ 为对角矩阵.

（5）设三阶实对称矩阵 $\boldsymbol{A}$ 的特征值为 $\lambda_1=1$，$\lambda_2=2$，$\lambda_3=3$，$\boldsymbol{A}$ 的属于 λ_1，λ_2 的特征向量分别为 $\boldsymbol{X}_1=(-1,\ -1,\ 1)^{\mathrm{T}}$，$\boldsymbol{X}_2=(1,\ -2,\ -1)^{\mathrm{T}}$.

（i）求 $\boldsymbol{A}$ 的属于 $\lambda_3=3$ 的全部特征向量；（ii）求 $\boldsymbol{A}$.

4. 证明题（每小题 5 分，共 10 分）

（1）设 n 阶实对称矩阵 $\boldsymbol{A}$ 满足 $\boldsymbol{A}^2-3\boldsymbol{A}+2\boldsymbol{E}=\boldsymbol{O}$，证明：矩阵 $\boldsymbol{A}$ 的特征值只能是 1 或 2.

（2）设三阶矩阵 $\boldsymbol{A}$ 有三个不同的特征值 λ_1，λ_2，λ_3，对应的特征向量分别为 $\boldsymbol{\alpha}_1$，$\boldsymbol{\alpha}_2$，$\boldsymbol{\alpha}_3$，令 $\boldsymbol{\beta}=\boldsymbol{\alpha}_1+\boldsymbol{\alpha}_2+\boldsymbol{\alpha}_3$，证明：$\boldsymbol{\beta}$，$\boldsymbol{A\beta}$，$\boldsymbol{A}^2\boldsymbol{\beta}$ 线性无关.

第六章　二　次　型

重点难点提示：

知识点	重点	难点	要求
二次型、二次型的矩阵和二次型的秩的概念	•		理解
用矩阵形式表示二次型	•		掌握
可逆线性变换的概念			理解
矩阵合同的概念	•		理解
二次型的标准形和规范形的概念	•		理解
用正交变换法化实二次型为标准形	•	•	掌握
用配方法化二次型为标准形	•	•	掌握
惯性定理	•	•	掌握
正定（负定）二次型、正定（负定）矩阵的概念	•		理解
正定二次型、正定矩阵的判别方法	•	•	掌握
正定矩阵的基本性质	•		掌握
二次型在求极值问题中的应用			了解

变量变换是数学中的重要思想方法之一，它可以使一个比较复杂的问题简单化或者转化为一个易解决的问题从而得到求解.

二次型的理论具有很强的几何背景，它起源于二次曲线方程的化简问题. 如果二次曲线方程是标准形式，由微积分中的知识，我们可以知道它表示何种曲线，进而去研究曲线的性质，但当二次曲线方程不是标准形式时，问题就变得有些棘手了. 借助二次型的理论将曲线方程化简为标准形式，再去讨论它的性质是一个行之有效的方法.

本章首先给出二次型及其标准形的概念，然后讨论如何利用可逆线性变换将二次型化为标准形，最后研究二次型的有定性.

在平面解析几何中，为了便于研究二次曲线

$$ax^2+2bxy+cy^2=f \tag{6-1}$$

的几何性质，可以选择作适当的坐标变换

$$\begin{cases} x=\cos\theta x'-\sin\theta y', \\ y=\sin\theta x'+\cos\theta y', \end{cases}$$

将方程化为如下标准方程

$$dx'^2+cy'^2=f,$$

利用标准方程就可以很方便地研究曲线的性质了.

曲线方程（6-1）的左边是一个关于 x，y 的二次齐次多项式（各项的次数都是 2），化标准方程就是利用变量的可逆线性变换将一个二次齐次多项式化简为只含有平方项的形式. 这样的问题在数学的许多分支以及物理、力学和经济管理等诸多领域中都经常遇到.

本章将上述问题一般化，以矩阵为工具，研究 n 个变量的二次齐次多项式（n 元二次型）化标准形的问题. 除此之外，本章还将介绍一类有着重要应用的有定二次型.

第一节　二次型及其矩阵

一、二次型的定义

定义 6.1　系数在数域 F 中的 n 个变量 x_1，x_2，…，x_n 的二次齐次多项式

$$\begin{aligned}f(x_1,x_2,\cdots,x_n)=&a_{11}x_1^2+a_{12}x_1x_2+a_{13}x_1x_3+\cdots+a_{1n}x_1x_n+\\&a_{21}x_2x_1+a_{22}x_2^2+a_{23}x_2x_3+\cdots+a_{2n}x_2x_n+\\&\cdots+a_{n1}x_nx_1+a_{n2}x_nx_2+a_{n3}x_nx_3+\cdots+a_{nn}x_n^2,\quad(6\text{-}2)\end{aligned}$$

其中 $a_{ij}=a_{ji}(i,\ j=1,\ 2,\ \cdots,\ n)$，称为数域 F 上的一个 n **元二次型**（**quadratic form**），简称**二次型**，其中 x_i^2 称为**平方项**，x_ix_j 称为**混合项**. 当系数 a_{ij}是实数时，二次型简称为**实二次型**（**real quadratic form**），当系数 a_{ij}是复数时，二次型简称为**复二次型**（**complex quadratic form**）.

在式（6-2）中，由于 $a_{ij}=a_{ji}$，而 $x_ix_j=x_jx_i$，所以 $a_{ij}x_ix_j+a_{ji}x_jx_i$ $(i,\ j=1,\ 2,\ \cdots,\ n)$ 可以写成 $2a_{ij}x_ix_j$（$i<j,\ i,\ j=1,\ 2,\ \cdots,\ n$）. 例如，下面就是一个三元二次型

$$f(x_1,\ x_2,\ x_3)=x_1^2+2x_1x_2+2x_2^2+4x_2x_3-x_3^2.$$

二、二次型的矩阵形式

为了便于用矩阵研究二次型，式（6-2）可改写为：

$$\begin{aligned}f(x_1,x_2,\cdots,x_n)&=x_1(a_{11}x_1+a_{12}x_2+\cdots+a_{1n}x_n)+\\&\quad x_2(a_{21}x_1+a_{22}x_2+\cdots+a_{2n}x_n)+\\&\quad\cdots+x_n(a_{n1}x_1+a_{n2}x_2+\cdots+a_{nn}x_n)\\&=(x_1,x_2,\cdots,x_n)\begin{pmatrix}a_{11}x_1+a_{12}x_2+\cdots+a_{1n}x_n\\a_{21}x_1+a_{22}x_2+\cdots+a_{2n}x_n\\\vdots\\a_{n1}x_1+a_{n2}x_2+\cdots+a_{nn}x_n\end{pmatrix}\\&=(x_1,x_2,\cdots,x_n)\begin{pmatrix}a_{11}&a_{12}&\cdots&a_{1n}\\a_{21}&a_{22}&\cdots&a_{2n}\\\vdots&\vdots&&\vdots\\a_{n1}&a_{n2}&\cdots&a_{nn}\end{pmatrix}\begin{pmatrix}x_1\\x_2\\\vdots\\x_n\end{pmatrix}\\&=\boldsymbol{X}^{\mathrm{T}}\boldsymbol{A}\boldsymbol{X},\end{aligned}$$

其中

$$A=\begin{pmatrix}a_{11} & a_{12} & \cdots & a_{1n}\\ a_{21} & a_{22} & \cdots & a_{2n}\\ \vdots & \vdots & & \vdots\\ a_{n1} & a_{n2} & \cdots & a_{nn}\end{pmatrix},X=\begin{pmatrix}x_1\\ x_2\\ \vdots\\ x_n\end{pmatrix},$$

称 $f(x_1, x_2, \cdots, x_n)=X^TAX$ 或 $f(X)=X^TAX$ 为二次型的**矩阵形式**，其中 A 称为**二次型的矩阵（matrix of a quadratic form）**，矩阵 A 的秩称为**二次型的秩（rank of a quadratic form）**.

针对上述定义，我们强调以下几点：

（1）由于 $a_{ij}=a_{ji}(i, j=1, 2, \cdots, n)$，所以二次型的矩阵一定是对称矩阵；

（2）由定义可知，任给一个二次型，可以唯一确定一个对称矩阵；反之，任给一个对称矩阵，可以唯一确定一个二次型. 因此，二次型与对称矩阵之间有一一对应的关系；

（3）二次型的系数与其矩阵 A 的元素之间具有以下关系：二次型的平方项 x_i^2 的系数恰好是矩阵 A 的主对角线元素 a_{ii}，二次型的混合项 x_ix_j 的系数的一半恰好是矩阵 A 的元素 $a_{ij}=a_{ji}$（$i<j$, $i, j=1, 2, \cdots, n$）.

例 1　写出下面二次型的矩阵形式，并求二次型的秩.

$$f(x_1,x_2,x_3)=2x_1^2+2x_1x_3-x_2^2+4x_2x_3+x_3^2.$$

解　二次型的矩阵为

$$A=\begin{pmatrix}2 & 0 & 1\\ 0 & -1 & 2\\ 1 & 2 & 1\end{pmatrix},$$

从而二次型的矩阵形式为

$$f(x_1,x_2,x_3)=(x_1,x_2,x_3)\begin{pmatrix}2 & 0 & 1\\ 0 & -1 & 2\\ 1 & 2 & 1\end{pmatrix}\begin{pmatrix}x_1\\ x_2\\ x_3\end{pmatrix}.$$

因为

$$\begin{pmatrix}2 & 0 & 1\\ 0 & -1 & 2\\ 1 & 2 & 1\end{pmatrix}\xrightarrow[r_1\leftrightarrow r_3]{r_1-2r_3}\begin{pmatrix}1 & 2 & 1\\ 0 & -1 & 2\\ 0 & -4 & -1\end{pmatrix}\xrightarrow[r_3\times\left(-\frac{1}{9}\right)]{r_3-4r_2}\begin{pmatrix}1 & 2 & 1\\ 0 & -1 & 2\\ 0 & 0 & 1\end{pmatrix},$$

所以 $R(A)=3$，从而二次型的秩为 3. □

例 2　已知对称矩阵 $A=\begin{pmatrix}1 & 1 & 0\\ 1 & 2 & -1\\ 0 & -1 & 3\end{pmatrix}$，写出 A 对应的二次型.

解　设 $X=(x_1, x_2, x_3)^T$，则

【同步训练 1】

写出下面二次型的矩阵形式，并求二次型的秩.

（1）$f(x_1, x_2, x_3)=x_1^2-4x_1x_2-2x_1x_3+x_2^2-x_3^2$；

（2）$f(x_1, x_2, x_3)=2x_1x_2+2x_1x_3+2x_2x_3$.

$$f(x_1, x_2, x_3) = \boldsymbol{X}^{\mathrm{T}}\boldsymbol{A}\boldsymbol{X}$$
$$= (x_1, x_2, x_3)\begin{pmatrix} 1 & 1 & 0 \\ 1 & 2 & -1 \\ 0 & -1 & 3 \end{pmatrix}\begin{pmatrix} x_1 \\ x_2 \\ x_3 \end{pmatrix}$$
$$= x_1^2 + 2x_1x_2 + 2x_2^2 - 2x_2x_3 + 3x_3^2. \qquad \square$$

【同步训练2】

已知矩阵

$$\boldsymbol{A} = \begin{pmatrix} 0 & 1 & -1 \\ 1 & 1 & 0 \\ -1 & 0 & 2 \end{pmatrix},$$

写出 $\boldsymbol{A}$ 对应的二次型.

三、矩阵的合同

前面我们在研究二次曲线时，作了如下变换

$$\begin{cases} x = \cos\theta x' - \sin\theta y', \\ y = \sin\theta x' + \cos\theta y', \end{cases}$$

将其改写为下列形式

$$\begin{pmatrix} x \\ y \end{pmatrix} = \begin{pmatrix} \cos\theta x' - \sin\theta y' \\ \sin\theta x' + \cos\theta y' \end{pmatrix} = \begin{pmatrix} \cos\theta & -\sin\theta \\ \sin\theta & \cos\theta \end{pmatrix}\begin{pmatrix} x' \\ y' \end{pmatrix}, \tag{6-3}$$

其中矩阵$\begin{pmatrix} \cos\theta & -\sin\theta \\ \sin\theta & \cos\theta \end{pmatrix}$的行列式等于 1，所以它是可逆矩阵，这样的变换是一个可逆线性变换，其具体定义如下.

定义 6.2 关系式

$$\begin{cases} x_1 = c_{11}y_1 + c_{12}y_2 + \cdots + c_{1n}y_n, \\ x_2 = c_{21}y_1 + c_{22}y_2 + \cdots + c_{2n}y_n, \\ \qquad \vdots \\ x_n = c_{n1}y_1 + c_{n2}y_2 + \cdots + c_{nn}y_n, \end{cases} \tag{6-4}$$

称为从变量 x_1，x_2，…，x_n 到 y_1，y_2，…，y_n 的一个**线性变换（linear transformation）**.

若记

$$\boldsymbol{C} = \begin{pmatrix} c_{11} & c_{12} & \cdots & c_{1n} \\ c_{21} & c_{22} & \cdots & c_{2n} \\ \vdots & \vdots & & \vdots \\ c_{n1} & c_{n2} & \cdots & c_{nn} \end{pmatrix}, \quad \boldsymbol{X} = \begin{pmatrix} x_1 \\ x_2 \\ \vdots \\ x_n \end{pmatrix}, \quad \boldsymbol{Y} = \begin{pmatrix} y_1 \\ y_2 \\ \vdots \\ y_n \end{pmatrix},$$

则线性变换（6-4）可写成**矩阵形式** $\boldsymbol{X} = \boldsymbol{C}\boldsymbol{Y}$，其中 $\boldsymbol{C}$ 称为**线性变换的矩阵**.

当 $\boldsymbol{C}$ 是可逆矩阵时，称式（6-4）为**可逆线性变换（invertible linear transformation）**；当 $\boldsymbol{C}$ 是正交矩阵时，称式（6-4）为**正交变换（orthogonal transformation）**．显然，正交变换是可逆线性变换.

下面我们对 n 元二次型 $f(\boldsymbol{X}) = \boldsymbol{X}^{\mathrm{T}}\boldsymbol{A}\boldsymbol{X}$ 作可逆线性变换 $\boldsymbol{X} = \boldsymbol{C}\boldsymbol{Y}$，则有

$$f(\boldsymbol{X}) = \boldsymbol{X}^{\mathrm{T}}\boldsymbol{A}\boldsymbol{X} = (\boldsymbol{C}\boldsymbol{Y})^{\mathrm{T}}\boldsymbol{A}(\boldsymbol{C}\boldsymbol{Y}) = \boldsymbol{Y}^{\mathrm{T}}(\boldsymbol{C}^{\mathrm{T}}\boldsymbol{A}\boldsymbol{C})\boldsymbol{Y} = \boldsymbol{Y}^{\mathrm{T}}\boldsymbol{B}\boldsymbol{Y},$$

其中 $\boldsymbol{B} = \boldsymbol{C}^{\mathrm{T}}\boldsymbol{A}\boldsymbol{C}$，且

$$\boldsymbol{B}^{\mathrm{T}} = (\boldsymbol{C}^{\mathrm{T}}\boldsymbol{A}\boldsymbol{C})^{\mathrm{T}} = \boldsymbol{C}^{\mathrm{T}}\boldsymbol{A}^{\mathrm{T}}\boldsymbol{C} = \boldsymbol{C}^{\mathrm{T}}\boldsymbol{A}\boldsymbol{C} = \boldsymbol{B},$$

从而对应得到了一个新二次型 $f(\boldsymbol{Y}) = \boldsymbol{Y}^{\mathrm{T}}\boldsymbol{B}\boldsymbol{Y}$，其矩阵为 $\boldsymbol{B}$．为了便于讨论矩阵 $\boldsymbol{A}$ 与 $\boldsymbol{B}$ 的关系，我们引入矩阵合同的概念.

定义 6.3　设 $\boldsymbol{A}$，$\boldsymbol{B}$ 都是 n 阶矩阵，若存在 n 阶可逆矩阵 $\boldsymbol{C}$，使得

$$\boldsymbol{B}=\boldsymbol{C}^{\mathrm{T}}\boldsymbol{A}\boldsymbol{C},$$

则称 $\boldsymbol{A}$ 与 $\boldsymbol{B}$ 合同（**congruence**），记为 $\boldsymbol{A}\simeq\boldsymbol{B}$.

合同是矩阵之间的一种重要关系，具有下列性质：

（1）反身性：对任意 n 阶矩阵 $\boldsymbol{A}$，有 $\boldsymbol{A}\simeq\boldsymbol{A}$；

（2）对称性：对任意 n 阶矩阵 $\boldsymbol{A}$ 和 $\boldsymbol{B}$，若 $\boldsymbol{A}\simeq\boldsymbol{B}$，则 $\boldsymbol{B}\simeq\boldsymbol{A}$；

（3）传递性：对任意 n 阶矩阵 $\boldsymbol{A}$，$\boldsymbol{B}$ 和 $\boldsymbol{C}$，若 $\boldsymbol{A}\simeq\boldsymbol{B}$，$\boldsymbol{B}\simeq\boldsymbol{C}$，则 $\boldsymbol{A}\simeq\boldsymbol{C}$；

（4）同秩性：若 $\boldsymbol{A}\simeq\boldsymbol{B}$，则 $R(\boldsymbol{A})=R(\boldsymbol{B})$.

这些性质的证明类似于矩阵相似的相应性质的证明，请读者自行尝试. 有关合同和相似的其他结论，我们将在本章第六节中进一步探讨.

有了合同的概念，我们可以看到，若二次型 $f(\boldsymbol{X})=\boldsymbol{X}^{\mathrm{T}}\boldsymbol{A}\boldsymbol{X}$ 经过可逆线性变换 $\boldsymbol{X}=\boldsymbol{C}\boldsymbol{Y}$ 得到了新二次型 $f(\boldsymbol{Y})=\boldsymbol{Y}^{\mathrm{T}}\boldsymbol{B}\boldsymbol{Y}$，则矩阵 $\boldsymbol{B}$ 与 $\boldsymbol{A}$ 是合同的，即

定理 6.1　经过可逆线性变换，变换后二次型的矩阵与变换前二次型的矩阵是合同的.

定理 6.1 可以用下图来表达.

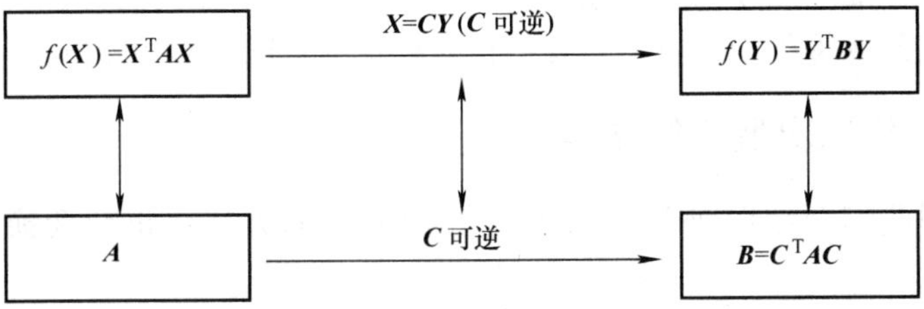

图　6-1

例 3　已知二次型 $f(x_1, x_2, x_3)=x_1^2+2x_1x_2-x_2^2-2x_2x_3$，试求经过下面的可逆线性变换后得到的二次型：

$$\begin{cases} x_1=y_1-y_2+y_3, \\ x_2=\qquad y_2-y_3, \\ x_3=\qquad\qquad 2y_3. \end{cases}$$

解　首先写出二次型的矩阵

$$\boldsymbol{A}=\begin{pmatrix} 1 & 1 & 0 \\ 1 & -1 & -1 \\ 0 & -1 & 0 \end{pmatrix},$$

线性变换的矩阵为

$$\boldsymbol{C}=\begin{pmatrix} 1 & -1 & 1 \\ 0 & 1 & -1 \\ 0 & 0 & 2 \end{pmatrix},$$

显然矩阵 $\boldsymbol{C}$ 可逆. 由定理 6.1 可知，为求线性变换后的二次型，可先求

出矩阵 $C^{\mathrm{T}}AC$.

$$C^{\mathrm{T}}AC=\begin{pmatrix}1&0&0\\-1&1&0\\1&-1&2\end{pmatrix}\begin{pmatrix}1&1&0\\1&-1&-1\\0&-1&0\end{pmatrix}\begin{pmatrix}1&-1&1\\0&1&-1\\0&0&2\end{pmatrix}=\begin{pmatrix}1&0&0\\0&-2&0\\0&0&2\end{pmatrix}.$$

因此，经过可逆线性变换后得到的二次型为

$$f(y_1,y_2,y_3)=Y^{\mathrm{T}}(C^{\mathrm{T}}AC)Y=y_1^2-2y_2^2+2y_3^2. \qquad \square$$

第二节　二次型的标准形与规范形

上节例 3 中的二次型经过可逆线性变换化成了只含平方项的形式，这实际上就是原二次型的标准形. 本节的中心内容就是讨论如何利用可逆线性变换将二次型化为标准形.

首先引入二次型的标准形的概念.

定义 6.4 只含平方项的二次型 $f=d_1y_1^2+d_2y_2^2+\cdots+d_ny_n^2$ 称为二次型的**标准形**（**standard form**），其矩阵形式为 $f=Y^{\mathrm{T}}\Lambda Y$，其中 $\Lambda=\mathrm{diag}(d_1,\ d_2,\ \cdots,\ d_n)$ 是对角矩阵.

由于标准形的矩阵为对角矩阵，所以求可逆线性变换将二次型化为标准形的问题等价于求可逆矩阵使得对称矩阵合同于对角矩阵的问题.

一、化二次型为标准形

这里我们介绍两种将二次型化为标准形的方法：正交变换法和配方法.

1. 用正交变换法将实二次型化为标准形

给定实二次型 $f(X)=X^{\mathrm{T}}AX$，由于矩阵 A 是实对称矩阵，而由定理 5.5 可知，总存在一个正交矩阵 Q，使得

$$Q^{-1}AQ=\Lambda=\mathrm{diag}(\lambda_1,\ \lambda_2,\ \cdots,\ \lambda_n),$$

其中 Λ 是对角矩阵，λ_1，λ_2，…，λ_n 是矩阵 A 的特征值.

作正交变换 $X=QY$，则

$$\begin{aligned}f(X)&=X^{\mathrm{T}}AX=(QY)^{\mathrm{T}}A(QY)=Y^{\mathrm{T}}(Q^{\mathrm{T}}AQ)Y=Y^{\mathrm{T}}(Q^{-1}AQ)Y\\&=\lambda_1y_1^2+\lambda_2y_2^2+\cdots+\lambda_ny_n^2,\end{aligned}$$

由此得到以下定理.

定理 6.2 任给实二次型 $f(X)=X^{\mathrm{T}}AX$，总可以经过正交变换 $X=QY$ 将其化为标准形

$$f=\lambda_1y_1^2+\lambda_2y_2^2+\cdots+\lambda_ny_n^2,$$

其中 λ_1，λ_2，…，λ_n 是矩阵 A 的特征值.

例 1 用正交变换法将实二次型 $f(x,\ y)=2x^2+2xy+2y^2$ 化为标准形，并指出方程 $f(x,\ y)=1$ 表示何种曲线.

解 二次型的矩阵为 $A=\begin{pmatrix}2&1\\1&2\end{pmatrix}$，其特征方程为

$$|\lambda\boldsymbol{E}-\boldsymbol{A}|=\begin{vmatrix}\lambda-2 & -1\\ -1 & \lambda-2\end{vmatrix}=(\lambda-1)(\lambda-3)=0,$$

所以 $\boldsymbol{A}$ 的全部特征值为 $\lambda_1=1$，$\lambda_2=3$.

将 $\lambda_1=1$，$\lambda_2=3$ 分别代入齐次线性方程组 $(\lambda\boldsymbol{E}-\boldsymbol{A})\boldsymbol{X}=\boldsymbol{0}$，解得对应的基础解系分别为 $\boldsymbol{\eta}_1=(1,\ -1)^{\mathrm{T}}$，$\boldsymbol{\eta}_2=(1,\ 1)^{\mathrm{T}}$.

将 $\boldsymbol{\eta}_1$，$\boldsymbol{\eta}_2$ 单位化，得 $\boldsymbol{\alpha}_1=\dfrac{1}{\|\boldsymbol{\eta}_1\|}\boldsymbol{\eta}_1=\left(\dfrac{\sqrt{2}}{2},\ -\dfrac{\sqrt{2}}{2}\right)^{\mathrm{T}}$，$\boldsymbol{\alpha}_2=\dfrac{1}{\|\boldsymbol{\eta}_2\|}\boldsymbol{\eta}_2=\left(\dfrac{\sqrt{2}}{2},\ \dfrac{\sqrt{2}}{2}\right)^{\mathrm{T}}$.

令 $\boldsymbol{Q}=(\boldsymbol{\alpha}_1,\ \boldsymbol{\alpha}_2)$. 作正交变换 $\boldsymbol{X}=\boldsymbol{QY}$，即

$$\begin{pmatrix}x\\ y\end{pmatrix}=\begin{pmatrix}\dfrac{\sqrt{2}}{2} & \dfrac{\sqrt{2}}{2}\\ -\dfrac{\sqrt{2}}{2} & \dfrac{\sqrt{2}}{2}\end{pmatrix}\begin{pmatrix}x'\\ y'\end{pmatrix},$$

则实二次型的标准形为

$$f=x'^2+3y'^2.$$

由于 $f(x,\ y)=1$ 经过正交变换后化为 $x'^2+3y'^2=1$，而 $x'^2+3y'^2=1$ 表示的是平面上的一个椭圆，所以 $f(x,\ y)=1$ 表示一个椭圆. □

在例 1 中，我们要注意：

(1) 因为特征向量不唯一，所以正交变换也不唯一；

(2) 从原方程中很难看出曲线的类型，而经过正交变换化为标准形后就一目了然了. 当二次曲线的方程不是标准形式时，我们可以经过正交变换将其方程化为标准形式，从而实现对它们的分类.

最后，我们总结用正交变换法将实二次型 $f(\boldsymbol{X})=\boldsymbol{X}^{\mathrm{T}}\boldsymbol{AX}$ 化为标准形的步骤如下：

(1) 写出实二次型的矩阵 $\boldsymbol{A}$；

(2) 对于实对称矩阵 $\boldsymbol{A}$，求出正交矩阵 $\boldsymbol{Q}$，使得

$$\boldsymbol{Q}^{-1}\boldsymbol{AQ}=\boldsymbol{\Lambda}=\mathrm{diag}(\lambda_1,\ \lambda_2,\ \cdots,\ \lambda_n);$$

(3) 作正交变换 $\boldsymbol{X}=\boldsymbol{QY}$，得到实二次型的标准形

$$f=\lambda_1y_1^2+\lambda_2y_2^2+\cdots+\lambda_ny_n^2,$$

其中 λ_1，λ_2，$\cdots$，λ_n 是矩阵 $\boldsymbol{A}$ 的特征值.

【同步训练 1】

用正交变换法将下面的实二次型化为标准形.

$f(x_1,x_2,x_3)=2x_1^2+3x_2^2+3x_3^2+4x_2x_3$.

2. 用配方法将二次型化为标准形

配方法是将二次型化为标准形的一种行之有效的方法. 一般地，有下列定理.

定理 6.3 数域 F 上的任意一个二次型都可以经过可逆线性变换化为标准形.

用矩阵语言来描述即为：数域 F 上的任意一个对称矩阵一定合同于一个对角矩阵.

证明 对二次型的变量个数 n 作数学归纳法.

当 $n=1$ 时，一元二次型 $f(x_1)=a_{11}x_1^2$，显然为标准形.

假设对于 $n-1$ 元二次型，结论成立. 下面证明对于 n 元二次型，结论也成立.

对于 n 元二次型，就其系数特点分下面三种情形进行讨论：

（1）如果某个变量的系数都为零，不妨设 x_1 的系数都为零，即 $a_{1j}=0$，$j=1$，2，…，n，则二次型可以看作是一个变量 x_2，x_3，…，x_n 的 $n-1$ 元二次型. 由归纳假设可得，它可以经过可逆线性变换化为标准形.

（2）如果平方项的系数中至少有一个不为零，不妨设 $a_{11}\neq 0$，则有

$$f(x_1,x_2,\cdots,x_n)=a_{11}\left[x_1^2+2x_1\left(\frac{a_{12}}{a_{11}}x_2+\cdots+\frac{a_{1n}}{a_{11}}x_n\right)+\left(\frac{a_{12}}{a_{11}}x_2+\cdots+\frac{a_{1n}}{a_{11}}x_n\right)^2\right]-a_{11}\left(\frac{a_{12}}{a_{11}}x_2+\cdots+\frac{a_{1n}}{a_{11}}x_n\right)^2+f(x_2,\cdots,x_n)$$

$$=a_{11}\left(x_1+\frac{a_{12}}{a_{11}}x_2+\cdots+\frac{a_{1n}}{a_{11}}x_n\right)^2+g(x_2,\cdots,x_n),$$

其中

$$g(x_2,\cdots,x_n)=-a_{11}\left(\frac{a_{12}}{a_{11}}x_2+\cdots+\frac{a_{1n}}{a_{11}}x_n\right)^2+f(x_2,\cdots,x_n).$$

令

$$\begin{cases}y_1=x_1+\dfrac{a_{12}}{a_{11}}x_2+\cdots+\dfrac{a_{1n}}{a_{11}}x_n,\\ y_2=\qquad x_2,\\ \qquad\vdots\\ y_n=\qquad\qquad x_n,\end{cases}$$

即

$$\begin{cases}x_1=y_1-\dfrac{a_{12}}{a_{11}}y_2-\cdots-\dfrac{a_{1n}}{a_{11}}y_n,\\ x_2=\qquad y_2,\\ \qquad\vdots\\ x_n=\qquad\qquad y_n,\end{cases}\tag{6-5}$$

显然上述变换是一个可逆线性变换，且二次型化为

$$f=a_{11}y_1^2+g(y_2,\cdots,y_n).$$

而由归纳假设，$g(y_2,\cdots,y_n)$ 可经过可逆线性变换

$$\begin{cases}y_2=c_{22}z_2+c_{23}z_3+\cdots+c_{2n}z_n,\\ y_3=c_{32}z_2+c_{33}z_3+\cdots+c_{3n}z_n,\\ \qquad\vdots\\ y_n=c_{n2}z_2+c_{n3}z_3+\cdots+c_{nn}z_n,\end{cases}$$

化为标准形 $d_2z_2^2+d_3z_3^2+\cdots+d_nz_n^2$. 于是经过可逆线性变换(6-5)和如下可逆线性变换

$$\begin{cases} y_1=z_1, \\ y_2=\quad c_{22}z_2+c_{23}z_3+\cdots+c_{2n}z_n, \\ y_3=\quad c_{32}z_2+c_{33}z_3+\cdots+c_{3n}z_n, \\ \qquad\qquad\vdots \\ y_n=\quad c_{n2}z_2+c_{n3}z_3+\cdots+c_{nn}z_n, \end{cases}$$

原二次型化为标准形

$$f=a_{11}z_1^2+d_2z_2^2+\cdots+d_nz_n^2.$$

(3)如果平方项系数都为零，但混合项系数至少有一个不为零，不妨设 $a_{12}\neq 0$，则令

$$\begin{cases} x_1=y_1+y_2, \\ x_2=\quad y_2, \\ \qquad\vdots \\ x_n=\quad y_n, \end{cases} \tag{6-6}$$

显然这是一个可逆线性变换，并且有

$$f=2a_{12}y_1y_2+2a_{12}y_2^2+2a_{13}y_1y_3+2a_{13}y_2y_3+\cdots+2a_{1n}y_1y_n+2a_{1n}y_2y_n+ \\ 2a_{23}y_2y_3+2a_{24}y_2y_4+\cdots+2a_{n-1,n}y_{n-1}y_n,$$

上式右边是关于 y_1，y_2，…，y_n 的二次型，且 y_2^2 的系数 $a_{12}\neq 0$，由情形(2)可知，它可以经过可逆线性变换 $\boldsymbol{Y}=\boldsymbol{QZ}$ 化为标准形

$$f=d_1z_1^2+d_2z_2^2+\cdots+d_nz_n^2,$$

从而先后经过可逆线性变换(6-6)和 $\boldsymbol{Y}=\boldsymbol{QZ}$，二次型 $f(x_1, x_2, \cdots, x_n)$ 化为了标准形. ■

定理 6.3 的证明过程也给出了用配方法将二次型化为标准形的思路. 下面举例说明.

例 2 用配方法将下面的二次型化为标准形.

$$f(x_1,x_2,x_3)=x_1^2+2x_1x_3-2x_2x_3+2x_3^2.$$

解 由于二次型中含有变量 x_1 的平方项，属于定理 6.3 的情形(2)，所以首先把所有含 x_1 的项归并起来并进行配方，过程如下：

$$\begin{aligned} f(x_1,x_2,x_3) &= x_1^2+2x_1x_3-2x_2x_3+2x_3^2 \\ &= (x_1^2+2x_1x_3+x_3^2)-x_3^2-2x_2x_3+2x_3^2 \\ &= (x_1+x_3)^2+x_3^2-2x_2x_3, \end{aligned}$$

再看 $x_3^2-2x_2x_3$ 这个二次型，仍属于情形(2)，继续配方，则有

$$\begin{aligned} f(x_1,x_2,x_3) &= (x_1+x_3)^2+x_3^2-2x_2x_3+x_2^2-x_2^2 \\ &= (x_1+x_3)^2+(x_2-x_3)^2-x_2^2. \end{aligned}$$

令

$$\begin{cases} y_1 = x_1 + x_3, \\ y_2 = x_2 - x_3, \\ y_3 = x_2, \end{cases}$$

即

$$\begin{cases} x_1 = y_1 + y_2 - y_3, \\ x_2 = y_3, \\ x_3 = -y_2 + y_3, \end{cases}$$

其线性变换的矩阵为

$$\boldsymbol{C}=\begin{pmatrix} 1 & 1 & -1 \\ 0 & 0 & 1 \\ 0 & -1 & 1 \end{pmatrix},\ \text{且}\ |\boldsymbol{C}|=1\neq 0,$$

所以经过可逆线性变换 $\boldsymbol{X}=\boldsymbol{CY}$，二次型化为标准形

$$f=y_1^2+y_2^2-y_3^2.$$

当然，第一次配方时也可以选择对 x_3 进行，过程如下：

$$\begin{aligned} f(x_1,x_2,x_3) &= x_1^2+2x_1x_3-2x_2x_3+2x_3^2 \\ &= 2[x_3^2+x_3(x_1-x_2)]+x_1^2 \\ &= 2\left[x_3^2+x_3(x_1-x_2)+\frac{1}{4}(x_1-x_2)^2\right]-\frac{1}{2}(x_1-x_2)^2+x_1^2. \end{aligned}$$

令

$$\begin{cases} y_1 = \dfrac{1}{2}x_1 - \dfrac{1}{2}x_2 + x_3, \\ y_2 = x_1 - x_2, \\ y_3 = x_1, \end{cases}$$

即

$$\begin{cases} x_1 = y_3, \\ x_2 = -y_2 + y_3, \\ x_3 = y_1 - \dfrac{1}{2}y_2, \end{cases}$$

其线性变换的矩阵为

$$\boldsymbol{C}_1=\begin{pmatrix} 0 & 0 & 1 \\ 0 & -1 & 1 \\ 1 & -\frac{1}{2} & 0 \end{pmatrix},\ \text{且}\ |\boldsymbol{C}_1|=1\neq 0,$$

所以经过可逆线性变换 $\boldsymbol{X}=\boldsymbol{C}_1\boldsymbol{Y}$，二次型化为标准形

$$f=2y_1^2-\frac{1}{2}y_2^2+y_3^2.$$ □

注 从例 2 可以看出，二次型的标准形不是唯一的，与所作的可逆线性变换有关.

例 3　用配方法将下面的二次型化为标准形.

$$f(x_1,x_2,x_3)=2x_1x_2+2x_1x_3-2x_2x_3.$$

分析　与例 2 不同的是，这个二次型中仅含有混合项，属于定理 6.3 的情形（3），所以可以先构造一个可逆线性变换使其出现平方项，再进行配方化标准形.

解 令

$$\begin{cases}x_1=y_1+y_2,\\x_2=y_2,\\x_3=y_3,\end{cases}$$

其线性变换的矩阵为

$$\boldsymbol{C}_1=\begin{pmatrix}1&1&0\\0&1&0\\0&0&1\end{pmatrix},\ \text{且}\ |\boldsymbol{C}_1|=1\neq0,$$

所以经过可逆线性变换 $\boldsymbol{X}=\boldsymbol{C}_1\boldsymbol{Y}$，二次型化为

$$\begin{aligned}f&=2(y_1+y_2)y_2+2(y_1+y_2)y_3-2y_2y_3\\&=2y_1y_2+2y_2^2+2y_1y_3,\end{aligned}$$

然后对 y_2 进行配方得

$$\begin{aligned}f&=2\left(\frac{1}{2}y_1+y_2\right)^2-\frac{1}{2}y_1^2+2y_1y_3\\&=2\left(\frac{1}{2}y_1+y_2\right)^2-\frac{1}{2}(y_1-2y_3)^2+2y_3^2.\end{aligned}$$

令

$$\begin{cases}z_1=\frac{1}{2}y_1+y_2,\\z_2=y_1-2y_3,\\z_3=y_3,\end{cases}$$

即

$$\begin{cases}y_1=z_2+2z_3,\\y_2=z_1-\frac{1}{2}z_2-z_3,\\y_3=z_3,\end{cases}$$

其线性变换的矩阵为

$$\boldsymbol{C}_2=\begin{pmatrix}0&1&2\\1&-\frac{1}{2}&-1\\0&0&1\end{pmatrix},\ \text{且}\ |\boldsymbol{C}_2|=-1\neq0,$$

此时，原二次型化为标准形

$$f=2z_1^2-\frac{1}{2}z_2^2+2z_3^2,$$

【同步训练 2】

用配方法将下面的二次型化为标准形.

$f(x_1,x_2,x_3)=x_1^2+2x_1x_2+2x_1x_3-x_2^2.$

所作可逆线性变换为 $\boldsymbol{X}=\boldsymbol{C}_1\boldsymbol{Y}=\boldsymbol{C}_1(\boldsymbol{C}_2\boldsymbol{Z})=(\boldsymbol{C}_1\boldsymbol{C}_2)\boldsymbol{Z}=\boldsymbol{C}\boldsymbol{Z}$，其中

$$\boldsymbol{C}=\boldsymbol{C}_1\boldsymbol{C}_2=\begin{pmatrix}1 & \frac{1}{2} & 1\\ 1 & -\frac{1}{2} & -1\\ 0 & 0 & 1\end{pmatrix}.$$ □

注 在例3中，第一步所作的可逆线性变换不是唯一的，其目的是为了在新二次型中出现平方项. 读者可以尝试作其他的可逆线性变换.

【同步训练3】

用配方法将下面的二次型化为标准形.

$f(x_1,x_2,x_3)=x_1x_2+x_1x_3+x_2x_3$.

例4 用配方法将下面的二次型化为标准形.

$$f(x_1,x_2,x_3)=x_1^2+2x_1x_2+x_2^2-2x_2x_3.$$

解 $f(x_1,x_2,x_3)=x_1^2+2x_1x_2+x_2^2-2x_2x_3$

$$=(x_1+x_2)^2-2x_2x_3,$$

对 x_1 配方后，我们对不含 x_1 的二次型 $-2x_2x_3$ 继续配方，显然它属于定理6.3的情形（3），因此，令

$$\begin{cases}y_1=x_1+x_2,\\ x_2=y_2+y_3,\\ x_3=y_2-y_3,\end{cases}$$

即

$$\begin{cases}x_1=y_1-y_2-y_3,\\ x_2=y_2+y_3,\\ x_3=y_2-y_3,\end{cases}$$

其线性变换的矩阵为

$$\boldsymbol{C}=\begin{pmatrix}1 & -1 & -1\\ 0 & 1 & 1\\ 0 & 1 & -1\end{pmatrix}，且 |\boldsymbol{C}|=-2\neq 0,$$

所以经过可逆线性变换 $\boldsymbol{X}=\boldsymbol{C}\boldsymbol{Y}$，二次型化为标准形

$$f=y_1^2-2y_2^2+2y_3^2.$$

注 此例题也可以选择对 x_2 配方. 请读者自行尝试. □

思考与研讨 下面配方的过程对不对？为什么？

（1）对二次型 $f(x_1,x_2,x_3)=x_1^2+2x_1x_3-x_2^2+x_3^2$，配方得到

$$f=(x_1+x_3)^2-x_2^2.$$

令

$$\begin{cases}y_1=x_1+x_3,\\ y_2=x_2,\end{cases}$$

则二次型的标准形为 $f=y_1^2-y_2^2$.

（2）在例2中，若对 x_3 进行配方时，按如下进行

$$f(x_1,x_2,x_3)=x_1^2+2x_1x_3-2x_2x_3+2x_3^2$$

$$=2(x_3^2-x_2x_3)+x_1^2+2x_1x_3$$

$$=2(x_3^2-x_2x_3+\frac{1}{4}x_2^2)-\frac{1}{2}x_2^2+x_1^2+2x_1x_3$$

$$=2(\frac{1}{2}x_2-x_3)^2-\frac{1}{2}x_2^2+x_1^2+2x_1x_3+x_3^2-x_3^2$$

$$=2(\frac{1}{2}x_2-x_3)^2-\frac{1}{2}x_2^2+(x_1+x_3)^2-x_3^2,$$

令

$$\begin{cases} y_1= \quad \frac{1}{2}x_2-x_3, \\ y_2= \quad x_2, \\ y_3=x_1 \quad +x_3, \\ y_4= \quad x_3, \end{cases}$$

则二次型的标准形为$f=2y_1^2-\frac{1}{2}y_2^2+y_3^2-y_4^2$.

研讨结论＿＿＿＿＿＿＿＿＿＿＿＿＿＿＿＿＿＿＿＿＿＿＿＿＿＿＿＿＿＿＿＿＿＿

＿＿＿＿＿＿＿＿＿＿＿＿＿＿＿＿＿＿＿＿＿＿＿＿＿＿＿＿＿＿＿＿＿＿＿＿＿＿＿

二、二次型的规范形

由例2我们知道，一个二次型的标准形并不是唯一的，但是在二次型的不同标准形中，系数不为零的平方项的个数是唯一确定的，与所作的可逆线性变换无关. 为了深入讨论此问题，我们引入二次型的规范形的概念.

1. 实二次型的规范形

定义6.5　形如

$$f(y_1,y_2,\cdots,y_n)=y_1^2+y_2^2+\cdots+y_p^2-y_{p+1}^2-\cdots-y_r^2(p\leqslant r\leqslant n)$$

的二次型称为n元实二次型的**规范形（canonical form）**.

对于实二次型，我们有以下结论.

定理6.4（惯性定理（inertial theorem））　任意一个n元实二次型$f(\boldsymbol{X})=\boldsymbol{X}^{\mathrm{T}}\boldsymbol{A}\boldsymbol{X}$都可以经过可逆线性变换化为规范形

$$f=y_1^2+y_2^2+\cdots+y_p^2-y_{p+1}^2-\cdots-y_r^2(p\leqslant r\leqslant n),$$

且其规范形是唯一的，其中r为二次型的秩.

用矩阵语言来描述即为：实对称矩阵$\boldsymbol{A}$一定合同于矩阵$\begin{pmatrix}\boldsymbol{E}_p & \boldsymbol{O} & \boldsymbol{O}\\ \boldsymbol{O} & -\boldsymbol{E}_{r-p} & \boldsymbol{O}\\ \boldsymbol{O} & \boldsymbol{O} & \boldsymbol{O}\end{pmatrix}$，其中$r$为矩阵$\boldsymbol{A}$的秩.

证明　由定理6.3可知，任意一个实二次型$f(\boldsymbol{X})=\boldsymbol{X}^{\mathrm{T}}\boldsymbol{A}\boldsymbol{X}$都可以经过可逆线性变换化为标准形，将标准形中的变量按系数为正、为负、为零重新排列，得到实二次型的标准形为

$$f=d_1y_1^2+d_2y_2^2+\cdots+d_py_p^2-d_{p+1}y_{p+1}^2-\cdots-d_ry_r^2,$$

其中 $d_i>0$，$i=1, 2, \cdots, r$. 由于矩阵 $\boldsymbol{A}$ 与对角矩阵

$$\boldsymbol{\Lambda}=\operatorname{diag}(d_1,\cdots,d_p,-d_{p+1},\cdots,-d_r,0,\cdots,0)$$

合同，所以 $R(\boldsymbol{A})=R(\boldsymbol{\Lambda})=r$，即 r 为二次型的秩.

令

$$\begin{cases} y_1=\dfrac{1}{\sqrt{d_1}}z_1, \\ \quad\vdots \\ y_r=\dfrac{1}{\sqrt{d_r}}z_r, \\ y_{r+1}=z_{r+1}, \\ \quad\vdots \\ y_n=z_n, \end{cases}$$

则得到实二次型的规范形为

$$f=y_1^2+y_2^2+\cdots+y_p^2-y_{p+1}^2-\cdots-y_r^2.$$

规范形唯一性的证明略. ■

由定理 6.4 可知，要想得到实二次型的规范形，首先要将实二次型化为标准形，然后将标准形中的变量按系数为正、为负、为零重新排列，最后只需将平方项的系数分别化为 1，-1，0 即可.

例 5 将例 2 中的实二次型化为规范形.

解 由例 2 可知，经过可逆线性变换 $\boldsymbol{X}=\boldsymbol{C}_1\boldsymbol{Y}$，将实二次型化为标准形

$$f=2y_1^2-\frac{1}{2}y_2^2+y_3^2,$$

其中

$$\boldsymbol{C}_1=\begin{pmatrix} 0 & 0 & 1 \\ 0 & -1 & 1 \\ 1 & -\dfrac{1}{2} & 0 \end{pmatrix}.$$

再令

$$\begin{cases} w_1=y_1, \\ w_2= \qquad\quad y_3, \\ w_3= \quad y_2, \end{cases}$$

即

$$\begin{cases} y_1=w_1, \\ y_2= \qquad\quad w_3, \\ y_3= \quad w_2, \end{cases}$$

其线性变换的矩阵为

$$\boldsymbol{C}_2=\begin{pmatrix}1&0&0\\0&0&1\\0&1&0\end{pmatrix},\ \text{且}\ |\boldsymbol{C}_2|=-1\neq 0,$$

所以经过可逆线性变换 $\boldsymbol{Y}=\boldsymbol{C}_2\boldsymbol{W}$，二次型化为

$$f=2w_1^2+w_2^2-\frac{1}{2}w_3^2.$$

最后令

$$\begin{cases}z_1=\sqrt{2}w_1,\\z_2=\qquad w_2,\\z_3=\qquad\quad \dfrac{\sqrt{2}}{2}w_3,\end{cases}$$

即

$$\begin{cases}w_1=\dfrac{\sqrt{2}}{2}z_1,\\w_2=\qquad z_2,\\w_3=\qquad\quad \sqrt{2}z_3,\end{cases}$$

其线性变换的矩阵为

$$\boldsymbol{C}_3=\begin{pmatrix}\dfrac{\sqrt{2}}{2}&0&0\\0&1&0\\0&0&\sqrt{2}\end{pmatrix},\ \text{且}\ |\boldsymbol{C}_3|=1\neq 0,$$

则原二次型化为规范形

$$f=z_1^2+z_2^2-z_3^2,$$

所作可逆线性变换为

$$\boldsymbol{X}=\boldsymbol{C}_1\boldsymbol{Y}=\boldsymbol{C}_1(\boldsymbol{C}_2\boldsymbol{W})=\boldsymbol{C}_1(\boldsymbol{C}_2\boldsymbol{C}_3\boldsymbol{Z})=(\boldsymbol{C}_1\boldsymbol{C}_2\boldsymbol{C}_3)\boldsymbol{Z}=\boldsymbol{C}\boldsymbol{Z},$$

其中

$$\boldsymbol{C}=\boldsymbol{C}_1\boldsymbol{C}_2\boldsymbol{C}_3=\begin{pmatrix}0&1&0\\0&1&-\sqrt{2}\\\dfrac{\sqrt{2}}{2}&0&-\dfrac{\sqrt{2}}{2}\end{pmatrix}.$$ □

定义 6.6　在实二次型 $f(\boldsymbol{X})=\boldsymbol{X}^{\mathrm{T}}\boldsymbol{A}\boldsymbol{X}$ 的规范形中，正平方项的个数 p 称为实二次型（或实对称矩阵 $\boldsymbol{A}$）的**正惯性指数**，负平方项的个数 $r-p$ 称为实二次型（或实对称矩阵 $\boldsymbol{A}$）的**负惯性指数**，正负惯性指数之差 $p-(r-p)=2p-r$ 称为实二次型的**符号差**.

应该指出的是，虽然二次型的标准形不唯一，但由定理 6.4 的证明过程及定义 6.6 可以看出：

（1）实二次型的标准形中系数为正的平方项的个数就是实二次型的正惯性指数，系数为负的平方项的个数就是实二次型的负惯性指数.

（2）一个实二次型的标准形中系数不为零的平方项的个数是唯一确定的，就是实二次型的秩.

【同步训练4】

将下面的实二次型化为规范形，并求该二次型的秩和正、负惯性指数：

$f(x_1,x_2,x_3)=2x_1x_2+2x_1x_3-4x_2x_3$.

例 6 求例 3 中的三元实二次型的秩和正、负惯性指数.

解 由例 3 可知，实二次型的标准形之一为 $f=2z_1^2-\frac{1}{2}z_2^2+2z_3^2$，所以二次型的秩为 3，正惯性指数为 2，负惯性指数为 1. □

推论 两个 n 阶实对称矩阵合同的充分必要条件是它们具有相同的秩及正惯性指数.

证明 由定理 6.4 即可得到. ■

例 7 试判断实矩阵 $\boldsymbol{A}=\begin{pmatrix}1&0&0\\0&2&0\\0&0&-2\end{pmatrix}$与 $\boldsymbol{B}=\begin{pmatrix}3&0&0\\0&-1&0\\0&0&4\end{pmatrix}$是否合同.

解 显然，矩阵 $\boldsymbol{A}$ 和矩阵 $\boldsymbol{B}$ 的秩都是 3.

矩阵 $\boldsymbol{A}$ 对应的实二次型为

$$f=y_1^2+2y_2^2-2y_3^2,$$

矩阵 $\boldsymbol{B}$ 对应的实二次型为

$$f=3y_1^2-y_2^2+4y_3^2,$$

所以 $\boldsymbol{A}$ 和 $\boldsymbol{B}$ 的正惯性指数都是 2.

由推论知，$\boldsymbol{A}\simeq\boldsymbol{B}$. □

2. 复二次型的规范形

定义 6.7 形如

$$f=y_1^2+y_2^2+\cdots+y_r^2\,(r\leqslant n)$$

的二次型称为 n 元复二次型的**规范形（canonical form）**.

对于复二次型，我们有以下结论：

定理 6.5 任意一个 n 元复二次型 $f(\boldsymbol{X})=\boldsymbol{X}^{\mathrm{T}}\boldsymbol{A}\boldsymbol{X}$ 都可以经过可逆线性变换化为规范形

$$f=y_1^2+y_2^2+\cdots+y_r^2\,(r\leqslant n),$$

且规范形是唯一的，其中 r 为二次型的秩.

用矩阵语言来描述即为：复对称矩阵 $\boldsymbol{A}$ 一定合同于矩阵$\begin{pmatrix}\boldsymbol{E}_r&\boldsymbol{O}\\\boldsymbol{O}&\boldsymbol{O}\end{pmatrix}$，其中 r 为矩阵 $\boldsymbol{A}$ 的秩.

证明 由定理 6.3 可知，任意一个复二次型 $f(\boldsymbol{X})=\boldsymbol{X}^{\mathrm{T}}\boldsymbol{A}\boldsymbol{X}$ 都可以经过可逆线性变换化为标准形：$f=d_1y_1^2+d_2y_2^2+\cdots+d_ry_r^2$，其中 r 为二次型的秩.

在复数域上，令

$$\begin{cases}y_1=\dfrac{1}{\sqrt{d_1}}z_1,\\ \quad\vdots\\ y_r=\dfrac{1}{\sqrt{d_r}}z_r,\\ y_{r+1}=z_{r+1},\\ \quad\vdots\\ y_n=z_n,\end{cases}$$

则二次型化为规范形

$$f=y_1^2+y_2^2+\cdots+y_r^2.$$

显然复二次型的规范性的唯一性取决于系数不为零的项数，即由二次型的秩唯一决定. ■

推论 两个 n 阶复对称矩阵合同的充分必要条件是它们的秩相等.

最后，针对本节内容，我们再**强调以下两点**：

（1）配方法可以将数域 F 上的任意一个二次型化为标准形，过程较为简单；正交变换法只适用于将实二次型化为标准形，计算较为复杂；

（2）用正交变换法化成的标准形中平方项的系数是二次型矩阵的特征值，而用配方法化成的标准形中平方项的系数与二次型矩阵的特征值没有必然联系.

第三节 正定二次型和正定矩阵

n 元二次型 $f(x_1, x_2, \cdots, x_n)=\boldsymbol{X}^{\mathrm{T}}\boldsymbol{AX}$ 是一个关于变量 $x_1, x_2, \cdots, x_n$ 的二次齐次多项式，从另一个角度来看，它可以理解为是变量 $x_1, x_2, \cdots, x_n$ 的一个 n 元函数. 当限定在实数范围内时，一个实二次型 $f(x_1, x_2, \cdots, x_n)=\boldsymbol{X}^{\mathrm{T}}\boldsymbol{AX}$ 就可以看成是一个定义在实数域上的实值函数. 根据其函数值的取值符号，实二次型有不同的分类，本节着重讨论正定二次型及其判别方法，下一节将介绍其他实二次型.

一、正定二次型和正定矩阵的定义

定义 6.8 给定 n 元实二次型 $f(\boldsymbol{X})=\boldsymbol{X}^{\mathrm{T}}\boldsymbol{AX}$，如果对任意 $\boldsymbol{X}\neq\boldsymbol{0}$，都有 $f(\boldsymbol{X})>0$，则称该二次型为**正定二次型（positive definite quadratic form）**，称矩阵 $\boldsymbol{A}$ 为**正定矩阵（positive definite matrix）.**

对上述定义，**需注意的是**，正定矩阵一定是实对称矩阵.

例 1 判别下列三元实二次型是否是正定二次型：

（1）$f(x_1, x_2, x_3)=x_1^2+2x_2^2+4x_3^2$；

（2）$f(x_1, x_2, x_3)=x_1^2+2x_2^2$；

（3）$f(x_1, x_2, x_3)=x_1^2+2x_2^2-4x_3^2$.

解 利用正定二次型的定义容易得到

（1）中的二次型是正定二次型，因为对任意 $\boldsymbol{X}=(x_1, x_2, x_3)^{\mathrm{T}}\neq\boldsymbol{0}$，都有 $f(x_1, x_2, x_3)>0$；

（2）中的二次型不是正定二次型，因为当 $\boldsymbol{X}=(0, 0, 1)^{\mathrm{T}}\neq\boldsymbol{0}$ 时，$f(x_1, x_2, x_3)=0$；

（3）中的二次型不是正定二次型，因为当 $\boldsymbol{X}=(0, 0, 1)^{\mathrm{T}}\neq\boldsymbol{0}$ 时，$f(x_1, x_2, x_3)=-4<0$. □

由例 1 我们可能会这样猜想，当实二次型的标准形中平方项的系数都大于零时，该标准形是正定二次型．那么这一猜想是否正确呢？如果猜想正确，一个实二次型能否利用其标准形来判别正定性呢？

下面我们重点讨论正定二次型的判别方法．

二、正定二次型和正定矩阵的判别方法

前面我们猜想，当实二次型的标准形中平方项的系数都大于零时，该标准形是正定二次型．这一猜测是正确的．一般地，对于实二次型的标准形，我们有下列结论成立．

引理 6.1 n 元实二次型的标准形 $f(\boldsymbol{Y})=d_1y_1^2+d_2y_2^2+\cdots+d_ny_n^2$ 是正定二次型的充分必要条件是 $d_i>0$，$i=1,2,\cdots,n$．

用矩阵语言描述即为：实对角矩阵 $\boldsymbol{\Lambda}=\mathrm{diag}(d_1,d_2,\cdots,d_n)$ 是正定矩阵的充分必要条件是 $d_i>0$，$i=1,2,\cdots,n$．

证明 （必要性）设实二次型

$$f(\boldsymbol{Y})=d_1y_1^2+d_2y_2^2+\cdots+d_ny_n^2$$

是正定二次型，则对任意 $\boldsymbol{Y}=(y_1,y_2,\cdots,y_n)^{\mathrm{T}}\neq\boldsymbol{0}$，都有 $f(\boldsymbol{Y})>0$．特别地，令

$$\boldsymbol{Y}=\boldsymbol{\varepsilon}_i=(0,\cdots,0,1,0,\cdots,0)^{\mathrm{T}}(i=1,2,\cdots,n),$$

有 $f(\boldsymbol{Y})=f(\boldsymbol{\varepsilon}_i)=d_i>0$，$i=1,2,\cdots,n$．

（充分性）设 $d_i>0$，$i=1,2,\cdots,n$，则对任意非零向量 $\boldsymbol{Y}=(c_1,c_2,\cdots,c_n)^{\mathrm{T}}$，至少有一个 $c_i\neq0$，从而有

$$f(\boldsymbol{Y})=d_1c_1^2+d_2c_2^2+\cdots+d_nc_n^2\geqslant d_ic_i^2>0,$$

因此实二次型是正定二次型．■

这样，实二次型的标准形的正定性就可以判别了．而由上一节知道，任意一个实二次型都可以经过可逆线性变换化为标准形，那么在标准形是正定二次型时，原二次型是不是正定二次型呢？可逆线性变换是否保持二次型的正定性一致呢？我们来看下面的引理．

引理 6.2 设正定二次型 $f(\boldsymbol{X})=\boldsymbol{X}^{\mathrm{T}}\boldsymbol{AX}$ 经过可逆线性变换 $\boldsymbol{X}=\boldsymbol{CY}$ 化为新二次型 $f(\boldsymbol{Y})=\boldsymbol{Y}^{\mathrm{T}}\boldsymbol{BY}=\boldsymbol{Y}^{\mathrm{T}}(\boldsymbol{C}^{\mathrm{T}}\boldsymbol{AC})\boldsymbol{Y}$，则新二次型也是正定二次型．反之亦然．

用矩阵语言描述即为：若 $\boldsymbol{A}$ 是正定矩阵，且 $\boldsymbol{A}\simeq\boldsymbol{B}$，则 $\boldsymbol{B}$ 也是正定矩阵．反之亦然．即合同的两个矩阵具有相同的正定性．

证明 对任意 $\boldsymbol{Y}\neq\boldsymbol{0}$，下面证明 $f(\boldsymbol{Y})=\boldsymbol{Y}^{\mathrm{T}}\boldsymbol{BY}=\boldsymbol{Y}^{\mathrm{T}}(\boldsymbol{C}^{\mathrm{T}}\boldsymbol{AC})\boldsymbol{Y}>0$．

由于 $\boldsymbol{C}$ 为可逆矩阵，所以 $\boldsymbol{X}=\boldsymbol{CY}\neq\boldsymbol{0}$（若 $\boldsymbol{X}=\boldsymbol{CY}=\boldsymbol{0}$，则 $\boldsymbol{Y}=\boldsymbol{C}^{-1}\boldsymbol{X}=\boldsymbol{0}$，与题设矛盾）．又因为 $f(\boldsymbol{X})=\boldsymbol{X}^{\mathrm{T}}\boldsymbol{AX}$ 是正定二次型，故对上述 $\boldsymbol{X}\neq\boldsymbol{0}$，必有 $\boldsymbol{X}^{\mathrm{T}}\boldsymbol{AX}>0$．从而

$$f(\boldsymbol{Y})=\boldsymbol{Y}^{\mathrm{T}}\boldsymbol{BY}=\boldsymbol{X}^{\mathrm{T}}\boldsymbol{AX}>0,$$

所以 $f(\boldsymbol{Y})=\boldsymbol{Y}^{\mathrm{T}}\boldsymbol{BY}$ 也是正定二次型．

类似地可以得到，当 $f(\boldsymbol{Y})=\boldsymbol{Y}^{\mathrm{T}}\boldsymbol{BY}$ 是正定二次型时，$f(\boldsymbol{X})=\boldsymbol{X}^{\mathrm{T}}\boldsymbol{AX}$ 也是正定二次型．■

上面的两个引理说明，实二次型与其标准形（或规范形）有相同的正定性，由此得到正定二次型（正定矩阵）的第一类判别方法：标准形判别法.

定理 6.6　设 $\boldsymbol{A}$ 是 n 阶实对称矩阵，则下列命题等价：

（1）实二次型 $f(\boldsymbol{X})=\boldsymbol{X}^{\mathrm{T}}\boldsymbol{A}\boldsymbol{X}$ 是正定二次型（矩阵 $\boldsymbol{A}$ 是正定矩阵）；

（2）矩阵 $\boldsymbol{A}$ 的正惯性指数为 n；

（3）矩阵 $\boldsymbol{A}$ 与单位矩阵合同，即存在可逆矩阵 $\boldsymbol{P}$，使得 $\boldsymbol{A}=\boldsymbol{P}^{\mathrm{T}}\boldsymbol{P}$；

（4）矩阵 $\boldsymbol{A}$ 的特征值全都大于零.

证明　由化标准形的方法及引理 6.1 和引理 6.2 可知它们是等价的. □

推论　设 $\boldsymbol{A}$ 是 n 阶正定矩阵，则 $|\boldsymbol{A}|>0$.

证明　因为 $\boldsymbol{A}$ 是正定矩阵，所以 $\boldsymbol{A}$ 的所有特征值 λ_1，λ_2，…，λ_n 都大于零，从而 $|\boldsymbol{A}|=\lambda_1\lambda_2\cdots\lambda_n>0$. ■

例 2　试判别下面的实二次型是否是正定二次型.

$$f(x_1,x_2,x_3)=x_1^2+2x_1x_2+2x_1x_3+3x_2^2+4x_2x_3+3x_3^2.$$

解　将二次型配方，有

$$\begin{aligned}f(x_1,x_2,x_3)&=x_1^2+2x_1x_2+2x_1x_3+3x_2^2+4x_2x_3+3x_3^2\\&=(x_1+x_2+x_3)^2+2x_2^2+2x_2x_3+2x_3^2\\&=(x_1+x_2+x_3)^2+2\left(x_2+\frac{1}{2}x_3\right)^2+\frac{3}{2}x_3^2,\end{aligned}$$

平方项系数都大于零，所以该二次型是正定二次型. □

注　此例题也可以利用特征值来判别. 二次型的矩阵为

$$\boldsymbol{A}=\begin{pmatrix}1&1&1\\1&3&2\\1&2&3\end{pmatrix},$$

其特征方程为

$$|\lambda\boldsymbol{E}-\boldsymbol{A}|=\begin{vmatrix}\lambda-1&-1&-1\\-1&\lambda-3&-2\\-1&-2&\lambda-3\end{vmatrix}=(\lambda-1)(\lambda^2-6\lambda+3)=0,$$

所以 $\boldsymbol{A}$ 的全部特征值为 $\lambda_1=1$，$\lambda_2=3+\sqrt{6}$，$\lambda_3=3-\sqrt{6}$，因为 λ_1，λ_2，λ_3 都大于零，所以该二次型是正定二次型.

在判别实二次型的正定性时，由于特征值法会涉及高次方程根的求解问题，因此一般尽量避开使用该方法. 但是由于特征值有一些良好的性质，在有关正定矩阵的证明中会经常用到特征值法（见例 3 和例 4）.

例 3　已知实对称矩阵 $\boldsymbol{A}$ 是正定矩阵，证明：$\boldsymbol{A}^{-1}$ 也是正定矩阵.

证明　首先 $\boldsymbol{A}^{-1}$ 是实对称矩阵，因为 $(\boldsymbol{A}^{-1})^{\mathrm{T}}=(\boldsymbol{A}^{\mathrm{T}})^{-1}=\boldsymbol{A}^{-1}$.

方法一（定义法）对任意 $\boldsymbol{X}\neq\boldsymbol{0}$，有

$$\begin{aligned}f(\boldsymbol{X})&=\boldsymbol{X}^{\mathrm{T}}\boldsymbol{A}^{-1}\boldsymbol{X}=\boldsymbol{X}^{\mathrm{T}}\boldsymbol{A}^{-1}\boldsymbol{E}\boldsymbol{X}=\boldsymbol{X}^{\mathrm{T}}\boldsymbol{A}^{-1}\boldsymbol{A}\boldsymbol{A}^{-1}\boldsymbol{X}\\&=\boldsymbol{X}^{\mathrm{T}}(\boldsymbol{A}^{-1})^{\mathrm{T}}\boldsymbol{A}\boldsymbol{A}^{-1}\boldsymbol{X}=(\boldsymbol{A}^{-1}\boldsymbol{X})^{\mathrm{T}}\boldsymbol{A}(\boldsymbol{A}^{-1}\boldsymbol{X}).\end{aligned}$$

【同步训练 1】

判别下面的实二次型是否是正定二次型.

$$f(x_1,x_2,x_3)=x_1^2+2x_2^2-4x_2x_3+3x_3^2.$$

因为 $\boldsymbol{X}\neq\boldsymbol{0}$，所以 $\boldsymbol{A}^{-1}\boldsymbol{X}\neq\boldsymbol{0}$. 又因为 $\boldsymbol{A}$ 是正定矩阵，故对上述 $\boldsymbol{A}^{-1}\boldsymbol{X}\neq\boldsymbol{0}$，有

$$(\boldsymbol{A}^{-1}\boldsymbol{X})^{\mathrm{T}}\boldsymbol{A}(\boldsymbol{A}^{-1}\boldsymbol{X})>0,$$

即

$$f(\boldsymbol{X})=\boldsymbol{X}^{\mathrm{T}}\boldsymbol{A}^{-1}\boldsymbol{X}=(\boldsymbol{A}^{-1}\boldsymbol{X})^{\mathrm{T}}\boldsymbol{A}(\boldsymbol{A}^{-1}\boldsymbol{X})>0,$$

所以 $\boldsymbol{A}^{-1}$ 是正定矩阵.

方法二（特征值法）设 $\boldsymbol{A}$ 是正定矩阵，其全部特征值为 λ_1，λ_2，…，λ_n，则 $\lambda_i>0$，$i=1$，2，…，n. 而 $\boldsymbol{A}^{-1}$ 的全部特征值为 λ_1^{-1}，λ_2^{-1}，…，λ_n^{-1}，且 $\lambda_i^{-1}>0$，$i=1$，2，…，n. 因此 $\boldsymbol{A}^{-1}$ 是正定矩阵. □

通过比较上述两种方法不难发现，特征值法用起来要简便一些. 再来看一个例子.

例 4 已知实对称矩阵 $\boldsymbol{A}$ 满足 $\boldsymbol{A}^2-3\boldsymbol{A}+2\boldsymbol{E}=\boldsymbol{O}$，证明：$\boldsymbol{A}$ 是正定矩阵.

证明 设 λ 为 $\boldsymbol{A}$ 的任意一个特征值，则 $\lambda^2-3\lambda+2$ 是 $\boldsymbol{A}^2-3\boldsymbol{A}+2\boldsymbol{E}$ 的特征值，因此

$$\lambda^2-3\lambda+2=0,$$

所以 $\lambda_1=1$，$\lambda_2=2$，即矩阵 $\boldsymbol{A}$ 的特征值都大于零，所以 $\boldsymbol{A}$ 是正定矩阵.

□

定理 6.6 的推论给出了实对称矩阵 $\boldsymbol{A}$ 是正定矩阵的必要条件是其行列式大于零，即 $|\boldsymbol{A}|>0$. 下面我们给出用行列式判别实对称矩阵的正定性的充分必要条件，即第二类判别方法：顺序主子式判别法.

定义 6.9 n 阶矩阵 $\boldsymbol{A}=(a_{ij})_{n\times n}$ 的 k 阶**主子式**是指行的取法与列的取法相同的 k 阶子式，$\boldsymbol{A}$ 的 k 阶**顺序主子式**是指取 $\boldsymbol{A}$ 的前 k 行前 k 列得到的 k 阶主子式. 矩阵 $\boldsymbol{A}$ 的 k 阶顺序主子式记为 $|\boldsymbol{A}_k|$，即

$$|\boldsymbol{A}_k|=\begin{vmatrix} a_{11} & a_{12} & \cdots & a_{1k} \\ a_{21} & a_{22} & \cdots & a_{2k} \\ \vdots & \vdots & & \vdots \\ a_{k1} & a_{k2} & \cdots & a_{kk} \end{vmatrix}.$$

例 5 设矩阵 $\boldsymbol{A}=\begin{pmatrix} 1 & 2 & 3 \\ 1 & 2 & 0 \\ 2 & 1 & 4 \end{pmatrix}$，则 $\boldsymbol{A}$ 的 3 个顺序主子式分别是

$$|\boldsymbol{A}_1|=1,\quad |\boldsymbol{A}_2|=\begin{vmatrix} 1 & 2 \\ 1 & 2 \end{vmatrix}=0,\quad |\boldsymbol{A}_3|=|\boldsymbol{A}|=\begin{vmatrix} 1 & 2 & 3 \\ 1 & 2 & 0 \\ 2 & 1 & 4 \end{vmatrix}=-9.$$ □

定理 6.7 n 阶实对称矩阵 $\boldsymbol{A}$ 为正定矩阵的充分必要条件是 $\boldsymbol{A}$ 的所有顺序主子式的值都大于零，即 $|\boldsymbol{A}_k|>0$，$k=1$，2，…，n.

证明 （必要性）设 $\boldsymbol{A}$ 是正定矩阵，其对应的 n 元实二次型 $f(\boldsymbol{X})=\boldsymbol{X}^{\mathrm{T}}\boldsymbol{A}\boldsymbol{X}$ 为正定二次型. 下面证明 $|\boldsymbol{A}_k|>0$，$k=1$，2，…，n.

记

$$A_k=\begin{pmatrix}a_{11} & a_{12} & \cdots & a_{1k}\\ a_{21} & a_{22} & \cdots & a_{2k}\\ \vdots & \vdots & & \vdots\\ a_{k1} & a_{k2} & \cdots & a_{kk}\end{pmatrix}.$$

对任意 $\boldsymbol{Y}=(y_1, y_2, \cdots, y_k)^{\mathrm{T}}\neq\boldsymbol{0}$，构造 k 元实二次型 $f_k(y_1, y_2, \cdots, y_k)=\boldsymbol{Y}^{\mathrm{T}}\boldsymbol{A}_k\boldsymbol{Y}$. 下面证明该二次型是正定二次型，即

$$f_k(y_1,y_2,\cdots,y_k)=\boldsymbol{Y}^{\mathrm{T}}\boldsymbol{A}_k\boldsymbol{Y}>0.$$

对上述 $\boldsymbol{Y}=(y_1, y_2, \cdots, y_k)^{\mathrm{T}}\neq\boldsymbol{0}$，有 $\boldsymbol{Y}'=(y_1, y_2, \cdots, y_k, 0, \cdots, 0)^{\mathrm{T}}\neq\boldsymbol{0}$. 由于 $\boldsymbol{A}$ 是正定矩阵，所以对上述 $\boldsymbol{Y}'\neq\boldsymbol{0}$，$n$ 元二次型 $f(y_1, y_2, \cdots, y_k, 0, \cdots, 0)>0$，从而

$$f_k(y_1, y_2, \cdots, y_k)=f(y_1, y_2, \cdots, y_k, 0, \cdots, 0)>0,$$

即二次型 $f_k(y_1, y_2, \cdots, y_k)=\boldsymbol{Y}^{\mathrm{T}}\boldsymbol{A}_k\boldsymbol{Y}$ 是正定二次型，从而 $\boldsymbol{A}_k$ 是正定矩阵，由定理6.6的推论可知 $|\boldsymbol{A}_k|>0$，$k=1, 2, \cdots, n$.

（充分性）我们对矩阵的阶数 n 做数学归纳法.

当 $n=1$ 时，矩阵 $\boldsymbol{A}=|\boldsymbol{A}_1|=a_{11}$，对应的二次型为 $f(x_1)=a_{11}x_1^2$，由已知 $|\boldsymbol{A}_1|=a_{11}>0$，所以 $f(x_1)=a_{11}x_1^2$ 是正定二次型，从而 $\boldsymbol{A}$ 是正定矩阵.

假设对于 $n-1$ 阶矩阵命题成立. 下面证明 n 阶的情况.

根据归纳假设，$\boldsymbol{A}_{n-1}$ 是正定矩阵，所以存在 $n-1$ 阶可逆矩阵 $\boldsymbol{P}$，使得

$$\boldsymbol{P}^{\mathrm{T}}\boldsymbol{A}_{n-1}\boldsymbol{P}=\boldsymbol{E}_{n-1}.$$

将矩阵 $\boldsymbol{A}$ 分块为

$$\boldsymbol{A}=\begin{pmatrix}\boldsymbol{A}_{n-1} & \boldsymbol{\alpha}\\ \boldsymbol{\alpha}^{\mathrm{T}} & a_{nn}\end{pmatrix},$$

其中 $\boldsymbol{\alpha}=(a_{1n}, a_{2n}, \cdots, a_{n-1,n})^{\mathrm{T}}$.

令

$$\boldsymbol{C}_1=\begin{pmatrix}\boldsymbol{P} & \boldsymbol{0}\\ \boldsymbol{0}^{\mathrm{T}} & 1\end{pmatrix},$$

则 $|\boldsymbol{C}_1|=|\boldsymbol{P}|\neq 0$，且

$$\begin{aligned}&\boldsymbol{C}_1^{\mathrm{T}}\boldsymbol{A}\boldsymbol{C}_1\\ =&\begin{pmatrix}\boldsymbol{P}^{\mathrm{T}} & \boldsymbol{0}\\ \boldsymbol{0}^{\mathrm{T}} & 1\end{pmatrix}\begin{pmatrix}\boldsymbol{A}_{n-1} & \boldsymbol{\alpha}\\ \boldsymbol{\alpha}^{\mathrm{T}} & a_{nn}\end{pmatrix}\begin{pmatrix}\boldsymbol{P} & \boldsymbol{0}\\ \boldsymbol{0}^{\mathrm{T}} & 1\end{pmatrix}\\ =&\begin{pmatrix}\boldsymbol{E}_{n-1} & \boldsymbol{P}^{\mathrm{T}}\boldsymbol{\alpha}\\ \boldsymbol{\alpha}^{\mathrm{T}}\boldsymbol{P} & a_{nn}\end{pmatrix}.\end{aligned}$$

再令

$$C_2=\begin{pmatrix} E_{n-1} & -P^{\mathrm{T}}\alpha \\ 0^{\mathrm{T}} & 1 \end{pmatrix},$$

则 $|C_2|=1\neq 0$，且

$$\begin{aligned}
&C_2^{\mathrm{T}}(C_1^{\mathrm{T}}AC_1)C_2\\
&=\begin{pmatrix} E_{n-1} & 0 \\ -\alpha^{\mathrm{T}}P & 1 \end{pmatrix}\begin{pmatrix} E_{n-1} & P^{\mathrm{T}}\alpha \\ \alpha^{\mathrm{T}}P & a_{nn} \end{pmatrix}\begin{pmatrix} E_{n-1} & -P^{\mathrm{T}}\alpha \\ 0^{\mathrm{T}} & 1 \end{pmatrix}\\
&=\begin{pmatrix} E_{n-1} & 0 \\ 0^{\mathrm{T}} & a \end{pmatrix},
\end{aligned}$$

其中 $a=a_{nn}-\alpha^{\mathrm{T}}PP^{\mathrm{T}}\alpha$. 由上式得到

$$|C_2^{\mathrm{T}}|\cdot|C_1^{\mathrm{T}}|\cdot|A|\cdot|C_1|\cdot|C_2|=|E_{n-1}|\cdot a,$$

即

$$a=|A|\cdot|C_1|^2\cdot|C_2|^2=|A_n|\cdot|C_1|^2\cdot|C_2|^2>0.$$

令

$$C_3=\begin{pmatrix} E_{n-1} & 0 \\ 0^{\mathrm{T}} & \frac{1}{\sqrt{a}} \end{pmatrix},$$

则 $|C_3|=\frac{1}{\sqrt{a}}>0$.

令 $C=C_1C_2C_3$，则 $|C|=|C_1||C_2||C_3|=|P|\frac{1}{\sqrt{a}}\neq 0$，且

$$\begin{aligned}
&C^{\mathrm{T}}AC\\
&=C_3^{\mathrm{T}}C_2^{\mathrm{T}}C_1^{\mathrm{T}}AC_1C_2C_3\\
&=C_3^{\mathrm{T}}(C_2^{\mathrm{T}}C_1^{\mathrm{T}}AC_1C_2)C_3\\
&=\begin{pmatrix} E_{n-1} & 0 \\ 0^{\mathrm{T}} & \frac{1}{\sqrt{a}} \end{pmatrix}\begin{pmatrix} E_{n-1} & 0 \\ 0^{\mathrm{T}} & a \end{pmatrix}\begin{pmatrix} E_{n-1} & 0 \\ 0^{\mathrm{T}} & \frac{1}{\sqrt{a}} \end{pmatrix}\\
&=E,
\end{aligned}$$

即 A 合同于单位矩阵，所以 A 是正定矩阵.

根据归纳法原理，充分性得证. ■

例 6 判别例 2 中的实二次型是否是正定二次型.

解 实二次型的矩阵为 $A=\begin{pmatrix} 1 & 1 & 1 \\ 1 & 3 & 2 \\ 1 & 2 & 3 \end{pmatrix}$，其各阶顺序主子式分别为

$$|A_1|=1>0,\quad |A_2|=\begin{vmatrix} 1 & 1 \\ 1 & 3 \end{vmatrix}=2>0,\quad |A_3|=\begin{vmatrix} 1 & 1 & 1 \\ 1 & 3 & 2 \\ 1 & 2 & 3 \end{vmatrix}=3>0,$$

因此 A 是正定矩阵，二次型是正定二次型. □

注 顺序主子式判别法比标准形判别法更简便，读者要仔细体会.

例 7　当 a 取何值时，实二次型

$$f(x_1,x_2,x_3)=x_1^2+2ax_1x_2-2x_1x_3+4x_2^2+4x_2x_3+4x_3^2$$

是正定二次型？

解　实二次型的矩阵为 $A=\begin{pmatrix}1&a&-1\\a&4&2\\-1&2&4\end{pmatrix}$，其各阶顺序主子式分别为

$$|A_1|=1>0,\ |A_2|=\begin{vmatrix}1&a\\a&4\end{vmatrix}=(2+a)(2-a)>0,$$

$$|A_3|=\begin{vmatrix}1&a&-1\\a&4&2\\-1&2&4\end{vmatrix}=-4a^2-4a+8>0,$$

解得 $-2<a<1$，即当 $-2<a<1$ 时，A 是正定矩阵，二次型是正定二次型. □

三、正定矩阵的性质

【同步训练 2】

试确定 k 的范围，使得下面的实二次型是正定二次型.

$f(x_1,x_2,x_3)=x_1^2+6x_1x_2+kx_2^2+8x_1x_3+kx_3^2$.

正定矩阵具有下列性质：

性质 1　设 A 是 n 阶正定矩阵，则 A 的主对角线元素 $a_{ii}>0$，$i=1, 2, \cdots, n$.

证明　因为 A 是正定矩阵，所以 $f(X)=X^{\mathrm{T}}AX$ 是正定二次型，从而对向量

$$\boldsymbol{\varepsilon}_i=(0,\cdots,0,1,0,\cdots,0)^{\mathrm{T}}(i=1,2,\cdots,n),$$

有

$$f(\boldsymbol{\varepsilon}_i)=\boldsymbol{\varepsilon}_i^{\mathrm{T}}A\boldsymbol{\varepsilon}_i=a_{ii}>0(i=1,2,\cdots,n).$$ ■

性质 1 给出了实对称矩阵 A 是正定矩阵的又一必要条件，从而当实对称矩阵 A 的主对角线元素 $a_{ii}\leqslant 0$（$i=1, 2, \cdots, n$）时，A 一定不是正定矩阵（参见习题六—C—2（9））.

性质 2　设 A 是 n 阶正定矩阵，则 kA（$k>0$），A^m（m 为正整数），A^{T}，A^* 都是正定矩阵.

性质 3　设 A，B 都是 n 阶正定矩阵，则 $A+B$ 也是正定矩阵.

（性质 2 和性质 3 请读者自行证明）

性质 4　设 A，B 都是 n 阶正定矩阵，若 A 与 B 可交换，则 AB 是正定矩阵.

证明　首先，由 A 与 B 都是对称矩阵且可交换可以得到 AB 是实对称矩阵（知识回顾：第三章第二节性质 5）.

其次，因为矩阵 A，B 都是 n 阶正定矩阵，所以分别存在可逆矩阵 P 和 Q，使得 $A=P^{\mathrm{T}}P$，$B=Q^{\mathrm{T}}Q$，从而

$$Q(AB)Q^{-1}=QP^{\mathrm{T}}PQ^{\mathrm{T}}QQ^{-1}=QP^{\mathrm{T}}PQ^{\mathrm{T}}=(PQ^{\mathrm{T}})^{\mathrm{T}}(PQ^{\mathrm{T}}).$$

由 P 和 Q 的可逆性可知，矩阵 PQ^{T} 可逆，因此矩阵 AB 与正定矩阵

$(\boldsymbol{PQ}^{\mathrm{T}})^{\mathrm{T}}$（$\boldsymbol{PQ}^{\mathrm{T}}$）相似，从而它的特征值都大于零，故 $\boldsymbol{AB}$ 是正定矩阵.

■

需要注意的是，若 $\boldsymbol{A}$ 与 $\boldsymbol{B}$ 都是 n 阶正定矩阵，则 $\boldsymbol{AB}$ 不一定是正定矩阵，这是因为 $\boldsymbol{A}$ 与 $\boldsymbol{B}$ 都是对称矩阵，但 $\boldsymbol{AB}$ 不一定是对称矩阵.

例 8 设 $\boldsymbol{A}$ 是 n 阶正定矩阵，$\boldsymbol{C}$ 为 $n\times m$ 矩阵，且 $R(\boldsymbol{C})=m$. 证明：$\boldsymbol{C}^{\mathrm{T}}\boldsymbol{AC}$ 是正定矩阵.

证明 首先 $(\boldsymbol{C}^{\mathrm{T}}\boldsymbol{AC})^{\mathrm{T}}=\boldsymbol{C}^{\mathrm{T}}\boldsymbol{A}^{\mathrm{T}}\boldsymbol{C}=\boldsymbol{C}^{\mathrm{T}}\boldsymbol{AC}$，因此 $\boldsymbol{C}^{\mathrm{T}}\boldsymbol{AC}$ 仍是实对称矩阵.

其次，对任意 $\boldsymbol{X}\neq\boldsymbol{0}$，考虑实二次型

$$f(\boldsymbol{X})=\boldsymbol{X}^{\mathrm{T}}(\boldsymbol{C}^{\mathrm{T}}\boldsymbol{AC})\boldsymbol{X},$$

令 $\boldsymbol{Y}=\boldsymbol{CX}$，则

$$f(\boldsymbol{X})=\boldsymbol{X}^{\mathrm{T}}(\boldsymbol{C}^{\mathrm{T}}\boldsymbol{AC})\boldsymbol{X}=(\boldsymbol{CX})^{\mathrm{T}}\boldsymbol{A}(\boldsymbol{CX})=\boldsymbol{Y}^{\mathrm{T}}\boldsymbol{AY}.$$

由于 $R(\boldsymbol{C})=m$，对上述 $\boldsymbol{X}\neq\boldsymbol{0}$，有 $\boldsymbol{Y}=\boldsymbol{CX}\neq\boldsymbol{0}$（若 $\boldsymbol{Y}=\boldsymbol{CX}=\boldsymbol{0}$，由于 $R(\boldsymbol{C})=m$，所以齐次线性方程组 $\boldsymbol{CX}=\boldsymbol{0}$ 只有零解，与 $\boldsymbol{X}\neq\boldsymbol{0}$ 矛盾）. 再由 $\boldsymbol{A}$ 是正定矩阵，所以对上述 $\boldsymbol{Y}\neq\boldsymbol{0}$，有

$$f(\boldsymbol{X})=\boldsymbol{X}^{\mathrm{T}}(\boldsymbol{C}^{\mathrm{T}}\boldsymbol{AC})\boldsymbol{X}=(\boldsymbol{CX})^{\mathrm{T}}\boldsymbol{A}(\boldsymbol{CX})=\boldsymbol{Y}^{\mathrm{T}}\boldsymbol{AY}>0,$$

所以二次型 $f(\boldsymbol{X})=\boldsymbol{X}^{\mathrm{T}}(\boldsymbol{C}^{\mathrm{T}}\boldsymbol{AC})\boldsymbol{X}$ 是正定二次型，从而 $\boldsymbol{C}^{\mathrm{T}}\boldsymbol{AC}$ 是正定矩阵.

□

*第四节 其他有定二次型

在实二次型中，除了正定二次型以外，还有一些其他有定二次型.

定义 6.10 给定实二次型 $f(\boldsymbol{X})=\boldsymbol{X}^{\mathrm{T}}\boldsymbol{AX}$，

（1）如果对任意 $\boldsymbol{X}\neq\boldsymbol{0}$，都有 $f(\boldsymbol{X})<0$，称二次型为**负定二次型**，称矩阵 $\boldsymbol{A}$ 为**负定矩阵**.

（2）如果对任意 $\boldsymbol{X}\neq\boldsymbol{0}$，都有 $f(\boldsymbol{X})\geqslant 0$，且至少存在一个 $\boldsymbol{X}_0\neq\boldsymbol{0}$，使得 $f(\boldsymbol{X}_0)=\boldsymbol{X}_0^{\mathrm{T}}\boldsymbol{AX}_0=0$，称二次型为**半正定二次型**，称矩阵 $\boldsymbol{A}$ 为**半正定矩阵**.

（3）如果对任意 $\boldsymbol{X}\neq\boldsymbol{0}$，都有 $f(\boldsymbol{X})\leqslant 0$，且至少存在一个 $\boldsymbol{X}_0\neq\boldsymbol{0}$，使得 $f(\boldsymbol{X}_0)=\boldsymbol{X}_0^{\mathrm{T}}\boldsymbol{AX}_0=0$，称二次型为**半负定二次型**，称矩阵 $\boldsymbol{A}$ 为**半负定矩阵**.

（4）如果对任意 $\boldsymbol{X}\neq\boldsymbol{0}$，$f(\boldsymbol{X})$ 既可以取到正值，也可以取到负值，称二次型为**不定二次型**.

由定义 6.8 和定义 6.10 可知，二次型 $f(\boldsymbol{X})=\boldsymbol{X}^{\mathrm{T}}\boldsymbol{AX}$ 为负定二次型，当且仅当 $-f(\boldsymbol{X})=\boldsymbol{X}^{\mathrm{T}}(-\boldsymbol{A})\boldsymbol{X}$ 为正定二次型，在此我们直接列出负定二次型（负定矩阵）的有关结论.

定理 6.8 设 $\boldsymbol{A}$ 是 n 阶实对称矩阵，则以下命题等价：

（1）二次型 $f(\boldsymbol{X})=\boldsymbol{X}^{\mathrm{T}}\boldsymbol{AX}$ 为负定二次型（$\boldsymbol{A}$ 是负定矩阵）；

（2）矩阵 $-\boldsymbol{A}$ 是正定矩阵；

(3) 矩阵 $\boldsymbol{A}$ 的负惯性指数为 n；

(4) 矩阵 $\boldsymbol{A}$ 合同于 $-\boldsymbol{E}$；

(5) 矩阵 $\boldsymbol{A}$ 的特征值全都小于零；

(6) 矩阵 $\boldsymbol{A}$ 的奇数阶顺序主子式的值小于零，偶数阶顺序主子式的值大于零.

类似地，半正定二次型和半负定二次型也可以相互转化. 对半正定二次型（半正定矩阵），有以下结论.

定理 6.9　设 $\boldsymbol{A}$ 是 n 阶实对称矩阵，则以下命题等价：

(1) 二次型 $f(\boldsymbol{X})=\boldsymbol{X}^{\mathrm{T}}\boldsymbol{A}\boldsymbol{X}$ 为半正定二次型（$\boldsymbol{A}$ 是半正定矩阵）；

(2) 矩阵 $\boldsymbol{A}$ 的正惯性指数等于它的秩且小于 n，即 $p=r=R(\boldsymbol{A})<n$；

(3) 矩阵 $\boldsymbol{A}$ 合同于矩阵 $\mathrm{diag}(1,\ \cdots,\ 1,\ 0,\ \cdots,\ 0)$，其中 1 共有 $r=R(\boldsymbol{A})<n$ 个；

(4) 矩阵 $\boldsymbol{A}$ 的特征值都大于等于零，但其中至少有一个特征值等于零.

第五节　二次型的应用实例

有定二次型尤其是正定和负定二次型，在工程技术和最优化等问题中有着广泛的应用. 下面看一个二次型在函数求极值问题中的应用实例. 在给出函数求极值问题之前，先来看多元函数的泰勒公式. 以二元函数为例，有如下定理.

定理 6.10　若函数 $u=f(x,\ y)$ 在点 $(x_0,\ y_0)$ 处对 x 及 y 都具有直到三阶连续偏导数，且 $\dfrac{\partial f}{\partial x}$，$\dfrac{\partial f}{\partial y}$ 在点 $(x_0,\ y_0)$ 处的函数值为零，则当矩阵

$$\boldsymbol{A}=\begin{pmatrix} \dfrac{\partial^2 f}{\partial x^2}(x_0,y_0) & \dfrac{\partial^2 f}{\partial x\partial y}(x_0,y_0) \\ \dfrac{\partial^2 f}{\partial x\partial y}(x_0,y_0) & \dfrac{\partial^2 f}{\partial y^2}(x_0,y_0) \end{pmatrix}$$

为正（负）定矩阵时，$u=f(x,\ y)$ 在点 $(x_0,\ y_0)$ 处取得极小（大）值.

证明　将 $u=f(x,\ y)$ 在点 $(x_0,\ y_0)$ 处作泰勒展开，有

$$\begin{aligned} f(x,y)=&f(x_0,y_0)+\frac{\partial f}{\partial x}(x_0,y_0)(x-x_0)+\frac{\partial f}{\partial y}(x_0,y_0)(y-y_0)+\\ &\frac{1}{2!}\left[\frac{\partial^2 f}{\partial x^2}(x_0,y_0)(x-x_0)^2+2\frac{\partial^2 f}{\partial x\partial y}(x_0,y_0)(x-x_0)(y-y_0)+\frac{\partial^2 f}{\partial y^2}(x_0,y_0)(y-y_0)^2\right]+\\ &o((x-x_0)^2+(y-y_0)^2). \end{aligned}$$

由于 $\dfrac{\partial f}{\partial x}$，$\dfrac{\partial f}{\partial y}$ 在点 $(x_0,\ y_0)$ 处的函数值为零，因此

$$f(x,y)=f(x_0,y_0)+\frac{1}{2!}\left[\frac{\partial^2 f}{\partial x^2}(x_0,y_0)(x-x_0)^2+2\frac{\partial^2 f}{\partial x\partial y}(x_0,y_0)(x-x_0)(y-y_0)+\right.$$

$$\left.\frac{\partial^2 f}{\partial y^2}(x_0,y_0)(y-y_0)^2\right]+o((x-x_0)^2+(y-y_0)^2).$$

当 $\boldsymbol{A}$ 是正（负）定矩阵时有

$$\frac{\partial^2 f}{\partial x^2}(x_0,y_0)(x-x_0)^2+2\frac{\partial^2 f}{\partial x\partial y}(x_0,y_0)(x-x_0)(y-y_0)+$$

$$\frac{\partial^2 f}{\partial y^2}(x_0,y_0)(y-y_0)^2>0(<0)$$

于是当

$$o((x-x_0)^2+(y-y_0)^2)$$

足够小时，有

$$f(x,y)-f(x_0,y_0)>0(<0),$$

即函数 $u=f(x,y)$ 在点 (x_0,y_0) 处取得极小（大）值. ■

对于多元函数，有类似定理成立，感兴趣的读者可参考相关材料.

下面举例说明.

假设某企业用一种生产要素 X 生产两种产品 Q_1，Q_2. 已知企业的生产函数为

$$x=A(q_1^4+q_2^5),x>0,q_1>0,q_2>0,A>0,$$

其中 x 为要素 X 的投入量，q_1，q_2 分别为 Q_1，Q_2 的产量. 假设已知 Q_1，Q_2，X 的价格分别为 p_1，p_2，r. 求利润极大化时的产量.

解 利润函数为

$$\pi=p_1q_1+p_2q_2-rx=p_1q_1+p_2q_2-rA(q_1^4+q_2^5).$$

利润极大化的一阶条件为

$$\begin{cases}\dfrac{\partial\pi}{\partial q_1}=p_1-4rAq_1^3=0,\\[2ex]\dfrac{\partial\pi}{\partial q_2}=p_2-5rAq_2^4=0,\end{cases}$$

由此解得

$$q_1^*=\left(\frac{1}{4A}\cdot\frac{p_1}{r}\right)^{\frac{1}{3}},\quad q_2^*=\left(\frac{1}{5A}\cdot\frac{p_2}{r}\right)^{\frac{1}{4}}.$$

利润极大化的二阶条件为矩阵

$$\boldsymbol{H}=\begin{pmatrix}\dfrac{\partial^2\pi}{\partial q_1^2} & \dfrac{\partial^2\pi}{\partial q_1\partial q_2}\\[2ex] \dfrac{\partial^2\pi}{\partial q_1\partial q_2} & \dfrac{\partial^2\pi}{\partial q_2^2}\end{pmatrix}$$

在 q_1^*，q_2^* 处为负定矩阵，而矩阵 $\boldsymbol{H}$ 在 q_1^*，q_2^* 处为

$$\boldsymbol{H}^*=\begin{pmatrix}-12rAq_1^{*2} & 0\\ 0 & -20rAq_2^{*3}\end{pmatrix}.$$

下面检验 H^* 的负定性.

因为 r，A，q_1^*，q_2^* 都大于零，所以

$$|H_1^*| = -12rAq_1^{*2} < 0,$$

$$|H_2^*| = |H^*| = 240r^2A^2q_1^{*2}q_2^{*3} > 0,$$

即 H^* 为负定矩阵.

因此利润极大化时的产量分别为 q_1^*，q_2^*. □

*第六节 综合与提高

一、矩阵的等价、相似、合同的比较

限于篇幅，这里仅讨论 A 与 B 都是实对称矩阵的情形.

通过前面内容的学习，我们知道，对 n 阶实对称矩阵 A 与 B 而言，有以下结论成立：

（1）A 与 B 等价的充要条件是 A 与 B 的秩相等；

（2）A 与 B 相似的充要条件是 A 与 B 具有相同的特征值；

（3）A 与 B 合同的充要条件是 A 与 B 具有相同的秩和正惯性指数.

从充要条件可以得到以下几点：

（1）等价与相似：由于实对称矩阵非零特征值的个数即为它的秩，所以当实对称矩阵 A 与 B 具有相同的特征值时，它们的秩也一定相等，从而当 n 阶实对称矩阵 A 与 B 相似时，它们一定是等价的；但当 n 阶实对称矩阵 A 与 B 等价时，它们**不一定**是相似的.

例如，实矩阵 $A = \begin{pmatrix} 1 & 0 \\ 0 & 1 \end{pmatrix}$，$B = \begin{pmatrix} 0 & 1 \\ 1 & 0 \end{pmatrix}$，易知，$A$ 与 B 等价，但由于 A 的特征值为 1，1，B 的特征值为 1，−1，所以 A 与 B 不相似.

（2）等价与合同：显然，当 n 阶实对称矩阵 A 与 B 合同时，它们一定是等价的，反之**不一定**成立.

（3）相似与合同：

（i）若 n 阶实对称矩阵 A 与 B 相似，则它们一定是合同的.

这是因为，此时存在正交矩阵 Q，使得 $B = Q^{-1}AQ$（知识回顾：第五章第三节例 3），而对于正交矩阵 Q，有 $Q^{-1} = Q^{\mathrm{T}}$，于是 $B = Q^{\mathrm{T}}AQ$，从而 A 与 B 合同.

（ii）若 n 阶实对称矩阵 A 与 B 合同，则它们**不一定**是相似的.

例如，矩阵 $A = \begin{pmatrix} 1 & 0 \\ 0 & 1 \end{pmatrix}$ 与 $B = \begin{pmatrix} 1 & 0 \\ 0 & 2 \end{pmatrix}$，易知 $R(A) = R(B) = 2$，A 的特征值为 1，1，B 的特征值为 1，2，从而 A 与 B 的正惯性指数都是 **2**，所以 A 与 B 合同，但由于 A 与 B 的特征值不相同，所以 A 与 B 不相似.

二、有关化二次型为标准形的例子

例 1 设实二次型 $f(x_1, x_2, x_3) = 2(a_1x_1 + a_2x_2 + a_3x_3)^2 + (b_1x_1 +$

$b_2x_2+b_3x_3)^2$，记 $\boldsymbol{\alpha}=(a_1, a_2, a_3)^{\mathrm{T}}$，$\boldsymbol{\beta}=(b_1, b_2, b_3)^{\mathrm{T}}$.

（1）证明：实二次型 f 的矩阵为 $2\boldsymbol{\alpha}\boldsymbol{\alpha}^{\mathrm{T}}+\boldsymbol{\beta}\boldsymbol{\beta}^{\mathrm{T}}$；

（2）若 $\boldsymbol{\alpha}$，$\boldsymbol{\beta}$ 正交且都是单位向量，证明：f 在正交变换下的标准形为 $2y_1^2+y_2^2$.

分析 本题要充分利用行向量与列向量的乘积、列向量与行向量的乘积的特殊性，将给定二次型改写成矩阵形式；为了证明第（2）问，需要求出二次型 f 的矩阵 $2\boldsymbol{\alpha}\boldsymbol{\alpha}^{\mathrm{T}}+\boldsymbol{\beta}\boldsymbol{\beta}^{\mathrm{T}}$ 的特征值.

证明 （1）$f=2(x_1,x_2,x_3)\begin{pmatrix}a_1\\a_2\\a_3\end{pmatrix}(a_1,a_2,a_3)\begin{pmatrix}x_1\\x_2\\x_3\end{pmatrix}+$

$$(x_1,x_2,x_3)\begin{pmatrix}b_1\\b_2\\b_3\end{pmatrix}(b_1,b_2,b_3)\begin{pmatrix}x_1\\x_2\\x_3\end{pmatrix}$$

$$=\boldsymbol{X}^{\mathrm{T}}(2\boldsymbol{\alpha}\boldsymbol{\alpha}^{\mathrm{T}})\boldsymbol{X}+\boldsymbol{X}^{\mathrm{T}}(\boldsymbol{\beta}\boldsymbol{\beta}^{\mathrm{T}})\boldsymbol{X}=\boldsymbol{X}^{\mathrm{T}}(2\boldsymbol{\alpha}\boldsymbol{\alpha}^{\mathrm{T}}+\boldsymbol{\beta}\boldsymbol{\beta}^{\mathrm{T}})\boldsymbol{X},$$

又

$$(2\boldsymbol{\alpha}\boldsymbol{\alpha}^{\mathrm{T}}+\boldsymbol{\beta}\boldsymbol{\beta}^{\mathrm{T}})^{\mathrm{T}}=2\boldsymbol{\alpha}\boldsymbol{\alpha}^{\mathrm{T}}+\boldsymbol{\beta}\boldsymbol{\beta}^{\mathrm{T}},$$

所以二次型 f 的矩阵为 $\boldsymbol{A}=2\boldsymbol{\alpha}\boldsymbol{\alpha}^{\mathrm{T}}+\boldsymbol{\beta}\boldsymbol{\beta}^{\mathrm{T}}$；

（2）由于 $\boldsymbol{\alpha}$，$\boldsymbol{\beta}$ 正交，所以

$$(\boldsymbol{\alpha},\boldsymbol{\beta})=\boldsymbol{\alpha}^{\mathrm{T}}\boldsymbol{\beta}=0,(\boldsymbol{\beta},\boldsymbol{\alpha})=\boldsymbol{\beta}^{\mathrm{T}}\boldsymbol{\alpha}=0.$$

由于 $\boldsymbol{\alpha}$，$\boldsymbol{\beta}$ 都是单位向量，所以

$$(\boldsymbol{\alpha},\boldsymbol{\alpha})=\boldsymbol{\alpha}^{\mathrm{T}}\boldsymbol{\alpha}=1,(\boldsymbol{\beta},\boldsymbol{\beta})=\boldsymbol{\beta}^{\mathrm{T}}\boldsymbol{\beta}=1.$$

因为

$$\boldsymbol{A}\boldsymbol{\alpha}=(2\boldsymbol{\alpha}\boldsymbol{\alpha}^{\mathrm{T}}+\boldsymbol{\beta}\boldsymbol{\beta}^{\mathrm{T}})\boldsymbol{\alpha}=2\boldsymbol{\alpha}\boldsymbol{\alpha}^{\mathrm{T}}\boldsymbol{\alpha}+\boldsymbol{\beta}\boldsymbol{\beta}^{\mathrm{T}}\boldsymbol{\alpha}=2\boldsymbol{\alpha},$$

所以 $\lambda_1=2$ 是矩阵 $\boldsymbol{A}$ 的一个特征值，对应的特征向量为 $\boldsymbol{\alpha}$.

因为

$$\boldsymbol{A}\boldsymbol{\beta}=(2\boldsymbol{\alpha}\boldsymbol{\alpha}^{\mathrm{T}}+\boldsymbol{\beta}\boldsymbol{\beta}^{\mathrm{T}})\boldsymbol{\beta}=2\boldsymbol{\alpha}\boldsymbol{\alpha}^{\mathrm{T}}\boldsymbol{\beta}+\boldsymbol{\beta}\boldsymbol{\beta}^{\mathrm{T}}\boldsymbol{\beta}=\boldsymbol{\beta},$$

所以 $\lambda_2=1$ 是矩阵 $\boldsymbol{A}$ 的一个特征值，对应的特征向量为 $\boldsymbol{\beta}$.

因为

$$R(\boldsymbol{A})=R(2\boldsymbol{\alpha}\boldsymbol{\alpha}^{\mathrm{T}}+\boldsymbol{\beta}\boldsymbol{\beta}^{\mathrm{T}})\leqslant R(2\boldsymbol{\alpha}\boldsymbol{\alpha}^{\mathrm{T}})+R(\boldsymbol{\beta}\boldsymbol{\beta}^{\mathrm{T}})=2<3,$$

所以 $\lambda_3=0$ 是矩阵 $\boldsymbol{A}$ 的一个特征值.

因此，矩阵 $\boldsymbol{A}$ 的全部特征值为 $\lambda_1=2$，$\lambda_2=1$，$\lambda_3=0$，所以 f 在正交变换下的标准形为 $2y_1^2+y_2^2$. □

例 2 设实矩阵 $\boldsymbol{A}=\begin{pmatrix}0&1&0&0\\1&0&0&0\\0&0&2&1\\0&0&1&2\end{pmatrix}$，求可逆矩阵 $\boldsymbol{P}$，使得 $(\boldsymbol{AP})^{\mathrm{T}}(\boldsymbol{AP})$ 为对角矩阵.

分析 因为 $(\boldsymbol{AP})^{\mathrm{T}}(\boldsymbol{AP})=\boldsymbol{P}^{\mathrm{T}}(\boldsymbol{A}^{\mathrm{T}}\boldsymbol{A})\boldsymbol{P}$，且 $\boldsymbol{A}^{\mathrm{T}}\boldsymbol{A}$ 是实对称矩阵，所以

本题既可以转化为将 $\boldsymbol{A}^{\mathrm{T}}\boldsymbol{A}$ 对应的二次型利用可逆线性变换 $\boldsymbol{X}=\boldsymbol{PY}$ 化为标准形的问题，其中矩阵 $\boldsymbol{P}$ 即为所求，也可以转化为求正交矩阵使实对称矩阵 $\boldsymbol{A}^{\mathrm{T}}\boldsymbol{A}$ 对角化的问题，其中的正交矩阵即为所求矩阵 $\boldsymbol{P}$.

解法一　利用化二次型为标准形来求.

因为 $(\boldsymbol{AP})^{\mathrm{T}}(\boldsymbol{AP})=\boldsymbol{P}^{\mathrm{T}}(\boldsymbol{A}^{\mathrm{T}}\boldsymbol{A})\boldsymbol{P}$，而

$$\boldsymbol{A}^{\mathrm{T}}\boldsymbol{A}=\begin{pmatrix}1&0&0&0\\0&1&0&0\\0&0&5&4\\0&0&4&5\end{pmatrix},$$

显然，$\boldsymbol{A}^{\mathrm{T}}\boldsymbol{A}$ 是实对称矩阵，其对应的二次型为

$$f(x_1,x_2,x_3,x_4)=x_1^2+x_2^2+5x_3^2+8x_3x_4+5x_4^2,$$

配方得

$$f=x_1^2+x_2^2+5\left(x_3+\frac{4}{5}x_4\right)^2+\frac{9}{5}x_4^2,$$

令

$$\begin{cases}y_1=x_1,\\y_2=x_2,\\y_3=x_3+\dfrac{4}{5}x_4,\\y_4=x_4,\end{cases}$$

即

$$\begin{cases}x_1=y_1,\\x_2=y_2,\\x_3=y_3-\dfrac{4}{5}y_4,\\x_4=y_4,\end{cases}$$

其线性变换的矩阵为

$$\boldsymbol{P}=\begin{pmatrix}1&0&0&0\\0&1&0&0\\0&0&1&-\dfrac{4}{5}\\0&0&0&1\end{pmatrix},且\,|\boldsymbol{P}|=1\neq0,$$

所以经过可逆线性变换 $\boldsymbol{X}=\boldsymbol{PY}$，二次型化为标准形

$$f=y_1^2+y_2^2+5y_3^2+\frac{9}{5}y_4^2,$$

由可逆线性变换前后二次型的矩阵满足合同关系得到

$$(AP)^{\mathrm{T}}(AP)=P^{\mathrm{T}}(A^{\mathrm{T}}A)P=\begin{pmatrix}1&0&0&0\\0&1&0&0\\0&0&5&0\\0&0&0&\frac{9}{5}\end{pmatrix},$$

从而上述矩阵 $\boldsymbol{P}$ 即为所求可逆矩阵.

解法二　将所求问题转化为实对称矩阵对角化问题.

因为$(\boldsymbol{AP})^{\mathrm{T}}(\boldsymbol{AP})=\boldsymbol{P}^{\mathrm{T}}(\boldsymbol{A}^{\mathrm{T}}\boldsymbol{A})\boldsymbol{P}$，而

$$A^{\mathrm{T}}A=\begin{pmatrix}1&0&0&0\\0&1&0&0\\0&0&5&4\\0&0&4&5\end{pmatrix},$$

显然，$\boldsymbol{A}^{\mathrm{T}}\boldsymbol{A}$ 是实对称矩阵. 下面求正交矩阵，使得 $\boldsymbol{A}^{\mathrm{T}}\boldsymbol{A}$ 与对角矩阵相似.

由 $|\lambda\boldsymbol{E}-\boldsymbol{A}^{\mathrm{T}}\boldsymbol{A}|=0$ 得到 $\boldsymbol{A}^{\mathrm{T}}\boldsymbol{A}$ 的特征值为 $\lambda_1=\lambda_2=\lambda_3=1$，$\lambda_4=9$.

当 $\lambda_1=\lambda_2=\lambda_3=1$ 时，求解齐次线性方程组（$\boldsymbol{E}-\boldsymbol{A}^{\mathrm{T}}\boldsymbol{A}$）$\boldsymbol{X}=\boldsymbol{0}$，得基础解系为

$$\boldsymbol{\eta}_1=(1,0,0,0)^{\mathrm{T}},\boldsymbol{\eta}_2=(0,1,0,0)^{\mathrm{T}},\boldsymbol{\eta}_3=(0,0,-1,1)^{\mathrm{T}},$$

因为 $\boldsymbol{\eta}_1$，$\boldsymbol{\eta}_2$，$\boldsymbol{\eta}_3$ 两两正交，所以单位化得到

$$\boldsymbol{\alpha}_1=(1,0,0,0)^{\mathrm{T}},\boldsymbol{\alpha}_2=(0,1,0,0)^{\mathrm{T}},\boldsymbol{\alpha}_3=\left(0,0,-\frac{\sqrt{2}}{2},\frac{\sqrt{2}}{2}\right)^{\mathrm{T}}.$$

当 $\lambda_4=9$ 时，求解齐次线性方程组（$9\boldsymbol{E}-\boldsymbol{A}^{\mathrm{T}}\boldsymbol{A})\boldsymbol{X}=\boldsymbol{0}$，得基础解系为 $\boldsymbol{\eta}_4=(0,\ 0,\ 1,\ 1)^{\mathrm{T}}$，单位化得到 $\boldsymbol{\alpha}_4=\left(0,\ 0,\ \frac{\sqrt{2}}{2},\ \frac{\sqrt{2}}{2}\right)^{\mathrm{T}}$.

令

$$P=(\alpha_1,\alpha_2,\alpha_3,\alpha_4),$$

则 $\boldsymbol{P}$ 是正交矩阵,且

$$(AP)^{\mathrm{T}}AP=P^{\mathrm{T}}(A^{\mathrm{T}}A)P=P^{-1}(A^{\mathrm{T}}A)P=\begin{pmatrix}1&0&0&0\\0&1&0&0\\0&0&1&0\\0&0&0&9\end{pmatrix},$$

从而上述正交矩阵 $\boldsymbol{P}$ 即为所求可逆矩阵. □

比较例 2 的两种方法，我们发现解法一更简单一些. 读者要仔细体会.

三、有关正定矩阵证明的例子

例 3　设 $\boldsymbol{A}$ 是 m 阶实对称矩阵且正定，$\boldsymbol{B}$ 为 $m\times n$ 实矩阵，证明：$\boldsymbol{B}^{\mathrm{T}}\boldsymbol{AB}$ 为正定矩阵的充要条件是 $R(\boldsymbol{B})=n$.

证明　（必要性）设 $\boldsymbol{B}^{\mathrm{T}}\boldsymbol{AB}$ 是正定矩阵，则 $\boldsymbol{B}^{\mathrm{T}}\boldsymbol{AB}$ 为 n 阶可逆矩阵，从而

$$R(\boldsymbol{B}) \geqslant R(\boldsymbol{B}^{\mathrm{T}}\boldsymbol{A}\boldsymbol{B}) = n,$$

又 $\boldsymbol{B}$ 为 $m \times n$ 矩阵，所以 $R(\boldsymbol{B}) \leqslant n$，故 $R(\boldsymbol{B}) = n$.

（充分性）由于 $\boldsymbol{A}$ 是实对称矩阵，从而

$$(\boldsymbol{B}^{\mathrm{T}}\boldsymbol{A}\boldsymbol{B})^{\mathrm{T}} = \boldsymbol{B}^{\mathrm{T}}\boldsymbol{A}^{\mathrm{T}}(\boldsymbol{B}^{\mathrm{T}})^{\mathrm{T}} = \boldsymbol{B}^{\mathrm{T}}\boldsymbol{A}\boldsymbol{B},$$

所以 $\boldsymbol{B}^{\mathrm{T}}\boldsymbol{A}\boldsymbol{B}$ 是实对称矩阵.

设 $R(\boldsymbol{B}) = n$，则对任意 $\boldsymbol{X} \neq \boldsymbol{0}$，有 $\boldsymbol{B}\boldsymbol{X} \neq \boldsymbol{0}$. 由于 $\boldsymbol{A}$ 是正定矩阵，所以对上述 $\boldsymbol{B}\boldsymbol{X} \neq \boldsymbol{0}$，有

$$f(\boldsymbol{X}) = \boldsymbol{X}^{\mathrm{T}}(\boldsymbol{B}^{\mathrm{T}}\boldsymbol{A}\boldsymbol{B})\boldsymbol{X} = (\boldsymbol{B}\boldsymbol{X})^{\mathrm{T}}\boldsymbol{A}(\boldsymbol{B}\boldsymbol{X}) > 0,$$

由定义可知，$\boldsymbol{B}^{\mathrm{T}}\boldsymbol{A}\boldsymbol{B}$ 是正定矩阵. ■

例 4　设 $\boldsymbol{A}$ 是一个 n 阶正定矩阵，证明：存在一个正定矩阵 $\boldsymbol{B}$，使得 $\boldsymbol{A} = \boldsymbol{B}^2$.

证明　因为 $\boldsymbol{A}$ 是正定矩阵，所以 $\boldsymbol{A}$ 是实对称矩阵，因此存在正交矩阵 $\boldsymbol{Q}$，使得

$$\boldsymbol{Q}^{-1}\boldsymbol{A}\boldsymbol{Q} = \boldsymbol{\Lambda} = \operatorname{diag}\ (\lambda_1,\ \lambda_2,\ \cdots,\ \lambda_n),$$

其中 λ_1，λ_2，…，λ_n 是 $\boldsymbol{A}$ 的全部特征值，且 $\lambda_i > 0$，$i = 1$，2，…，n.

令

$$\boldsymbol{C} = \begin{pmatrix} \sqrt{\lambda_1} & 0 & \cdots & 0 \\ 0 & \sqrt{\lambda_2} & \cdots & 0 \\ \vdots & \vdots & & \vdots \\ 0 & 0 & \cdots & \sqrt{\lambda_n} \end{pmatrix},$$

且 $\boldsymbol{B} = \boldsymbol{Q}\boldsymbol{C}\boldsymbol{Q}^{-1}$，则

$$\boldsymbol{B}^2 = \boldsymbol{Q}\boldsymbol{C}\boldsymbol{Q}^{-1}\boldsymbol{Q}\boldsymbol{C}\boldsymbol{Q}^{-1} = \boldsymbol{Q}\boldsymbol{C}^2\boldsymbol{Q}^{-1} = \boldsymbol{Q}\boldsymbol{\Lambda}\boldsymbol{Q}^{-1} = \boldsymbol{A},$$

下面说明 $\boldsymbol{B}$ 是正定矩阵.

显然，矩阵 $\boldsymbol{C}$ 是正定矩阵（特征值都大于零），则存在可逆矩阵 $\boldsymbol{P}$，使得 $\boldsymbol{C} = \boldsymbol{P}^{\mathrm{T}}\boldsymbol{P}$，从而

$$\boldsymbol{B} = \boldsymbol{Q}\boldsymbol{C}\boldsymbol{Q}^{-1} = \boldsymbol{Q}\boldsymbol{P}^{\mathrm{T}}\boldsymbol{P}\boldsymbol{Q}^{-1} = \boldsymbol{Q}\boldsymbol{P}^{\mathrm{T}}\boldsymbol{P}\boldsymbol{Q}^{\mathrm{T}} = (\boldsymbol{P}\boldsymbol{Q}^{\mathrm{T}})^{\mathrm{T}}\boldsymbol{P}\boldsymbol{Q}^{\mathrm{T}},$$

所以 $\boldsymbol{B}$ 是正定矩阵. □

四、其他例子

例 5　证明 n 元实二次型 $f(\boldsymbol{X}) = \boldsymbol{X}^{\mathrm{T}}\boldsymbol{A}\boldsymbol{X}$ 在 $\|\boldsymbol{X}\| = 1$ 时的最大值为矩阵 $\boldsymbol{A}$ 的最大特征值.

分析　用正交变换将二次型化为标准形，然后利用其标准形的平方项系数就是二次型矩阵的特征值这一特点证明.

证明　设矩阵 $\boldsymbol{A}$ 的 n 个特征值为 $\lambda_1 \leqslant \lambda_2 \leqslant \cdots \leqslant \lambda_n$.

对实二次型 $f(\boldsymbol{X}) = \boldsymbol{X}^{\mathrm{T}}\boldsymbol{A}\boldsymbol{X}$，存在正交变换 $\boldsymbol{X} = \boldsymbol{Q}\boldsymbol{Y}$，使得

$$f(\boldsymbol{X}) = \boldsymbol{X}^{\mathrm{T}}\boldsymbol{A}\boldsymbol{X} = \boldsymbol{Y}^{\mathrm{T}}(\boldsymbol{Q}^{\mathrm{T}}\boldsymbol{A}\boldsymbol{Q})\boldsymbol{Y} = \boldsymbol{Y}^{\mathrm{T}}\boldsymbol{\Lambda}\boldsymbol{Y} = \lambda_1 y_1^2 + \lambda_2 y_2^2 + \cdots + \lambda_n y_n^2.$$

由于 $\|\boldsymbol{X}\|^2 = \boldsymbol{X}^{\mathrm{T}}\boldsymbol{X} = (\boldsymbol{Q}\boldsymbol{Y})^{\mathrm{T}}(\boldsymbol{Q}\boldsymbol{Y}) = \boldsymbol{Y}^{\mathrm{T}}\boldsymbol{Q}^{\mathrm{T}}\boldsymbol{Q}\boldsymbol{Y} = \boldsymbol{Y}^{\mathrm{T}}\boldsymbol{Y} = \|\boldsymbol{Y}\|^2$，所以

$$\begin{aligned}\max_{\|X\|=1} f(X) &= \max_{\|Y\|=1} Y^{\mathrm{T}}\Lambda Y \\ &= \max_{\sum_{i=1}^{n} y_i^2=1} (\lambda_1 y_1^2+\lambda_2 y_2^2+\cdots+\lambda_n y_n^2) \\ &\leqslant \max_{\sum_{i=1}^{n} y_i^2=1} (\lambda_n y_1^2+\lambda_n y_2^2+\cdots+\lambda_n y_n^2) \\ &= \lambda_n \max_{\sum_{i=1}^{n} y_i^2=1} (y_1^2+y_2^2+\cdots+y_n^2) \\ &= \lambda_n.\end{aligned}$$

另一方面，取 $Y_0=(0, 0, \cdots, 0, 1)^{\mathrm{T}}$，则存在 $X_0=QY_0$，且 $\|X_0\|=\|Y_0\|=1$，此时

$$f(X_0)=Y_0^{\mathrm{T}}\Lambda Y_0=\lambda_n.$$

所以 $\max\limits_{\|X\|=1} f(X)=\lambda_n$. ■

习 题 六

A 基础练习

1. 写出下面二次型的矩阵，并求二次型的秩：

(1) $f(x_1, x_2, x_3)=x_1^2-2x_1x_2+2x_2x_3+x_3^2$；

(2) $f(x_1, x_2, x_3)=-4x_1x_2+2x_1x_3+2x_2x_3$.

2. 写出对称矩阵对应的二次型：

(1) $\begin{pmatrix}1&2&2\\2&0&4\\2&4&1\end{pmatrix}$；　　(2) $\begin{pmatrix}0&1&0\\1&0&1\\0&1&0\end{pmatrix}$

3. 已知二次型 $f(x_1,x_2,x_3)=(x_1,x_2,x_3)\begin{pmatrix}1&2&3\\2&0&2\\3&2&-1\end{pmatrix}\begin{pmatrix}x_1\\x_2\\x_3\end{pmatrix}$，给定可逆线性变换

$$\begin{cases}x_1=y_1,\\x_2=y_1+y_2,\\x_3=y_1+y_2+y_3,\end{cases}$$

写出二次型经过上述可逆线性变换后得到的二次型.

4. 设 A 是可逆实对称矩阵，证明：A 与 A^{-1} 合同.

5. 设 A，B 都是 n 阶可逆矩阵，且 $A\simeq B$，证明：$A^{-1}\simeq B^{-1}$.

6. 用正交变换法将下列实二次型化为标准形：

(1) $f(x_1,x_2,x_3)=x_1^2-2x_1x_3+2x_2^2+x_3^2$；

(2) $f(x_1,x_2,x_3)=x_1^2+2x_1x_2+2x_1x_3+x_2^2+2x_2x_3+x_3^2$；

（3）$f(x_1,x_2,x_3)=x_1^2+4x_1x_2+4x_1x_3+x_2^2+4x_2x_3+x_3^2$.

7. 已知实二次型$f(x_1, x_2, x_3)=2x_1^2+3x_2^2+2ax_2x_3+3x_3^2$（$a>0$）经过正交变换化为标准形$f=y_1^2+2y_2^2+5y_3^2$，求 a 的值及所作的正交变换.

8. 下面的配方过程是否正确？若不正确，说明理由：

（1）$f(x_1,x_2,x_3)=(x_1+x_2+x_3)^2+(x_1+2x_2+2x_3)^2+(2x_1+3x_2+3x_3)^2$,

令

$$\begin{cases} y_1 = x_1 + x_2 + x_3, \\ y_2 = x_1 + 2x_2 + 2x_3, \\ y_3 = 2x_1 + 3x_2 + 3x_3, \end{cases}$$

从而化为标准形$f=y_1^2+y_2^2+y_3^2$.

（2）$f(x_1,x_2)=2x_1x_2=-x_1^2-x_2^2+(x_1+x_2)^2$,

令

$$\begin{cases} y_1 = x_1, \\ y_2 = x_2, \\ y_3 = x_1 + x_2, \end{cases}$$

从而化为标准形为$f=-y_1^2-y_2^2+y_3^2$.

9. 用配方法将下列二次型化为标准形：

（1）$f(x_1,x_2,x_3)=x_1^2-2x_1x_2+2x_1x_3-3x_2^2-6x_2x_3$；

（2）$f(x_1,x_2,x_3)=x_1^2+2x_1x_2-4x_1x_3+3x_2^2+5x_3^2$；

（3）$f(x_1,x_2,x_3)=x_1^2+2x_1x_3+2x_2x_3+2x_3^2$；

（4）$f(x_1,x_2,x_3)=x_1x_2+2x_1x_3-2x_2x_3$；

（5）$f(x_1,x_2,x_3)=-4x_1x_2+2x_1x_3+2x_2x_3$.

10. 设 $\boldsymbol{A}$ 为 n 阶对称矩阵，$\boldsymbol{C}$ 为可逆矩阵且 $\boldsymbol{C}^{\mathrm{T}}\boldsymbol{A}\boldsymbol{C}=\mathrm{diag}(d_1, d_2, \cdots, d_n)$，则对角矩阵的主对角线元素 d_1，d_2，…，d_n 是否一定是矩阵 $\boldsymbol{A}$ 的特征值呢？说明理由.

11. 求第 9 题中的实二次型的规范形及正、负惯性指数.

12. 判断下列命题是否正确：

（1）n 元实二次型的符号差为 n 的充要条件是二次型的矩阵的特征值全都大于零；

（2）n 阶实对称矩阵的正惯性指数是矩阵的大于零的特征值的个数；

（3）两个 n 阶实对称矩阵合同的充分必要条件是它们具有相同的正、负惯性指数；

（4）合同的两个矩阵一定等价；

（5）等价的两个矩阵一定合同.

13. 证明$\begin{pmatrix} -1 & 0 & 0 \\ 0 & 5 & 0 \\ 0 & 0 & -2 \end{pmatrix}$与$\begin{pmatrix} 1 & 0 & 0 \\ 0 & -2 & 0 \\ 0 & 0 & -4 \end{pmatrix}$合同.

14. 设实矩阵 $\boldsymbol{A}=\begin{pmatrix}1&0&0\\0&1&0\\0&0&1\end{pmatrix}$，$\boldsymbol{B}=\begin{pmatrix}0&0&1\\0&1&0\\1&0&0\end{pmatrix}$，则

（1）$\boldsymbol{A}$，$\boldsymbol{B}$ 是否等价，为什么？

（2）$\boldsymbol{A}$，$\boldsymbol{B}$ 是否相似，为什么？

（3）$\boldsymbol{A}$，$\boldsymbol{B}$ 是否合同，为什么？

15. 判别下列实二次型是否是正定二次型：

（1）$f(x_1,x_2,x_3)=x_1^2-2x_1x_3+4x_2^2+4x_2x_3+4x_3^2$；

（2）$f(x_1,x_2,x_3)=x_1^2+4x_1x_2+2x_1x_3+2x_2^2+3x_3^2$；

（3）$f(x_1,x_2,x_3)=2x_1^2-2x_1x_3+x_2^2+x_2x_3-x_3^2$.

16. 试求 t 的值，使得实对称矩阵 $\boldsymbol{A}=\begin{pmatrix}1&t&1\\t&2&0\\1&0&3\end{pmatrix}$ 是正定矩阵.

17. 试确定 k 的范围，使下面的实二次型是正定二次型.

$$f(x_1,x_2,x_3)=x_1^2+6x_1x_2+kx_2^2+8x_1x_3+kx_3^2.$$

18. 证明正定矩阵的性质 2 和性质 3.

19. 设 $\boldsymbol{A}$ 为 n 阶实对称矩阵且满足 $\boldsymbol{A}^3-3\boldsymbol{A}^2+5\boldsymbol{A}-3\boldsymbol{E}=\boldsymbol{O}$，证明：$\boldsymbol{A}$ 是正定矩阵.

20. 设 $\boldsymbol{A}$ 为 n 阶正定矩阵，证明：$|\boldsymbol{A}+\boldsymbol{E}|>1$.

21. 设 $\boldsymbol{A}$ 为 n 阶实对称矩阵，证明：存在实数 t，使得 $t\boldsymbol{E}+\boldsymbol{A}$ 是正定矩阵.

*22. 设 $\boldsymbol{A}$ 为 n 阶负定矩阵，证明：$\boldsymbol{A}$ 的主对角线元素都小于零.

*23. 判别下列实二次型是否是负定二次型：

（1）$f(x_1,x_2,x_3)=-2x_1^2+2x_1x_2+2x_1x_3-2x_2^2-x_3^2$；

（2）$f(x_1,x_2,x_3)=-2x_1^2+2x_1x_2-6x_2^2+2x_2x_3-4x_3^2$.

B　扩展练习

1. 设 $\boldsymbol{A}$ 为 n 阶实对称矩阵，若对于任意 n 维向量 $\boldsymbol{X}$，都有 $\boldsymbol{X}^{\mathrm{T}}\boldsymbol{A}\boldsymbol{X}=0$，证明：$\boldsymbol{A}=\boldsymbol{O}$.

2. 设 $\boldsymbol{A}$，$\boldsymbol{B}$ 为 n 阶实对称矩阵，且对于任意 n 维向量 $\boldsymbol{X}$，都有 $\boldsymbol{X}^{\mathrm{T}}\boldsymbol{A}\boldsymbol{X}=\boldsymbol{X}^{\mathrm{T}}\boldsymbol{B}\boldsymbol{X}$，则有 $\boldsymbol{A}=\boldsymbol{B}$.

3. 设 $\boldsymbol{A}$ 为奇数阶实对称矩阵，且 $|\boldsymbol{A}|>0$. 证明：存在非零向量 $\boldsymbol{X}_0$，使得 $\boldsymbol{X}_0^{\mathrm{T}}\boldsymbol{A}\boldsymbol{X}_0>0$.

4. 设 $\boldsymbol{A}$ 为 n 阶实对称矩阵，且 $|\boldsymbol{A}|<0$，证明：存在 n 维非零列向量 $\boldsymbol{X}_0$，使得 $\boldsymbol{X}_0^{\mathrm{T}}\boldsymbol{A}\boldsymbol{X}_0<0$.

5. 如果 $\boldsymbol{A}$ 与 $\boldsymbol{B}$ 合同，$\boldsymbol{C}$ 与 $\boldsymbol{D}$ 合同，证明：$\begin{pmatrix}\boldsymbol{A}&\boldsymbol{O}\\\boldsymbol{O}&\boldsymbol{C}\end{pmatrix}$与$\begin{pmatrix}\boldsymbol{B}&\boldsymbol{O}\\\boldsymbol{O}&\boldsymbol{D}\end{pmatrix}$合同.

6. 证明：矩阵 $\boldsymbol{A}=\begin{pmatrix}1&1&1\\1&1&1\\1&1&1\end{pmatrix}$与 $\boldsymbol{B}=\begin{pmatrix}3&0&0\\0&0&0\\0&0&0\end{pmatrix}$既相似又合同.

7. 如果 $\boldsymbol{A}$ 与 $\boldsymbol{B}$ 为正定矩阵，证明：$\begin{pmatrix} \boldsymbol{A} & \boldsymbol{O} \\ \boldsymbol{O} & \boldsymbol{B} \end{pmatrix}$也是正定矩阵.

8. 设 $\boldsymbol{A}$ 为 $m \times n$ 实矩阵，且 $n < m$，证明：$\boldsymbol{A}^{\mathrm{T}}\boldsymbol{A}$ 是正定矩阵的充要条件是 $R(\boldsymbol{A}) = n$.

9. 设 $\boldsymbol{A}$ 是三阶实对称矩阵，且 $\boldsymbol{A}^2 + 2\boldsymbol{A} = \boldsymbol{O}$. 若 $R(\boldsymbol{A}) = 2$，

（1）求 $\boldsymbol{A}$ 的特征值；

（2）当 k 取何值时，矩阵 $\boldsymbol{A} + k\boldsymbol{E}$ 为正定矩阵.

10. 已知三元实二次型 $f(\boldsymbol{X}) = \boldsymbol{X}^{\mathrm{T}}\boldsymbol{A}\boldsymbol{X}$ 经过正交变换 $\boldsymbol{X} = \boldsymbol{Q}\boldsymbol{Y}$ 化为标准形 $f = y_1^2 + y_2^2$，且 $\boldsymbol{Q}$ 的第三列为$\left(\frac{\sqrt{2}}{2},\ 0,\ \frac{\sqrt{2}}{2}\right)^{\mathrm{T}}$，求矩阵 $\boldsymbol{A}$ 并证明 $\boldsymbol{A} + \boldsymbol{E}$ 为正定矩阵.

11. 设三元实二次型 $f(\boldsymbol{X}) = \boldsymbol{X}^{\mathrm{T}}\boldsymbol{A}\boldsymbol{X}$ 经过正交变换 $\boldsymbol{X} = \boldsymbol{Q}\boldsymbol{Y}$ 化为标准形 $f = y_1^2 + y_2^2 - 2y_3^2$，又 $\boldsymbol{A}\boldsymbol{\alpha} + 2\boldsymbol{\alpha} = \boldsymbol{0}$，其中 $\boldsymbol{\alpha} = (1,\ -1,\ -1)^{\mathrm{T}}$，求矩阵 $\boldsymbol{A}$ 及该二次型的表达式.

C　测试练习

1. 填空题（每小题 2 分，共 20 分）

（1）二次型 $f(x_1, x_2, x_3) = x_1^2 - x_2^2 + 2x_3^2 + 4x_1x_2 - 2x_2x_3$ 的矩阵为__________.

（2）二次型 $f(x_1, x_2, x_3) = (x_1 + x_2)^2 + (x_1 + x_3)^2 + (x_2 - x_3)^2$ 的秩为________.

（3）设实二次型 $f(x_1, x_2, x_3) = ax_1^2 + 2x_2^2 - 2x_3^2 + 2bx_1x_3$，其中 $b > 0$，矩阵 $\boldsymbol{A}$ 的特征值的和为 1，特征值的积为 -12，则 $a =$________，$b =$________.

（4）设三元实二次型 $f(\boldsymbol{X}) = \boldsymbol{X}^{\mathrm{T}}\boldsymbol{A}\boldsymbol{X}$ 的秩为 1，矩阵 $\boldsymbol{A}$ 的各行元素之和为 3，则二次型经过正交变换 $\boldsymbol{X} = \boldsymbol{Q}\boldsymbol{Y}$ 化为的标准形是________.

（5）若实二次型 $f(x_1, x_2, x_3) = a(x_1^2 + x_2^2 + x_3^2) + 4x_1x_2 + 4x_1x_3 + 4x_2x_3$ 经过正交变换化为标准形 $f = 6y_1^2$，则 $a =$________.

（6）实二次型 $f(x_1, x_2) = 2x_1^2 + 4x_1x_2$ 的标准形是________.

（7）一个四元实二次型的标准形为 $f = 2y_1^2 - 3y_2^2 + y_3^2$，则其规范形为________，正惯性指数为________，负惯性指数为________，符号差为________，秩为________.

（8）若实对称矩阵 $\boldsymbol{A}$ 与 $\boldsymbol{B} = \begin{pmatrix} 2 & 0 & 0 \\ 0 & 0 & 1 \\ 0 & 1 & 0 \end{pmatrix}$合同，则二次型 $f(\boldsymbol{X}) = \boldsymbol{X}^{\mathrm{T}}\boldsymbol{A}\boldsymbol{X}$ 的规范形为________.

（9）实二次型 $f(x_1, x_2, x_3) = x_1^2 + ax_2^2 + x_3^2 + 2x_1x_2 - 2ax_1x_3 - 2x_2x_3$ 的正负惯性指数都是 1，则 $a =$________.

（10）若实二次型 $f(x_1, x_2, x_3) = 2x_1^2 + x_2^2 + x_3^2 + 2x_1x_2 + tx_2x_3$ 是正定

二次型，则 t 的取值范围为________.

2. 选择题（每小题 2 分，共 20 分）

（1）设 $\boldsymbol{A}$ 与 $\boldsymbol{B}$ 为同阶可逆矩阵，则（　　）.

A. $\boldsymbol{AB}=\boldsymbol{BA}$

B. 存在可逆矩阵 $\boldsymbol{P}$，使得 $\boldsymbol{P}^{-1}\boldsymbol{AP}=\boldsymbol{B}$

C. 存在可逆矩阵 $\boldsymbol{Q}$，使得 $\boldsymbol{Q}^{\mathrm{T}}\boldsymbol{AQ}=\boldsymbol{B}$

D. 存在可逆矩阵 $\boldsymbol{P}$ 和 $\boldsymbol{Q}$，使得 $\boldsymbol{PAQ}=\boldsymbol{B}$

（2）设 $\boldsymbol{A}$ 与 $\boldsymbol{B}$ 都是 n 阶矩阵，则正确的是（　　）.

A. 若 $\boldsymbol{A}$ 与 $\boldsymbol{B}$ 合同，则 $\boldsymbol{A}$ 与 $\boldsymbol{B}$ 相似

B. 若 $\boldsymbol{A}$ 与 $\boldsymbol{B}$ 相似，则 $\boldsymbol{A}$ 与 $\boldsymbol{B}$ 合同

C. 若 $\boldsymbol{A}$ 与 $\boldsymbol{B}$ 合同，则 $\boldsymbol{A}$ 与 $\boldsymbol{B}$ 等价

D. 若 $\boldsymbol{A}$ 与 $\boldsymbol{B}$ 等价，则 $\boldsymbol{A}$ 与 $\boldsymbol{B}$ 合同

（3）设 $\boldsymbol{A}=\begin{pmatrix}1&2\\2&1\end{pmatrix}$，则下列矩阵中与 $\boldsymbol{A}$ 合同的实矩阵是（　　）.

A. $\begin{pmatrix}-2&1\\1&-2\end{pmatrix}$　B. $\begin{pmatrix}2&-1\\-1&2\end{pmatrix}$　C. $\begin{pmatrix}2&1\\1&2\end{pmatrix}$　D. $\begin{pmatrix}1&-2\\-2&1\end{pmatrix}$

（4）设 $\boldsymbol{A}$ 是实对称可逆矩阵，则将 $f(\boldsymbol{X})=\boldsymbol{X}^{\mathrm{T}}\boldsymbol{AX}$ 化为 $f(\boldsymbol{Y})=\boldsymbol{Y}^{\mathrm{T}}\boldsymbol{A}^{-1}\boldsymbol{Y}$的可逆线性变换为（　　）.

A. $\boldsymbol{X}=\boldsymbol{A}^{-1}\boldsymbol{Y}$　B. $\boldsymbol{Y}=\boldsymbol{A}^{-1}\boldsymbol{X}$　C. $\boldsymbol{X}=\boldsymbol{AY}$　D. $\boldsymbol{Y}=\boldsymbol{AX}$

（5）设三元实二次型 $f(\boldsymbol{X})=\boldsymbol{X}^{\mathrm{T}}\boldsymbol{AX}$ 经过正交变换 $\boldsymbol{X}=\boldsymbol{QY}$ 化为标准形 $f=2y_1^2+y_2^2-y_3^2$，其中 $\boldsymbol{Q}=(\boldsymbol{\alpha}_1,\ \boldsymbol{\alpha}_2,\ \boldsymbol{\alpha}_3)$. 若 $\boldsymbol{P}=(\boldsymbol{\alpha}_1,\ -\boldsymbol{\alpha}_3,\ \boldsymbol{\alpha}_2)$，则二次型 $f(x_1,\ x_2,\ x_3)=\boldsymbol{X}^{\mathrm{T}}\boldsymbol{AX}$ 经过正交变换 $\boldsymbol{X}=\boldsymbol{PY}$ 化为的标准形是（　　）.

A. $f=2y_1^2+y_2^2-y_3^2$　B. $f=2y_1^2-y_2^2+y_3^2$

C. $f=2y_1^2+y_2^2+y_3^2$　D. $f=2y_1^2-y_2^2-y_3^2$

（6）如果对任意 $x_1\neq 0$，$x_2\neq 0$，…，$x_n\neq 0$，都有实二次型 $f(x_1,\ x_2,\ \cdots,\ x_n)>0$，则下面说法正确的是（　　）.

A. 二次型是正定二次型　B. 二次型是负定二次型

C. 二次型不一定是正定二次型　D. 二次型不是正定二次型

（7）一个三元正定二次型的规范形为（　　）.

A. $f=y_1^2+y_2^2+y_3^2$　B. $f=y_1^2+y_2^2-y_3^2$

C. $f=y_1^2+2y_2^2+y_3^2$　D. $f=y_1^2+y_2^2$

（8）设 $\boldsymbol{A}$ 为 n 阶实对称矩阵，则 $\boldsymbol{A}$ 是正定矩阵的充要条件是（　　）.

A. $|\boldsymbol{A}|>0$

B. 存在矩阵 $\boldsymbol{P}$，使得 $\boldsymbol{A}=\boldsymbol{P}^{\mathrm{T}}\boldsymbol{P}$

C. $\boldsymbol{A}$ 的负惯性指数为 0

D. $\boldsymbol{A}$ 的各阶顺序主子式的值都为正数

（9）下列矩阵为正定矩阵的是（　　）.

A. $\begin{pmatrix}1&2&0\\2&3&0\\0&0&2\end{pmatrix}$ B. $\begin{pmatrix}2&0&0\\0&1&2\\0&2&5\end{pmatrix}$

C. $\begin{pmatrix}1&-2&0\\-2&5&0\\0&0&-2\end{pmatrix}$ D. $\begin{pmatrix}1&2&0\\2&4&0\\0&0&2\end{pmatrix}$

(10) 设$\boldsymbol{A}$，$\boldsymbol{B}$均为n阶正定矩阵，则$\boldsymbol{AB}$是（ ）.

A. 实对称矩阵 B. 正定矩阵

C. 可逆矩阵 D. 正交矩阵

3. 计算题（共55分）

(1) 用配方法将二次型$f(x_1,x_2,x_3)=x_1^2-2x_1x_2-3x_2^2-8x_2x_3$化为标准形.（10分）

(2) 用配方法将二次型$f(x_1,x_2,x_3)=x_1x_2+2x_2x_3$化为标准形.（10分）

(3) 用正交变换法将下面的实二次型化为标准形

$$f(x_1,x_2,x_3)=x_1^2+2x_1x_2+2x_2^2-2x_2x_3+x_3^2.$$（15分）

(4) 已知实二次型$f(x_1,x_2,x_3)=2x_1^2+4x_1x_2-4x_1x_3+5x_2^2-8x_2x_3+5x_3^2$，求其规范形及正、负惯性指数，并说明二次型是不是正定二次型.（10分）

(5) 当a取何值时，实二次型$f(x_1,x_2,x_3)=x_1^2+2ax_1x_2-2x_1x_3+x_2^2+4x_2x_3+5x_3^2$是正定二次型？（10分）

4. 证明题（共5分）

设$\boldsymbol{A}$为n阶实对称矩阵，且$\boldsymbol{A}^3+\boldsymbol{A}^2+\boldsymbol{A}=3\boldsymbol{E}$，证明：$\boldsymbol{A}$是正定矩阵.

参 考 文 献

[1] 邱森. 线性代数学习指导与习题解析 [M]. 武汉：武汉大学出版社，2014.
[2] 同济大学数学系. 线性代数附册学习辅导与习题全解 [M]. 6 版. 北京：高等教育出版社，2014.
[3] 同济大学数学系. 线性代数 [M]. 北京：人民邮电出版社，2017.
[4] 于增海. 线性代数考研选讲 [M]. 北京：国防工业出版社，2015.
[5] 邱森. 线性代数 [M]. 武汉：武汉大学出版社，2007.